高职高专国家示范性院校课改教材

电机电气控制与PLC技术

主　编　姜新桥
副主编　蔡丽清　牛　涛

西安电子科技大学出版社

内 容 简 介

本书分四个单元，共包含18个任务，涉及电动机控制基础、直流电动机的控制、交流电动机的控制、控制电动机的控制。

本书采用任务驱动式的编写方法，重点介绍电动机及其控制方式。在内容选择上以电动机应用能力要求为出发点，介绍了变压器、低压电器、电动机、变频器、驱动器以及PLC、触摸屏等元件或装置，交、直流电动机的起停、正反转、调速等控制电路，直流电动机、交流电动机及控制电机的PLC控制等。读者通过单元与任务驱动式的学习与练习，将系统地掌握电机电气控制与PLC的基础知识和基本技能。

本书适用于高职机电类专业，也可供电气自动化、生产过程自动化、机电设备维修、应用电子及数控技术等专业参考，还可作为相关工程技术人员的培训教材。

图书在版编目(CIP)数据

电机电气控制与PLC技术/姜新桥主编. —西安：西安电子科技大学出版社，2016.2
高职高专国家示范性院校课改教材
ISBN 978-7-5606-3875-1

Ⅰ. ①电… Ⅱ. ①姜… Ⅲ. ①电机—电气控制系统—高等职业教育—教材 ②plc技术—高等职业教育—教材 Ⅳ. ①TM3 ②TM571.6

中国版本图书馆CIP数据核字(2016)第011678号

策划编辑 秦志峰
责任编辑 秦志峰 宁晓蓉
出版发行 西安电子科技大学出版社(西安市太白南路2号)
电　　话 (029)88242885 88201467　邮　　编 710071
网　　址 www.xduph.com　电子邮箱 xdupfxb001@163.com
经　　销 新华书店
印刷单位 陕西华沐印刷科技有限责任公司
版　　次 2016年2月第1版 2016年2月第1次印刷
开　　本 787毫米×1092毫米 1/16 印张 21
字　　数 497千字
印　　数 1～3000册
定　　价 39.00元
ISBN 978-7-5606-3875-1/TM
XDUP 4167001-1

前　　言

本书从职业需求入手，以培养中、高级电工及电气控制技术与PLC应用型人才为目标，集中体现高职教育“以就业为导向，以职业技能为核心”的特点，突出职业教育的特色。通过对本书四个单元(18个任务)的学习，可以掌握电动机电气控制与PLC的基础知识和基本技能，具备电动机选用、电气控制与PLC控制系统安装、调试、控制所必需的知识与技能。

本书内容分为四个单元，单元一是电动机控制基础，单元二是直流电动机的控制，单元三是交流电动机的控制，单元四是控制电动机的控制。整个内容安排简单、紧凑，实用性强。本书将电动机、电气控制与PLC控制有机地结合在一起，并且对变频器、伺服驱动器、PLC等进行了详细介绍，教学内容十分丰富。本书采用任务驱动式的教学方法，重点培养学生实际分析和解决电动机及电气控制系统常见问题的能力，每个任务学习完成之后，均附有思考与练习，进一步帮助学生掌握所学知识。在内容选择上，以电动机应用能力要求为出发点，首先要求学生掌握变压器、低压电器、PLC的使用及电路图识读等基础知识，其次要求学生对于直流电动机、交流电动机、控制电机的原理、结构、参数、特性有深入全面的认识，再次要求学生掌握交、直流电动机的起停、正反转、调速等电气控制电路的基本原理，最后要求学生掌握直流、交流及控制电动机的PLC控制原理及编程。

本书以单元和任务形式组织教学内容，以电动机为重点，以电气控制为主线，以PLC控制为核心，强调了知识的应用性、系统性、拓展性的有机结合，强化了职业素质教育和实践技能培养。

本书由武汉职业技术学院姜新桥担任主编，全书由姜新桥负责统稿。单元一由武汉船舶职业技术学院牛涛编写，单元三由蔡丽清编写，其他内容均由姜新桥编写。

本书在编写过程中参考了相关著作和资料，在此，向这些参考文献的原作者表示谢意。

限于编者理论水平和实践经验，书中不妥之处，敬请广大读者批评指正。

编　者

2015年9月

目　　录

单元一　电动机控制基础

本单元在电工相关知识的基础上，介绍磁路和变压器、常用低压电器、PLC 基础知识以及电路图识读等，为后面的直流电动机、交流异步电动机、步进电动机和伺服电动机的学习奠定基础。

任务一　磁路与变压器

任务要求

(1) 了解铁磁材料的性能。

(2) 熟悉简单磁路的分析方法。

(3) 掌握变压器的工作原理。

(4) 熟悉变压器的结构、特性及应用。

1.1.1　磁路

变压器和电动机是两种最常用的动力设备，就其原理而言，它们都是以电磁感应作为工作基础的。本节首先介绍磁路的基本知识，然后介绍变压器的工作原理和基本特性。

常用的电工设备，例如变压器、电动机以及许多电器和电工仪表等，都是以电磁感应为工作基础的，因此，在工作时都会产生磁场。为了把磁场聚集在一定的空间范围内，以便加以控制和利用，就必须用高磁导率的铁磁材料做成一定形状的铁芯，使之形成一个磁通的路径，使磁通的绝大部分通过这一路径而闭合。磁通经过的闭合路径称为磁路。下面先介绍铁磁材料的磁性能，再说明简单磁路的分析方法。

1. 铁磁材料的磁性能

铁磁材料是指钢、铁、镍、钴及其合金等，它有广泛的用途，是制造变压器、电动机和电器铁芯的主要材料。

1) 磁化曲线与磁滞回线

铁磁材料被放入磁场强度为 H 的磁场内，会受到强烈的磁化。当磁场强度 H 由零逐渐增加时，磁感应强度 B 随之变化的曲线称为磁化曲线，如图 1.1 所示。由图可见，开始时，随着 H 的增加 B 增加较快，后来随着 H 的增加 B 增加缓慢，逐渐出现饱和现象，即具有磁饱和性。磁化曲线上任一点的 B 和

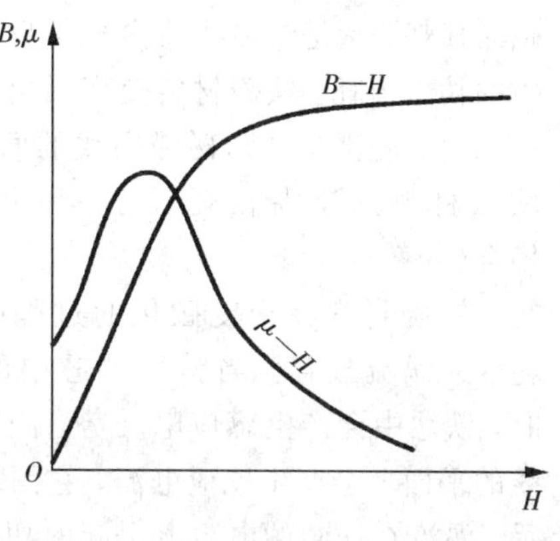

图 1.1　磁化曲线和 μ—H 曲线

H之比就是磁导率μ，它是表征物质导磁性能的一个物理量。显然，该磁化曲线上各点的μ不是一个常数，它随H而变，并在接近饱和时逐渐减小(如图1.1所示)。也就是说，铁磁材料的磁导率是非线性的。

虽然每一种铁磁材料都有自己的磁化曲线，但它们的μ值都远大于真空的磁导率μ_0，具有高导磁性。非铁磁材料的磁导率接近真空的磁导率μ_0，$\mu_0=4\pi\times10^{-7}$ H/m，而铁磁材料的磁导率远大于非铁磁材料，两者之比可达$10^3\sim10^4$。因此，各种变压器、电机和其他电器的电磁系统几乎都用铁磁材料构成铁芯，在相同的励磁绕组匝数和励磁电流的条件下，采用铁芯后可使磁感应强度增强几百倍甚至几千倍。

铁磁物质在交变磁化过程中H和B的变化规律如图1.2所示。当磁场强度H由零增加到某个值($H=+H_m$)后，如H减小，此时B并不沿着原来的曲线返回，而是沿着位于其上部的另一条轨迹减弱。当$H=0$时$B=B_r$，B_r称为剩磁感应强度，简称剩磁。只有当H反方向变化到$-H_c$时，B才下降到零，H_c称为矫顽力。由此可见，磁感应强度B的变化滞后于磁场强度H的变化，这种现象称为磁滞。也就是说，铁磁材料具有磁滞性。

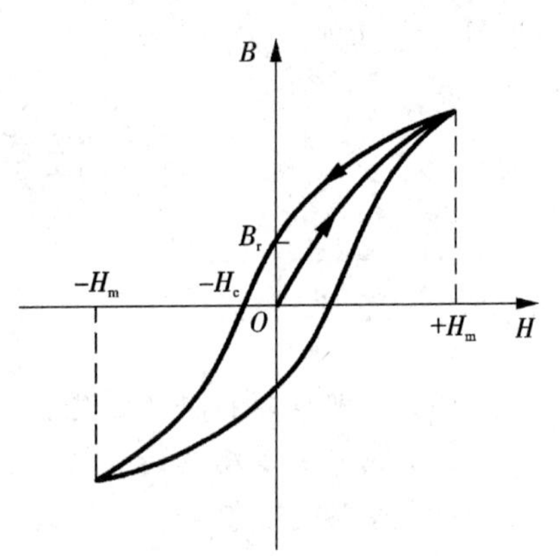

图1.2 磁滞回线

如果继续增大反向磁场强度直到$H=-H_m$，然后逐渐减小反向磁场强度，到达$H=0$时，再把正向磁场强度逐渐增加到$+H_m$，如此在$+H_m$和$-H_m$之间进行反复磁化，得到的是一条如图1.2所示的闭合曲线，这条曲线称为磁滞回线。

不同种类的铁磁材料，磁滞回线的形状不同。纯铁、硅钢、坡莫合金和软磁铁氧体等材料的磁滞回线较狭窄，剩磁感应强度B_r较低，矫顽力H_c较小。这一类铁磁材料称为软磁材料，通常用来制造变压器、电机和电器(电磁系统)的铁芯。而碳钢、铝镍钴、稀土和硬磁铁氧体等材料的磁滞回线较宽，具有较高的剩磁感应强度B_r和较大的矫顽力H_c。这类材料称为硬磁材料或永磁材料，通常用来制造永久磁铁。

2) 磁滞损耗与涡流损耗

磁滞现象使铁磁材料在交变磁化的过程中产生磁滞损耗，它是铁磁物质内分子反复重新排列所产生的功率损耗。铁磁材料交变磁化一个循环在单位体积内的磁滞损耗与磁滞回线的面积成正比，因此软磁材料的磁滞损耗较小，常用在交变磁化的场合。

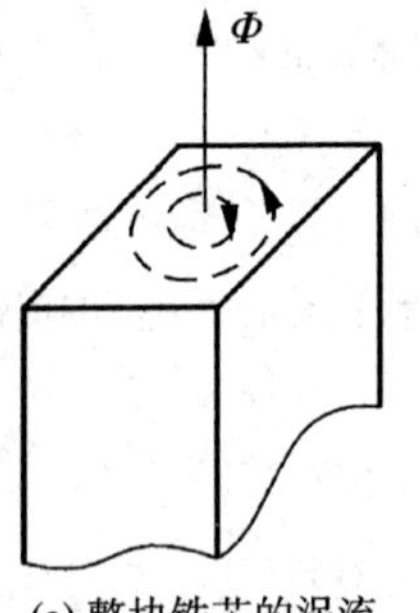

(a) 整块铁芯的涡流

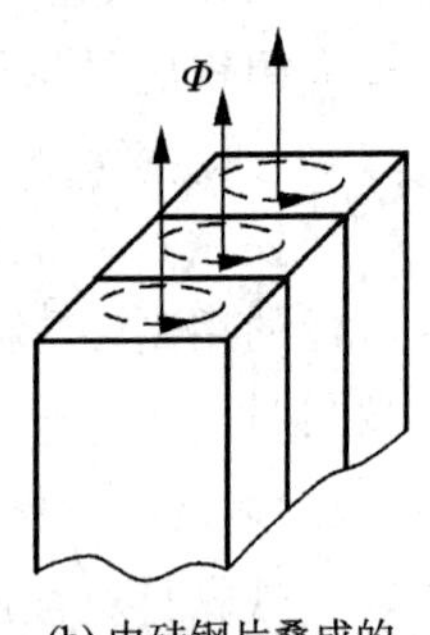

(b) 由硅钢片叠成的铁芯中的涡流

图1.3 涡流

铁磁材料在交变磁化的过程中还有另一种损耗——涡流损耗。当整块铁芯中的磁通发生交变时，铁芯中会产生感应电动势，因而在垂直于磁感线的平面上会产生感应电流，它围绕着磁感应线呈漩涡状流动，故称涡流，如图1.3(a)所示。涡流在铁芯的电阻上引起的功率损耗称为涡流损耗。涡流损耗和铁芯厚度的平方成正比。若如图1.3(b)所示，沿着垂直于涡流面的方向把整块铁芯分成许多薄片并彼此绝缘，就可以减少涡流损耗。因此交流电机和变压器的铁芯都用硅钢片叠成。此外，硅钢中因含有少量的硅，能使铁芯中的电阻增大而涡流减小。

磁滞损耗和涡流损耗合称为铁损耗。铁损耗使铁芯发热，使交流电机、变压器及其他交流电器的功率损耗增加，温升增加，效率降低。但在某些场合，则可以利用涡流效应来加热或冶炼金属。

2. 简单磁路分析

1）直流磁路

如图1.4所示磁路，在匝数为 N 的励磁线圈中通入直流电流 I，磁路中就会产生一个恒定磁通 Φ，这种具有恒定磁通的磁路称为直流磁路。显然，Φ 的大小与 N、I 乘积的大小有关。根据物理学中的全电流定律(安培环路定律)可知

$$\oint H \cdot \mathrm{d}l = \sum I \tag{1.1}$$

即，在闭合曲线上磁场强度矢量 H 沿整个回路 l 的线积分等于穿过该闭合曲线所围曲面内电流的代数和。电流方向与设定的积分绕行方向符合右手螺旋定则的电流为正，反之为负。

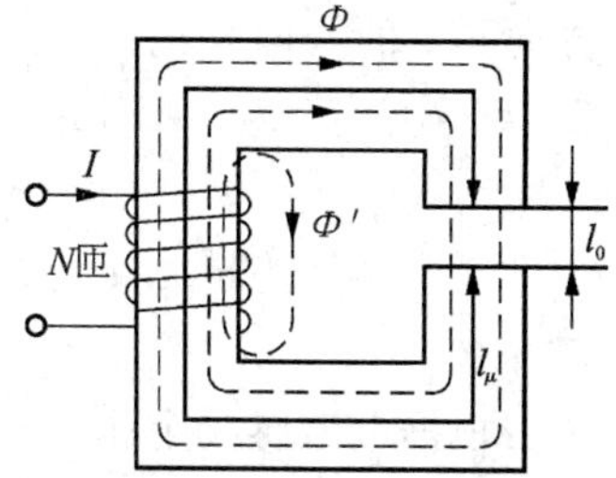

图1.4　直流磁路

对于如图1.4所示具有铁芯和空气隙的直流磁路，励磁线圈中通入电流后，磁路中所产生的磁通，大部分集中在由铁磁材料所限定的空间范围内，称为主磁通。此外，还有很少一部分磁通通过铁芯以外的空间闭合(图1.4中的 Φ')，称为漏磁通。为分析方便，将漏磁通忽略，只考虑主磁通。根据磁通连续性原理，通过铁芯中的磁通必定等于通过空气隙中的磁通。一般认为空气隙和铁芯具有相同的截面积 A，所以铁芯和空气隙中的磁感应强度 $B=\Phi/A$ 也必然相同。但因为空气的 μ_0 远小于铁芯的 μ，故空气隙中的磁场强度 $H_0=B/\mu_0$ 将远大于铁芯中的磁场强度 $H_\mu=B/\mu$。

根据式(1.1)，取一条磁感线作为闭合路径并作为循环方向，则

$$\oint H \cdot \mathrm{d}l = H_\mu l_\mu + H_0 l_0 = NI \tag{1.2}$$

故

$$\frac{B}{\mu} l_\mu + \frac{B}{\mu_0} l_0 = NI$$

$$\frac{\Phi}{\mu A} l_\mu + \frac{\Phi}{\mu_0 A} l_0 = NI$$

$$\Phi = \frac{NI}{\dfrac{l_\mu}{\mu A} + \dfrac{l_0}{\mu_0 A}} = \frac{NI}{R_{\mathrm{m}\mu} + R_{\mathrm{m}0}} \tag{1.3}$$

式中，l_μ 是铁芯的平均长度；l_0 为空气隙长度；A 为铁芯和空气隙的截面积；μ 和 μ_0 分别为铁芯和空气的磁导率。$R_{\mathrm{m}\mu}=l_\mu/\mu A$ 称为铁芯的磁阻，$R_{\mathrm{m}0}=l_0/\mu_0 A$ 称为空气隙的磁阻，NI 是产生磁通的磁化力，称为磁通势。如果磁路由几段串接而成，则

$$\Phi = \frac{NI}{\sum R_\mathrm{m}} \tag{1.4}$$

式中，$\sum R_m$ 为各段磁路磁阻之和。式(1.4)在形式上与电路的欧姆定律相似，称为磁路的欧姆定律。但应注意，由于铁芯的磁导率 μ 不是常数，所以它的磁阻 $R_{m\mu}$ 也不是常数，要随 B 的变化而改变，故磁阻是非线性的。还应注意，虽然空气隙长度通常很小，但 $\mu_0 \ll \mu$，R_{m0} 仍较大，故空气隙的磁阻压降 $R_{m0}\Phi$ 也比较大。

2) 交流磁路

如在图 1.5 所示的铁芯线圈上外加正弦交流电压 u，绕组中将流过交流电流 i，从而产生交变磁通，交变磁通包括集中在铁芯中的主磁通 Φ 和很少的一部分漏磁通 Φ'。主磁通 Φ 在线圈中产生感应电动势 e，漏磁通 Φ' 在线圈中产生感应电动势 e'(图中未画出，其参考方向与 e 的方向相同)，另外再考虑到电流 i 在线圈电阻 R 上会产生压降 Ri，由基尔霍夫电压定律，可写出电压方程式

$$u=-e-e'+Ri \tag{1.5}$$

设主磁通为正弦交变磁通

$$\Phi=\Phi_m \sin\omega t \tag{1.6}$$

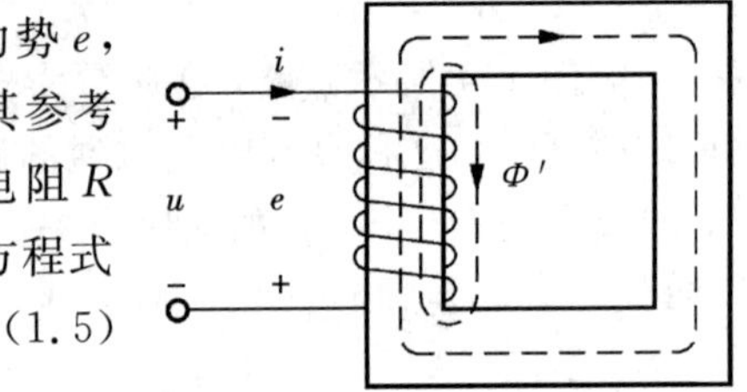

图 1.5　交流磁路

根据电磁感应定律，主磁通在励磁线圈中产生感应电动势 e，如果规定 e 和 Φ 的参考方向符合右手螺旋定则，则

$$e=-N\frac{d\Phi}{dt}=-N\frac{d\Phi_m \sin\omega t}{dt}=N\Phi_m\omega\sin\left(\omega t-\frac{\pi}{2}\right)=E_m\sin\left(\omega t-\frac{\pi}{2}\right) \tag{1.7}$$

式(1.7)中，N 是励磁线圈的匝数，E_m 是 e 的最大值。e 的有效值为

$$E=\frac{E_m}{\sqrt{2}}=\frac{1}{\sqrt{2}}\omega N\Phi_m=\frac{1}{\sqrt{2}}2\pi fN\Phi_m=4.44fN\Phi_m \tag{1.8}$$

式(1.8)中，f 和 Φ_m 分别为交变磁通的频率和最大值。E 的单位为伏[特](V)，f 的单位为赫[兹](Hz)，Φ_m 的单位为韦[伯](Wb)。

由于 Ri 和 e' 均很小，因此式(1.5)可近似表达为

$$u\approx -e \tag{1.9}$$

即近似认为外加电压 u 仍和主磁通产生的感应电动势 e 相平衡，且其有效值为

$$U\approx E=4.44fN\Phi_m \tag{1.10}$$

式(1.10)表明，当电源频率 f 和线圈匝数 N 不变时，主磁通 Φ_m 基本上与外加电压 U 成正比关系，U 不变则 Φ_m 基本不变。当 U 一定时，若磁路磁阻发生变化，例如磁路中出现空气隙而使磁阻增大时，为了保持 Φ_m 基本不变，根据磁路欧姆定律 $\Phi=NI/\sum R_m$，磁通势 NI 和线圈中的电流必然增大。因此在交流磁路中，当 U、f、N 不变时，磁路中空气隙的大小发生变化会引起线圈中电流的变化。

1.1.2　变压器

1. 变压器的用途和基本结构

变压器具有变换电压、变换电流和变换阻抗的作用，在各个领域有着广泛的应用。

电力变压器是电力系统中不可缺少的重要设备。在发电站，用变压器将电压升高后通过输电线路送到各处，再用变压器将电压降低后送给各用电单位。这种输电方式可以大大降低线路损耗，提高输送效率。

在其他领域中，也时常用到各种各样的变压器，例如电子电路中用的整流变压器、振荡变压器、输入变压器、输出变压器、脉冲变压器，控制线路用的控制变压器，调节电压用的自耦变压器，测量用的互感器，另外还有电焊变压器、电炉变压器等。

各种用途的变压器的工作原理都是基于电磁感应现象，因此尽管变压器种类繁多，外形和体积有很大的差别，但它们的基本结构都相同，主要由铁芯和绕组两部分组成。

根据铁芯与绕组的结构，变压器可分为芯式变压器和壳式变压器。图 1.6(a)、(b)、(c)为芯式变压器，其特点是绕组包围铁芯。图 1.6(a)、(b)为大型单相和三相电力变压器采用的结构。图 1.6(c)为 C 型铁芯变压器，一般用于小型的单相变压器和特殊的变压器。图 1.6(d)为壳式变压器，这种变压器的部分绕组被铁芯所包围，可以不要专门的变压器外壳，适用于容量较小的变压器。

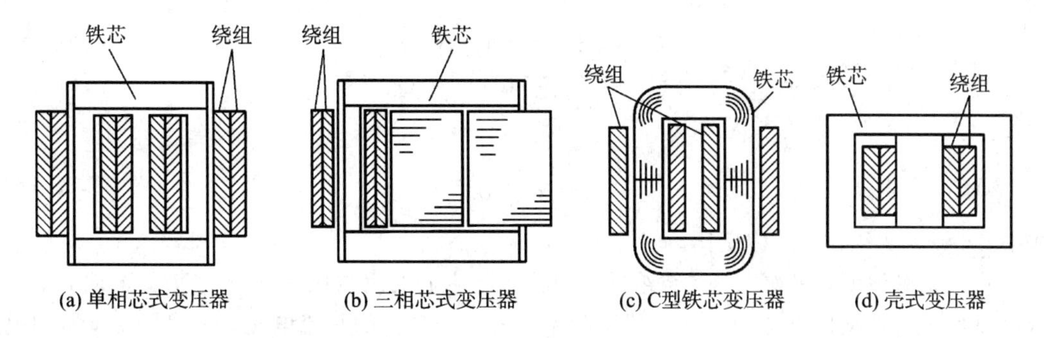

图 1.6　变压器结构示意图

变压器的铁芯通常采用表面涂有绝缘漆膜、厚度为 0.35 mm 的硅钢片经冲剪、叠制而成。

变压器的绕组有一次绕组和二次绕组，一次绕组和电源连接，二次绕组和负载连接。一次绕组和二次绕组均可以由一个或几个线圈组成，使用时可根据需要把它们连接成不同的组态。

2. 变压器的工作原理

1）变压器的电压变换作用

下面通过对变压器空载运行情况的分析，来说明电压变换作用。

变压器的一次绕组加上额定电压，二次绕组开路，这种情况称为空载运行。图 1.7 所示为变压器空载运行的示意图。

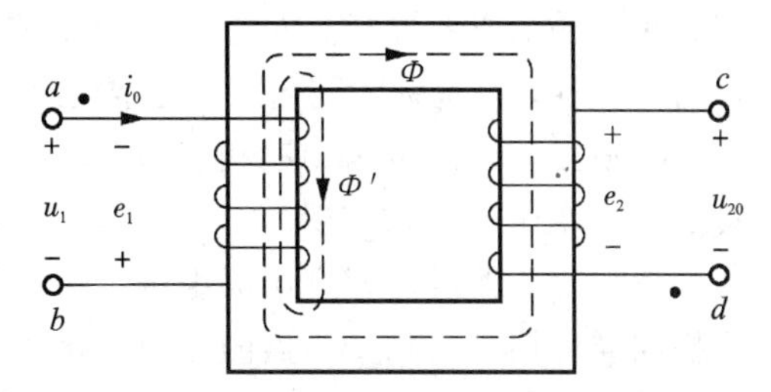

图 1.7　变压器空载运行示意图

图 1.7 中，当一次绕组加上正弦交流电压 u_1 时就有电流 i_0 通过，并由此而产生磁通。i_0 称为励磁电流，也称空载电流。

主磁通 Φ 与一次、二次绕组相交链并分别产生感应电动势 e_1、e_2。漏磁通 Φ' 在一次绕组中产生感应电动势 e_1'（图 1.7 中未画出）。图中规定，Φ 和 Φ' 的参考方向和 i_0 的参考方向符合右手螺旋定则，e_1、e_2 的参考方向和 Φ 的参考方向也符合右手螺旋定则。设一次绕组的电阻为 R_1，二次绕组空载时的端电压为 u_{20}，根据基尔霍夫定律，可写出这两个绕组电路的电压方程式分别为

$$u_1 = -e_1 - e_1' + R_1 i_0 \tag{1.11}$$

$$u_{20} = e_2 \tag{1.12}$$

为了分析方便，不考虑由于磁饱和性与磁滞性而产生的电流、电动势波形畸变的影响，将式(1.11)和式(1.12)中的电压、电动势均认为是正弦量，于是可以表达为相量形式

$$\dot{U}_1 = -\dot{E}_1 - \dot{E}_1' + R_1 \dot{I}_0 \tag{1.13}$$

$$\dot{U}_{20} = \dot{E}_2 \tag{1.14}$$

由于 $\dot{E}_1'$ 和 $R_1\dot{I}_0$ 通常比较小，因此式(1.13)可近似表示为

$$\dot{U}_1 \approx -\dot{E}_1 \tag{1.15}$$

设一次、二次绕组的匝数分别为 N_1、N_2，由式(1.10)可知两个绕组的电压有效值分别为

$$U_1 \approx E_1 = 4.44 f N_1 \Phi_m \tag{1.16}$$

$$U_{20} = E_2 = 4.44 f N_2 \Phi_m \tag{1.17}$$

于是

$$\frac{U_1}{U_{20}} \approx \frac{E_1}{E_2} = \frac{N_1}{N_2} = k \tag{1.18}$$

式中，k 称为变压比，简称变比。

式(1.18)说明，一次、二次绕组的变压比等于它们的匝数比，当 N_1、N_2 不同时，变压器可以把某一数值的交流电压变换成同频率的另一个数值的交流电压，这就是变压器的电压变换作用。

如 $N_1 > N_2$，则 $U_1 > U_{20}$，$k > 1$，变压器起降压作用，称为降压变压器，这种变压器的一次绕组为高压绕组；反之，若 $N_1 < N_2$，则 $U_1 < U_{20}$，$k < 1$，称为升压变压器，它的二次绕组为高压绕组。

变压器的两个绕组之间在电路上没有连接。一次绕组外加交流电压后，依靠两个绕组之间的磁耦合和电磁感应作用，使二次绕组产生交流电压，也就是说，一次、二次绕组在电路上是相互隔离的。

按照图1.7中绕组在铁芯柱上的绕向，若在某一瞬时一次绕组中的感应电动势 e_1 为正值，则二次绕组中的感应电动势 e_2 也为正值。在此瞬时绕组端点 b 与 c 的电位分别高于 a 与 d 的电位，或者说端点 b 与 c、a 与 d 的电位瞬时极性相同。把具有相同瞬时极性的端点称为同极性端，也称为同名端，通常用“·”作标记(如图1.7所示)。

变换三相电压可采用三相变压器(其结构如图1.6(d)所示)，也可用三台单相变压器连接成三相变压器组来实现。

三相变压器或三相变压器组每一相的工作情况和单相变压器相同，所以单相变压器的分析同样适用于三相变压器的任何一相。

在三相变压器中，每根铁芯柱上绕着属于同一相的一次、二次绕组。一次绕组的首端和末端分别用U1、V1、W1和U2、V2、W2标明。二次绕组的首、末端则分别用u1、v1、w1和u2、v2、w2标明。且首端U1、V1、W1和u1、v1、w1，末端U2、V2、W2和u2、v2、w2应互为同极性端。

变换三相电压时，三相变压器或三相变压器组的一次绕组和二次绕组都可以接成星形或三角形。因此三相变压器有四种可能的接法：“Y，y”、“Y，d”、“D，d”、“D，y”。Y、y

表示星形连接，D、d表示三角形连接。每组符号里前面的符号(大写字母)表示高压绕组的接法，后面的符号(小写字母)表示低压绕组的接法。星形连接又分三线制和四线制两种，三线制用Y表示，四线制用Y_N表示。我国生产的三相电力变压器以"Y，y_n"、"Y，d"和"Y_N，d"三种接法最多。

三相变压器与三相变压器组相比较，同容量的三相变压器体积小、成本低、效率高。但容量较大时，一般采用三相变压器组以便于分散搬运和安装。

2) 变压器的电流变换作用

在变压器的一次绕组上施加额定电压，二次绕组接上负载后，电路中就会产生电流。下面讨论一次绕组电流和二次绕组电流之间的关系。

图1.8所示为变压器负载运行示意图。i_2为二次电流，它是在二次绕组感应电动势e_2的作用下流过负载Z_L的电流。

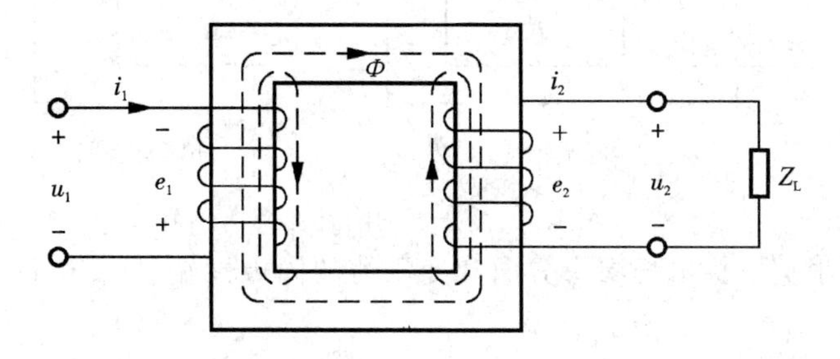

图1.8　变压器负载运行示意图

二次绕组接上负载后，铁芯中的主磁通由磁通势$N_1\dot{I}_1$和$N_2\dot{I}_2$产生。根据图示参考方向，由于$\dot{I}_1$和$\dot{I}_2$在铁芯中产生的磁通方向相同，故合成后的总磁通势为$N_1\dot{I}_1+N_2\dot{I}_2$。在负载运行时一次绕组的电阻电压降$R_1I_1$和漏磁通产生的感应电动势$E_1'$与$E_1$相比仍然小得多，因此可近似认为

$$U_1\approx E_1=4.44fN_1\Phi_m$$

上述关系说明，从空载到负载，若外加电压U_1及其频率f保持不变，主磁通的最大值Φ_m也基本不变，所以空载时的磁通势$N_1\dot{I}_0$和负载时的合成磁通势$N_1\dot{I}_1+N_2\dot{I}_2$应相等，即

$$N_1\dot{I}_1+N_2\dot{I}_2=N_1\dot{I}_0 \tag{1.19}$$

故一次绕组电流为

$$\dot{I}_1=\dot{I}_0-\frac{N_2}{N_1}\dot{I}_2 \tag{1.20}$$

因空载电流$\dot{I}_0$很小，仅占额定电流的百分之几，故在额定负载时可近似认为

$$\dot{I}_1\approx-\frac{N_2}{N_1}\dot{I}_2 \tag{1.21}$$

其有效值为

$$I_1\approx\frac{N_2}{N_1}I_2=\frac{1}{k}I_2 \tag{1.22}$$

式(1.22)说明，在额定情况下，一次、二次绕组的电流有效值近似地与它们的匝数成反比，也就是说变压器具有电流变换作用。式(1.21)中的负号表示对于图1.8所示的电流

参考方向而言，电流 $\dot{I}_1$ 和 $\dot{I}_2$ 在相位上几乎相差180°，因此，磁通势 $N_1\dot{I}_1$ 和 $N_2\dot{I}_1$ 的实际方向几乎是相反的。

3）变压器的阻抗变换作用

如图1.9(a)所示，当变压器负载阻抗 Z_L 变化时，$\dot{I}_2$ 发生变化，$\dot{I}_1$ 也随之而变。Z_L 对 $\dot{I}_1$ 的影响，可以用接于 $\dot{U}_1$ 的阻抗 Z'_L 来等效。如图1.9(b)所示，等效的条件是 $\dot{U}_1$、$\dot{I}_1$ 保持不变。下面分析等效阻抗 Z'_L 和负载阻抗 Z_L 的关系。为了分析方便，不考虑一、二次绕组漏磁通感应电动势和空载电流的影响，并忽略各种损耗，这样的变压器称为理想变压器。

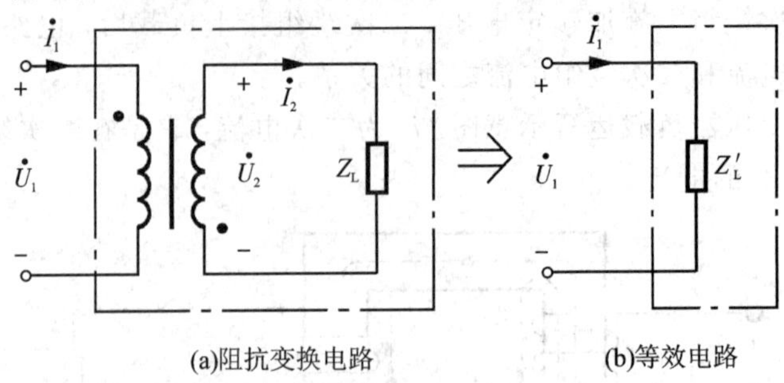

图1.9　变压器的阻抗变换

在图1.9中，根据所标电压参考方向和变压器的同极性端，$\dot{U}_2$ 和 $\dot{U}_1$ 相位相反。对于理想变压器，$\dot{U}_2=-k\dot{U}_1$，于是可得

$$Z'_L=\frac{\dot{U}_1}{\dot{I}_1}=\frac{-k\dot{U}_2}{-\frac{1}{k}\dot{I}_1}=\frac{k\dot{U}_2}{\frac{1}{k}\frac{\dot{U}_2}{Z_L}}=k^2Z_L=\left(\frac{N_1}{N_2}\right)^2Z_L \tag{1.23}$$

式(1.23)说明，接在二次绕组的负载阻抗 Z_L 对一次侧的影响，可以用一个接于一次绕组的等效阻抗 Z'_L 来代替，等效阻抗 Z'_L 等于 Z_L 的 k^2 倍。

由此可见，变压器具有阻抗变换作用。在电子技术中有时利用变压器的阻抗变换作用来达到阻抗匹配的目的。

［**例1.1**］　图1.10中信号源 $U_s=1.0$ V，内阻 $R_s=200$ Ω，负载电阻 $R_L=8$ Ω，现欲使负载从信号源获得最大功率，试求变压器的变比。

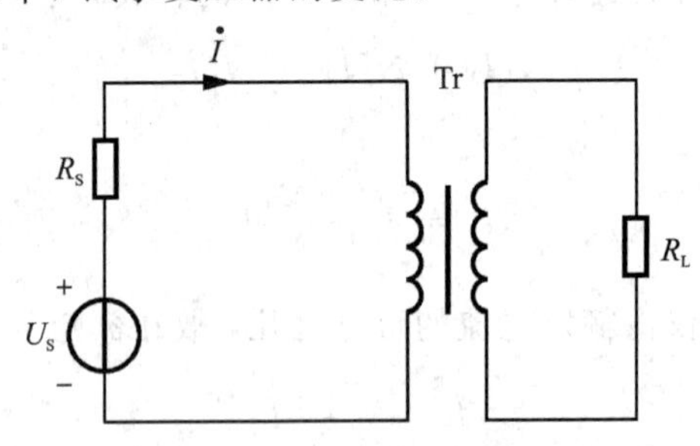

图1.10　例1.1电路图

［**解**］　从电路原理可知，负载要获得最大功率，应使其等效负载等于电源内阻，即

$$Z'_L=k^2R_L=R_s$$

故变压器变比为

$$k=\sqrt{\frac{R_s}{R_L}}=\sqrt{\frac{200}{8}}=5$$

这种情况在电子技术中称为阻抗匹配。

3. 变压器的特性与额定值

1）变压器的外特性

变压器一次电压 U_1 为额定值时，$U_2=f(I_2)$ 的关系曲线称为变压器的外特性，如图 1.11 所示。图中 U_{20} 是空载时的二次电压，称为空载电压，其大小等于主磁通在二次绕组中产生的感应电动势 E_2；φ_2 为 $\dot{U}_2$ 和 $\dot{I}_2$ 的相位差。分析表明，当负载为电阻或电感性时，二次电压 U_2 将随电流 I_2 的增加而降低，这是因为随着 I_2 的增大，二次绕组的电阻电压降和漏磁通感应电动势增大。

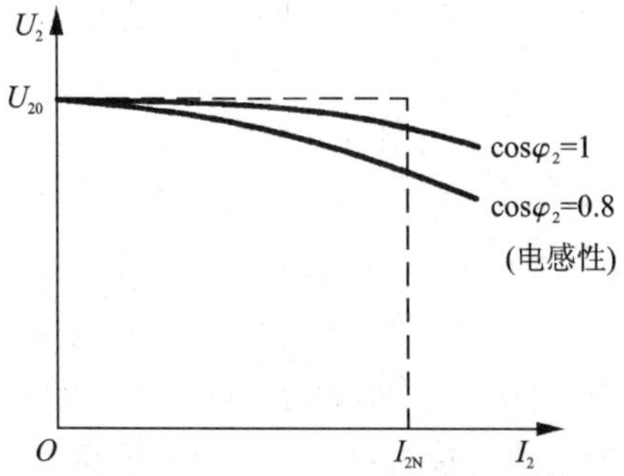

图 1.11　变压器的外特性曲线

由于二次绕组电阻压降和漏磁通感应电动势较小，因此 U_2 的变化一般不大。电力变压器的电压变化率为

$$\Delta U\%=\frac{U_{20}-U_2}{U_{20}}\times 100\% \qquad (1.24)$$

$\Delta U\%$ 大约为 3%～6%。式中 U_{20} 和 U_2 分别为空载和额定负载时的二次电压。

2）变压器的损耗和效率

变压器的输入功率除了大部分输出给负载外，还有很小一部分损耗在变压器内部。变压器的损耗包括铁损耗 P_{Fe} 和铜损耗 P_{Cu}。铁损耗是由交变磁通在铁芯中产生的，包括磁滞损耗和涡流损耗。当外加电压 U_1 和频率 f 一定时，主磁通 Φ_m 基本不变，铁损耗也基本不变，故铁损耗又称为固定损耗。铜损耗是由电流 I_1、I_2 流过一次、二次绕组的电阻所产生的损耗，它随电流的变化而变化，故称为可变损耗。由于变压器空载运行时铜损耗 $R_1I_0^2$ 很小，此时从电源输入的功率(称为空载损耗)基本上损耗在铁芯上，故可认为空载损耗等于铁损耗。

变压器的输出功率 P_2 和输入功率 P_1 之比称为变压器的效率，通常用百分数表示

$$\eta=\frac{P_2}{P_1}\times 100\%=\frac{P_2}{P_2+P_{Fe}+P_{Cu}}\times 100\% \qquad (1.25)$$

图 1.12 所示为变压器的效率曲线 $\eta=f(P_2)$。由图可见，效率随输出功率而变，并有一个最大值。变压器效率一般较高，大型电力变压器的效率可达 99%以上。这类变压器往往不是一直处于满载运行，因此在设计时通常使最大效率出现在 50%～60%额定负载左右。

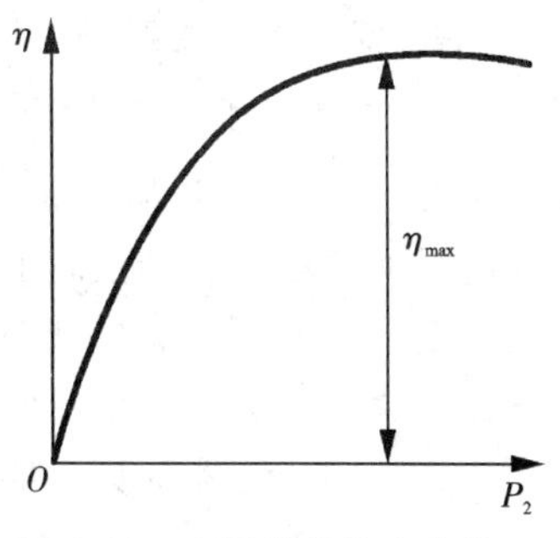

图 1.12　变压器的效率曲线

3）变压器的额定值

为了正确使用变压器，必须了解和掌握变压器的额定值。额定值常标在变压器的铭牌上，故也称为铭牌数据。

(1) 额定电压 U_{1N}/U_{2N}。额定电压是根据变压器的绝缘强度和容许温升而规定的电压值，以伏(V)或千伏(kV)为单位。额定电压 U_{1N} 是指变压器一次侧(输入端)应加的电压，

U_{2N}是指输入端加上额定电压时的二次空载电压。在三相变压器中额定电压都是指线电压。在供电系统中，变压器二次空载电压要略高于负载的额定电压。例如对于额定电压为380 V的负载，变压器的二次电压为400 V左右。

(2) 额定电流 I_{1N}/I_{2N}。额定电流是根据变压器容许温升而规定的电流值，以安(A)或千安(kA)为单位。在三相变压器中都是指线电流。

(3) 额定容量 S_N。额定容量即额定视在功率，表示变压器输出电功率的能力。以伏安(V·A)或千伏安(kV·A)为单位。对于单相变压器

$$S_N = U_{2N} I_{2N} \tag{1.26}$$

对于三相变压器

$$S_N = \sqrt{3} U_{2N} I_{2N} \tag{1.27}$$

式(1.27)中的U_{2N}、I_{2N}为线电压和线电流。

(4) 额定频率 f_N。运行时变压器使用交流电源电压的频率。我国的标准工业频率为50 Hz，有些国家的工业频率为60 Hz。

(5) 接线组别。对于三相变压器，铭牌上还给出高、低压侧绕组的连接方式。

[例 1.2] 有一单相变压器，一次额定电压 $U_{1N}=220$ V，二次额定电压 $U_{2N}=20$ V，额定容量 $S_N=75$ V·A。求变压器的变比 k、二次侧和一次侧的额定电流 I_{2N}和 I_{1N}。设空载电流忽略不计。

[解] 变比为

$$k=\frac{U_{1N}}{U_{2N}}=\frac{220}{20}=11$$

二次侧额定电流为

$$I_{2N} = \frac{S_N}{U_{2N}} = \frac{75}{20} = 3.75\ \text{A}$$

一次侧额定电流为

$$I_{1N} \approx \frac{1}{k} I_{2N} = \frac{3.75}{11} = 0.34\ \text{A}$$

4. 变压器应用实例

1) 自耦变压器

变压器的一次绕组和二次绕组常常是相互绝缘而绕在同一个铁芯上的，这种变压器称为双绕组变压器。如果把两个绕组合二为一，使二次绕组成为一次绕组的一部分，这种只有一个绕组的变压器称为自耦变压器，如图1.13所示。

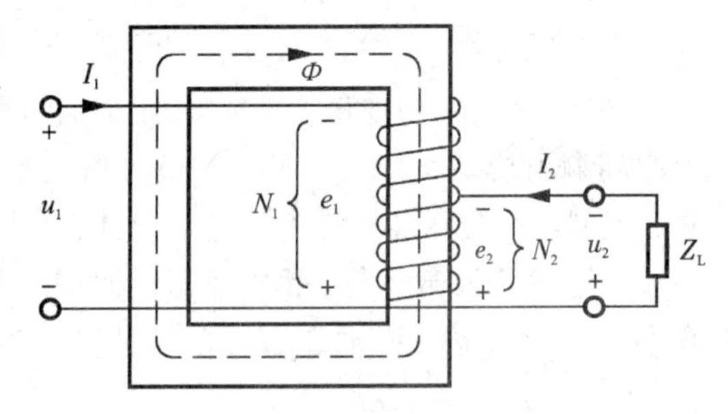

图 1.13 自耦变压器

自耦变压器常常用在变比不太大的场合。由于是单绕组变压器，一次、二次绕组之间既有磁的联系，也有电的联系。

在有些场合，希望自耦变压器的二次电压可以平滑地调节，为此，可以用滑动触点来连续改变二次绕组的匝数，从而使输出电压平滑可调。这种可以平滑地调节输出电压的自

耦变压器称为调压器。图 1.14 所示为调压器的外形和原理图。

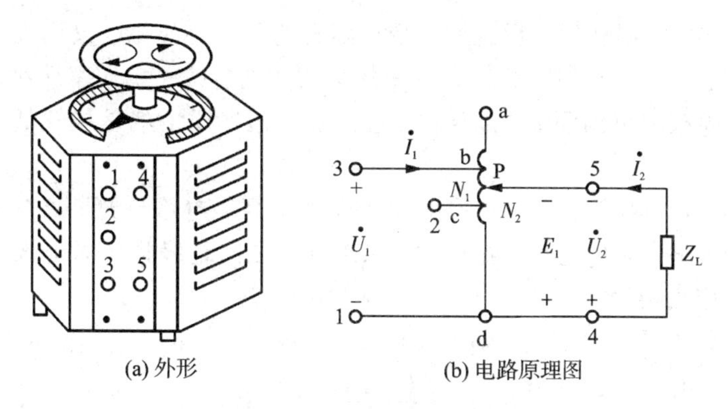

图 1.14　调压器的外形和原理图

图中 $\dot{U}_1$ 为输入电压，$\dot{U}_2$ 为输出电压。转动手柄使滑动触点 P 处于不同位置，就可以改变输出电压。当触点 P 位于 b 点上方时，输出电压大于输入电压。调压器在使用时，一次、二次绕组不可以对调，以防因使用不当而导致电源短路，并烧坏调压器。

2）电焊变压器

交流弧焊机应用很广。电焊变压器是交流弧焊机的主要组成部分，它是一种双绕组变压器，在二次绕组电路中串联了一个可变电抗器，图 1.15 所示为其原理图。

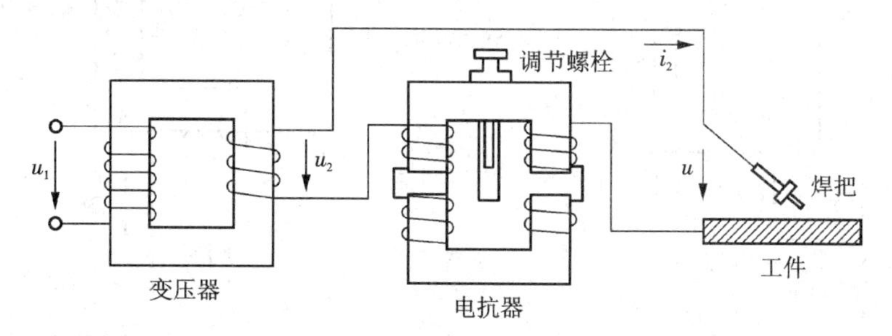

图 1.15　电焊变压器原理图

对电焊变压器的要求是：空载时应有足够的引弧电压(约 60～75 V)，以保证电极间产生电弧；有载时，二次绕组电压应迅速下降，当焊条与工件间产生电弧并稳定燃烧时，约有 30 V 的电压降；短路时(焊条与工件相碰瞬间)，短路电流不能过大，以免损坏焊机；另外，为了适应不同的焊件和不同规格的焊条，焊接电流的大小要能够调节。

二次绕组电路中串联有铁芯电抗器，调节其电抗就可调节焊接电流的大小。改变电抗器空气隙的长度就可改变它的电抗，空气隙增大，电抗器的感抗随之减小，电流就随之增大。

如图 1.15 所示，一次、二次绕组分别绕在两个铁芯柱上，使绕组有较大的漏磁通。漏磁通只与各绕组自身交链，它在绕组中产生的自感电动势起着减弱电流的作用，因此可用一个电抗来反映这种作用，称为漏电抗。漏电抗与绕组本身的电阻合称为漏阻抗。漏磁通越大，该绕组本身的漏电抗就越大，漏阻抗也就越大。对负载来说，二次绕组相当于电源，那么二次绕组本身的漏阻抗就相当于电源的内部阻抗，漏阻抗大意味着电源的内阻抗大，会使变压器的外特性曲线变陡，即二次侧的端电压 U_2 将随电流 I_2 的增大而迅速下降，这样就满足了有载时副边电压迅速下降以及短路瞬间短路电流不致过大的要求。

3）仪用互感器

专供测量仪表、控制和保护设备用的变压器称为仪用互感器。仪用互感器有两种：电压互感器和电流互感器。利用互感器将待测的电压或电流按一定比率减小以便于测量，且将高压电路与测量仪表电路隔离，以保证安全。互感器实质上就是损耗低、变比精确的小型变压器。

电压互感器的原理图如图 1.16 所示。由图可知，高压电路与测量仪表电路只有磁的耦合而无电的直接连通。为防止互感器一次、二次绕组之间绝缘损坏时造成危险，铁芯以及二次绕组的一端应当接地。

电压互感器的主要原理是变压器的变压作用，即

$$\frac{U_1}{U_2}=\frac{N_1}{N_2}$$

为降低电压，要求 $N_1>N_2$，一般规定二次侧的额定电压为 100 V。

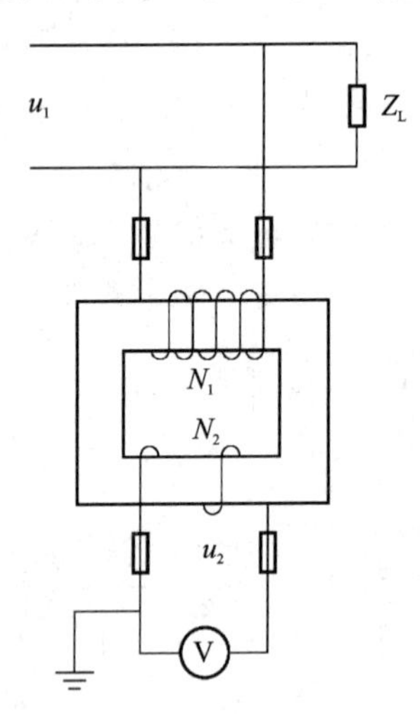

图 1.16　电压互感器原理图

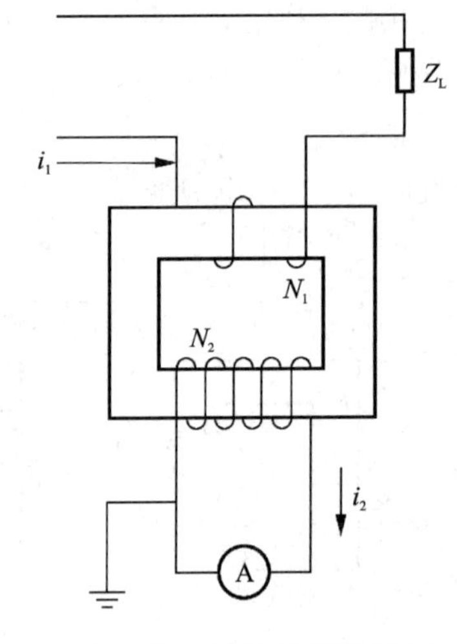

图 1.17　电流互感器原理图

电流互感器的原理图如图 1.17 所示。电流互感器的主要原理是变压器的变流作用，即

$$\frac{I_1}{I_2}=\frac{N_2}{N_1}$$

为减小电流，要求 $N_1<N_2$，一般规定二次侧的额定电流为 5 A。

使用互感器时必须注意：由于电压互感器的二次绕组电流很大，因此绝不允许短路；电流互感器的一次绕组匝数很少，而二次绕组匝数较多，这将在二次绕组中产生很高的感应电动势，因此电流互感器的二次绕组绝不允许开路。

便携式钳形电流表就是利用电流互感器原理制成的，图 1.18(a)、(b)分别为其外形图和原理图。钳形电流表二次绕组端接有电流表，铁芯由两块 U 形元件组成，用手柄能控制铁芯的张开与闭合。

测量电流时，不需要断开待测电路，只需张开铁芯将待测的载流导线钳入，这根导线就成为互感器的一次绕组，于是可从电流表直接读出待测电流值。

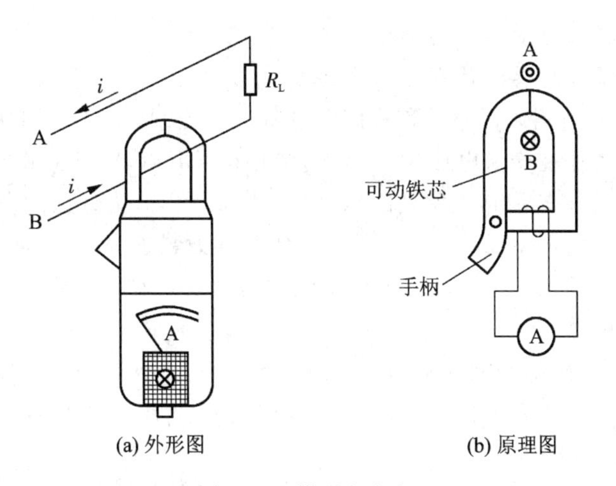

(a) 外形图　(b) 原理图

图 1.18　钳形电流表

思考与练习

一、变压器的铁芯和绕组各起什么作用？

二、已知一台 220 V/110 V 的单相变压器，一次绕组 400 匝，二次绕组 200 匝，可否将一次绕组只绕两匝、二次绕组只绕一匝？为什么？

三、变压器空载运行且一次绕组加额定电压时，为什么空载电流并不因为一次绕组电阻很小而很大？

四、为什么变压器的空载损耗可以近似看成铁损耗？短路损耗可以近似看成铜损耗？

五、自耦变压器的结构特点是什么？有哪些优、缺点？

六、交流电压互感器和电流互感器使用时应注意什么问题？为什么？

七、电焊变压器的外特性与普通变压器有什么不同？

八、接在 220 V 交流电源上的单相变压器，其二次绕组电压为 110 V，若二次绕组匝数 350 匝，求变压比及一次绕组匝数 N_1。

九、已知单相变压器的容量是 1.5 kV · A，额定电压是 220/110 V。试求一次、二次绕组的额定电流。如果二次绕组电流是 13 A，一次绕组电流约为多少？

十、已知某收音机输出变压器的匝数 $N_1=600$，$N_2=300$，原接阻抗为 20 Ω 的扬声器，现要改接成 5 Ω 的扬声器，求变压器的二次绕组匝数 N_2。

十一、用变压比为 10 000/100 的电压互感器，变流比为 100/5 的电流互感器扩大量程，其电压表的读数为 90 V，电流表的读数为 2.5 A，试求被测电路的电压、电流各为多少？

任务二　常用低压电器元件

任务要求

(1) 了解低压电器的概念及分类。

(2) 熟悉常用低压电器元件的结构、作用及注意事项。

(3) 掌握常用低压电器元件的符号。

(3) 熟悉常用低压电器元件的型号及选用。

用于接通和断开电路以及对电路或用电设备进行控制、调节、切换、检测和保护的电气元件称为电器。工作在交流电压1200 V或直流电压1500 V以下的电器属于低压电器。

低压电器按其在电气线路中所处的地位与作用，可以分为低压配电电器和低压控制电器两大类。低压配电电器主要用于低压配电系统和动力装置中，包括闸刀开关、转换开关、熔断器和断路器等；低压控制电器主要用于电力拖动及自动控制系统，包括接触器、继电器、起动器和主令电器等。

机电传动断续控制系统中常用低压电器的类型有以下几种。

(1) 执行电器：接受控制电路发出的开关信号，接通或断开电动机主电路以及直接产生生产机械所需机械动作的电器。

(2) 检测电器：将电的或非电的模拟量转换为开关量的电器。

(3) 控制电器：实现开关量逻辑运算及延时、计数的电器。

(4) 保护电器：在线路发生故障，或者设备的工作状况超过规定的范围时，能及时分断电路的电器。

(5) 其他电器：进入21世纪以来，随着科学技术的发展，低压电器在技术和功能上都有了很大的发展。计算机网络、数字通信技术及人工智能技术应用于低压电器，出现了采用电子和智能控制的新的电器元件，如软起动器、变频器等。

1.2.1 执行电器

执行电器以电磁式为主，常用的有电磁铁、电磁离合器和接触器等。

1. 电磁铁

电磁铁是将电磁能转换为机械能的电器元件，广泛应用于机械制动、牵引及流体传动中的换向阀。它也是电磁离合器、接触器和继电器的主要组成部分。

电磁铁由吸引线圈、铁芯和衔铁3部分组成，如图1.19所示。直流电磁铁的铁芯用整块软钢制成，而交流电磁铁的铁芯用硅钢片冲压叠铆而成。

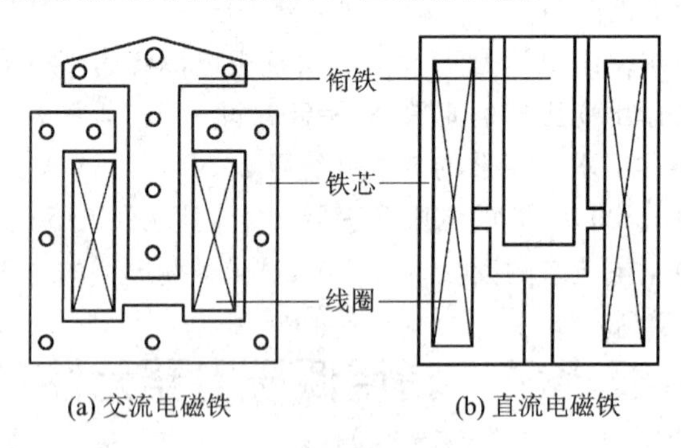

(a) 交流电磁铁　　(b) 直流电磁铁

图1.19　电磁铁的几种形式

阀用电磁铁分为交流阀用电磁铁和直流阀用电磁铁，如图1.20所示。交流阀用电磁铁用于交流50 Hz，额定电压为110 V、220 V和380 V的电路中，作为控制液体或气体管路的电磁阀的动力元件。直流阀用电磁铁用于额定电压为24 V和110 V的直流电路中，作为液压控制系统开关电磁阀的动力元件。

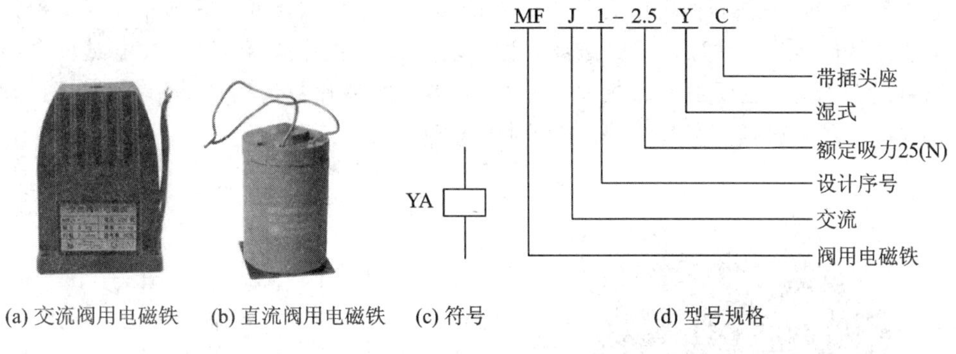

(a) 交流阀用电磁铁　(b) 直流阀用电磁铁　(c) 符号　(d) 型号规格

图 1.20　阀用电磁铁

牵引电磁铁分为推动式和拉动式两种类型，如图 1.21 所示，主要用于各种机床和自动控制设备中，推斥或牵引其他机械装置，以达到自控或遥控的目的。当给牵引电磁铁的线圈通电时，衔铁吸合，通过牵引杆来驱动被操作机构。线圈的额定电压有 36 V、110 V、127 V、220 V、380 V 等。

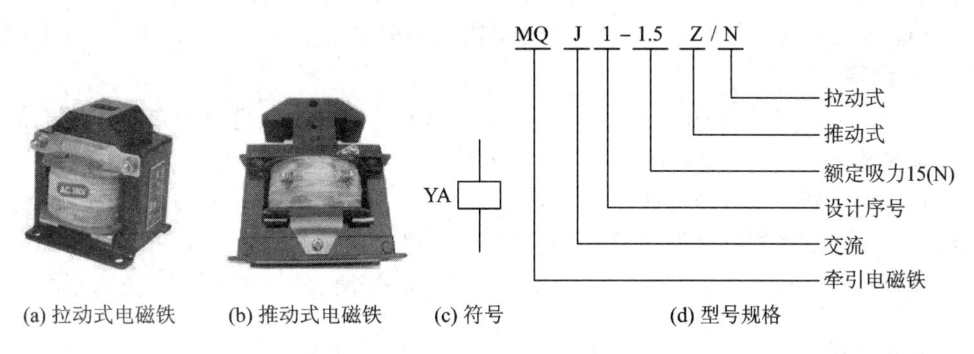

(a) 拉动式电磁铁　(b) 推动式电磁铁　(c) 符号　(d) 型号规格

图 1-21　牵引电磁铁

制动电磁铁由衔铁、线圈、铁芯、牵引杆等组成，按抱闸配合的行程可分为长行程制动电磁铁和短行程制动电磁铁两种。制动电磁铁主要用来进行机械制动，通常与闸瓦式制动架配合使用，使电动机准确且快速停车，如图 1.22 所示。

当线圈通电后，衔铁向上运动并提升牵引杆，借牵引杆来操作机械制动装置；当线圈断电后，衔铁受自身重量和牵引杆重量的重力作用而释放，随带的空气阻尼式缓冲装置可以根据传动要求调节刹车制动时间。其线圈的额定电压有 220 V 和 380 V 两种。

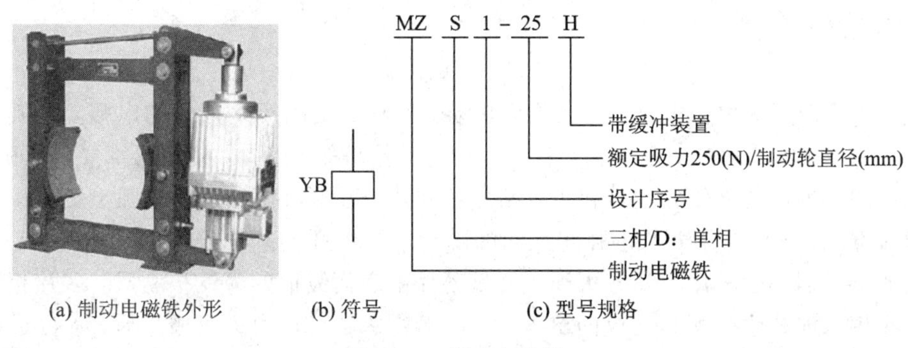

(a) 制动电磁铁外形　(b) 符号　(c) 型号规格

图 1.22　制动电磁铁

2. 电磁离合器

电磁离合器是一种利用电磁力的作用来传递或中止机械传动的扭矩的电器。根据结构不同，电磁离合器分为摩擦片式电磁离合器、牙嵌式电磁离合器、磁粉式电磁离合器和涡流式电磁离合器等，主要由电磁线圈、铁芯、衔铁、摩擦片及连接件等组成，如图 1.23 所示。电磁离合器一般采用直流 24 V 作为供电电源。

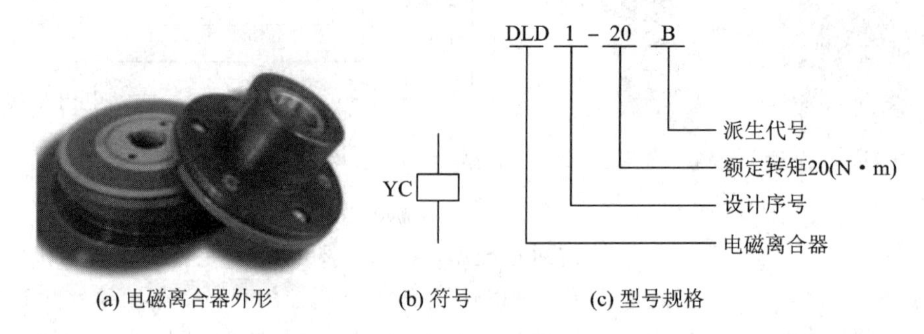

(a) 电磁离合器外形　(b) 符号　(c) 型号规格

图 1.23　电磁离合器

当线圈通电后，将摩擦片吸向铁芯，依靠主、从动摩擦片之间的摩擦力，使从动齿轮随主动轴转动；当线圈断电时，摩擦片复位，离合器即失去传递力矩的作用。

3. 接触器

接触器是一种用于接通和断开交、直流主电路及大容量控制电路的自动切换电器，其主要控制对象是电动机，也可用于控制电热器等电力负载，应用十分广泛。

电磁式接触器的基本结构如图 1.24(b)所示，主要包括电磁结构、触点和灭弧装置等。电磁结构在介绍电磁铁时已做说明，不再重复。接触器的主触点用于通断主电路，一般由接触面较大的动合触点组成；辅助触点用于通断电流较小的控制电路。

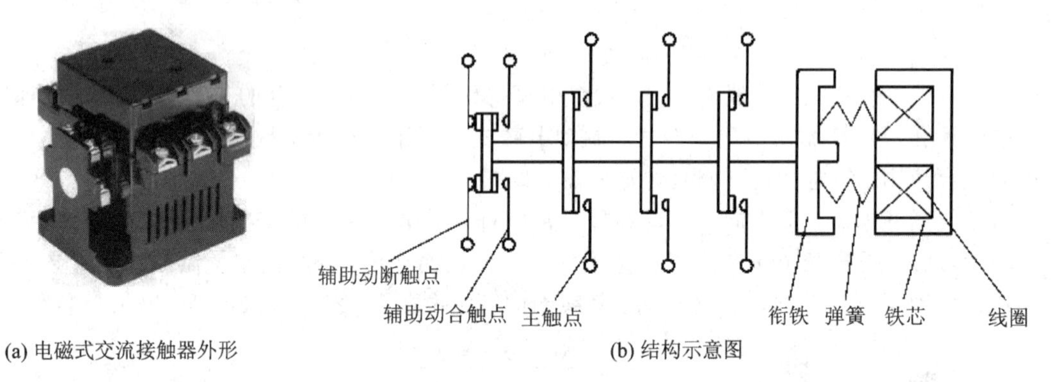

(a) 电磁式交流接触器外形　(b) 结构示意图

图 1.24　电磁式接触器

接触器在分断大电流电路时，往往会在动、静触点之间产生很强的电弧，电弧会使触点烧伤，还会使电路切断时间加长，甚至会引起其他事故，因此，接触器都要有灭弧装置。容量较小的接触器的灭弧方法是利用双断点桥式触点在断开电路时将电弧分割成两段，以提高起弧电压，同时利用两段电弧相互间的电动力使电弧向外拉长，冷却并迅速熄灭。容量较大的接触器一般采用灭弧栅灭弧。灭弧栅片由表面镀铜的薄铁板制成，多片相互隔开并排在石棉水泥或耐弧塑料制成的罩内。当电弧受磁场作用力进入栅片后，被分成许多串联的短弧，使每一个短弧上的电压无法足以支持起弧，导致电弧熄灭。

接触器的工作原理是：当接触器线圈通电后，电磁吸力克服弹簧的反力，将衔铁吸合并带动支架移动，使主触点闭合，从而接通主电路；当线圈断电时，在弹簧作用下，衔铁带动触点断开主电路。

接触器的图形、文字符号及型号说明如图 1.25 所示。

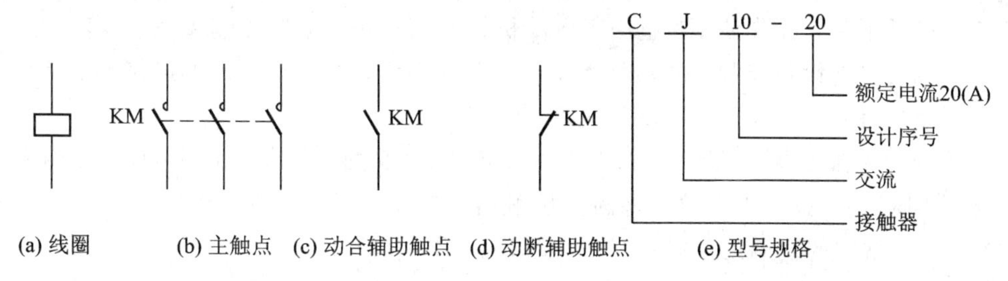

图 1.25　接触器图形、文字符号与型号规格

直流接触器主要用于远距离接通和分断直流电路以及频繁起动、停止、反转和反接制动的直流电动机，也可以用于频繁接通和断开的起重电磁铁、电磁阀、离合器的电磁线圈等。

直流接触器的结构和工作原理与交流接触器基本相同，也由电磁系统、触点系统和灭弧装置组成。由于线圈中通入直流电，铁芯不会产生涡流，可用整块铸铁或铸钢制成铁芯，不需要短路环。直流接触器通入直流电，吸合时没有冲击起动电流，不会产生猛烈撞击现象，因此使用寿命长，适宜频繁操作场合。

但直流接触器灭弧较困难，一般都要采用灭弧能力较强的磁吹式灭弧装置。

低压交流真空接触器是以真空为灭弧介质的一种新型接触器，其外形及结构原理如图 1.26 所示。真空接触器主触点密封在真空管内。管内(又称真空灭弧室)以真空作为绝缘和灭弧介质，位于真空中的触点一旦分离，触点间将产生由金属蒸气和其他带电粒子组成的绝缘介质，且恢复速度很快。真空电弧的等离子体很快向四周扩散，在第一次电压过零时，真空电弧就能熄灭(燃弧时间一般小于 10 ms)，分断电流。由于熄弧过程是在密封的真空容器中完成的，电弧和炽热的气体不会向外界喷溅，所以开断性能稳定可靠，不会污染环境。

(a) 低压交流真空接触器外形

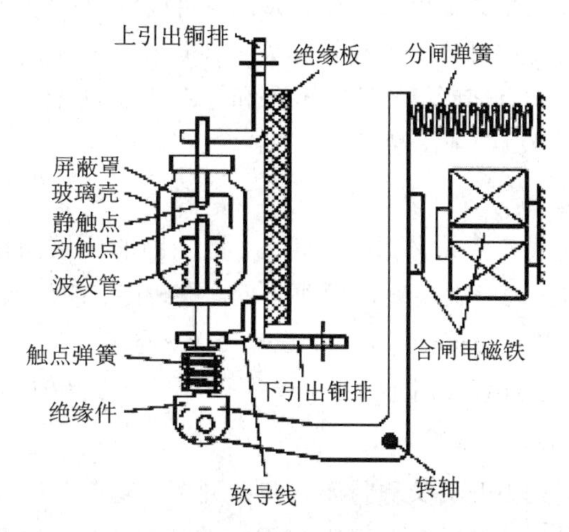

(b) 低压交流真空接触器的结构原理

图 1.26　低压交流真空接触器

真空接触器特别适用于电压较高(660 V和1140 V)、操作频率高的供电回路，以及煤矿、冶金工厂、化工厂和水泥厂等要求防尘、防爆的恶劣环境中。

由于特殊的结构和灭弧介质，真空接触器具有分断能力强、触点不氧化、电弧不外露、安全可靠、使用寿命长、免维护、低噪声等优点。真空接触器卓越的开断技术使其能在特别苛刻的条件下频繁操作使用，适用于电动机控制与保护、电器控制等场合，广泛应用于各工业领域的电器设备控制，可完全替代传统电器使用，并具有良好的经济性。常用的真空接触器型号有CKJ3、CKJ5、CKJ9等系列。

常用的交流接触器有CJ10、CJ12、CJ20、B、3TB系列。CJ是国产系列产品，B系列是引进德国BBC公司技术生产的一种新型接触器，3TB系列是引进德国西门子公司技术生产的新产品。常用的直流接触器有CZ0、CZ18、CZ28系列。

接触器的选择原则如下。

(1) 接触器的类型选择。实际应用时应根据电路中负载电流的种类选择接触器。控制交流负载应选用交流接触器，控制直流负载应选用直流接触器。当直流负载容量较小时，也可用交流接触器控制，但触点的额定电流应适当选择大一些。

(2) 额定电压的选择。接触器的额定电压(主触点的额定电压)应大于或等于负载回路的额定电压。

(3) 额定电流的选择。接触器的额定电流(主触点的额定电流)应大于或等于负载回路的额定电流。

(4) 线圈额定电压的选择。线圈额定电压应与所在控制电路的额定电压等级一致。

1.2.2 检测电器

检测电器的作用是将模拟量转换为开关量。模拟量可以是电流、电压等电量，也可以是温度、行程、速度、压力等非电量。

1. 刀开关、组合开关

刀开关是手动电器中结构最简单的一种，主要有胶盖式、铁壳式和熔断器式等类型。刀开关按极数可分为单极刀开关、双极刀开关和三极刀开关，如图1.27(a)～(d)所示。有些开关内装有熔断器，具有短路和过载保护功能。一般安装时，开关必须垂直安装，手柄向上，不得倒装或平装。

1) 胶盖式刀开关

胶盖式刀开关又称闸刀开关，是一种非频繁操作的开启式负荷开关。如图1.27(e)所示，胶盖式刀开关主要由操作手柄、进线座、静触点、熔丝、出线座、刀片式动触点和瓷底板组成，常在交流50 Hz、电压380 V、电流60 A以下的电力线路中用作不频繁操作的电源开关，也可直接用于4.5 kW及以下的异步电动机全压起动控制。

2) 铁壳式刀开关

铁壳式刀开关又称封闭式负荷开关，是在开启式负荷开关基础上改进的一种开关。由于开启式负荷开关没有灭弧装置，手动操作时，触刀断开速度比较慢，在分断大电流时，往往会有很大的电弧向外喷出，有可能引起相间短路，甚至灼伤操作人员。封闭式负荷开关消除了此类缺点，在断口处设置灭弧罩，将整个开关本体装在一个防护壳体内，因此操作更

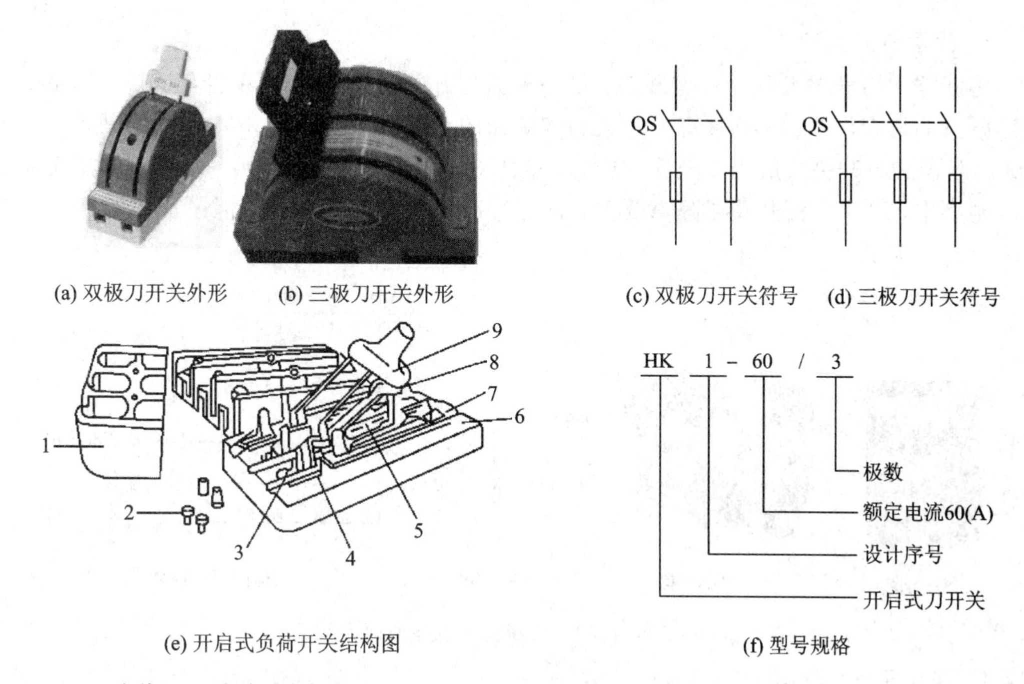

(a) 双极刀开关外形　(b) 三极刀开关外形　(c) 双极刀开关符号　(d) 三极刀开关符号

(e) 开启式负荷开关结构图　(f) 型号规格

1—胶盖；2—胶盖固定螺钉；3—进线座；4—静插座；5—熔丝；6—瓷底板；7—出线座；8—动触刀；9—瓷柄

图 1.27　胶盖式刀开关

安全可靠。铁壳式刀开关可直接用于 15 kW 及以下的异步电动机的非频繁全压起动控制。

图 1.28 所示为 HH 系列铁壳式刀开关，主要由触刀、静插座、熔断器、速动弹簧、手柄操作机构和外壳组成。其操作机构有两个特点。一是为了迅速熄灭电弧，采用储能分合闸方式。在手柄转轴与底座之间装有速动弹簧，能使开关快速接通或断开，与手柄操作速度无关。二是为了保证用电安全，在开关的外壳上装有机械联锁装置。保证了开关合闸时，箱盖不能打开，而箱盖打开时，开关不能合闸。

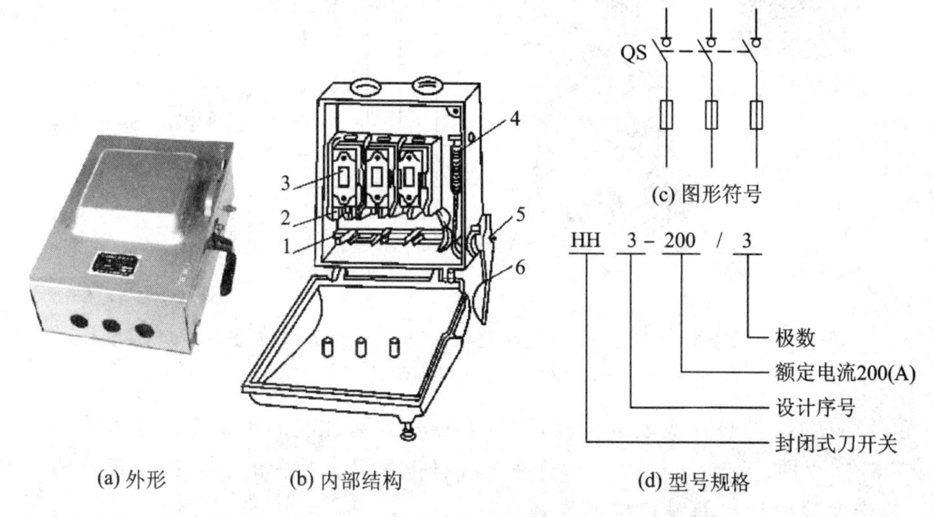

(a) 外形　(b) 内部结构　(c) 图形符号　(d) 型号规格

1—触刀；2—静插座；3—熔断器；4—速动弹簧；5—转轴；6—手柄

图 1.28　铁壳式刀开关

3）熔断器式刀开关

熔断器式刀开关又称为刀熔开关，是一种新型开关，它利用RT0型有填料熔断器具有刀形触点的熔管作为刀刃，具有刀开关和熔断器的双重功能。图1.29所示为熔断器式刀开关。熔断器式刀开关一般用于交流50 Hz、电压380 V、负荷电流100～500 A的工矿企业配电网络中，可作电源开关或隔离开关，具有过载保护和短路保护，但一般不宜用于直接通断单台电动机。

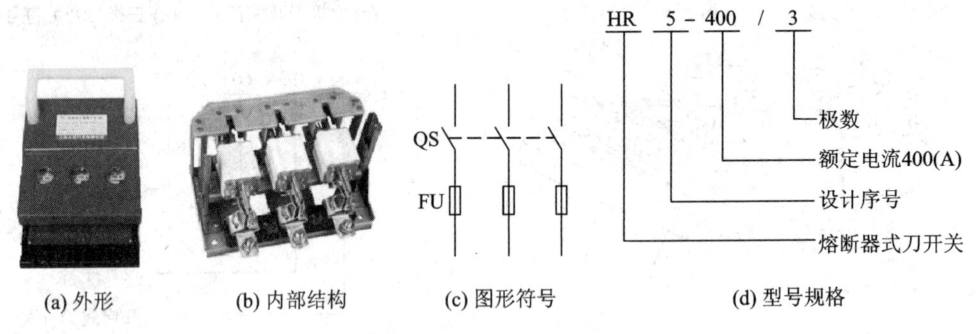

图1.29　熔断器式刀开关

4）组合开关

组合开关又称转换开关，是一种多挡位、多触点、能够控制多个回路的手动电器。如图1.30所示，组合开关主要由手柄、转轴、弹簧、凸轮、绝缘垫板、动触片、静触片、接线柱和绝缘杆组成，其中手柄、转轴、弹簧、凸轮、绝缘垫板和绝缘杆等构成转换开关的操作机构和定位机构，动触片、静触片和绝缘钢纸板等构成触点系统。若干个触点系统串套在绝缘杆上，转动手柄就可以改变触片的通断位置，以达到接通或断开电路的目的。

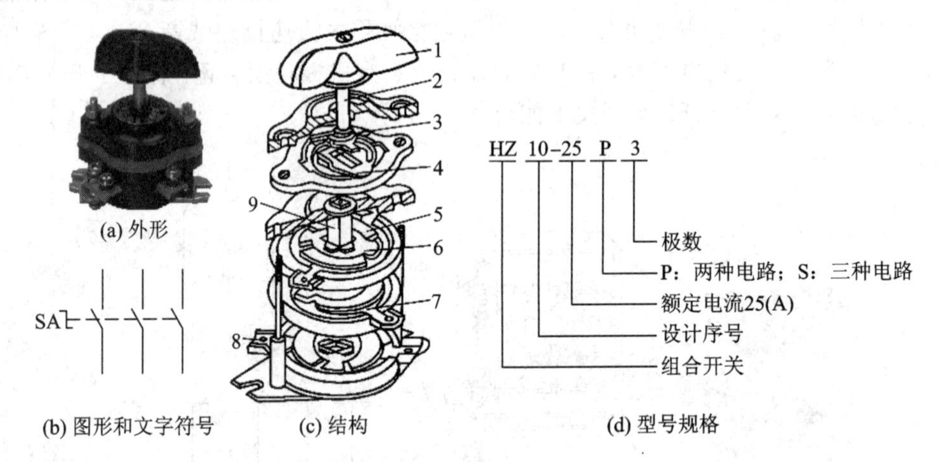

1—手柄；2—转轴；3—弹簧；4—凸轮；5—绝缘垫板；6—动触片；7—静触片；8—接线柱；9—绝缘杆

图1.30　HZ10系列组合开关

动触片由两片磷铜片（或硬紫铜片）和具有良好灭弧性能的绝缘钢纸板铆合而成，其结构有90°、180°两种，和绝缘垫板一起套在绝缘杆上。组合开关的手柄能向正反两个方向转动90°，并带动动触片与静触片接通或断开。

组合开关有单极、双极和多极之分。在开关的上部装有定位机构，它能使触片处在一定的位置上。定位角分 30°、45°、60°、90°等几种。

下面介绍组合开关的选择与安装使用。

组合开关结构紧凑，安装面积小，操作方便，广泛用于机床电路和成套设备中，主要用作电源的引入开关，用来接通和分断小电流电路，如电流表、电压表的换相测量等，也可以用于控制小容量电动机，如 5 kW 以下小功率电动机的起动、换向和调速。常用型号有 HZ5、HZ10 系列。

选择组合开关时，应根据用电设备的电压等级、所需触点数及电动机的功率进行。

(1) 用于照明或电热电路时，组合开关的额定电流应等于或大于被控制电路中各负载电流的总和。

(2) 用于电动机电路时，组合开关的额定电流应取电动机额定电流的 1.5～2.5 倍。

(3) 组合开关的通断能力较弱，不能用来分断故障电流。当用于控制异步电动机的正反转时，必须在电动机停转后才能反向起动，且每小时的接通次数不能超过 15～20 次。

(4) 组合开关本身不带过载和短路保护，如果需要这类保护，就必须增加其他保护电器。

2. 控制按钮

1) 控制按钮的结构与分类

控制按钮是一种结构简单、使用广泛的手动主令电器，它可以与接触器或继电器配合，对电动机实现远距离的自动控制。

控制按钮的分类形式较多，按结构形式可分为开启式(K)、保护式(H)、防水式(S)、防腐式(F)、紧急式(J)、钥匙式(Y)、旋钮式(X)和带指示灯式(D)等。常用的控制按钮如图 1.31 所示。

(a) 带指示灯式

(b) 紧急式

(c) 钥匙式

图 1.31　控制按钮的外形图

控制按钮由按钮帽、复位弹簧、桥式触点和外壳等组成，如图 1.32 所示。通常做成复合式，即具有常闭触点和常开触点。按下按钮时，先断开常闭触点，后接通常开触点；按钮释放后，在复位弹簧的作用下，按钮触点自动复位的先后顺序相反。通常在无特殊说明的情况下，有触点电器的触点动作顺序均为“先断后合”。

2) 控制按钮的选择与使用

在电器控制线路中，常开按钮常用来起动电动机，也称起动按钮，常闭按钮常用于控制电动机停车，也称停车按钮，复合按钮用于联锁控制电路中。常用的控制按钮有 LA2、LA18、LA19、LA20、LA39 和 LAY1 等系列。为了便于识别按钮的作用，通常在按钮帽上标记不同的颜色，如红色表示停止按钮，绿色表示起动按钮，黑色、白色或灰色表示点动

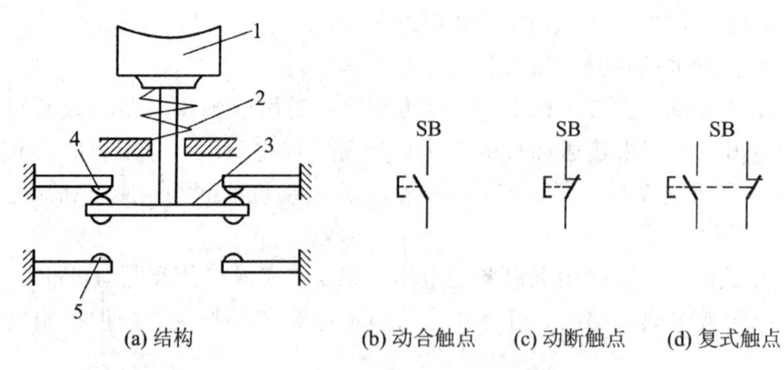

(a) 结构　　(b) 动合触点　　(c) 动断触点　　(d) 复式触点

1—按钮帽；2—复位弹簧；3—动触桥；4—动断静触点；5—动合静触点

图 1.32　控制按钮的结构与图形符号

按钮，蘑菇形表示急停按钮。控制按钮的选择主要依据使用场所、所需要的触点数量、种类及颜色。控制按钮的型号如图 1.33 所示。

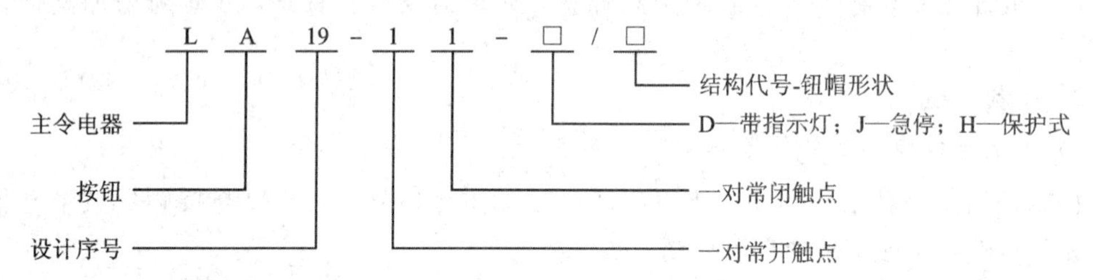

图 1.33　控制按钮的型号

3. 行程开关

行程开关又称限位开关。在电力拖动系统中，常常需要控制运动部件的行程，以改变电动机的工作状态，如机械运动部件移动到某一位置时，要求自动停止、反向运动或改变移动速度，从而实现行程控制或限位保护，此时就可以使用行程开关。行程开关的结构、工作原理与按钮相同，其特点是不靠手动，而是利用生产机械某些运动部件的碰撞使触点动作，发出控制指令。行程开关主要应用于各类机床和起重机械控制电路中。

行程开关的种类很多，常用的行程开关有直动式、单轮旋转式和双轮旋转式，如图 1.34 所示，常见的型号有 LX19、LX21、LX22、LX32、JLXK1 等系列。

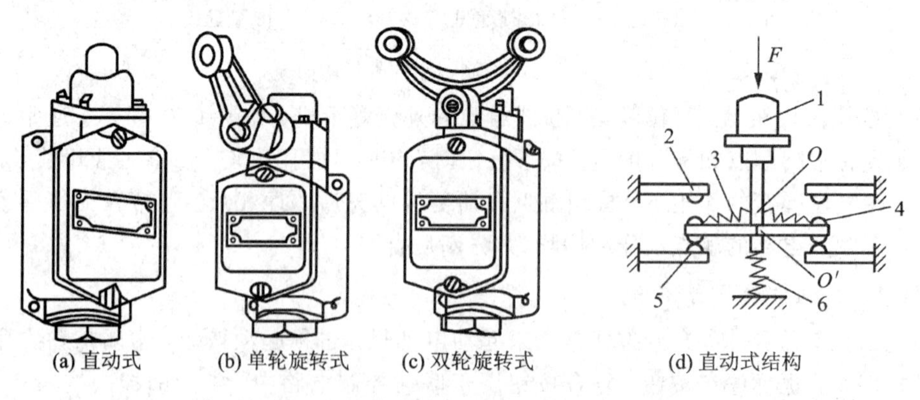

(a) 直动式　　(b) 单轮旋转式　　(c) 双轮旋转式　　(d) 直动式结构

1—顶杆；2—常开触点；3—触点弹簧；4—动触点；5—常闭触点；6—复位弹簧

图 1.34　行程开关的外形与结构

LX19 及 JLXK1 型行程开关都具有一个常闭触点和一个常开触点，其触点有自动复位(直动式、单轮式)和不能自动复位(双轮式)两种类型。

各种行程开关的结构基本相同，大都由推杆、触点系统和外壳等部件组成，区别仅在于各种行程开关的传动装置和动作速度有所不同。

行程开关的型号与符号说明如图 1.35 所示。

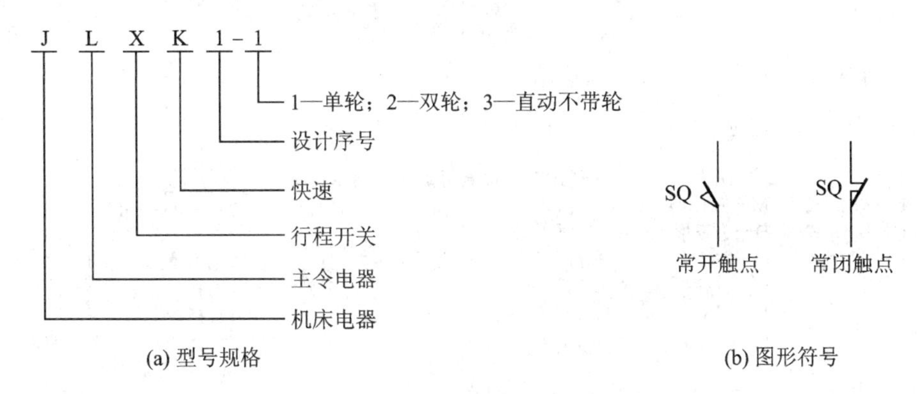

图 1.35　行程开关的型号规格与图形符号

4. 接近开关

接近开关又称无触点行程开关，是一种与运动部件无机械接触而能操作的行程开关。当运动的物体靠近开关到一定位置时，开关即发出信号，从而实现行程控制、计数与自动控制的作用。

1) 接近开关的外形、电路符号及型号含义

图 1.36 所示为几种常用接近开关的外形。图 1.37 所示为接近开关的电路符号。

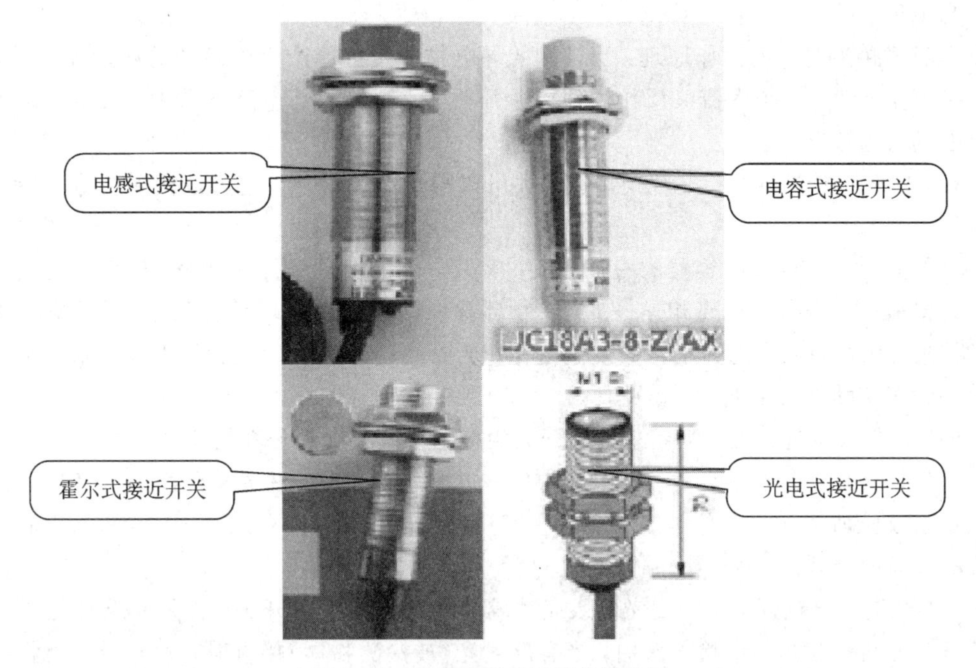

图 1.36　几种常用接近开关的外形

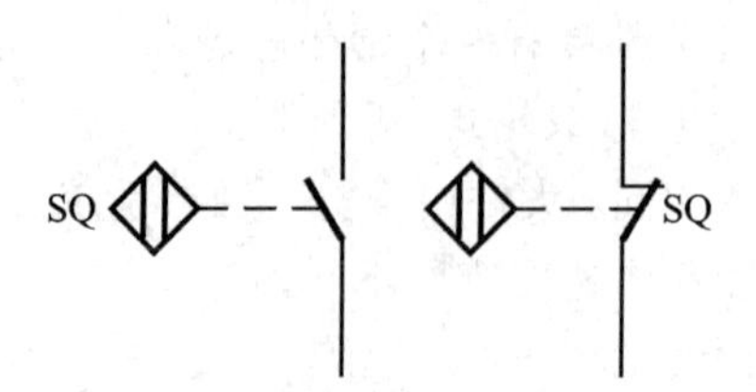

图 1.37　接近开关的电路符号

接近开关的型号及其含义表示如图 1.38 所示。

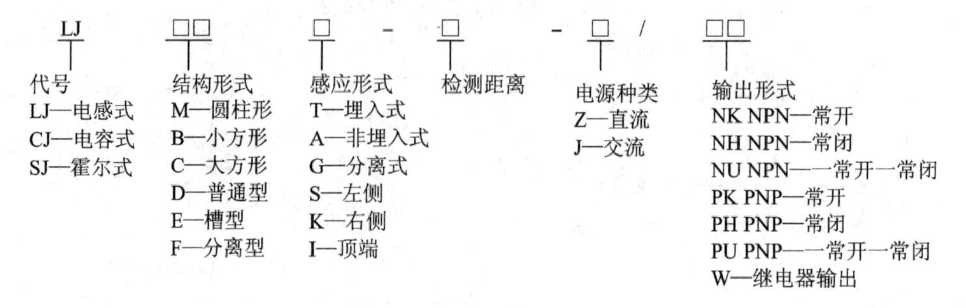

图 1.38　接近开关的型号及其含义

2）接近开关的分类

接近开关除了可以实现行程控制和限位控制外，还是一种非接触型的检测装置，可用于检测零件尺寸和测速，也可用于变频计数器、变频脉冲发生器、液面控制和加工程序的自动衔接等。

根据对物体“感知”方法的不同，可以把接近开关分为以下 4 种。

（1）电感式接近开关。电感式接近开关也称为涡流式接近开关，其所能检测的物体必须是导电体。

电感式接近开关的工作原理：当被测的导电物体接近能产生电磁场的接近开关时，物体内部产生涡流，这个涡流又反作用到接近开关，使开关内部电路参数发生变化，从而控制开关的接通或断开。

（2）电容式接近开关。电容式接近开关可以检测金属导体，也可以检测绝缘的液体或粉状物。

开关的测量头构成电容器的一个极板，而另一个极板是开关的外壳。外壳在测量过程中通常接地或与设备的机壳相连接。当有物体移向接近开关时，不论它是否为导体，由于它的接近，总要使电容的介电常数发生变化，从而使电容量发生变化，使得和测量头相连的电路状态也随之发生变化，由此便可控制开关的接通或断开。

（3）霍尔式接近开关。霍尔式接近开关的检测对象必须是磁性物体。

霍尔元件是一种磁敏元件。当磁性物件靠近霍尔开关时，开关检测面上的霍尔元件因产生霍尔效应而使开关内部电路状态发生变化，由此识别附近有磁性物体存在，进而控制开关的接通或断开。

（4）光电式接近开关。利用光电效应制成的开关称为光电开关。将发光器件与光电器件按一定方向装在同一个检测头内，当有反射光（被检测物体）接近时，光电器件接收到反射光信号，由此便可“感知”有物体接近。

光电式接近开关几种常见的接线方法如图 1.39 所示。

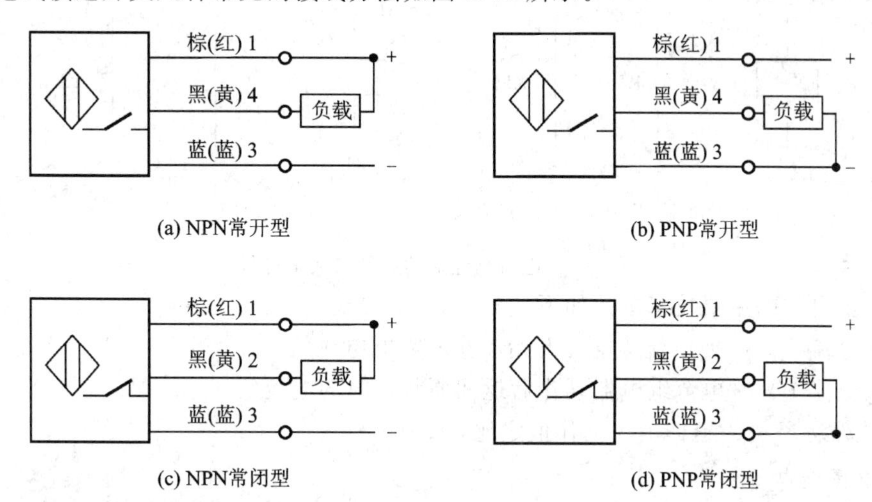

(a) NPN常开型 (b) PNP常开型

(c) NPN常闭型 (d) PNP常闭型

图 1.39 几种常见光电式接近开关的接线方法

5. 电流及电压继电器

电流及电压继电器属于电磁式继电器，其动作原理与接触器基本相同，主要由电磁机构和触点系统组成。因为继电器无需分断大电流电路，故触点均为无灭弧装置的桥式触点。

1）电流继电器

电流继电器是一种电磁式继电器，输入量为电流，主要用于检测供电线路、变压器、电动机等的负载电流大小，具有短路和过载保护。电流继电器的线圈串联在被测电路中，根据通过线圈电流值的大小而动作。为降低负载效应和对被测量电路参数的影响，其线圈的导线粗、匝数少、线圈阻抗小。常用电流继电器分为过电流继电器和欠电流继电器两种，如图 1.40 所示。

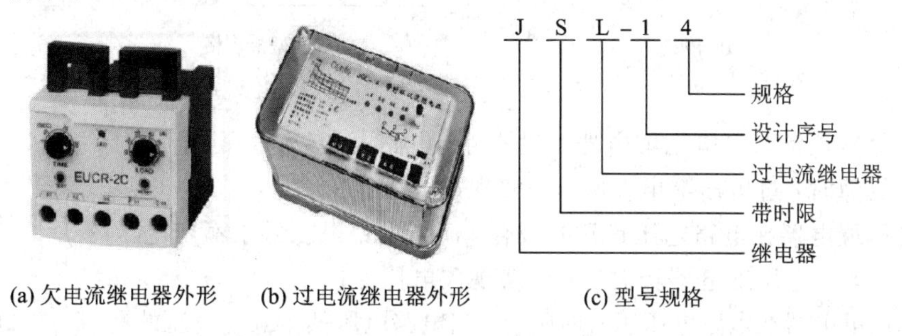

(a) 欠电流继电器外形 (b) 过电流继电器外形 (c) 型号规格

图 1.40 电流继电器的外形与型号

（1）欠电流继电器。当继电器中的电流低于某整定值，如低于额定电流的 10%～20% 时，继电器释放，触点复位，此类继电器称为欠电流继电器。欠电流继电器在通过正常工作电流时，衔铁吸合，触点动作。这种继电器常用于直流电动机和电磁吸盘的失磁保护。

（2）过电流继电器。当继电器中的电流超过某一整定值，如超过交流过电流继电器额定电流的 1.1～4 倍或超过直流过电流继电器额定电流的 0.7～3.5 倍时，触点动作，此类继电器称为过电流继电器。过电流继电器在通过正常工作电流时不动作，主要用于频繁和重载起动场合，可用于电动机和主电路的短路和过载保护。

电流继电器的图形与文字符号如图 1.41 所示。

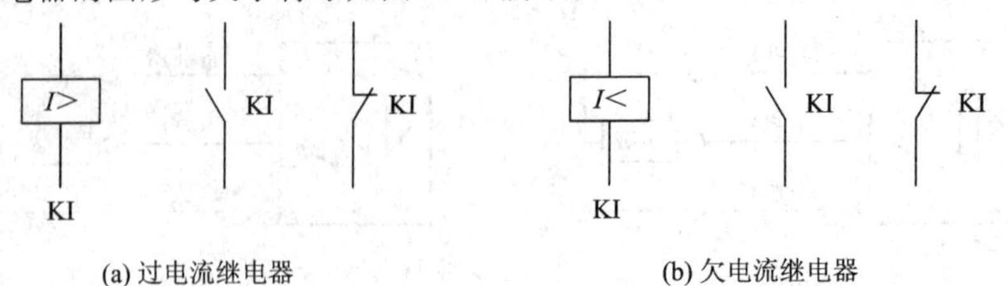

(a) 过电流继电器　　(b) 欠电流继电器

图 1.41　电流继电器的图形与文字符号

电流继电器的主要技术参数如下：

动作电流 I_q——使电流继电器开始动作所需的电流值。

返回电流 I_f——电流继电器动作后返回原状态时的电流值。

返回系数 K_f——返回值与动作值之比，$K_f = I_f / I_q$。

2）电压继电器

输入量为电压的继电器称为电压继电器。电压继电器主要用于检测供电线路电压的大小，具有缺相保护、错相保护、过压和欠压保护以及电压不平衡保护等。电压继电器的线圈并联在被测电路中，根据通过线圈电压值的大小而动作，其线圈的匝数多、线径细、阻抗大。电压继电器按线圈中电流的种类可分为交流电压继电器和直流电压继电器；按吸合电压大小不同，又分为过电压、欠电压和零电压继电器。图 1.42 所示为电压继电器的外形与型号规格。

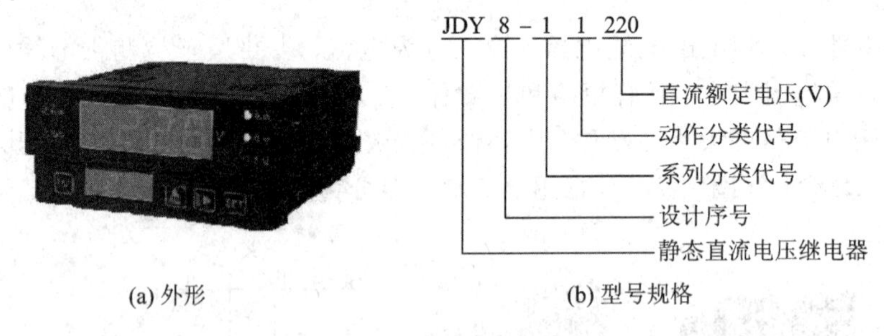

(a) 外形　　(b) 型号规格

图 1.42　电压继电器

电路电压正常时过电压继电器不动作，当电路电压超过额定电压的 1.1～1.5 倍，即发生过电压故障时，过电压继电器吸合，实现过电压保护。

欠电压继电器在电路电压正常时吸合，而当电路电压低于额定电压的 0.4～0.7 倍，即发生欠压时，欠电压继电器释放复位，实现欠电压保护。

零电压继电器在电路电压正常时吸合，当电路电压低于额定电压的 0.05～0.25 倍，即发生零压时，继电器及时释放，实现失压保护。图 1.43 所示为电压继电器的图形与文字符号。

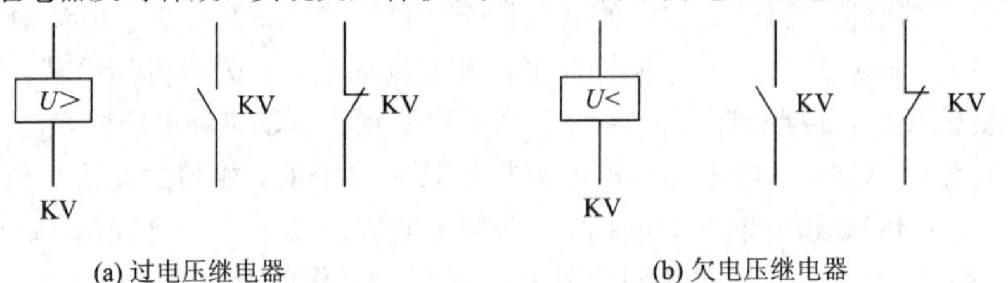

(a) 过电压继电器　　(b) 欠电压继电器

图 1.43　电压继电器的图形和文字符号

6. 速度、温度、压力继电器

1）速度继电器

速度继电器又称反接制动继电器，是一种电动机的转速达到规定值时，其触点动作的继电器。它将转速的变化信号转换为电路通断的信号，主要用于笼型异步电动机反接制动控制电路中，当反接制动下的电动机转速下降到规定值时，自动切断电源，防止电动机反转。

图 1.44 所示为速度继电器的外形和结构原理图。速度继电器主要由定子、转子和触点 3 部分组成。转子是一个圆柱形永久磁铁，其轴与被控电动机的轴直接相连，随电动机的轴一起转动。定子是一个笼型空心圆环，由硅钢片叠成，并装有笼型绕组。

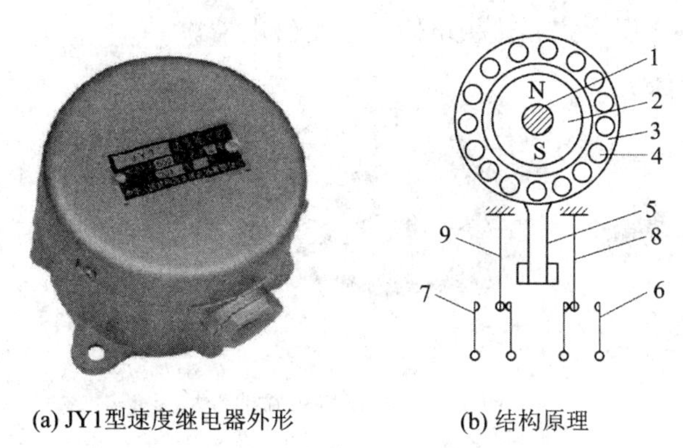

(a) JY1型速度继电器外形　　(b) 结构原理

1—转轴；2—转子；3—定子；4—绕组；5—摆锤；6、7—静触点；8、9—动触点

图 1.44　速度继电器的外形和结构原理

速度继电器的工作原理：当电动机转动时，带动速度继电器的转子转动，在空间产生一个旋转磁场，并在定子绕组中产生感应电流，该电流与旋转的转子磁场作用产生转矩，使定子随转子转动方向而偏转，其偏转角度与电动机的转速成正比；当偏转到一定角度时，带动与定子相连的摆锤推动动触点动作，使常闭触点断开，随着电动机转速进一步升高，摆锤继续偏摆，推动常开触点闭合；当电动机转速下降时，摆锤偏转角度随之下降，动触点在簧片作用下复位，即常开触点断开，常闭触点闭合。

一般速度继电器的动作转速为 120 r/min，复位转速为 100 r/min。常用的速度继电器有 JY1 型、JFZ0－1 和 JFZ0－2 型。图 1.45 所示为速度继电器的型号规格和图形符号。

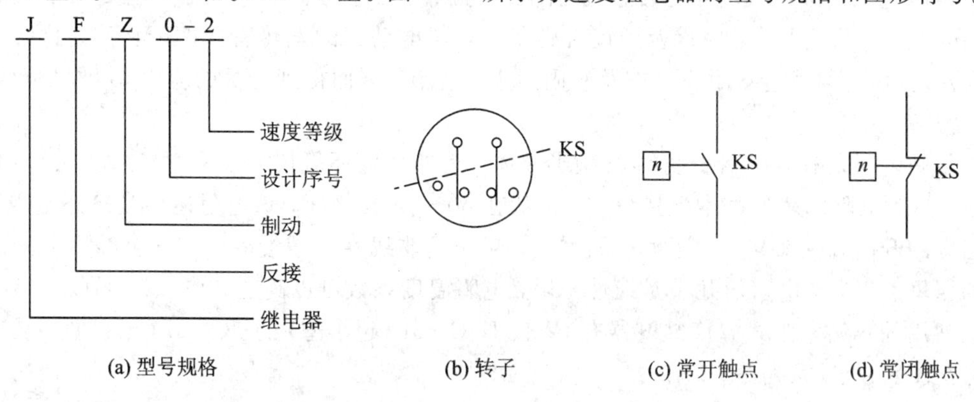

(a) 型号规格　　(b) 转子　　(c) 常开触点　　(d) 常闭触点

图 1.45　速度继电器的型号规格与图形符号

2）温度继电器

温度继电器是一种微型过热保护元件。它利用温度敏感元件（如热敏电阻）阻值随被测温度变化而改变的原理，经电子线路比较放大，驱动小型继电器动作，从而迅速、准确地反映某点的温度，主要用于电气设备在非正常工作情况下的过热保护以及介质温度控制。例如，用于电动机的过载或堵转故障的过热保护，将其埋设在电动机定子槽内或绕组端部等，当电动机绕组温度或介质温度超过某一允许温度值时，温度继电器快速动作切断控制电路，起到保护作用，而当电动机绕组温度或介质温度冷却到继电器的复位温度时，温度继电器又能自动复位，重新接通控制电路。

图1.46所示为温度继电器的外形，它在电子电路图中的符号是“FC”。温度继电器可分为两种类型，即双金属片式和热敏电阻式温度继电器。

图1.46 温度继电器的外形

（1）双金属片式温度继电器。

双金属片式温度继电器的工作原理与热继电器相似。其结构是封闭式的，一般被埋设在电动机的定子槽内、绕组端部或者绕组侧旁，以及其他需要保护处，甚至可以置于介质当中，以防止电动机因过热而被烧坏。因此，这种继电器也可用作介质温度控制。常用的产品有JW2系列和JW6系列。

双金属片式温度继电器的缺点是加工工艺复杂，且双金属片易老化。另外，当为电动机的堵转提供保护时，由于这种继电器体积偏大，不便埋设，多置于绕组端部，因此很难及时反映温度上升的情况，以致出现动作滞后的现象。正是基于以上几点原因，双金属片式温度继电器的应用受到一定程度的限制。

（2）热敏电阻式温度继电器。

热敏电阻式温度继电器是以热敏电阻作为感测元件的温度继电器，主要用于过热保护、温度控制与调节、延时以及温度补偿等，有与电动机的发热特性匹配良好、热滞后性小、灵敏度高、体积小、耐高温以及坚固耐用等优点，因而得到广泛的应用，可取代双金属片式温度继电器。

热敏电阻是有两根引出线的N型半导体，其外部以环氧树脂密封。当温度在65 ℃以下时，热敏电阻的阻值基本保持恒定，一般在60～85 Ω之间，该电阻值称为冷态电阻。随着温度的升高，热敏电阻的阻值开始增大，起初是非线性地缓慢变化，直至温度上升到材料的居里点以后，电阻值几乎是线性剧增，电阻温度系数可以高达20%～30%以上。

常用的热敏电阻式温度继电器有JW4、JUC-3F（超小型）、JUC-6F（超小型中功率）、WSJ-100（数显）系列等。

3）压力继电器

压力继电器是一种将压力的变化转换成电信号的液压器件，又称压力开关。压力继电器通常用于机床液压控制系统中，根据油路中液体压力的变化情况决定触点的断开与闭合。当油路中液体压力达到压力继电器的设定值时，发出电信号，使电磁铁、控制电动机、时间继电器、电磁离合器等电气元件动作，使油路卸压、换向。执行元件实现顺序动作或关闭电动机，使系统停止工作，从而实现对机床的保护或控制。图1.47所示为压力继电器的外形。

图1.47　压力继电器的外形

压力继电器由缓冲器、橡皮薄膜、顶杆、压缩弹簧、调节螺母和微动开关等组成，如图1.48所示。微动开关和顶杆的距离一般大于0.2 mm，压力继电器装在油路(或气路、水路)的分支管路中。当管路压力超过整定值时，通过缓冲器和橡皮薄膜顶起顶杆，使微动开关动作，使常闭触点1、2端断开，常开触点3、4端闭合。当管路中压力低于整定值时，顶杆脱离微动开关而使触点复位。

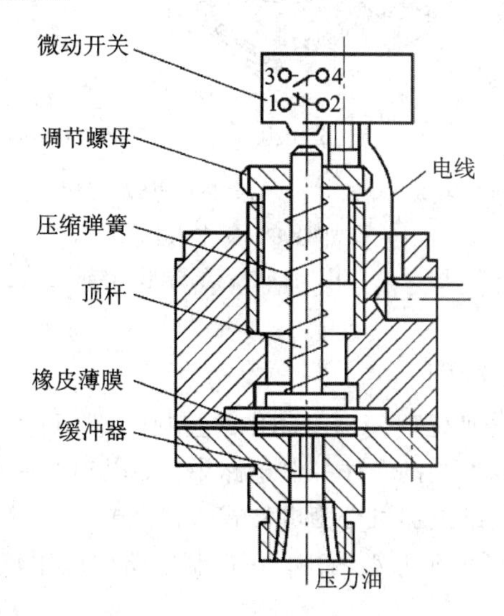

图1.48　压力继电器的结构示意图

使用压力继电器时，应注意压力继电器必须安装在压力有明显变化的地方才能输出电信号。如果将压力继电器安装在回油路上，由于回油路直接接回油箱，压力没有变化，所以压力继电器不会工作。调节压力继电器时，只需放松或拧紧调节螺母即可改变控制压力。

常用的压力继电器有YJ系列，威格DP-63A、DP-10、DP-25、DP-40管式系列，HED-10、HED-40型柱塞式压力继电器等。其中YJ系列压力继电器的额定工作电压为交流380 V，YJ－0型控制的最大压力为0.2 MPa、最小压力为0.1 MPa，YJ－1型控制的最大压力为0.6 MPa、最小压力为0.2 MPa。

1.2.3　控制电器

在传统断续控制系统中，开关量的逻辑运算、延时、计数等功能主要依靠各类控制电器来实现。

1. 中间继电器

中间继电器实质是一种电压继电器，是用来增加控制电路输入的信号数量或将信号放大的一种继电器，其结构和工作原理与接触器相同，其触点数量较多，一般有4对常开触点、4对常闭触点。触点没有主辅之分，触点容量较大(额定电流为5～10 A)，动作灵敏。其主要用途是：当其他继电器的触点数量或触点容量不够时，可借助中间继电器来扩大触点数目或增加触点容量，起到中间转换作用。图1.49所示为中间继电器的外形和结构。

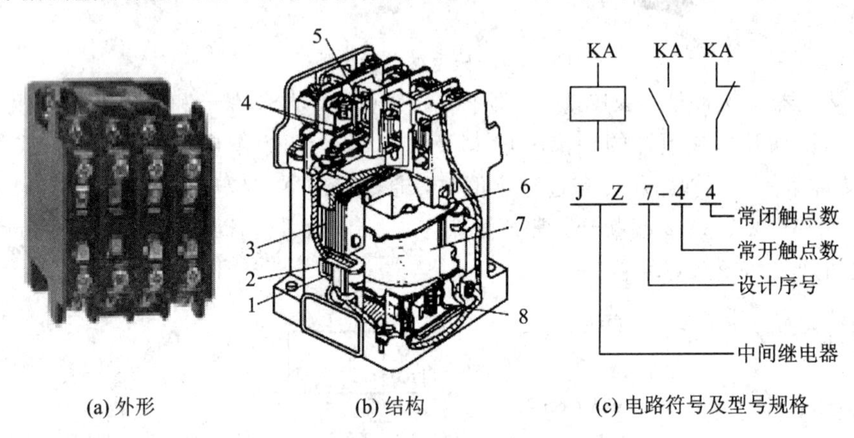

(a) 外形　　(b) 结构　　(c) 电路符号及型号规格

1—静铁芯；2—短路环；3—动铁芯；4—常开触点；5—常闭触点；6—复位弹簧；7—线圈；8—反作用弹簧

图1.49　中间继电器的外形和结构

2. 时间继电器

1) 时间继电器的结构原理

时间继电器是一种按照所需时间延时动作的控制电器，可用来协调和控制生产机械的各种动作，主要用于按时间原则的顺序控制电路中，如电动机的星-三角降压起动电路。按工作原理与构造不同，时间继电器可分为电磁式、电动式、空气阻尼式、电子式等；按延时方式可分为通电延时型和断电延时型两种。在控制电路中应用较多的是空气阻尼式、晶体管式和数字式时间继电器。

(1) 空气阻尼式时间继电器。空气阻尼式时间继电器又称气囊式时间继电器，如图1.50所示，其结构简单、受电磁干扰小、寿命长、价格低，延时范围可达0.4～180 s，但延时误差大(±10%～±20%)，无调节刻度指示，难以精确整定延时值，且延时值易受周围介质温度、尘埃及安装方向的影响。因此，空气阻尼式时间继电器只适用于对延时精度要求不高的场合。

空气阻尼式时间继电器主要由电磁机构、触点系统、气室和传动机构4部分组成。电磁机构为双E直动式，触点系统采用微动开关，气室和传动机构采用气囊式阻尼器。它是

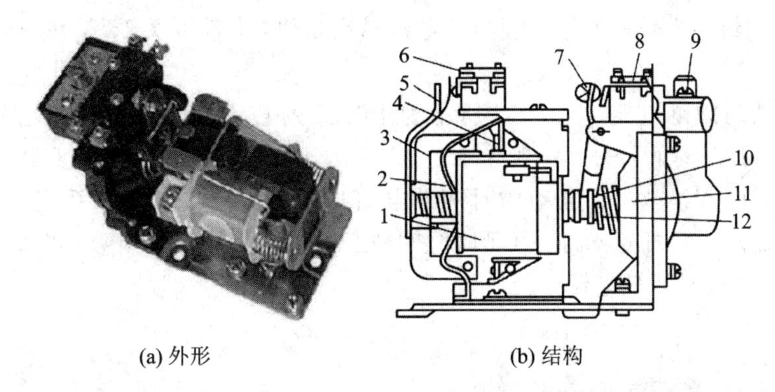

(a) 外形　　(b) 结构

1—线圈；2—反作用弹簧；3—衔铁；4—静铁芯；5—弹簧片；6—瞬时触点；7—杠杆；8—延时触点；9—调节螺钉；10—推板；11—推杆；12—宝塔弹簧

图 1.50　JS7 系列时间继电器

利用空气阻尼原理来获得延时的，分通电延时和断电延时两种类型。通电延时型时间继电器如图 1.51(a)所示。

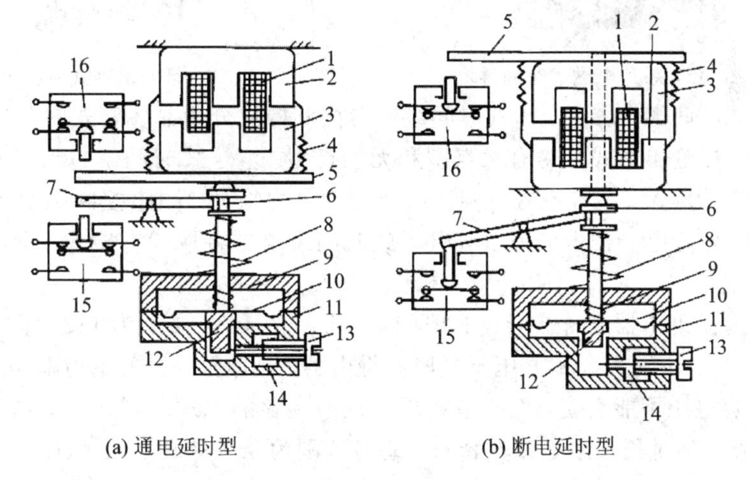

(a) 通电延时型　　(b) 断电延时型

1—线圈；2—静铁芯；3—衔铁；4—反作用弹簧；5—推板；6—活塞杆；7—杠杆；8—宝塔弹簧；9—弱弹簧；10—橡皮膜；11—空气室壁；12—活塞；13—调节螺杆；14—进气孔；15、16—微动开关

图 1.51　空气阻尼式时间继电器

当线圈 1 通电后，静铁芯 2 将衔铁 3 吸合，推板 5 使微动开关 16 立即动作，活塞杆 6 在宝塔弹簧 8 的作用下，带动活塞 12 及橡皮膜 10 向上移动，由于橡皮膜下方气室空气稀薄，形成负压，因此活塞杆 6 不能迅速上移。当空气由进气孔 14 进入时，活塞杆 6 才逐渐上移，移到最上端时，杠杆 7 才使微动开关 15 动作，使常闭触点断开、常开触点闭合，从线圈通电开始到微动开关完全动作为止的这段时间就是继电器的延时时间。通过调节螺杆 13 可调节进气孔的大小，也就调节了延时时间的长短，延时范围有 0.4～60 s 和 0.4～180 s 两种。

当线圈断电时，电磁力消失，动铁芯在反作用弹簧 4 的作用下释放，将活塞 12 推向最下端。因活塞被往下推时，橡皮膜下方气室内的空气都通过橡皮膜 10、弱弹簧 9 和活塞 12 肩部所形成的单向阀，经上气室缝隙迅速排掉，使微动开关 15 与 16 迅速复位。

若将通电延时型时间继电器的电磁机构翻转 180°后安装，可得到如图 1.50(b)所示的断电延时型时间继电器。其工作原理与通电延时型相似，微动开关15是在线圈断电后延时动作的。

(2) 电磁式时间继电器。图1.52所示为JT3系列直流电磁式时间继电器，其结构简单、价格便宜、延时时间较短，一般为0.3～5.5 s，只能用于断电延时，且体积较大。

(3) 电动式时间继电器。电动式时间继电器如JS10、JS11、JS17系列，其结构复杂、价格较贵、寿命短，但精度较高，且延时时间较长，一般为几分钟至数小时。图1.53所示为JS10系列电动式时间继电器。

图1.52 JT3系列电磁式时间继电器

图1.53 JS10系列电动式时间继电器

(4) 电子式时间继电器。电子式时间继电器按其构成分为晶体管式时间继电器和数字式时间继电器，按输出形式分为有触点型和无触点型。电子式时间继电器具有体积小、延时精度高、工作稳定、安装方便等优点，广泛用于电力拖动、顺序控制以及各种生产过程的自动化控制。随着电子技术的发展，电子式时间继电器将取代电磁式、电动式、空气阻尼式等时间继电器。

晶体管式时间继电器又称半导体式时间继电器。图1.54所示为JS20系列晶体管式时间继电器，图1.55所示为JSZ3P电子式时间继电器。晶体管式时间继电器是利用*RC*电路电容充电时电容电压不能突变，而按指数规律逐渐变化的原理获得延时，具有体积小、精度高、调节方便、延时长和耐振动等特点，延时范围为0.1～3600 s，但由于受*RC*延时原理的限制，其抗干扰能力弱。

图1.56所示为JSS20系列数字式时间继电器。这是采用LED显示的新一代时间继电器，具有抗干扰能力强、工作稳定、延时精确度高、延时范围广、体积小、功耗低、调整方便、读数直观等优点，延时范围为0.02 s～99 h 59 min。

图1.54 JS20晶体管式时间继电器

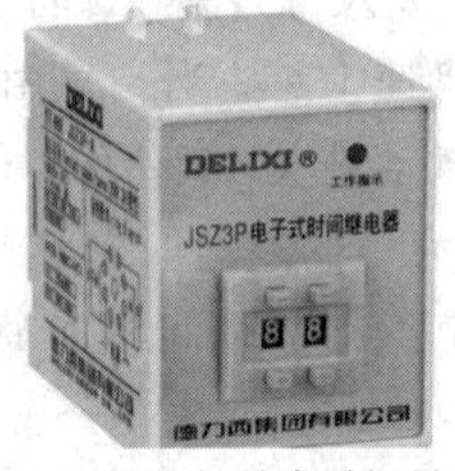

图1.55 JSZ3P电子式时间继电器

图1.56 JSS20数字式时间继电器

2) 时间继电器的选择原则

(1) 根据工作条件选择时间继电器的类型。电源电压波动大、对延时精度要求不高的场合可选择空气阻尼式时间继电器或电动式时间继电器；电源频率不稳定的场合不宜选用电动式时间继电器；环境温度变化大的场合不宜选用空气阻尼式时间继电器和电子式时间继电器。

(2) 根据延时精度和延时范围要求选择合适的时间继电器。

(3) 根据控制电路对延时触点的要求选择延时方式，即通电延时型和断电延时型。

图 1.57 所示为时间继电器的型号和接线图，图 1.58 所示为时间继电器的符号。

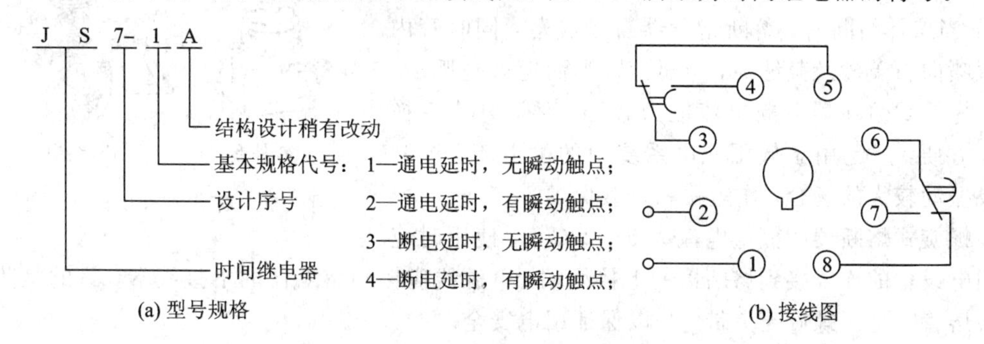

图 1.57　时间继电器的型号与接线图

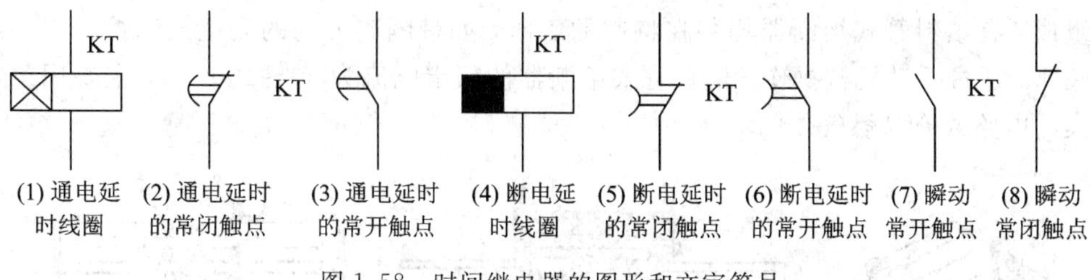

图 1.58　时间继电器的图形和文字符号

1.2.4　保护电器

保护电器的作用是在线路发生故障或者设备的工作状态超过一定的允许范围时，及时断开电路，保证人身安全，保护生产设备。

1. 熔断器

熔断器是一种结构简单、使用方便、价格低廉的保护电器。广泛用于低压配电系统和控制系统中，主要用作短路保护和严重过载保护。熔断器串联于被保护电路中，当通过的电流超过规定值一定时间后，以其自身产生的热量使熔体熔断，切断电路，达到保护电路及电气设备的目的。

1) 熔断器的分类

常用的熔断器类型有瓷插式、螺旋式、有填料封闭管式、无填料封闭管式等几种。

(1) 瓷插式熔断器。常用的瓷插式熔断器为 RC1 系列，如图 1.59 所示。该类熔断器由瓷盖、瓷座、动触点、静触点和熔丝等组成，其结构简单、价格低廉，但分断电流能力弱，所以只能在低压分支电路或小容量电路中用作短路和过载保护，不能用于易燃、易爆的工作场合。

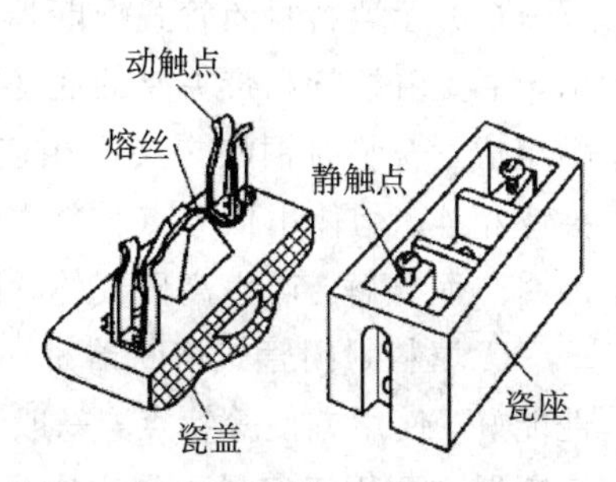

图 1.59　RC1 型瓷插式熔断器

（2）螺旋式熔断器。常用的螺旋式熔断器为RL1系列，如图1.60所示，主要由带螺纹的瓷帽、熔管、瓷套、上接线端、下接线端和瓷座等组成。熔管内装有熔丝，并充满石英砂，两端用铜帽封闭，防止电弧喷出管外。熔管一端有熔断指示器(一般为红色金属小圆片)，当熔体熔断时，熔断指示器自动脱落，同时管内电弧喷向石英砂及其缝隙，可迅速降温而熄灭电弧。

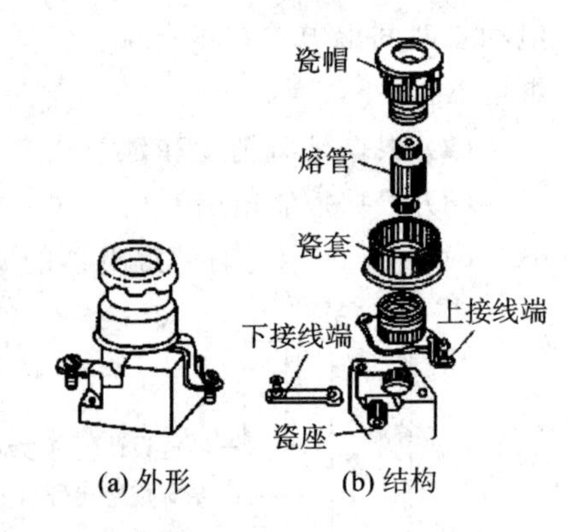

图1.60　RL1型螺旋式熔断器

螺旋式熔断器分断电流能力较强、体积小、更换熔体方便，广泛用于低压配电系统中的配电箱、控制箱及振动较大的场合，作短路和过载保护。

螺旋式熔断器的额定电流为5～200 A，使用时应将用电设备的连线接到熔断器的上接线端，电源线应接到熔断器的下接线端，目的是防止更换熔管时金属螺旋壳上带电，以保证用电安全。

（3）有填料封闭管式熔断器。常用的RT0系列有填料封闭管式熔断器如图1.61所示，主要由熔管和底座两部分组成。其中，熔管由管体、熔体、指示器、触刀、盖板和石英砂填料等组成。有填料管式熔断器均装在特制的底座，如带隔离刀闸的底座或以熔断器为隔离刀的底座，通过手动机构操作。填料管式熔断器的额定电流为50～1000 A，主要用于短路电流大的电路或有易燃气体的场所。

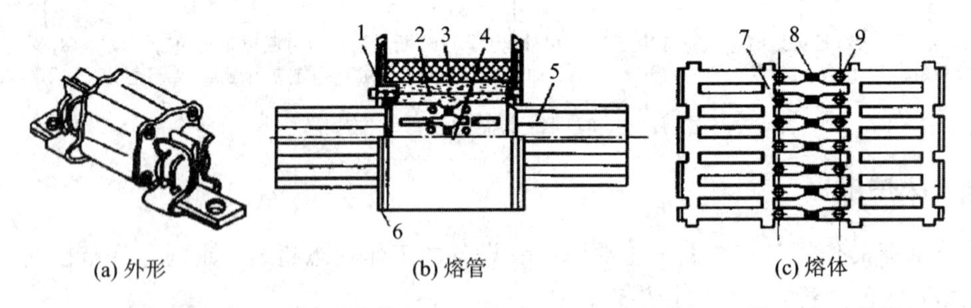

1—熔断指示器；2—指示器熔体；3—石英砂；4—工作熔体；5—触刀；6—盖板；
7—引弧栅；8—锡桥；9—变截面小孔
图1.61　RT0型有填料封闭管式熔断器

有填料封闭管式熔断器除国产RT系列，还有从德国AEG公司引进的NT系列，如NT1、NT2、NT3和NT4系列。

（4）无填料封闭管式熔断器。常用的RM10系列无填料封闭管式熔断器如图1.62所示，主要由熔管和带夹座的底座组成。其中，熔管由钢纸管(俗称反白管)、黄铜套和黄铜帽组成，安装时铜帽与夹座相连。100 A及以上的熔断器的熔管设有触刀，安装时触刀与夹座相连。熔体由低熔点、变截面的锌合金片制成，熔体熔断时，纤维熔管的部分纤维物因受热而分解，产生高压气体，使电弧很快熄灭。

无填料封闭管式熔断器是一种可拆卸的熔断器，具有结构简单、分断能力较大、保护性能好、使用方便等特点，一般与刀开关组合使用构成熔断器式刀开关。无填料封闭管式熔断器主要用于容量不是很大且频繁发生过载和短路的负载电路中，对负载实现过载和短路保护。

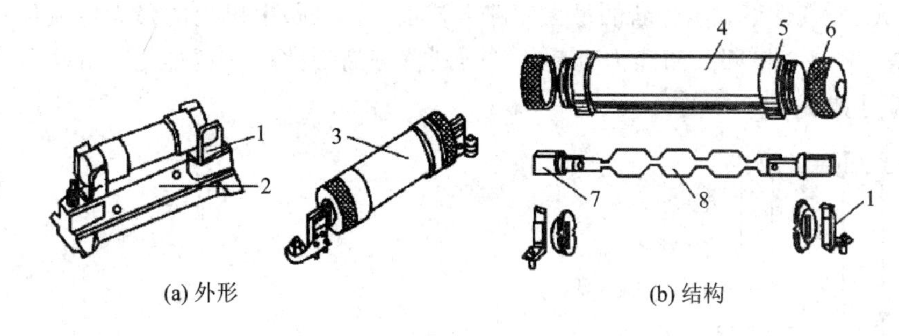

(a) 外形　(b) 结构

1—夹座；2—底座；3—熔管；4—钢纸管；5—黄铜套；6—黄铜帽；7—触刀；8—熔体

图 1.62　RM10 型无填料封闭管式熔断器

(5) 快速熔断器。快速熔断器是一种用于保护半导体元器件的熔断器，由熔断管、触点底座、动作指示器和熔体组成。熔体为银质窄截面或网状形式，只能一次性使用，不能自行更换。由于快速熔断器具有快速动作的特性，故常用于过载能力差的半导体元器件的保护。常用的半导体保护性熔断器有 RS、RLS 型和从德国 AEG 公司引进的 NGT 型。快速熔断器外形如图 1.63 所示。

图 1.63　快速熔断器外形

(6) 自复式熔断器。自复式熔断器实质上是一种大功率非线性电阻元件，具有良好的限流性能，可分断 200 kA 电流。与一般熔断器有所不同，自复式熔断器不需更换熔体，能自动复原，可多次使用。RM 型和 RT 型等熔断器都有一个共同的缺点，即熔体熔断后，必须更换熔体方能恢复供电，从而使中断供电的时间延长，给供电系统和用电负荷造成一定的停电损失。而 RZ1 型自复式熔断器弥补了这一缺点，它既能切断短路电流，又能在短路故障消除后自动恢复供电，无需更换熔体。但在线路中，自复式熔断器只能限制短路电流，不能切除故障电路，所以它通常与低压断路器配合使用，组合为一种带自复式熔断体的低压断路器。

为了抑制分断时产生的过电压，自复式熔断器要并联一只阻值为 80～120 MΩ 的附加电阻，如图 1.64 所示。常见的 RZ1 系列自复式熔断器主要用于交流 380 V 的电路中，其额定电流有 100 A、200 A、400 A、600 A 4 个等级。

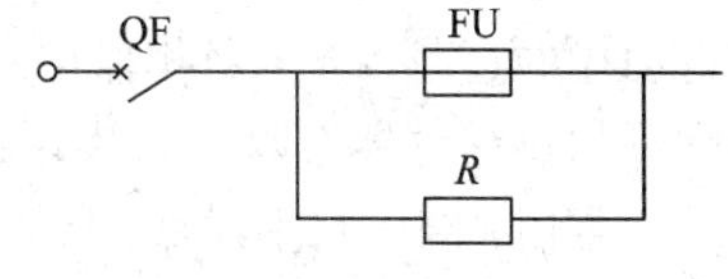

图 1.64　自复式熔断器与断路器串联接线图

2) 熔断器的主要技术参数

(1) 额定电压 U_N。熔断器的额定电压是指熔断器长期工作时能够承受的安全电压，其值取决于线路的额定电压，一般应等于或大于电气设备的额定电压。熔断器的额定电压等级有：220 V、380 V、415 V、550 V、660 V 和 1140 V 等。

(2) 额定电流 I_N。熔断器的额定电流是指熔断器长期工作时，各部件温升不超过规定值时所能承受的电流。熔断器的额定电流与熔体的额定电流是不同的，熔断器的额定电流等级比较少，而熔体的额定电流等级比较多，即在同一规格的熔断器内可以安装不同额定电流等级的熔体，但熔体的额定电流最大不超过熔断器的额定电流。如 RL60 熔断器，其额定电流是 60 A，但其所安装的熔体的额定电流有可能是 60 A、50 A、40 A 和 20 A 等。

(3) 极限分断能力。熔断器的极限分断能力是指熔断器在规定的额定电压和功率因数

(或时间常数)的条件下，能分断的最大短路电流值。在电路中出现的最大电流值一般是指短路电流值，所以，极限分断能力也反映了熔断器分断短路电流的能力。熔断器的型号规格与电路符号如图1.65所示。

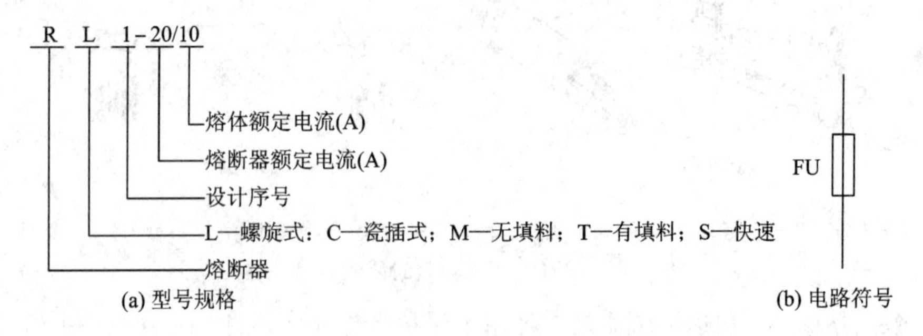

图1.65 熔断器的型号规格与电路符号

3) 熔断器的选用

熔断器的选择主要根据熔断器的类型、额定电压、额定电流和熔体额定电流等来进行。选择时要满足线路、使用场合及安装条件的要求。

(1) 在无冲击电流(起动电流)的负载中，如照明、电阻炉等，应使熔体的额定电流大于或等于被保护负载的工作电流。

(2) 对于有冲击电流的负载，如电动机控制电路，为了保证电动机既能正常起动又能发挥熔体的保护作用，熔体的额定电流可按下面的方法计算。

单台直接起动电动机：熔体额定电流≥电动机额定电流的1.5～2.5倍。多台直接起动电动机：总保护熔体额定电流≥容量最大的一台电动机的额定电流的1.5～2.5倍＋其余电动机工作电流之和。

降压起动电动机：熔体额定电流≥电动机额定电流的1.5～2倍。

2. 热继电器

热继电器是利用流过热元件的电流所产生的热效应而动作的一种保护电器，主要用于电动机的过载保护、断相保护、电流不平衡运行保护以及其他电气设备发热状态的控制。常见的热继电器有双金属片式、热敏电阻式和易熔合金式，其中以双金属片式的热继电器最为常用。随着技术发展，热继电器将会被多功能、高性能的电子式电动机保护器所取代。

1) 热继电器的结构及工作原理

双金属片式热继电器如图1.66所示，主要由热元件、双金属片和触点组成。双金属片是热继电器的感测元件，由两种不同热膨胀系数的金属片碾压而成，当双金属片受热时，会出现弯曲变形。使用时，把热继电器的热元件串联在电动机定子绕组中，电动机定子绕组的电流即为流过热元件的电流。其常闭触点串联在电动机的控制电路中。

当电动机正常运行时，热元件产生的热量虽能使双金属片弯曲，但还不足以使热继电器的触点动作。当电动机过载时，双金属片弯曲位移增大，推动导板使常闭触点断开，从而切断电动机控制电路，起保护作用。热继电器动作后一般不能自动复位，要等双金属片冷却后按下复位按钮才能复位。热继电器动作电流的调节可以借助旋转凸轮于不同位置来实现。

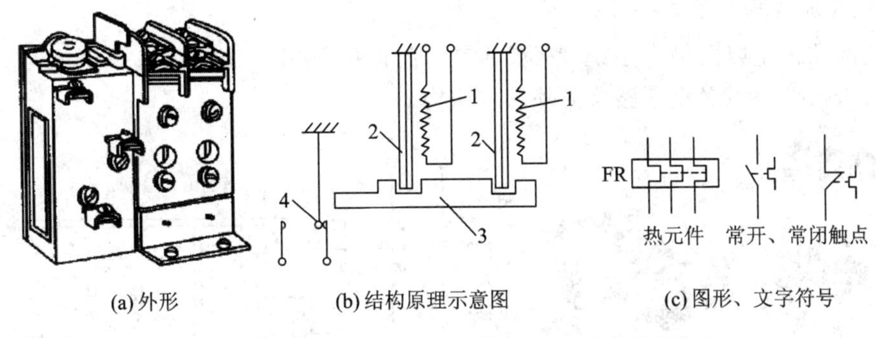

(a) 外形　　(b) 结构原理示意图　　(c) 图形、文字符号

1—热元件；2—双金属片；3—导板；4—触点复位状态

图 1.66　双金属片式热继电器

2）热继电器的主要技术参数

热继电器的主要技术参数有热继电器额定电流、整定电流、调节范围和相数等。热继电器的额定电流是指流过热元件的最大电流。热继电器的整定电流是指能够长期流过热元件而不致引起热继电器动作的最大电流值。

通常，热继电器的整定电流是按电动机的额定电流整定的。对于某一热元件的热继电器，可手动调节整定电流旋钮，通过偏心轮机构，调整双金属片与导板的距离，这样可在一定范围内调节其电流的整定值，使热继电器更好地保护电动机。

热继电器的品种很多，国产的常用型号有 JR10、JR15、JR16、JR20、JRS1、JRS2、JRS5 和 T 系列等。图 1.67 所示为热继电器的型号含义。

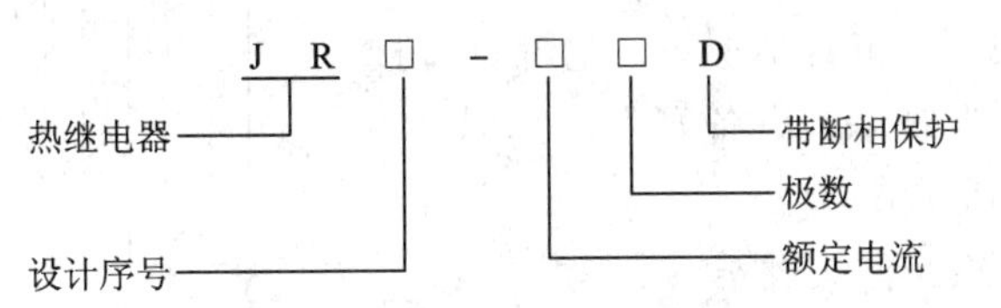

图 1.67　热继电器的型号含义

3）热继电器的选择

（1）相数选择。一般情况下，可选用两相结构的热继电器，但当三相电压的均衡性较差，工作环境恶劣或电动机无人看管时，宜选用三相结构的热继电器。对于三角形接线的电动机，应选用带断相保护装置的热继电器。

（2）额定电流选择。热继电器的额定电流应大于电动机额定电流，然后根据热继电器的额定电流来选择热继电器的型号。

（3）热元件额定电流的选择和整定。热元件的额定电流应略大于电动机额定电流。当电动机的起动时间较长、拖动冲击性负载或不允许停车时，热元件整定电流调节到电动机额定电流的 1.11～1.15 倍。

3. 低压断路器

低压断路器又称自动空气开关，是一种手动与自动相结合的保护电器，主要用于低压配电系统中。在电路正常工作时，低压断路器可作为电源开关使用，可不频繁地接通和断开负荷电流；在电路发生短路等故障时，又能自动跳闸切断故障。低压断路器对线路或电气设备具有短路、过载、欠压和漏电等保护作用，因而被广泛应用。

1）低压断路器的结构

低压断路器主要由触点系统、灭弧系统、起保护作用的脱扣器和操作机构等部分组成。图1.68所示为DZ型断路器的外形与结构。

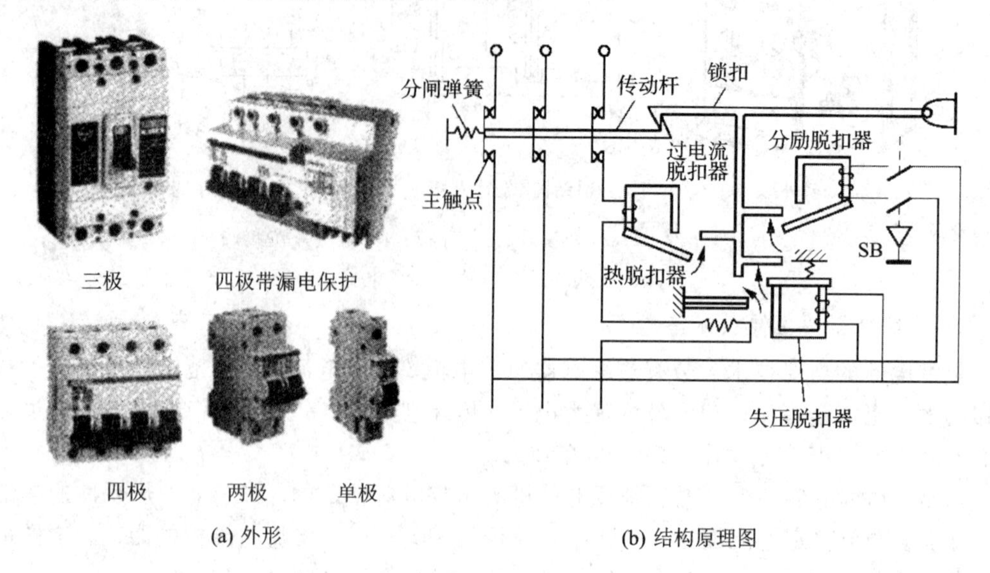

图1.68　低压断路器

(1) 触点系统。触点系统是低压断路器的执行元件，用来接通和分断电路，一般由动触点、静触点和连接导线等组成。在正常情况下，主触点可接通和分断工作电流；当线路或设备发生故障时，触点系统能自动快速(通常在0.1～0.2 s内)切断故障电流，从而保护电路及电气设备。

(2) 灭弧系统。低压断路器的灭弧装置一般采用栅片式灭弧罩，罩内有相互绝缘的镀铜钢片组成的灭弧栅片，用于在切断短路电流时将电弧分成多段，使长弧分割成多段短弧，加速电弧熄灭，提高断流能力，如图1.69所示。

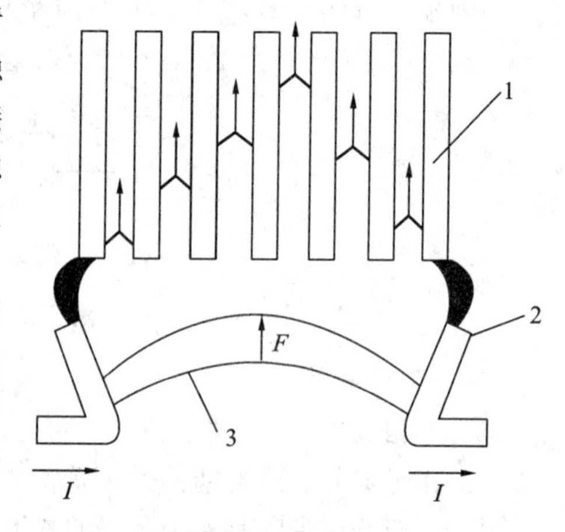

1—灭弧栅片；2—触点；3—电弧

图1.69　栅片灭弧装置示意图

(3) 保护脱扣器。

① 过电流脱扣器(电磁脱扣器)。过电流脱扣器上的线圈串联在主电路中，线圈通过正常电流产生的电磁吸力不足以使衔铁吸合，脱扣器的上下搭钩钩住，使三对主触点闭合。当电路发生短路或严重过载时，过电流脱扣器的电磁吸力增大，将衔铁吸合，向上撞击杠杆，使上下搭钩脱离，弹簧力把3对主触点的动触点拉开，实现自动跳闸，达到切断电路之目的。

② 失压脱扣器。当电路电压正常时，失压脱扣器的衔铁被吸合，衔铁与杠杆脱离，断路器主触点能够接通。当电路电压下降或失去时，失压脱扣器的吸力减小或消失，衔铁在弹簧的作用下撞击杠杆，使搭钩脱离，断开主触点，实现自动跳闸。

③ 热脱扣器。热脱扣器的热元件串联在主电路中。当电路过载时，过载电流流过热元

件并产生一定热量，使双金属片受热向上弯曲，通过杠杆推动搭钩分离，主触点断开，从而切断电路。跳闸后须等 1～3 min 待双金属片冷却复位后才能再合闸。

④ 分励脱扣器。分励脱扣器由分励电磁铁和一套机械机构组成。当需要断开电路时，按下跳闸按钮，使分励电磁铁线圈通入电流，产生电磁吸力吸合衔铁，开关跳闸。分励脱扣器只用于远距离跳闸，对电路不起保护作用。

(4) 操作机构。断路器的操作机构是实现断路器闭合与断开的执行机构，一般分为手动操作机构、电磁铁操作机构、电动机操作机构和液压操作机构。手动操作机构用于小容量断路器；电磁铁操作机构、电动机操作机构多用于大容量断路器，可进行远距离操作。

2) 低压断路器的工作原理

低压断路器的工作原理图如图 1.68(b)所示。断路器的主触点 1 是通过操作机构手动或电动合闸的，并由自动脱扣机构将主触点 1 锁在合闸位置上。如果电路发生故障，自动脱扣机构在相关脱扣器的推动下动作，使传动杆 2 与锁扣 3 之间的钩子脱开，于是主触点 1 在分闸弹簧 8 的作用下迅速分断。过电流脱扣器 4 的线圈和热脱扣器 5 的线圈与主电路串联，失压脱扣器 6 的线圈与主电路并联。当电路发生短路或严重过载时，过电流脱扣器的衔铁被吸合，使自动脱扣机构动作；当电路过载时，热脱扣器的热元件产生的热量增加，使双金属片向上弯曲，推动自动脱扣机构动作；当电路失压时，失压脱扣器的衔铁释放，也使自动脱扣机构动作。分励脱扣器 7 则用于远距离分断电路，根据操作人员的命令或其他信号使线圈通电，从而使断路器跳闸。

3) 低压断路器的分类及型号

低压断路器的分类方法较多。按用途分有配电用、电动机用、照明用和漏电保护用；按结构形式分为框架式 DW 系列(又称万能式或装置式)和小型塑料外壳式；按极数分为单极、两极、三极和四极；按操作方式分为电动操作、储能操作和手动操作 3 类；按灭弧介质分为真空式和空气式等；按安装方式分为插入式、固定式和抽屉式 3 类。

低压断路器常用型号有国产的框架式 DW 系列，如 DW10、DW15、DW17 等；国产的塑壳式 DZ 系列，如 DZ20、DZ5、DZ47 等；企业自己命名的 CM1 系列、CB11 系列和 TM30 系列等。国外引进的低压断路器有德国西门子的 3VU1340、3WE、3VE 系列，日本寺崎电气公司的 AH 系列，美国西屋公司的 H 系列以及 ABB 公司的相关产品等。低压断路器型号与符号如图 1.70 所示。

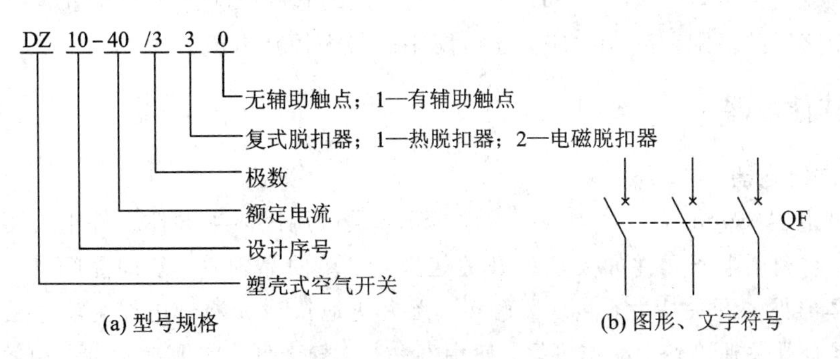

图 1.70　低压断路器的型号与符号

4）低压断路器的主要技术参数

（1）额定电压。额定电压是指低压断路器在规定条件下长期运行所能承受的工作电压，一般指线电压，可分为额定工作电压、额定绝缘电压和额定脉冲电压3种。

断路器的额定工作电压是指与通断能力及使用类别相关的电压值，通常大于或等于电网的额定电压等级。我国常用的额定电压等级有：交流220 V、380 V、660 V、1140 V；直流110 V、240 V、440 V、750 V、850 V、1000 V、1500 V等。应该指出，同一断路器可以规定在几种不同额定工作电压下使用，而且相应的通断能力也不相同。

额定绝缘电压高于额定工作电压。一般情况下，额定绝缘电压就是断路器的最大额定工作电压。断路器的电气间隙和爬电距离应按此电压值确定。

额定脉冲电压是指在断路器工作时，要承受系统中所发生的过电压，因此断路器的额定电压参数中给定了额定脉冲耐压值，其数值应大于或等于系统中出现的最大过电压峰值。额定绝缘电压和额定脉冲电压共同决定了断路器的绝缘水平。

（2）额定电流。断路器的额定电流是指断路器在规定条件下长期工作时的允许持续电流值。额定电流等级一般有6 A、10 A、16 A、20 A、32 A、40 A、63 A、100 A等。

（3）通断能力。通断能力是指在一定的试验条件下，自动开关能够接通和分断的预期电流值。常以最大通断电流表示极限通断能力。

（4）分断时间。分断时间是指从电路出现短路的瞬间开始到触点分离、电弧熄灭、电路完全分断所需的全部时间。一般直流快速断路器的动作时间为20～30 ms，交流限流断路器的动作时间应小于5 ms。

5）低压断路器的选择

额定电流在600 A以下，且短路电流不大时，可选用DZ系列断路器；若额定电流较大，短路电流也较大，应采用DW系列断路器。一般选择的原则如下。

（1）断路器的额定电压和额定电流应不小于电路的正常工作电压和工作电流。

（2）热脱扣器的整定电流应与所控制的电动机的额定电流或负载额定电流一致。

（3）电磁脱扣器瞬时脱扣整定电流应大于负载电路正常工作时的尖峰电流。对于电动机负载来说，DZ型断路器的电磁脱扣器的脱扣整定电流应按下式计算：

$$I_Z \geqslant K I_g$$

式中，K为安全系数，可取1.5～1.7；I_g为电动机的起动电流。

（4）断路器的极限分断能力应大于电路中的最大短路电流。

1.2.5 其他电器

1. 固态继电器

固态继电器(Solid State Relays)简称SSR，是采用固体半导体元件组装而成的一种无触点开关，它利用电子元件如大功率开关三极管、单向晶闸管、双向晶闸管、功率场效应管等半导体器件的开关特性，实现无触点、无火花地接通和断开电路。较电磁式继电器而言，SSR具有开关速度快、动作可靠、使用寿命长、噪声低、抗干扰能力强和使用方便等一系列优点。因此，固态继电器不仅在许多自动控制系统中取代了传统电磁式继电器，而且广泛用于数字程控装置、数据处理系统、计算机终端接口和可编程控制器的输入输出接口电路中，尤其适用于动作频繁及要求防爆、耐振、耐潮、耐腐蚀等的特殊工作环境。

1）固态继电器的分类

固态继电器按切换负载性质的不同分类，可分为直流固态继电器(DC－SSR)和交流固态继电器(AC－SSR)，如图 1.71 所示；按控制触发信号方式分类，可分为有源触发型和无源触发型；按输入与输出之间的隔离形式分类，可分为光电隔离型、变压器隔离型和混合型，其中以光电隔离型为最常用。

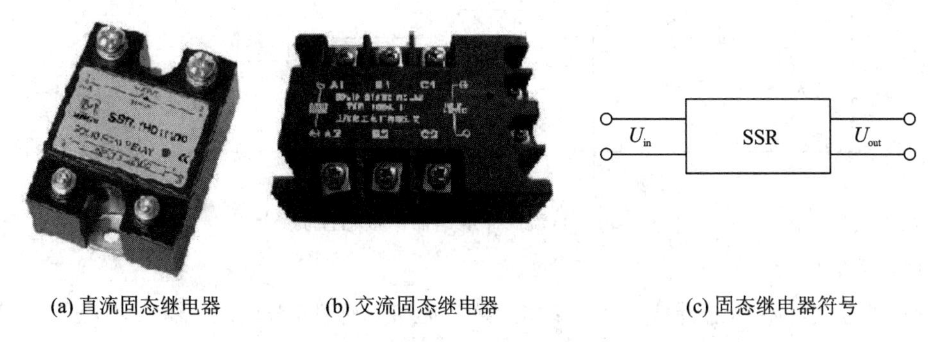

(a) 直流固态继电器　(b) 交流固态继电器　(c) 固态继电器符号

图 1.71　固态继电器的外形与符号

2）固态继电器的工作原理

固态继电器由输入电路、隔离(耦合)电路和输出电路 3 部分组成，交流固态继电器的工作原理框图如图 1.72 所示。一般固态继电器为四端有源器件，其中 A、B 两个端子为输入控制端，C、D 两端为输出受控端。工作时只要在 A、B 端加上一定的控制信号，就可以控制 C、D 两端之间的“通”和“断”，实现“开关”的功能。为实现输入与输出之间的电气隔离，采用了高耐压的专业光电耦合器。按输入电压的不同类别，输入电路可分为直流输入电路、交流输入电路和交直流输入电路 3 种。输出电路也可分为直流输出电路、交流输出电路和交直流输出电路等形式。交流输出时，通常使用两个晶闸管或一个双向晶闸管，直流输出时可使用双极性器件或功率场效应管。

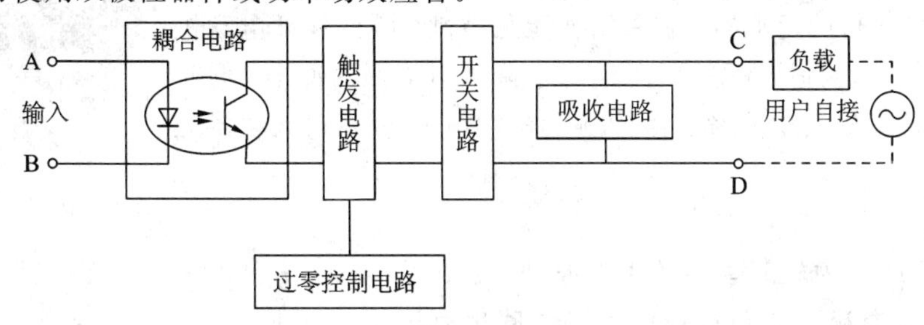

图 1.72　交流固态继电器的工作原理框图

图 1.72 中触发电路的功能是产生合乎要求的触发信号，驱动开关电路工作，但由于开关电路在不加特殊控制电路时，将产生射频干扰并以高次谐波或尖峰等污染电网，为此特设过零控制电路。所谓“过零”，是指当加入控制信号，交流电压过零时，SSR 即为通态；而当断开控制信号后，要等待交流电的正半周与负半周的交界点(零电位)时，SSR 才为断态。这种设计能防止高次谐波的干扰和对电网的污染。吸收电路是为防止从电源中传来的尖峰、浪涌电压对开关器件双向晶闸管的冲击和干扰，以及开关器件误动作而设计的，交流负载一般采用 $R-C$ 串联吸收电路或非线性电阻(压敏电阻器)。

直流型SSR与交流型SSR相比，无过零控制电路，也不必设置吸收电路，开关器件一般用大功率开关三极管，其他工作原理相同。直流型SSR在使用时应注意如下几点。

(1) 负载为感性负载如直流电磁阀或电磁铁时，应在负载两端并联一只二极管，极性如图1.73所示，二极管的电流应等于工作电流，电压应大于工作电压的4倍。

(2) SSR工作时应尽量靠近负载，其输出引线应满足负荷电流的需要。

(3) 使用电源经交流降压整流所得，其滤波电解电容应足够大。

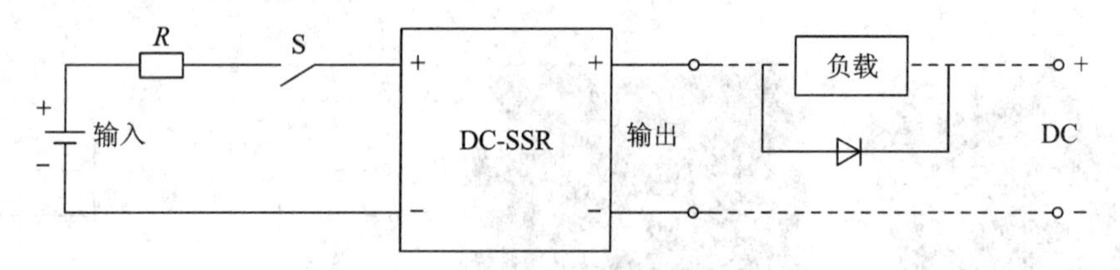

图1.73　直流固态继电器串接感性负载

3) 固态继电器的使用要求

(1) 固态继电器的选择应根据负载的类型(阻性、感性)来确定，输出端要采用RC浪涌吸收回路或非线性压敏电阻吸收过压。

(2) 过电流保护应采用专门保护半导体器件的熔断器或采用动作时间小于10 ms的自动开关。

(3) 由于固态继电器对温度的敏感性很强，安装时必须采用散热器，并要求接触良好且对地绝缘。

(4) 切忌负载侧两端短路，以免固态继电器损坏。

2. 软起动器

软起动器是一种集笼型异步电动机软起动、软停车、轻载节能于一体，同时具有过载、缺相、过压、欠压、接地保护功能的减压起动器，是继星-三角起动器、自耦减压起动器、磁力起动器之后，目前最先进、最流行的起动器。它采用智能化控制，既能保证电动机在负载要求的起动特性下平滑起动，又能降低对电网的冲击，同时还能直接与计算机实现网络通信控制。图1.74所示为软起动器的外形。

图1.74　软起动器外形

1) 软起动器的工作原理

图1.75所示为软起动器的工作原理图。在软起动器中三相交流电源与被控电动机之间串有三相反并联晶闸管。利用晶闸管的电子开关特性，通过软起动器中的单片机控制其触发脉冲、触发角的大小来改变晶闸管的导通角度，从而改变加到定子绕组上的三相电压。当晶闸管的导通角从“0”开始上升时，电动机开始起动。随着导通角的增大，晶闸管的输出电压也逐渐增高，电动机便开始加速，直至晶闸管全导通，电动机在额定电压下工作，实

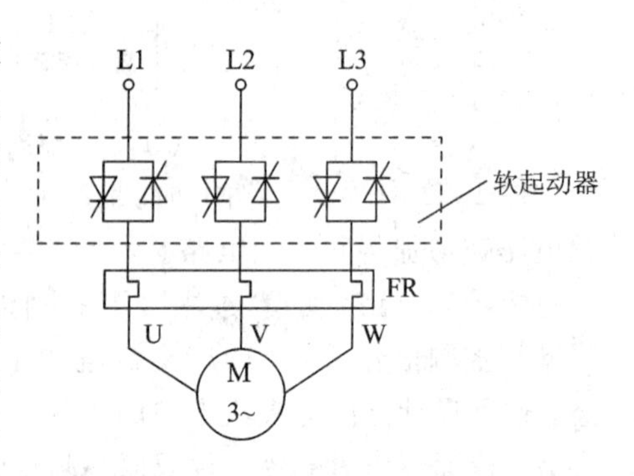

图1.75　软起动器的工作原理图

现软起动控制。因此，所谓“软起动”，实质上就是按照预先设定的控制模式进行的降压起动过程。

软起动器实际上是一个调压器，只改变输出电压，不改变电源频率。

2）软起动器的特点

（1）降低电动机起动电流，降低配电容量，避免增容投资。

（2）降低起动机械应力，延长电动机及相关设备的使用寿命。

（3）起动参数可视负载调整，实现最佳起动效果。

（4）具有多种起动模式和保护功能，可有效保护设备。

（5）具有用户操作显示和键盘，操作灵活简便。

（6）具有微处理器控制系统，性能可靠。

（7）具有相序自动识别及纠正，电路工作与相序无关。

3）软起动器的接线方式

软起动器的接线方式主要有不带旁路接触器和带旁路接触器两种。

（1）不带旁路接触器接线方案。笼型异步电动机是感性负载，运行中，定子电流滞后于电压。若电动机工作电压不变，电动机处于轻载时，功率因数低；电动机处于重载时，功率因数高。软起动器能在轻载时通过降低电动机端电压提高功率因数，减少电动机的铜耗和铁耗，达到轻载节能的目的；负载重时，则提高端电压，确保电动机正常运行。因此，对可变负载，电动机长期处于轻载运行，只有短时或瞬时处于重载的场合，应采用不带旁路接触器的接线方案。

（2）带旁路接触器接线方案。对于电动机负载长期大于40％的场合，应采用带旁路接触器的接线方式。这样可以延长软起动器的寿命，避免对电网的谐波污染，还能减少软起动器的晶闸管热损耗。图1.76所示为软起动器引脚接线示意图，图1.77所示为软起动器带旁路接触器的接线示意图。

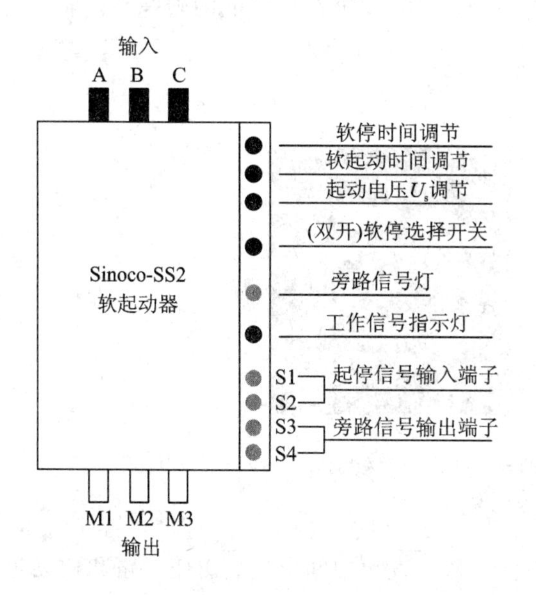

图1.76　软起动器引脚接线示意图

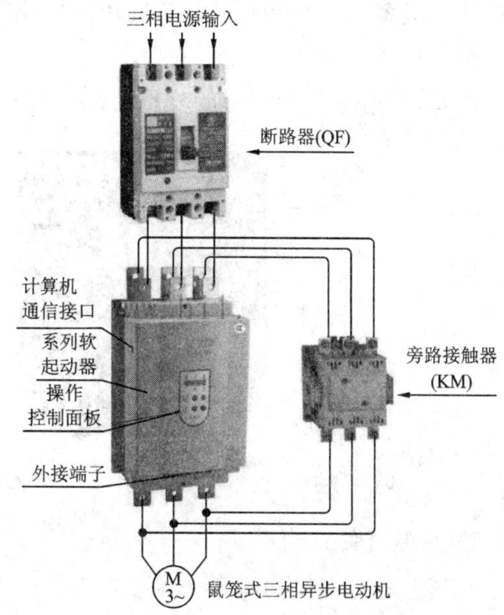

图1.77　软起动器带旁路接触器接线示意图

4）软起动器的选用

目前市场上常见的软起动器有旁路型、无旁路型、节能型等。可根据负载性质选择不同型号的软起动器。

(1) 旁路型。在电动机达到额定转速时，用旁路接触器取代已完成任务的软起动器，可降低晶闸管的热损耗，提高其工作效率。也可以用一台软起动器去起动多台电动机。

(2) 无旁路型。晶闸管处于全导通状态，电动机工作于全压方式，忽略电压谐波分量，经常用于短时重复工作的电动机。

(3) 节能型。当电动机负荷较轻时，软起动器自动降低施加于电动机定子上的电压，减少电动机电流励磁分量，提高电动机功率因数。

另外，可根据电动机的标称功率和电流负载性质选择起动器，一般软起动器容量稍大于电动机工作电流，还应考虑保护功能是否完备，例如缺相保护、短路保护、过载保护、逆序保护、过压保护、欠压保护等。常用软起动器的种类如下。

国产软起动器有JKR系列、WJR系列、JLC系列等，JQ、JQZ型为节能起动器，分别用于起动轻负载和重负载，可起动的最大电动机功率达800 kW。

瑞典ABB公司的PSA、PSD和PSDH型软起动器，其中PSDH型用于起动重负载，常用电动机功率为7.5～450 kW，最大功率达800 kW。

美国GE公司ASTAT系列软起动器，电动机功率可达850 kW，额定电压为500 V，额定电流为1180 A，最大起动电流为5900 A。

德国西门子公司的软起动器，3RW22型的额定电流为7～1200 A，有19种额定值。

3. 变频器

变频器是一种将交流电压的频率和幅值进行变换的智能电器，主要用于交流异步电动机、交流同步电动机转速的调节和起动控制，是最理想的调速控制设备。同时，变频器具有显著的节能作用。自20世纪80年代被引进我国以来，变频器作为节能应用与速度控制的智能化设备，大大提高了电动机转速的控制精度，使电动机在最节能的转速下运行，因而得到了广泛应用。

图1.78所示为变频器的外形与操作面板。

图1.78　变频器的外形与操作面板

1）变频器的结构原理

变频器的基本结构有4个主要部分，即整流电路、直流中间电路、逆变电路和控制电路部分，其结构简图如图1.79所示。

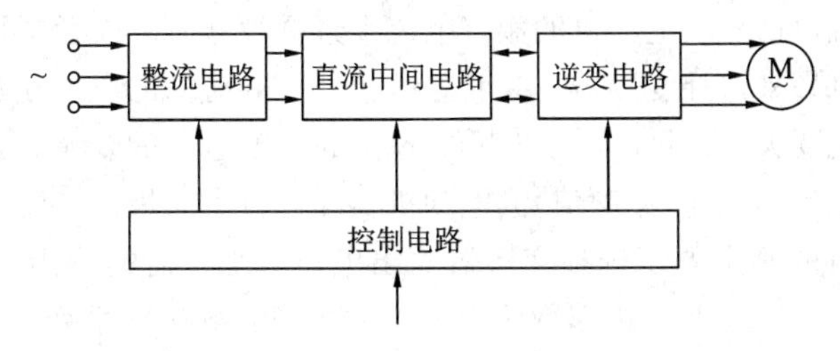

图 1.79　变频器的结构简图

(1) 整流电路。三相变频器的三相整流电路由三相全波整流桥构成，主要对工频的外电源进行整流，产生脉动的直流电压，给逆变电路和控制电路提供所需要的直流电源。

(2) 直流中间电路。直流中间电路的作用是对整流电路的输出进行平滑，以保证逆变电路和控制电路电源能够得到质量较高的直流电源。中间电路通过大容量电容平滑输出电压，称为电压型变频器；通过大容量电感平滑输出电压，称为电流型变频器。

(3) 逆变电路。逆变电路是变频器最主要的部分之一，它的主要作用是将直流中间电路输出的直流电压转换成频率和电压都可调节的交流电源。

(4) 控制电路。控制电路是整个系统的核心电路，包括主控制电路、信号检测电路、门极(基极)驱动电路、外部接口电路以及保护电路等几个部分。控制电路的主要作用是将检测电路得到的各种信号送至运算电路，使运算电路能够根据要求为变频器主电路提供必要的门极(基极)驱动信号，并对变频器和异步电动机提供必要的保护。

2) 变频器的分类

变频器的分类方式较多，若按其供电电压分可分为低压变频器(110 V、220 V、380 V)、中压变频器(500 V、660 V、1140 V)和高压变频器(3 kV、3.3 kV、6 kV、6.6 kV、10 kV)；按供电电源的相数分可分为单相变频器和三相变频器；按系统结构来分，可分为交-交直接变频系统和交-直-交间接变频系统。总体归纳如图 1.80 所示。

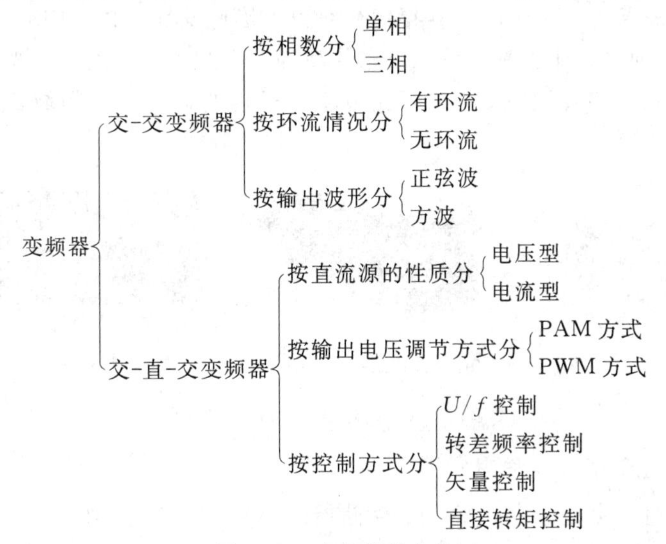

图 1.80　变频器的分类

3) 变频器的选用

(1) 根据电动机电流选择变频器容量。采用变频器对异步电动机进行调速时，在异步电动机确定后，通常根据异步电动机的额定电流来选择变频器，或者根据异步电动机实际运行中的电流值(最大值)来选择变频器。由于变频器供给电动机的电流是脉冲电流，其脉冲值比工频供电时的电流要大，因此，应将变频器的容量留出适当的余量。通常应使变频器的额定输出电流≥电动机额定电流(铭牌值)或电动机实际运行中的最大电流的1.05～1.1倍。

(2) 根据电动机的额定电压选择变频器输出电压。变频器的输出电压应按电动机的额定电压选定。在我国，低压电动机多数为380 V，可选用400 V系列变频器。应当注意，变频器的工作电压是按U/f曲线变化的。变频器规格表中给出的输出电压是变频器的可能最大输出电压，即基频下的输出电压。

(3) 输出频率。变频器的最高输出频率有50 Hz、60 Hz、120 Hz、240 Hz或更高。50 Hz、60 Hz的变频器，以在额定速度以下范围内进行调速运转为目的，大容量通用变频器几乎都属于此类。最高输出频率超过工频的变频器多为小容量。在50 Hz、60 Hz以上区域，由于输出电压不变，为恒功率特性，要注意在高速区转矩的减小。例如，车床根据工件的直径和材料改变速度，在恒功率的范围内使用；在轻载时采用高速可以提高生产率，但需注意不要超过电动机和负载的允许最高速度。

目前，常用的变频器有西门子、ABB、三菱等国外品牌的产品。国产品牌市场占有率仅为25%，其中，利德华福、森兰、惠丰等品牌效应逐渐形成，台湾地区的台达、康沃、普传等品牌在大陆地区销售较好，但与国外的西门子、ABB等品牌相比，还存在较大的差距。

4. 可编程序控制器

可编程序控制器(Programmable Logic Controller)简称PLC，是在传统的继电器控制原理的基础上，以微处理器为基础，综合计算机技术、自动控制技术和通信技术而发展起来的一种新型智能工业控制器。只要为PLC赋予用户程序(软件)，便可控制不同的工业设备或系统。

20世纪60年代后期美国研制出世界上第一台可编程序控制器。20世纪70年代中期，可编程序控制器进入实用化阶段，80年代初获得了迅速发展。由于PLC具有编程容易、体积小、使用灵活方便、抗干扰能力强、可靠性高等一系列优点，因此，被广泛应用于电力、机械、冶金、石油、化工、交通、煤炭等工业生产过程的自动控制领域。图1.81所示为可编程序控制器的外形。

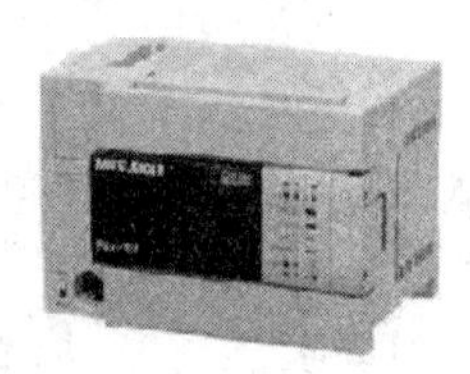

(a) 整体式三菱小型机

(b) 整体式西门子小型机

(c) 模块式中、大型机

图1.81　可编程序控制器的外形

1) 可编程序控制器结构原理

PLC的硬件由中央处理器(CPU)、存储器(RAM、ROM)、输入/输出接口(I/O)、编程器、通信接口及电源等组成，如图1.82所示。

(1) 中央处理器。中央处理器(CPU)是PLC的核心部件，PLC的工作过程都是在中央处理器的统一指挥和协调下进行的。CPU的主要任务是在系统程序的控制下，完成逻辑运

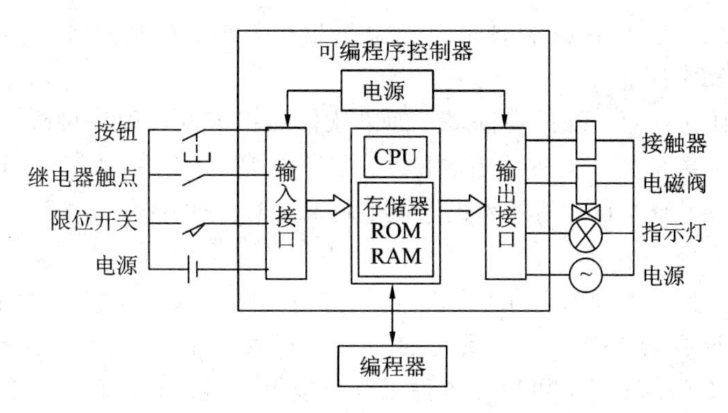

图 1.82　可编程序控制器结构原理图

算、数学运算、协调系统内部各部分工作等，然后根据用户所编制的程序去处理相关数据，最后再向被控对象送出相应的控制信号。

（2）存储器。存储器是 PLC 用来存放系统程序、用户程序、逻辑变量及运算数据的部件。存储器的类型有可读/写操作的随机存储器（用户存储器）RAM 和只读存储器（系统存储器）ROM。

（3）输入/输出接口（I/O）。输入/输出接口是 PLC 与工业现场各类控制信号连接的部件。PLC 通过输入接口把工业现场的状态信息读入，再通过用户程序的运算与操作，对输入信号进行滤波、隔离、转换等，最后把输入信号的逻辑值准确、可靠地传入 PLC 内部。PLC 通过输出接口，把经过中央处理单元处理过的数字信号，转换成被控制设备或显示装置能接收的电压或电流信号，从而驱动接触器、电磁阀等器件。

（4）电源。电源部件是把交流电转换成直流电的装置，它向 PLC 提供所需要的高质量直流电源。可编程序控制器的电源包括为各工作单元供电的开关稳压电源和掉电保护电源（一般为电池）。多数 PLC 还向外提供 DC 24 V 稳压电源，用于对外部器件供电。

（5）编程器。编程器是用户进行程序编写、输入、调试的部件，还可用来在线监视 PLC 的工作状态，它是开发、应用、维护 PLC 不可缺少的部件。

2）可编程序控制器的优点

PLC 将继电接触器控制系统的硬连线逻辑转变为计算机的软逻辑编程，其内部有众多的继电器，如输入继电器、输出继电器、辅助继电器、定时器、计数器、数据寄存器、状态继电器等，能自动实现逻辑控制、顺序操作、定时、计数及算术运算，通过编制的用户程序，控制生产设备或生产过程。概括起来 PLC 具有以下特点。

（1）可靠性高，抗干扰能力强。由于可编程序控制器在软件和硬件上都采用了很多抗干扰的措施，如内部采用屏蔽、采用性能优化的开关电源、光耦合隔离、滤波、自诊断故障功能等；采用了如存储器、触发器等软继电器，在状态转换过程中均为无触点开关，极大地增强了控制系统整体的可靠性。

（2）通用性强，使用方便。PLC 的产品都已系列化和模块化，可由各种组件灵活组合成不同的控制系统，以满足控制要求，用户不再需要自己设计和制作硬件装置，只需要进行程序设计而已。同一台 PLC 只要改变软件即可实现对不同对象的控制。

（3）程序设计简单，容易理解和掌握。PLC 是一种新型的工业自动化控制装置，它的基本指令不多，常采取与传统的继电器控制原理图相似的梯形图语言，编程器的使用非常简便。另外，对程序进行增减、修改和运行监视也很方便。编制程序的步骤和方法十分便于工程人员理解和掌握。

(4) 系统设计周期短。PLC在许多方面以软件编程来取代硬件接线，系统硬件的设计任务仅仅是依据对象的要求配置适当的模块。目前的PLC硬件软件较齐全，为模块化积木式结构，大大缩短了整个设计所花费的时间。用PLC构成的控制系统比较简单，程序调试和修改也很简单方便。

(5) 体积小、重量轻。PLC的各个部件，包括CPU、电源、I/O等均采用模块化设计，模块化结构使系统组合灵活方便，系统的功能和规模可根据用户的实际需求自行组合。PLC一般不需要专门的机房，可以在各种工业环境下直接运行，而且其自诊断能力强，能判断和显示出自身故障，使操作人员检查判断故障方便迅速，维修时只需更换插入式模块，维护方便。PLC本身故障率很低，修改程序和监视运行状态容易，安装使用也方便。

(6) 适应性强。PLC对生产工艺改变适应性强，可进行柔性生产。当生产工艺发生变化时，只需改变PLC中的程序即可。

3) 可编程序控制器的选用

(1) 根据PLC的输出方式选择。PLC的输出方式分为继电器输出、晶体管输出和晶闸管输出3种形式。

继电器输出方式可以接交、直流负载，但受继电器触点开关速度的限制，只能满足一般控制要求，如接触器的线圈、电磁阀等。

晶体管输出方式只能接直流负载，开关速度高，适合高速控制的场合，如数码显示、输出脉冲信号控制的步进电动机等。

晶闸管输出只能接交流负载，开关速度较高，适合高速控制的场合。

(2) 根据PLC的输入/输出点数选择。

超小型PLC。输入/输出点数在64点以下为超小型PLC，输入/输出的信号是开关量信号，以逻辑运算为主，并有计时和计数功能。用户程序容量通常为1～2 KB。适应单机及小型自动控制的需要。

小型PLC。输入/输出点数在64～256之间，用户程序存储器容量为2～4 KB。除了开关量I/O以外，还有模拟量功能模块。小型PLC能执行逻辑运算、计时、计数、算术运算、数据处理和传送、通信联网以及多种应用指令。

中型PLC。中型PLC的输入/输出点数在256～512之间，兼有开关量和模拟量输入/输出，用户程序存储器容量一般为2～8 KB。它的控制功能和通信联网功能更强，指令系统更丰富，扫描速度更快，内存容量更大。一般采用模块式结构形式。

大型PLC。大型PLC的输入/输出点数在512～8192之间，用户程序存储器容量达8～64 KB。它的控制功能更完善、自诊断功能强、通信联网功能强、有各种通信联网的模块，可以实现全厂生产管理自动化控制。

超大型PLC。超大型PLC的输入/输出点数在8192以上，用户程序器容量大于64 KB。目前已有I/O点数达14 336点的超大型PLC，使用32位微处理器，多CPU并行工作和大容量存储器，功能很强大，采用模块式结构。

目前，世界上生产PLC的厂家有数十家，如美国的AB公司、通用电气(GE)公司、莫迪康(MODICON)公司；日本的三菱(MITSUBISHI)公司、富士(FUJI)公司、欧姆龙

(OMRON)公司、松下电工公司等；德国的西门子(SIEMENS)公司；法国的TE公司、施耐德(SCHNEIDER)公司；韩国的三星(SAMSUNG)公司、LG公司等。

三菱公司的产品主要有F1S、F1N、FX2N、FX3U等系列；西门子公司的产品主要有S7-200系列、S7-300系列、S7-400系列和S7-1500系列。

思考与练习

一、简述电器及低压电器的概念。低压电器常分为哪几类？

二、简述接触器的结构组成及工作原理。

三、简述空气阻尼式时间继电器的结构及工作原理。

四、简述低压断路器的结构及工作原理。

五、空气开关有哪些脱扣装置？各起什么作用？

六、接触器和继电器的区别是什么？

七、交流接触器静铁芯上的短路环起什么作用？若短路环断裂或脱落，会出现什么现象？为什么？

八、软起动器的接线方式有几种？分别有哪些优点？

九、变频器主要由几部分组成？怎样选择变频器？

十、可编程序控制器有哪些优点？

十一、实训内容：

装拆及测试接触器、时间继电器、热继电器和行程开关，并完成一份实训报告。

任务三　PLC基础

任务要求

(1) 了解西门子S7-200系列PLC工作原理及基本编程语言。

(2) 掌握西门子S7-200系列PLC的硬件安装与接线。

(3) 熟悉西门子S7-200系列PLC的软元件的使用。

(4) 掌握西门子S7-200系列PLC编程软件的使用方法。

1.3.1　PLC工作原理、硬件接线及软元件

1. PLC的工作原理及编程语言

1) PLC的工作原理

PLC有两种工作方式，即RUN(运行)方式和STOP(停止)方式。在RUN方式中，CPU执行用户程序，并输出运算结果；在STOP方式中，CPU不执行用户程序，但可将用户程序和硬件设置信息下载到PLC中。

PLC控制系统与继电器控制系统在运行方式上存在着本质的区别。继电器控制系统的逻辑采用的是并行运行的方式，即如果一个继电器的线圈通电或者断电，该继电器的所有触点都会立即动作；而PLC的逻辑是通过CPU逐行扫描并执行用户程序来实现的，即如

果一个逻辑线圈接通或断开，该线圈的所有触点并不会立即动作，必须等到扫描并执行到该触点时才会动作。

一般来说，当 PLC 运行后，其工作过程可分为输入采样阶段、程序执行阶段和输出刷新阶段。完成上述 3 个阶段即称为一个扫描周期。在整个运行期间，PLC 的 CPU 以一定的扫描速度重复执行上述 3 个阶段。

PLC 的扫描工作过程如图 1.83 所示。在图 1.83 中，输入映像寄存器是指在 PLC 的存储器中设置一块用来存放输入信号的存储区域，而输出映像寄存器是用来存放输出信号的存储区域；元件映像存储器是包括输入和输出映像寄存器在内的所有 PLC 梯形图中的编程元件的映像存储区域的统称。

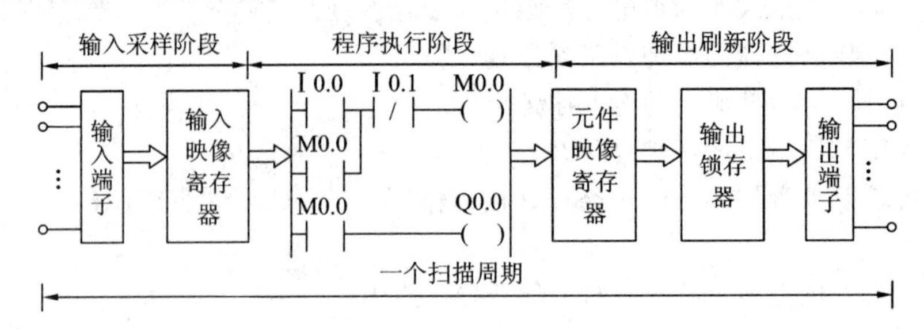

图 1.83　PLC 的扫描工作过程

输入采样阶段：PLC 将各输入状态存入对应的输入映像寄存器中，此时，输入映像寄存器被刷新，接着进入程序执行阶段。在程序执行阶段或输出刷新阶段，输入元件映像寄存器与外界隔绝，无论输入端子信号如何变化，其内容保持不变，直到下一个扫描周期的输入采样阶段才将输入端子的新内容重新写入。

程序执行阶段：PLC 根据最新读入的输入信号，以先左后右、先上后下的顺序逐行扫描，执行一次程序，结果存入元件映像寄存器中。对于元件映像寄存器，每个元件(除输入映像寄存器之外)的状态会随着程序的执行而变化。

输出刷新阶段：在所有指令执行完毕后，输出映像寄存器中所有输出继电器的状态(“1”或“0”)在输出刷新阶段转存到输出锁存器中，通过一定的方式输出并驱动外部负载。

2) PLC 的编程语言

PLC 是按照程序进行工作的。程序就是用一定的语言把控制任务描述出来。国际电工委员会(IEC)于 1994 年 5 月在 PLC 标准中推荐的常用语言有：梯形图(Ladder Diagram)、指令表(STatement List)、顺序功能图(Sequential Function Chart)、功能块图(Function Block Diagram)等。

(1) 梯形图。

梯形图基本上沿用电气控制图的形式，采用的符号也大致相同。如图 1.84(a)所示，梯形图的两侧平行竖线为母线，其间是由许多触点和编程线圈或指令盒组成的逻辑行。应用梯形图进行编程时，只要将梯形图逻辑行顺序输入到计算机中，计算机就可自动将梯形图转换成 PLC 能接受的机器语言，存入并执行。

(2) 指令表。

指令表的形式类似于计算机汇编语言的形式，用指令的助记符来进行编程。它通过编程器按照指令表的指令顺序逐条写入 PLC 并可直接运行。指令表的指令助记符比较直观易懂，编程也简单，便于工程人员掌握，因此得到广泛的应用。但要注意，不同厂家制造的PLC所使用的指令助记符有所不同，即对同一梯形图来说，用指令助记符写成的语句表也不一定相同。图1.84(a)梯形图对应的一种指令表如图1.84(b)所示。

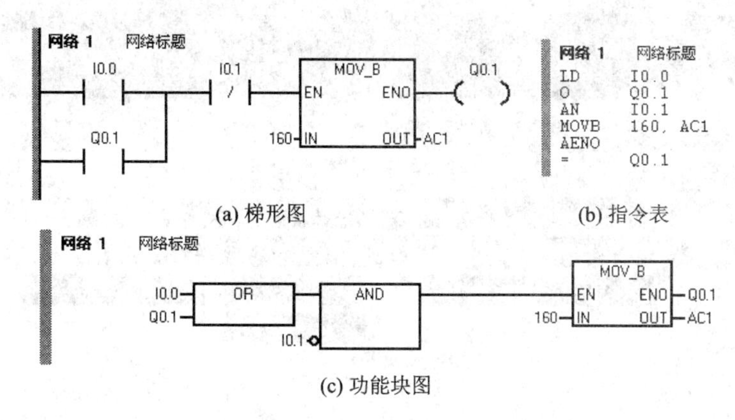

(a) 梯形图　　(b) 指令表

(c) 功能块图

图1.84　梯形图和指令表

(3) 功能块图。

功能块图类似于数字电路，它沿用了半导体逻辑电路的逻辑方框图，将具有各种与、或、非、异或等逻辑关系的功能块图按一定的逻辑组合起来，使用类似于布尔代数的图形逻辑符号来表示控制逻辑，一些复杂的功能用指令框表示，适合于有数字电路基础的编程人员使用。图1.84(c)是与图1.84(a)相对应的功能块图。

(4) 顺序功能图。

顺序功能图应用于顺序控制类的程序设计，包括步、动作、转换条件、有向连线和转换5个基本要素。

顺序功能图编程方法是将复杂的控制过程分成多个工作步骤(简称步)，每个步又对应着工艺动作，再把这些步依据一定的顺序要求进行排列组合成整体的控制程序。顺序功能图如图1.85所示。

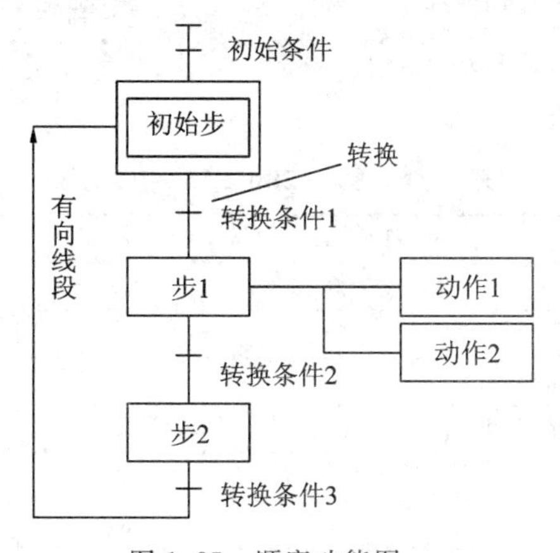

图1.85　顺序功能图

2. 西门子S7-200的型号、安装与接线

1) S7-200系列PLC简介

S7-200系列PLC的重要功能如图1.86所示，其CPU模块外形如图1.87所示，具体技术规范见表 1.1。

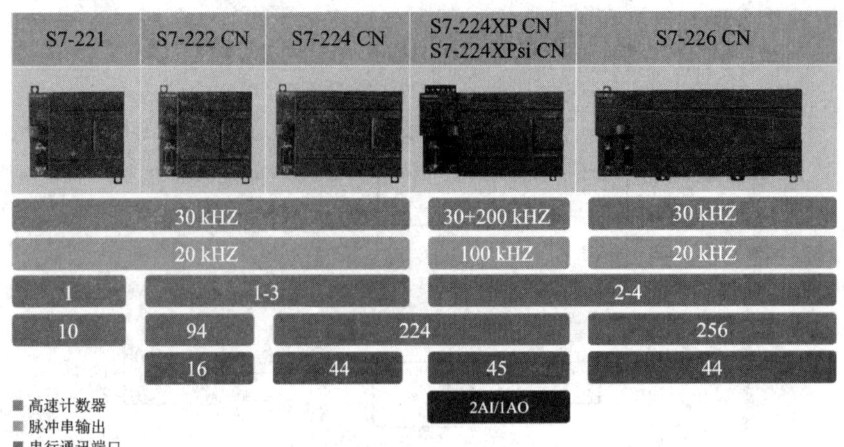

图 1.86 S7-200 PLC 的重要功能

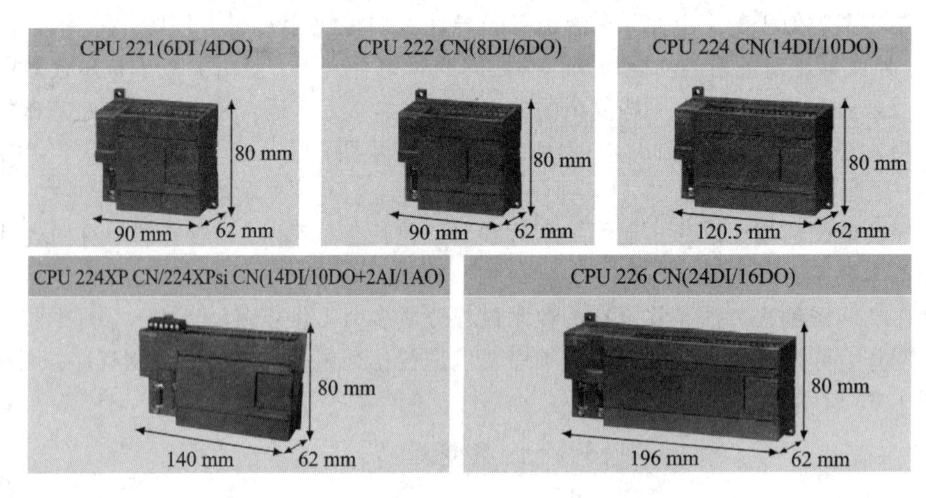

图 1.87 S7-200 PLC CPU 外形

表 1.1 S7-200 PLC 技术规范

技术规范	CPU 222CN	CPU 224CN	CPU 224×PCN	CPU 226CN
集成的数字量输入/输出	8 入/6 出	14 入/10 出	14 入/10 出	24 入/16 出
可连续的扩展模块数量(最大，个)	2	7	7	7
最大可扩展的数字量输入/输出范围(点)	78	168	168	248
最大可扩展的模拟量输入/输出范围(点)	10	35	38	35
用户程序区(KB)	4	8	12	16
数据存储区(KB)	2	8	10	10
数据后摆时间(电容,h)	50	100	100	100
后备电池(选择，天)	200	200	200	200
编程软件	Step 7 Micro/WIN 4.0 SP3 及以上脚本	Step 7 Micro/WIN 4.0 SP3 及以上脚本	Step 7 Micro/WIN 4.0 SP3 及以上脚本	Step 7 Micro/WIN 4.0 SP3 及以上脚本

续表

技术规范	CPU 222CN	CPU 224CN	CPU 224×PCN	CPU 226CN
布尔量运算执行时间(μs)	0.22	0.22	0.22	0.22
标志寄存器/计数器/定时器	256/256/256	256/256/256	256/256/256	256/256/256
高速计数器单相	4 路 30 kHz	6 路 30 kHz	4 路 30 kHz 2 路 200 kHz	6 路 30 kHz
高速计数器双相	2 路 20 kHz	4 路 20 kHz	3 路 30 kHz 1 路 100 kHz	4 路 20 kHz
高速脉冲输出	2 路 20 kHz（仅限于 DC 输出）	2 路 20 kHz（仅限于 DC 输出）	2 路 100 kHz（仅限于 DC 输出）	2 路 20 kHz（仅限于 DC 输出）
通信接口	1 个 RS－485	1 个 RS－485	2 个 RS－485	2 个 RS－485
外部硬件中断	4	4	4	4
支持的通信协议	PPI，MPI，自由口，Profibus DP	PPI，MPI，自由口，Profibus DP	PPI，MPI，自由口，Profibus DP	PPI，MPI，自由口，Profibus DP
模拟电位器	1 个 8 位分辨率	2 个 8 位分辨率	2 个 8 位分辨率	2 个 8 位分辨率
实时时钟	可选卡件	内置时钟	内置时钟	内置时钟
外形尺寸(W×H×D，mm)	90×80×62	120.5×80×62	140×80×62	196×80×62

S7－200 的 I/O 扩展模块及主要技术性能见表 1.2 所示。

表 1.2　S7－200 系列 PLC 输入/输出扩展模块的主要技术性能

类型	数字量扩展模块			模拟量扩展模块		
型号	EM221	EM222	EM223	EM231	EM232	EM235
输入点	8/16	无	4/8/16	4/8	无	4
输出点	无	4/8	4/8/16	无	2/4	1
隔离组点数	4	4	4/8/16	无	无	无
输入电压	DC 24 V	—	DC 24 V	—	—	—
输出电压	—	DC 24 V 或 AC 24～230 V	DC 24 V 或 AC 24～230 V	—	—	—
A/D 转换时间	—	—	—	<250 μs	—	<250 μs
分辨率	—	—	—	12 bit A/D 转换	电压：12 bit 电流：11 bit	12 bit A/D 转换

S7－200 的扩展模块种类还有通信模块和功能模块等。

2) S7－200 系列 PLC 的安装及接线

PLC 应安装在环境温度为 0℃～55℃、相对湿度为 35%RH～89%RH、无粉尘和油烟、无腐蚀性及可燃性气体的场合中。

PLC 的安装固定常有两种方式：一是直接利用机箱上的安装孔，用螺钉将机箱固定在控制柜的背板或面板上；二是利用 DIN 导轨安装，这需先将 DIN 导轨固定好，再将 PLC 及各种扩展模块卡上 DIN 导轨。安装时还要注意，应在 PLC 周围留足散热及接线的空间。图 1.88 所示即为 S7－200 CPU 及扩展设备在 DIN 导轨上安装的情况。

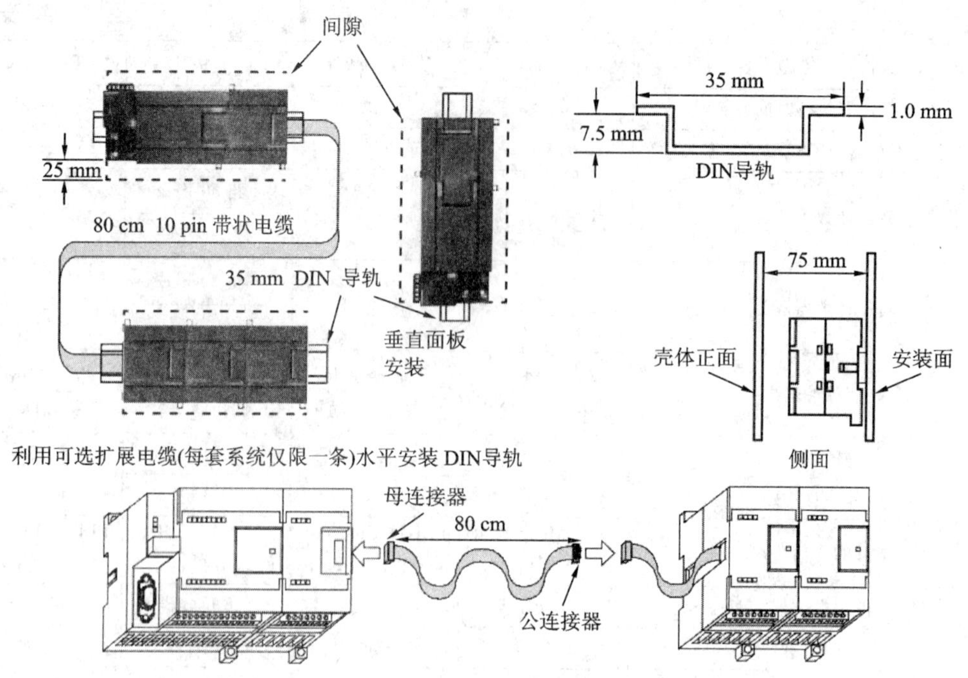

图 1.88　S7－200 CPU 及扩展设备在 DIN 导轨上的安装

PLC 在工作前必须正确地接入控制系统。与 PLC 连接的主要有 PLC 的电源接线、输入输出器件的接线、通信线和接地线等。

（1）电源接入及端子排列。

S7－200 的 CPU 的供电通常有两种情况：一是直接使用工频交流电，通过交流输入端子连接，对电压的要求比较宽松，85～264 V 均可使用；二是采用外部直流开关电源供电，一般配有直流 24 V 输入端子。采用交流供电的 PLC 机内自带直流 24 V 内部电源，为输入器件及扩展模块供电。S7－200 系列 PLC 主要有两种供电形式：一种是 AC/DC/继电器(工作电源为交流、直流数字输入和继电器输出)；另一种是 DC/DC/DC(工作电源为直流 24 V、直流数字输入、直流数字输出)。图 1.89 所示为 S7－200CNXP 的外形图，图 1.90

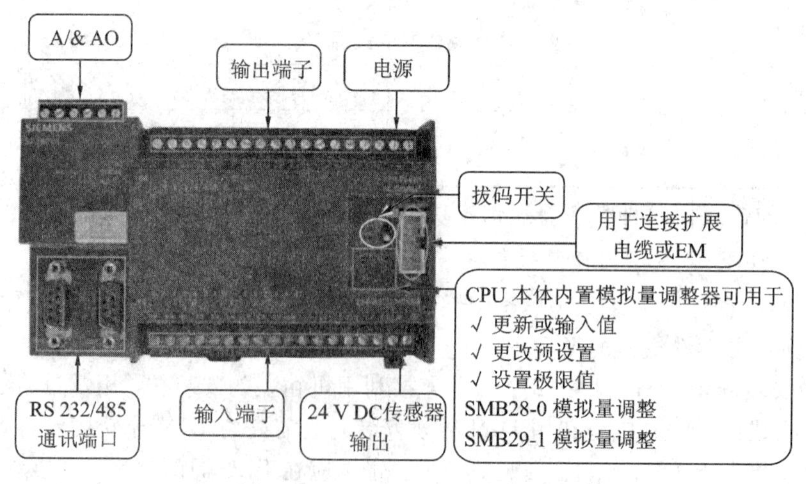

图 1.89　S7－200CNXP 的外形

所示为 CPU 224XPsi DC/DC/DC 接线图。上部端子排中标有 L+及 M 的接线位为直流开关电源的接入点。

（2）输入口器件的接入。

PLC 的输入口连接输入信号，器件主要有开关、按钮及各种传感器，这些都是触点类型的器件。在接入 PLC 时，每个触点的两个接头分别连接一个输入点及输入公共端。由图 1.90 可知，PLC 的开关量输入接线点都是螺钉接入方式，每一位信号占用一个螺钉。图 1.90中下部为输入端子，1M、2M 端为公共端，输入公共端在 S7－200PLC 中是分组隔离的，在三菱 FX2N PLC 中是连通的。开关、按钮等器件都是无源器件，此款 PLC 中 1M、2M 接电源负极，电源正极接输入元件的一端，输入元件的另一端接输入点 Ix. x。有源传感器在接入时须注意与机内电源的极性配合。模拟量信号的输入须使用专用的模拟量通道或模拟模块。图 1.91 所示为无源开关输入器件的接线图，图 1.92 所示为有源开关输入器件的接线图。

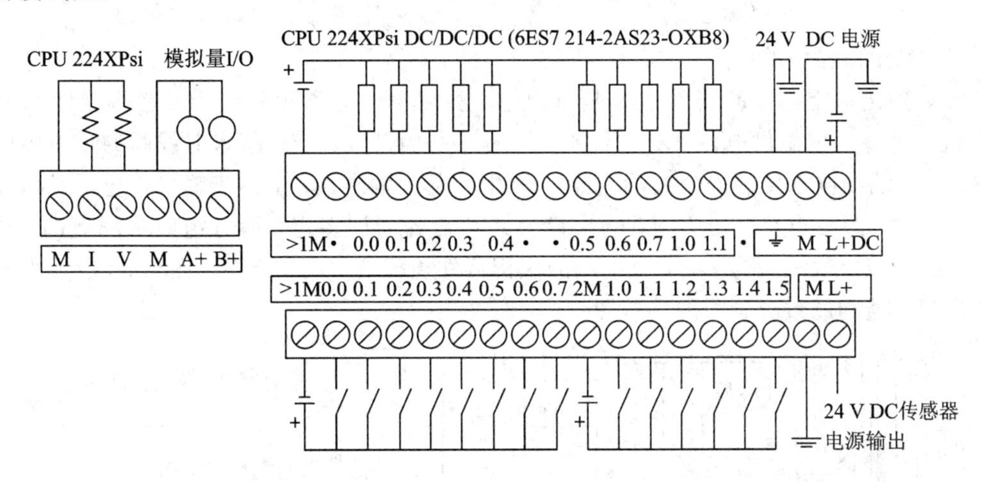

图 1.90　CPU 224XPsi DC/DC/DC 接线图

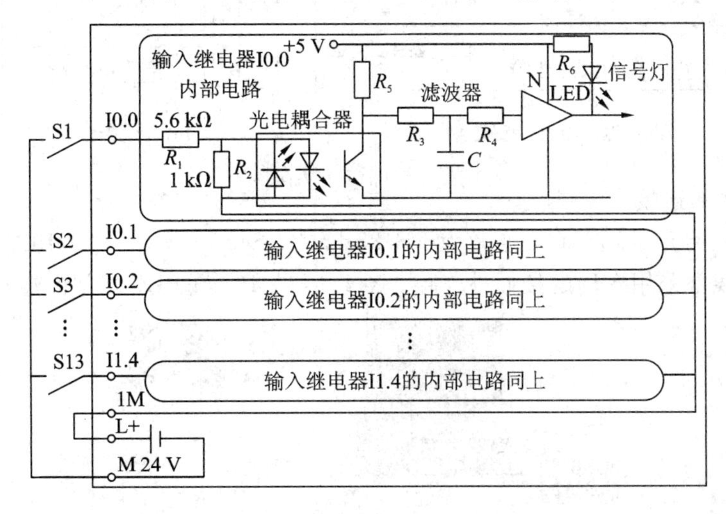

图 1.91　无源开关输入器件的接线图

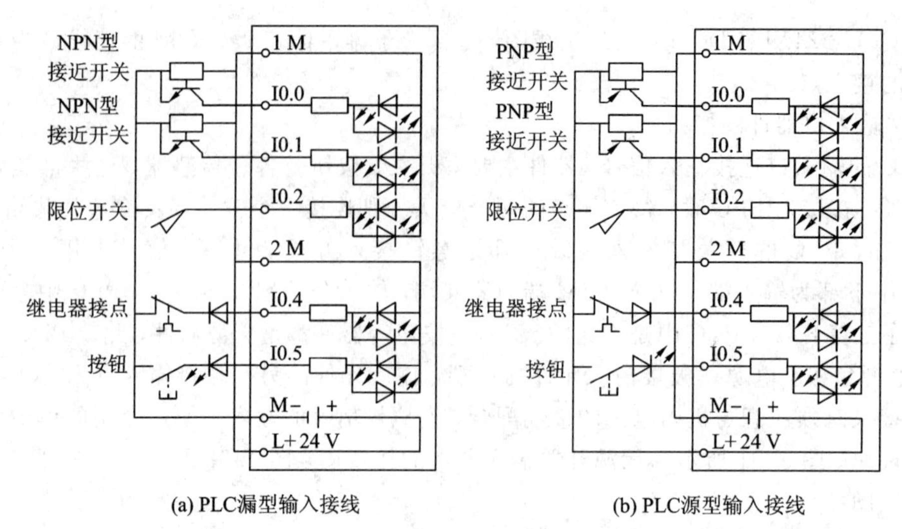

图 1.92　有源开关输入器件的接线图

(3) 输出口器件的接入。

PLC 输出口上连接的器件主要是继电器、接触器、电磁阀的线圈。这些器件均采用 PLC 机外的专用电源供电，PLC 内部不过是提供一组开关接点。接入时线圈的一端接输出点螺钉，一端经电源接输出公共端。图 1.90 中上部为输出端子，由于输出口连接线圈种类多，所需的电源种类及电压不同，输出口公共端常分为许多组，而且组间是隔离的。PLC 输出口的电流定额一般为 2 A，大电流的执行器件须配装中间继电器。图 1.93 所示为输出器件是继电器和场效应管时的连接图。

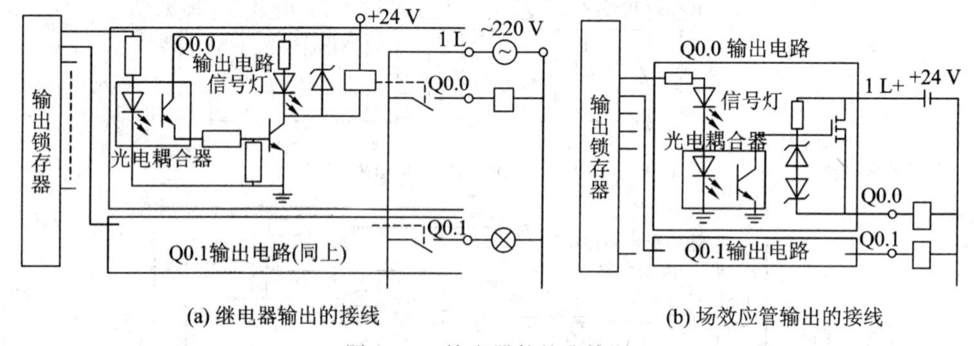

图 1.93　输出器件的连接图

(4) 通信线的连接。

PLC 一般设专用的通信口，通常为 RS485 口或 RS422 口，S7－200PLC 为 RS485 口。与通信口的接线常采用专用的接插件连接。图 1.94 为 PC 与 PLC 之间的连接图。

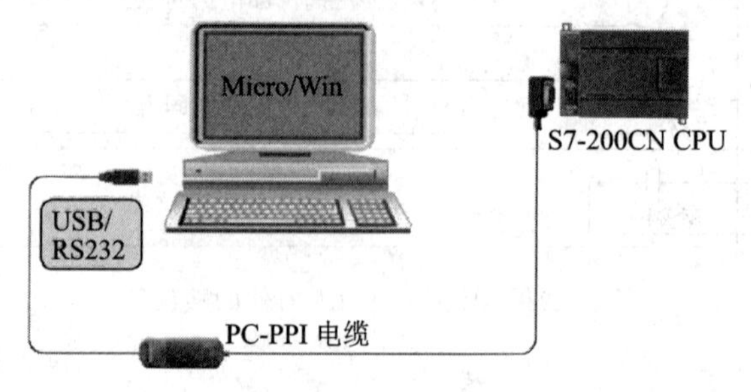

图 1.94　PC 与 PLC 之间的连接图

3. S7-200 PLC 的软元件

S7-200 系列 PLC 的内存分为程序存储区和数据存储区两大部分。程序存储区用于存放用户程序，它由机器自动按顺序存储程序，用户不必为哪条程序存放在哪个存储器地址而费心。数据存储区用于存放输入/输出状态及各种中间运行结果，是用户实现各种控制任务所必须了如指掌的内部资源。

PLC 内部元器件的功能是相互独立的，掌握这些内部器件的定义、范围、功能和使用方法是 PLC 程序设计的基础，本节从元器件的寻址方式、功能的角度叙述各种器件的使用方法。

1）数据存储器的分配

S7-200 系列 PLC 按内部元器件的种类将数据存储器分成若干个存储区域，每个区域的存储单元按字节编址，可以进行字节、字、双字和位操作，每个字节由 8 个存储位组成，对存储单元进行位操作时，每 1 位都可以看成是有 0、1 状态的位逻辑器件。

2）数据表示方法

（1）数据类型及单位。

S7-200 系列 PLC 在存储单元所存放的数据类型有布尔型(BOOL)、整数型(INT)和实数型(REAL)三种。实数(浮点数)采用 32 位单精度数表示，其数值有较大的表示范围：正数为+1.175495E-38 到+3.402823E+38；负数为-1.175495E-38 到-3.402823E+38。

常用的整数长度单位有位(1 位二进制数)、字节(8 位二进制数，用 B 表示)、字(16 位二进制数，用 W 表示)和双字(32 位二进制数，用 D 表示)等。不同长度的整数所表示的数值范围见表 1.3。

表 1.3 整型长度及数据范围

数据长度	无符号整数表示范围		有符号整数表示范围	
	十进制表示	十六进制表示	十进制表示	十六进制表示
字节 B(8 位)	0～255	0～FF	-128～127	80～7F
字 W(16 位)	0～65535	0～FFFF	-32768～32767	8000～7FFF
双字 D(32 位)	0～4294967295	0～FFFFFFFF	-2147483648～2147483647	80000000～7FFFFFFF

（2）常数。

在 S7-200 系列 PLC 的许多指令中使用常数，常数值的长度可以是字节、字或双字。CPU 以二进制方式存储常数，可以采用十进制、十六进制、ASCII 码或浮点数形式书写常数。常数表示方法见表 1.4。

表 1.4 常数表示方法

进 制	书写格式	举 例
十进制	进制数值	1052
十六进制	16#十六进制值	16#3F7A6
二进制	2#二进制值	2#1010_0011_1101_0001
ASCII 码	‘ASCII 码文本’	‘Show terminals.’
浮点数(实数)	ANSI/IEEE 754-1985 标准	+1.036782E-36(正数) -1.036782E-36(负数)

3）S7－200系列PLC寻址方式

S7－200系列PLC将信息存放于不同的存储单元，每个单元都有1个唯一的地址，系统允许用户以字节、字、双字为单位存、取信息。提供参与操作的数据地址的方法称为寻址方式。S7－200数据寻址方式有立即数寻址、直接寻址和间接寻址三大类。立即数寻址的数据在指令中以常数形式出现，直接寻址和间接寻址方式有位、字节、字和双字4种寻址格式，下面对直接寻址和间接寻址方式加以说明。

（1）直接寻址方式：直接寻址方式是指在指令中直接使用存储器或寄存器的元件名称和地址编号，直接查找数据。数据直接寻址指令中明确指出了存取数据的存储器地址，允许用户程序直接存取信息。数据直接地址表示方法如图1－95所示。

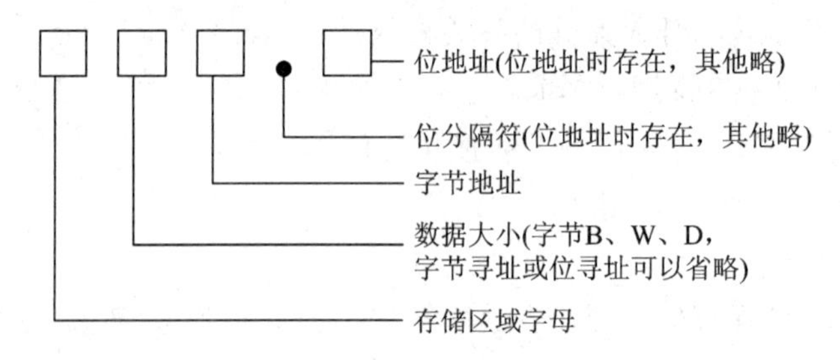

图1－95　数据直接地址表示方法

数据的直接地址包括内存区域标志符、数据大小及该字节的地址或字、双字的起始字节地址以及位分隔符和位，其中有些参数可以省略，详见图1－95中说明。

位寻址举例如图1－96所示，图中I7.4表示数据地址为输入映像寄存器的第7字节第4位的位地址。可以根据I7.4地址对该位进行读/写操作。

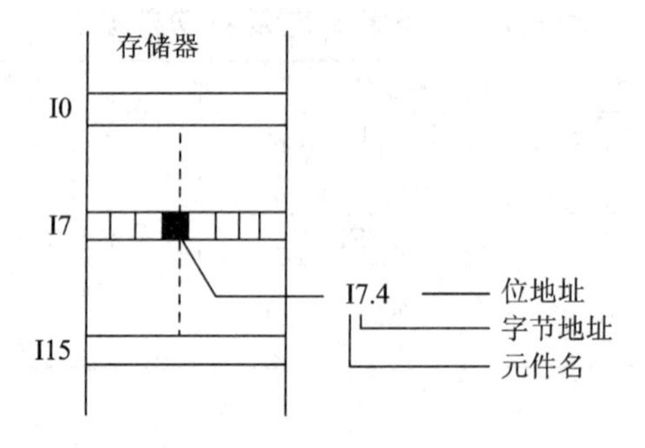

图1－96　位寻址

可以进行位操作的元器件有：输入映像寄存器(I)、输出映像寄存器(Q)、内部标志位(M)、特殊标志位(SM)、局部变量寄存器(L)、变量寄存器(V)和状态元件(S)等。

直接访问字节、字、双字数据时，必须指明数据存储区域、数据长度及起始地址。当数据长度为字或双字时，最高有效字节为起始地址字节。

可按字节操作的元器件有：I、Q、M、SM、S、V、L、AC、常数。

可按字操作的元器件有：I、Q、M、SM、S、T、C、V、L、AC、常数。

可按双字操作的元器件有：I、Q、M、SM、S、V、L、AC、HC、常数。

（2）间接寻址方式：间接寻址是指使用地址指针来存取存储器中的数据。使用前，首先将数据所在单元的内存地址放入地址指针寄存器中，然后根据此地址存取数据。

S7-200 CPU中允许使用指针进行间接寻址的存储区域有I、Q、V、M、S、T、C。

建立内存地址的指针为双字长度(32位)，故可以使用V、L、AC作为地址指针。必须采用双字传送指令(MOVD)将内存的某个地址移入指针当中，以生成地址指针。指令中的操作数(内存地址)必须使用"&"符号表示内存某一位置的地址(长度为32位)。

间接寻址(用指针存取数据)：在使用指针存取数据的指令中，操作数前加有"*"时表示该操作数为地址指针。

间接寻址举例如下：

```
MOVD &VB200,AC0      //建立指针
INCD AC0             //修改指针，加1
INCD AC0             //修改指针，再加1
MOVW *AC0,AC1        //读指针
```

4) S7-200系列PLC的CPU的存储区

S7-200系列PLC的数据存储区按存储数据的长短可划分为字节存储器、字存储器和双字存储器3类。字节存储器有7个，分别是输入映像寄存器I、输出映像寄存器Q、变量存储器V、内部位存储器M、特殊存储器SM、顺序控制状态寄存器S和局部变量存储器L；字存储器有4个，分别是定时器T、计数器C、模拟量输入寄存器AI和模拟量输出寄存器AQ；双字存储器有2个，分别是累加器AC和高速计数器HC。

(1) 输入映像寄存器I(输入继电器)：存放CPU在输入扫描阶段采样输入接线端子的结果。通常工程技术人员常把输入映像寄存器I称为输入继电器，它由输入接线端子接入的控制信号驱动，当控制信号接通时，输入继电器得电，即对应的输入映像寄存器的位为"1"态；当控制信号断开时，输入继电器失电，对应的输入映像寄存器的位为"0"态。输入接线端子可以接动合触点或动断触点，也可以是多个触点的串并联。

输入继电器地址的编号范围为I0.0～I15.7。

(2) 输出映像寄存器Q(输出继电器)：存放CPU执行程序的结果，并在输出扫描阶段将其复制到输出接线端子上。工程实践中，常把输出映像寄存器Q称为输出继电器，它通过PLC的输出接线端子控制执行电器完成规定的控制任务。

输出继电器地址的编号范围为Q0.0～Q15.7。

(3) 变量存储器V：用于存放用户程序执行过程中控制逻辑操作的中间结果，也可以用来保存与工程或任务有关的其他数据。

变量存储器地址编号范围根据CPU型号不同而不同，CPU 221/222为V0～V2047共2 KB存储容量，CPU 224/226为V0～V5119共5 KB存储容量。

(4) 内部存储器M(中间继电器)：作为控制继电器用于存储中间操作状态或其他控制信息，其作用相当于继电接触器控制系统中的中间继电器。

内部存储器地址的编号范围为MB0～MB31，共32个字节。

(5) 特殊存储器SM：用于CPU与用户之间交换信息，其特殊存储器位提供大量的状态和控制功能。CPU 224的特殊存储器SM编址范围为SMB0～SMB549共550个字节，其中SMB0～SMB29的30个字节为只读型区域。其地址编号范围随CPU的不同而不同。如SM0.0为PLC运行恒为ON的特殊继电器；SM0.1为PLC运行时的初始化脉冲，当PLC开始运行时只接通一个扫描周期的时间。

(6) 局部变量存储器 L：用来存放局部变量，它和变量存储器 V 很相似，V 为全局变量，V 与 L 的主要区别在于全局变量是全局有效，即同一个变量可以被任何程序访问，而局部变量只在局部有效，即变量只和特定的程序相关联，L 一般用在子程序中。

S7－200 有 64 个字节的局部变量存储器，其中 60 个字节可以作为暂时存储器，或给予程序传递参数，后 4 个字节作为系统保留字节。

(7) 顺序控制状态寄存器 S：又称状态元件，与顺序控制继电器指令配合使用，用于组织设备的顺序操作，顺序控制状态寄存器的地址编号范围为 S0.0～S31.7。

(8) 定时器 T：相当于继电接触器控制系统中的时间继电器，用于延时控制。S7－200 有三种类型定时器 TON、TOF、TONR，它们的时基增量分别为 1 ms、10 ms 和 100 ms。

定时器的地址编号范围为 T0～T255，它们的分辨率和定时范围各不相同，用户应根据所用 CPU 型号及时基，正确选用定时器编号。

(9) 计数器 C：用来累计输入端接收到的脉冲个数，S7－200 有三种类型计数器：加计数器、减计数器和加减计数器。

计数器的地址编号范围是 C0～C255。

(10) 模拟量输入寄存器 AI：用于接收模拟量输入模块转换后的 16 位数字量。其地址以偶数表示，如 AIW0、AIW2……。模拟量输入寄存器 AI 为只读存储器。

(11) 模拟量输出寄存器 AQ：用于暂存模拟量输出模块的输入值，该值经过模拟量输出模块(D/A)转换为现场所需要的标准电压或电流信号。其地址编号为 AQW0、AQW2……。模拟量输出值是只写数据，用户不能读取模拟量输出值。

(12) 高速计数器 HC：用来累计比 CPU 的扫描速率更快的事件，计数过程与扫描周期无关。

高速计数器的地址编号范围根据 CPU 的型号有所不同，CPU 221、222 各有 4 个高速计数器，CPU224、226 各有 6 个高速计数器，编号为 HC0～HC5。高速计数器的当前值是一个双字长(32 位)的整数，且为只读值。

(13) 累加器 AC：用来暂存数据的寄存器，它可以用来存放运算数据、中间数据和结果，S7－200 提供了 4 个 32 位的累加器，其地址编号为 AC0～AC3。累加器可进行读写操作。

S7－200 系列 PLC 的软元件如表 1.5 所示。

表 1.5　S7－200 系列 PLC 的软元件一览表

软元件名称	S7－200 CPU 模块			
	CPU 221	CPU 222	CPU 224	CPU 226
输入继电器(I)	I0.0～I15.7	I0.0～I15.7	I0.0～I15.7	I0.0～I15.7
输出继电器(Q)	Q0.0～Q15.7	Q0.0～Q15.7	Q0.0～Q15.7	Q0.0～Q15.7
辅助继电器(M)	M0.0～M31.7	M0.0～M31.7	M0.0～M31.7	M0.0～M31.7
特殊继电器(SM)	SM0.0～SM179.7	SM0.0～SM299.7	SM0.0～SM549.7	SM0.0～SM549.7
只读	SM0.0～SM29.7	SM0.0～SM29.7	SM0.0～SM29.7	SM0.0～SM29.7
顺序控制继电器(S)	S0.0～S31.7	S0.0～S31.7	S0.0～S31.7	S0.0～S31.7
定时器(T)	256(T0～T255)	256(T0～T255)	256(T0～T255)	256(T0～T255)

续表

软元件名称		S7－200 CPU 模块			
		CPU 221	CPU 222	CPU 224	CPU 226
累计延时	1 ms	T0，T64	T0，T64	T0，T64	T0，T64
	10 ms	T1～T4，T65～T68	T1～T4，T65～T68	T1～T4，T65～T68	T1～T4，T65～T68
	100 ms	T5～T31，T69～T95	T5～T31，T69～T95	T5～T31，T69～T95	T5～T31，T69～T95
通电/断电延时	1 ms	T32，T96	T32，T96	T32，T96	T32，T96
	10 ms	T33～T36，T97～T100	T33～T36，T97～T100	T33～T36，T97～T100	T33～T36，T97～T100
	100 ms	T37～T63，T101～T255	T37～T63，T101～T255	T37～T63，T101～T255	T37～T63，T101～T255
计数器(C)		C0～C255	C0～C255	C0～C255	C0～C255
高速计速器(HC)		HC0～HC5	HC0～HC5	HC0～HC5	HC0～HC5

1.3.2　S7－200 PLC 软件的使用

1. STEP 7－Micro/WIN 软件的界面介绍

STEP 7－Micro/WIN 是 S7－200 的编程软件，可以在全汉化的界面下进行操作。双击 PC 桌面上的 STEP 7－Micro/WIN 图标，或从“开始”菜单项进入 STEP7－Micro/WIN 软件，即可打开软件界面，如图 1.97 所示。

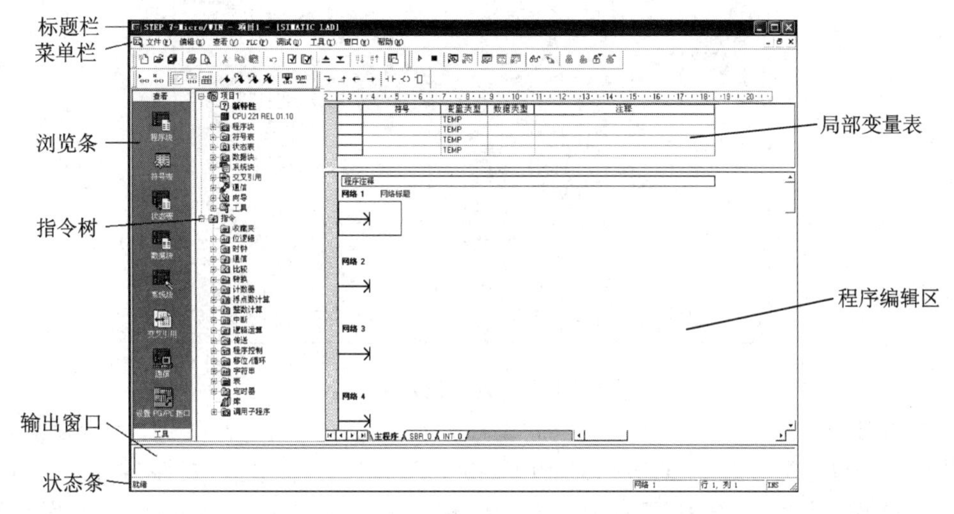

图 1.97　软件窗口

软件窗口包括标题栏、菜单栏、浏览条、指令树、输出窗口、状态条、程序编辑区和局部变量表等。

(1) 浏览条。提供按钮控制的快速窗口切换功能。可用“查看”菜单的“浏览栏”项选择是否打开。浏览条包括程序块(Program Block)、符号表(Symbol Table)、状态图表(Status Chart)、数据块(Data Block)、系统块(System Block)、交叉索引(Cross Reference)和通信(Communications)7 个组件。一个完整的项目文件(Project)通常包括前 6 个组件。

(2) 指令树。提供编程时用到的所有快捷操作命令和 PLC 指令,可用“查看”菜单的“指令树”项决定是否将其打开。

(3) 输出窗口。显示程序编译的结果信息。

(4) 状态条。显示软件执行状态,编辑程序时,显示当前网络号、行号、列号;运行时,显示运行状态、通信波特率、远程地址等。

(5) 程序编辑区。程序编辑器采用梯形图、语句表或功能图表编写的用户程序,或在联机状态下从 PLC 上安装的用户程序在程序编辑区进行编辑或修改,程序显现在程序编辑区中。

(6) 局部变量表。每个程序块都对应一个局部变量表,在带参数的子程序调用中,参数的传递通过局部变量表进行。

2. 通信设置

PC 与 S7-200 PLC 的连接可以采用 PC/PPI 电缆连接,也可以采用 CP5611 卡等进行通信,下面以使用 USB 接口的 PC/PPI 电缆为例来进行连接并通信。

(1) 连接好 PLC 下载线,设置编程软件通过 USB 接口的下载线与 PLC 进行通信。

(2) 双击图 1.97 中左侧“查看”下的“系统块”,出现如图 1.98 所示界面。在该界面中把波特率设为 9.6 kb/s(kbps)或 187.5 kb/s(kbps)(此波特率为端口与外部设备工作通信速率),其他参数按默认设置即可,然后单击“确认”按钮。

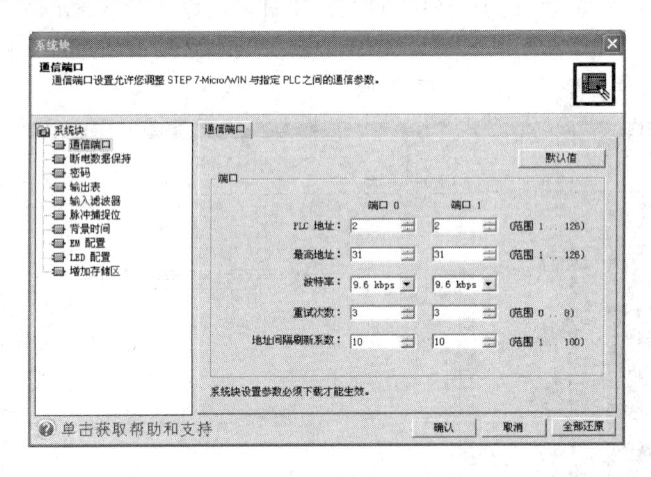

图 1.98 通信设置界面

(3) 单击图 1.97 中左侧“查看”下的“设置 PG/PC 接口”,出现如图 1.99 所示界面。在“为使用的接口分配参数”中选择“PC/PPI cable(PPI)”,然后单击“属性”按钮,进入如图 1.100 所示界面。将“传输率”设置为 9.6 kb/s(kbps)或 187.5 kb/s(kbps)。然后在图1.100 中单击标签“本地连接”,出现如图 1.101 所示界面,把“连接到”设为“USB”,然后单击“确定”按钮,回到图 1.97 初始界面。

在图 1.97 界面中,双击左侧“查看”下的“通信”,出现如图 1.102 所示界面。选中“搜索所有波特率”选项,双击右侧的“双击刷新”,刷新后如图 1.103 所示,把 PLC 刷新到

PLC 地址后，再把 PLC 的地址数写入到远程地址中，图 1.103 中所示地址为 2。能够刷新到 PLC 的地址，说明 PC 与 PLC 的通信连接已成功。

1.99　接口设置界面

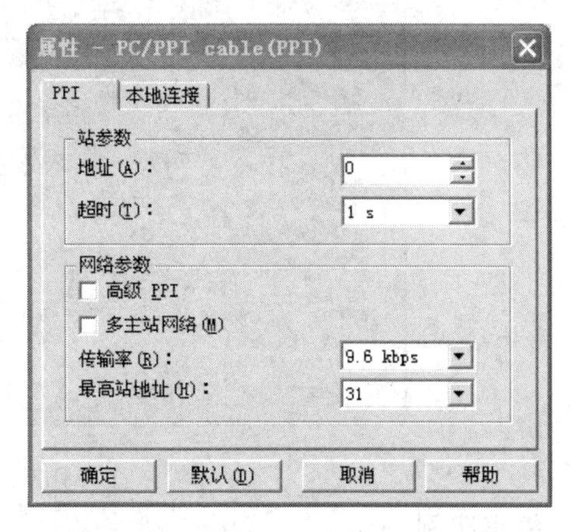

图 1.100　属性- PC/PPI cable(PPI)界面

图 1.101　通信口设置

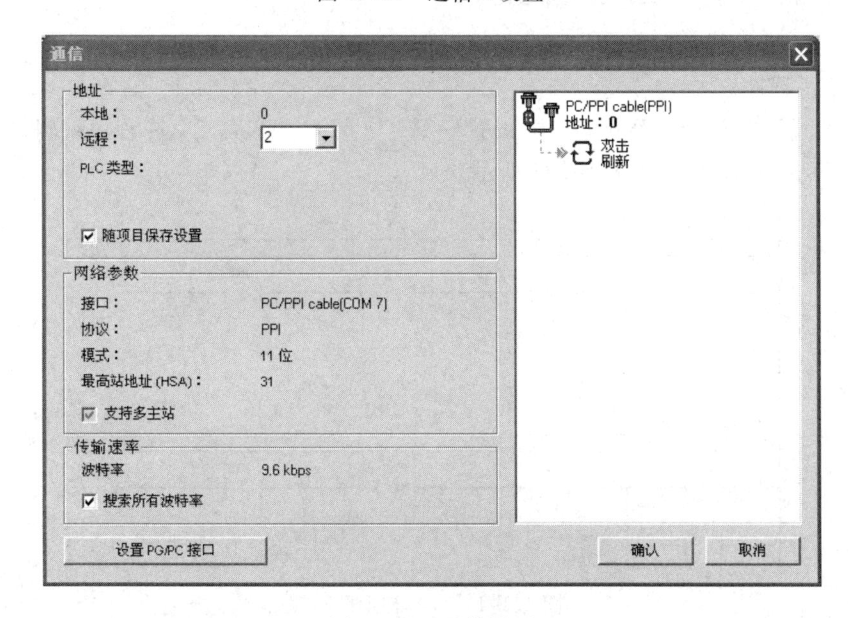

图 1.102　通信界面

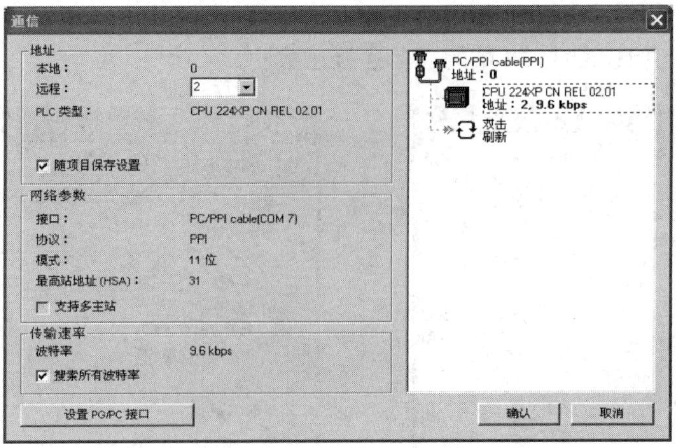

图 1.103 刷新 PLC

3. 编程实例

下面以三相交流异步电动机正反转控制为例来说明 PLC 编程软件的使用。三相交流异步电动机正反转控制需用到正转起动控制按钮一个、反转起动控制按钮一个、停止按钮一个、控制正反转用的交流接触器两个(一个控制电动机接通正转电源，另一个接通反转电源，注意两个接触器不能同时动作，否则会造成电源短路)。主电路的连接与电气控制方法相同，控制电路用 PLC 来实现。

设 I/O 分配如下：

正转起动按钮：I0.0；

反转起动按钮：I0.1；

停止按钮：I0.2；

Q0.0：控制正转接触器线圈通电；

Q0.1：控制反转接触器线圈通电。

1）编写、输入梯形图程序

(1) 编写程序。

打开 STEP7 - Micro/Win 软件，设置好 PC 与 PLC 的通信后，在程序编辑区编写 PLC 梯形图程序，梯形图程序如图 1.104 所示。

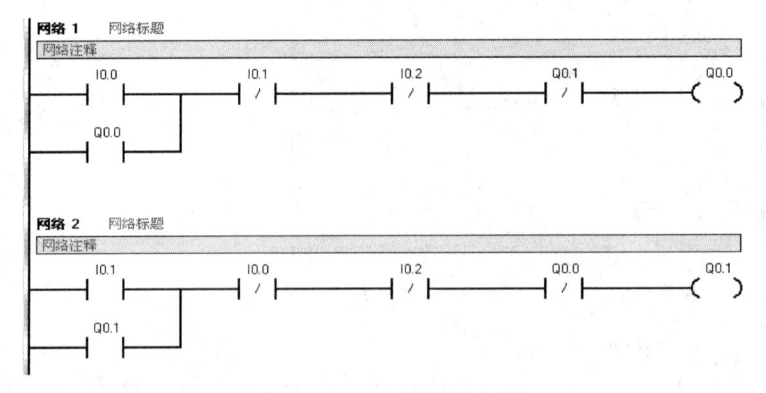

图 1.104 PLC 梯形图程序

（2）编辑程序。

把光标置于程序编辑区网络 1 的最左边，在指令树的“位逻辑”下找到常开触点符号，如图 1.105(a)所示，双击该触点，则写到网络 1 中，如图 1.105(b)所示。

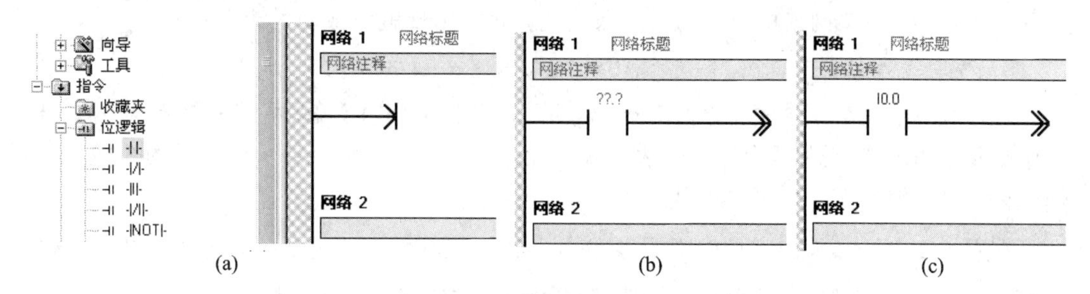

图 1.105　输入触点 I0.0

在图 1.105(b)中的“??.?”处写入“I0.0”，如图 1.105(c)所示，这样一个触点就输入完毕。用同样的方法写入图 1.106 所示的触点后，再输入 Q0.0 的线圈。再在网格 1 的第二行，输入 Q0.0 的常开触点，如图 1.107 所示，并把光标置于图 1.108 所示位置，按下工具栏中的“往下连线”按钮(圆圈圈起部分)，即可往下连线，把 Q0.0 的常开触点并于 I0.0 常开触点的两端。

图 1.106　输入线圈 Q0.0

图 1.107　输入触点 Q0.0

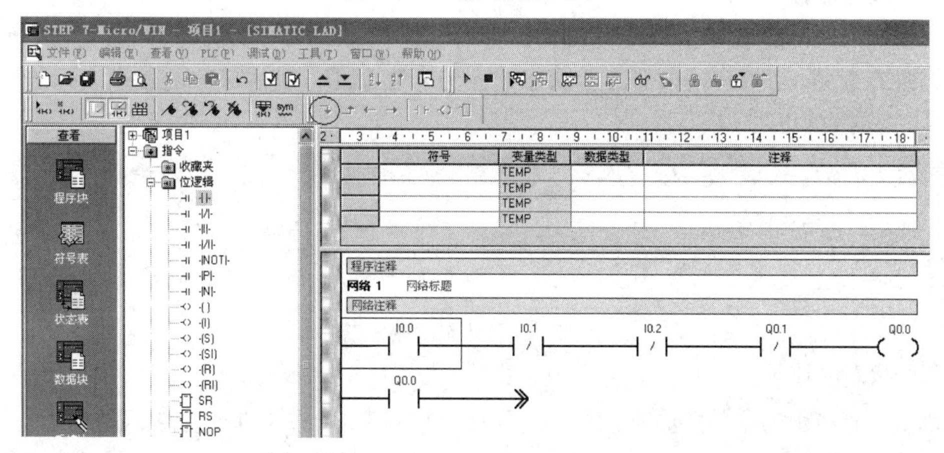

图 1.108　程序编译

网络 2 的梯形图用类似方法输入。

注意：（1）某元件的触点数量无限制，可无限次使用。

（2）某元件的输出线圈一般在程序中只出现一次。

（3）一个网络中只能写入一条支路，允许出现触点或块的串并联。

2）程序编译与下载

程序输入完后，单击菜单“PLC”→“全部编译”对程序进行编译，编译结果会在输出窗口中显示，如出现“总错误数目：0”表示程序无语法错误，否则会指示出错误的个数，必须修改好，程序编译无错才可以下载。

在图 1.109 中，单击工具栏中的按钮，在下载画面中单击下载，就可把程序下载至 PLC 中，若无法下载，则需要重新设置通信或检查程序有无语法性错误。

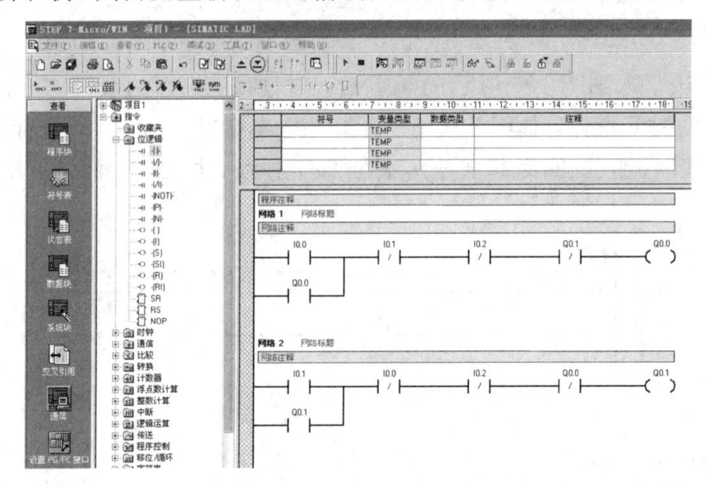

图 1.109　程序编译

3）程序监控

把梯形图程序下载至 PLC 中后，再把 PLC 调至运行状态，即可开始梯形图的状态监控。

（1）状态监控。

单击工具栏中的状态监控按钮，如图 1.110 所示，即可对梯形图中各触点、线圈等的状态进行监控，如图 1.111 所示。状态监控的梯形图中，黑体部分的触点表示当前状态为 ON，否则为 OFF。

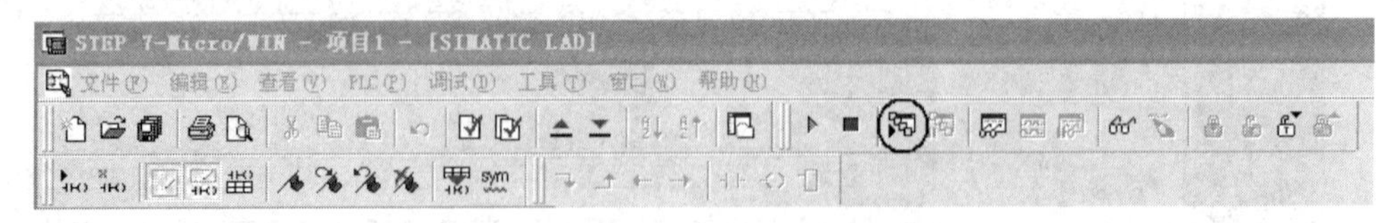

图 1.110　状态监控按钮

（2）状态表监控。

单击工具栏中的按钮，如图 1.112 所示，就可调出状态表进行监控，如图 1.113 所示。在表中输入要监视元件的地址(如输入 Q0.0 和 Q0.1)，则可在表中显示该元件的当前值。

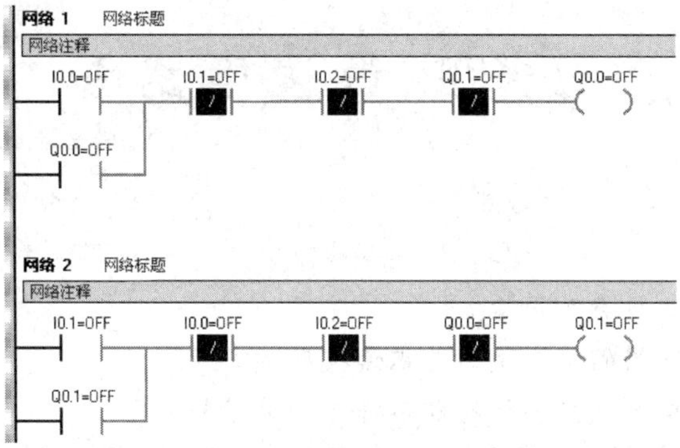

网络 1　网络标题
网络注释
I0.0=OFF
I0.1=OFF
I0.2=OFF
Q0.1=OFF
Q0.0=OFF
Q0.0=OFF
网络 2　网络标题
网络注释
I0.1=OFF
I0.0=OFF
I0.2=OFF
Q0.0=OFF
Q0.1=OFF
Q0.1=OFF

图 1.111　程序状态监控

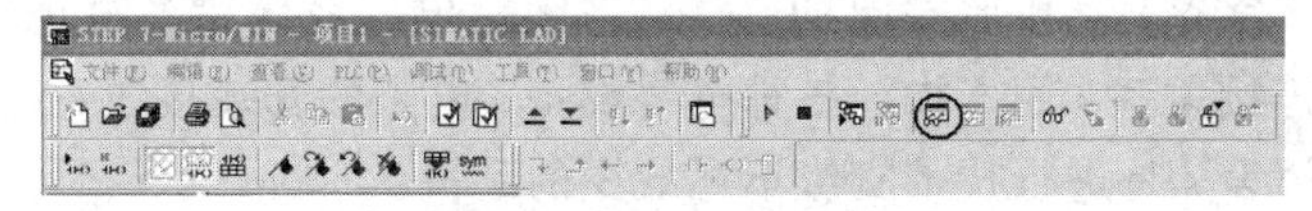

图 1.112　状态表监控图标

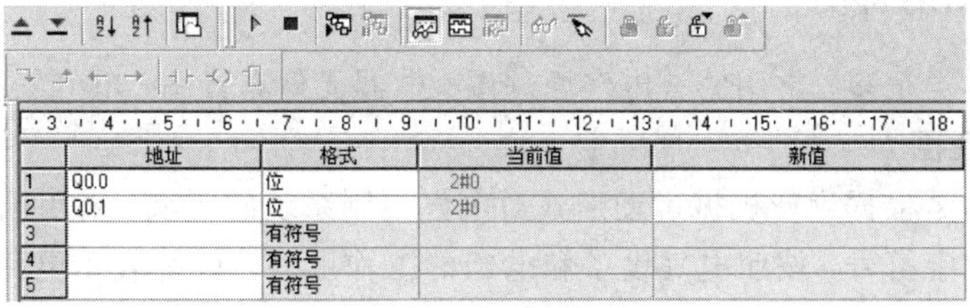

	地址	格式	当前值	新值
1	Q0.0	位	2#0	
2	Q0.1	位	2#0	
3		有符号		
4		有符号		
5		有符号		

图 1.113　状态监控表

思考与练习

一、观察并画出某一简单 PLC 控制系统的输入/输出端子及电源的接线图。

二、按照所画接线图进行接线练习。

三、程序输入练习。

试在编程序软件中输入如图 1.114 所示程序，并下载到 PLC 中。

网络1
I0.0
I0.1
M0.0
M0.0
T37
IN
TON
100
PT
100 ms
网络2
I0.3
MOV_B
EN
ENO
VB0
IN
OUT
QB0

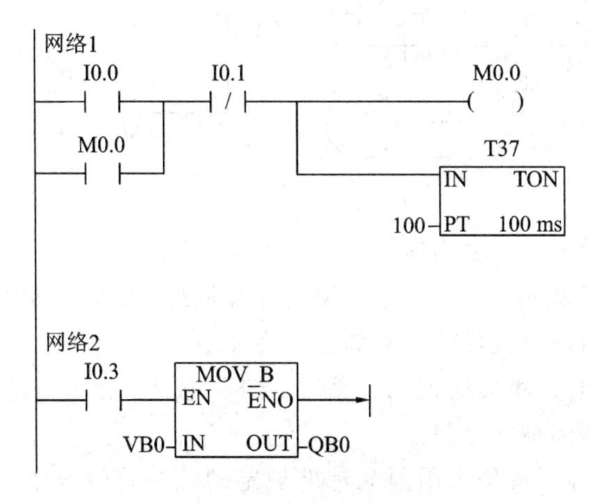

图 1.114　输入程序

任务四　识读电路图

任务要求

（1）了解电路图的种类及用途。

（2）掌握电路原理图的绘制规则与识读技巧。

（3）熟悉电路图中各电器元件的电路符号和文字符号。

电路图是电气线路和设备设计、安装、调试和维修的依据。它是采用国家统一规定的电气图形符号和文字符号，按照规定的画法，来表示电气系统中各种电气设备、装置、元件的相互关系或连接关系，用于指导各种电气设备、电路的安装接线、运行、维护和管理。它是电气工程的语言，是进行技术交流不可缺少的手段。

1.4.1　电路图的种类

电路图的种类很多，常用的有电气原理图、电器元件布置图、电气安装接线图等。

1. 电气原理图

电气原理图是根据生产机械运动形式对电气控制系统的要求，采用国家统一规定的电气图形符号和文字符号，按照电气设备和电器的工作顺序，详细表示电路、设备或成套装置的全部基本组成的连接关系，而不考虑其实际位置的一种简图，如图1.115所示。

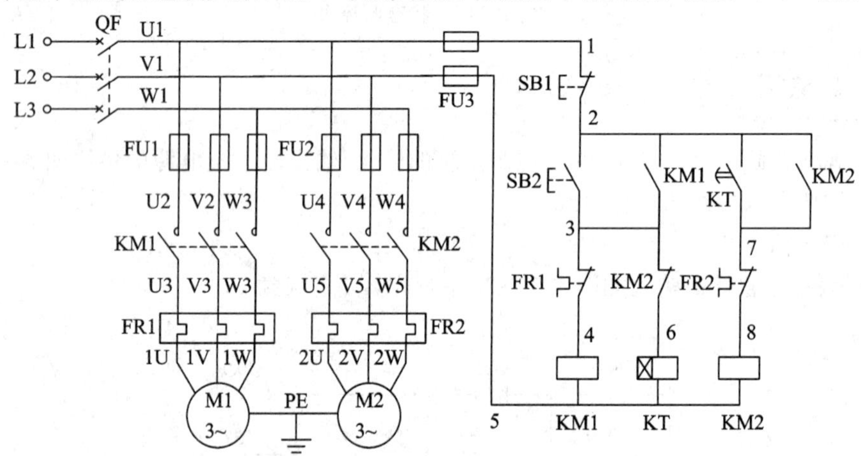

图1.115　电气原理图

（1）电气原理图绘制的主要内容。

电气原理图主要用来说明电气控制电路的工作原理、各电气元件的相互作用和相互关系，所以它应包括所有电器元件的导电部分和接线端子，而不考虑各元件的实际位置。

① 主电路、控制电路和其他辅助的信号、照明电路、保护电路一起构成电气控制系统，各电路应沿水平方向独立绘制。

② 电路中所有电器元件均采用国家标准规定的统一符号表示，其触点状态均按常态绘制。主电路一般都画在控制电路的左侧或上面，复杂的系统电路则分图绘制。所有耗能

元件，如线圈、指示灯等，均画在电路的最下端。

图形符号应符合 GB4728.7—2005《电气简图用图形符号》的规定，文字符号应符合 GB7159—87《电气技术中的文字符号制订通则》的规定。

③ 沿横坐标方向将原理图划分成若干图区，并标明各区电路的功能(见后图 1.118)。继电器和接触器线圈下方的触点表用于说明线圈和触点的从属关系，如图 1.116 所示。

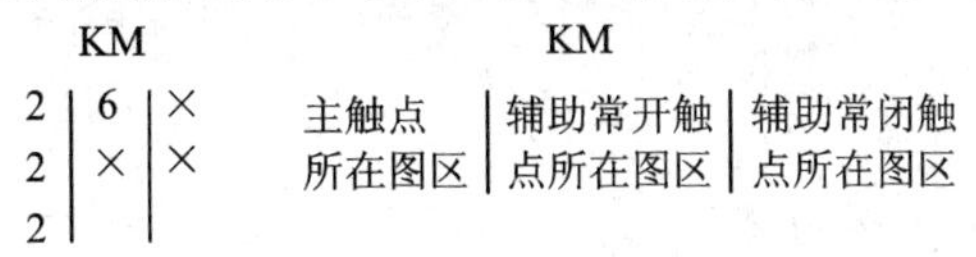

图 1.116 继电器/接触器触点表

对未使用的触点用“×”表示。

(2) 电路原理图绘制的方法和原则。

① 在电路图中，主电路、电源电路、控制电路、信号电路分开绘制。

② 无论是主电路还是辅助电路，各电器元件一般应按生产设备动作的先后顺序从上到下或从左到右依次排列，可水平布置，也可垂直布置。

③ 所有电器的开关和触点的状态，均以线圈未通电状态、手柄置于零位、行程开关和按钮等触点不受外力时的状态为准。

④ 为了阅读、查找方便，在含有接触器、继电器线圈的线路单元下方或旁边，可标出该接触器或继电器各触点分布位置所在的图区号。

⑤ 同一电器各导电部分常常不绘制在一起，但应以同一标号注明。

⑥ 控制电路和辅助电路按从上至下、从左至右的顺序用数字依次编号，每经过一个电器元件后，编号要依次递增。控制电路中编号的起始数字必须是 1，其他辅助电路编号的起始数字依次递增 100，如照明电路编号从 101 开始、指示电路编号从 201 开始等。

2. 电器元件布置图

(1) 电器元件布置图的主要内容。

电器元件布置图是根据电器元件在控制板上的实际安装位置，采用简化的外形符号(如正方形、矩形、网形等)而绘制的一种简图，如图 1.117 所示。它不表达各电器的具体结构、作用、接线情况以及工作原理，主要用于电器元件的布置和安装，表明电气原理图中所有电器元件、电器设备的实际位置，为电气控制设备的制造、安装提供必要的资料。

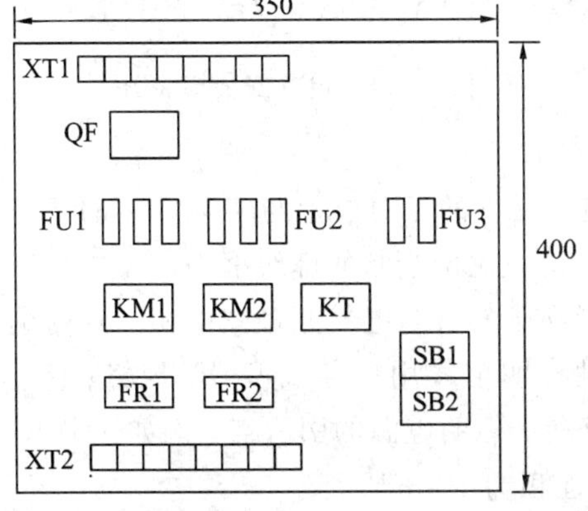

图 1.117 电器元件布置图

(2) 电器元件布置图绘制的方法和原则。

① 各电器代号应与有关电路图和电器元件清单上所列的元器件代号相同。

② 体积大的和较重的电器元件应该安装在电气安装板下面，发热元件应安装在电气安装板的上面。

③ 经常要维护、检修、调整的电器元件，安装位置不宜过高或过低，图中不需要标注尺寸。

3. 电气安装接线图

1) 电气安装接线图的主要内容

电气安装接线图是根据电气设备和电器元件的实际位置和安装情况绘制的，只用作表示电气设备和电器元件的位置、配线方式和接线方式，而不明显表示电气动作原理的简图，如图 1.118 所示。电气接线图主要是为电气控制设备的安装接线、线路的检查维修与故障处理提供必要的资料。

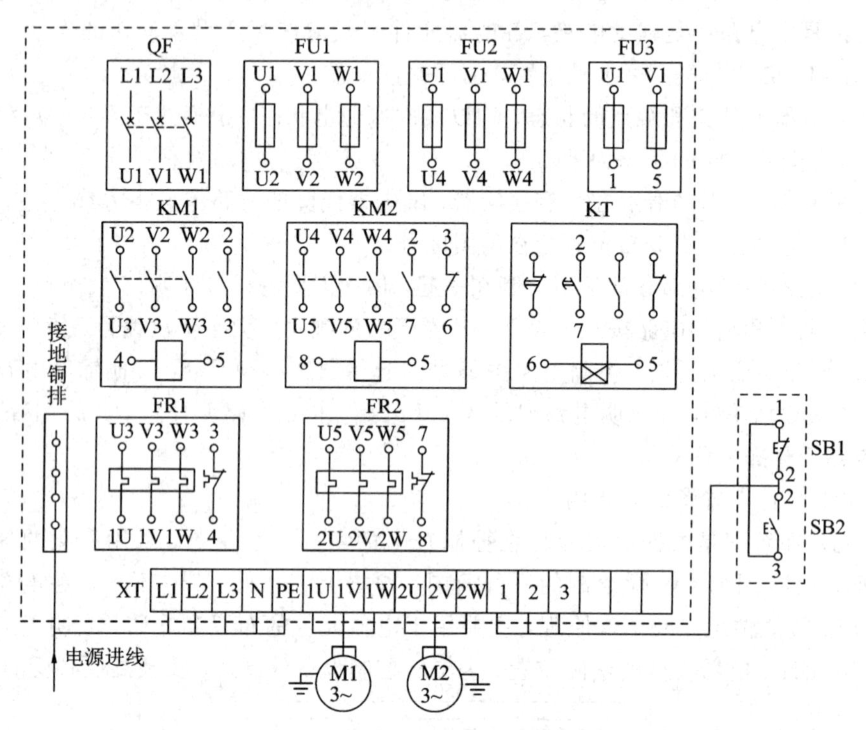

图 1.118 电气安装接线图

2) 电气安装接线图的绘制原则

(1) 在接线图中，各电器元件的相对位置与实际安装的相对位置一致，且所有部件都绘制在一个按实际尺寸、以统一比例绘制的虚线框中。

(2) 各电器元件的接线端子都有与电气原理图中相一致的编号。

(3) 接线图中应详细地标明配线用的导线型号、规格、标称面积及连接导线的根数；标明所穿管子的型号、规格等；标明电源的引入点。例如，BVR5×1 mm^2 为聚氯乙烯绝缘软电线、5 根导线、导线截面积为 1 mm^2。

(4) 安装在电气板内、外的电器元件之间需通过接线端子板连线。

(5) 成束的导线可以用一条实线表示。导线很多时，可在电器接线端只标明导线的线号和去向，不一定将导线全部画出。

1.4.2　电路图中常用的电气符号

电气控制电路图中的符号包括电器元件的图形符号和文字符号，绘制时必须符合国家标准的规定。随着经济的发展，我国从国外引进了大量的先进设备，为了掌握引进的先进技术和设备、加强国际交流和满足国际市场的需要，国家标准局参照国际电工委员会(IEC)颁布的相关文件，颁布了一系列新的国家标准，主要有：GB/T 4728—2005/2008《电气简图使用的图形符号》；GB/T 6988.1—2006/2008《电气技术中文字符号的编制》；GB/T 5094.1—2002/2003/2005《工业系统、装置与设备以及工业产品结构原则与参照代号》。

图形符号是以简图形式表示一种电器元件或设备。文字符号是用单字母或双字母表示各种电气设备和电器元件，以标明其在电路中的功能、状态和主要特征。如"C"表示电容；"R"表示电阻；"F"表示保护器件类、"FU"表示熔断器；"FR"表示热继电器等。

三相交流电源引入线采用 L1、L2、L3 标号，电源开关之后的三相交流电源主电路分别按 U1、V1、W1 顺序标记，如 U1 表示电动机 U 相的第一个接点代号，U2 为 U 相的第二个接点代号，依此类推。电动机绕组首端分别用 U、V、W 标记，尾端分别用 U′、V′、W′标记。

对于控制电路，通常是由三位或三位以下的数字组成。标注方法按"等电位"原则进行，在垂直绘制的电路中，标号顺序一般由上而下编排。在水平绘制的电路中，交流控制电路的标号主要是以压降元件(如电器元件线圈)为分界，左侧用奇数标号，右侧用偶数标号。直流控制电路中正极按奇数标号，负极按偶数标号，如图 1.119 所示。

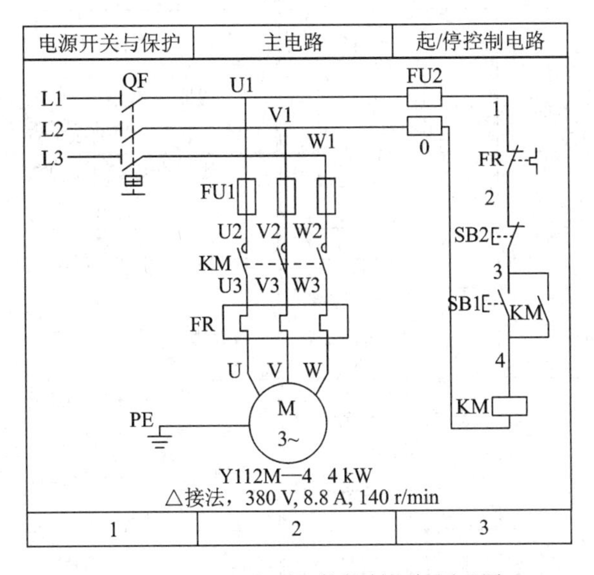

图 1.119　电机起-保-停控制电气原理图

电工识图首先应明白电路图中电气符号所代表的含义，这是看懂电路图的基础。常用的电气符号可参照单元一的相关内容。

常用图形符号及文字符号如表 1.6 所示。

表 1.6　电气图常用文字、图形符号摘录

名称	文字	图形	名称	文字	图形
直流	DC	—	他励直流电动机	M	
交流	AC	~			
中线	N				
接地	E				
导线、导线组 例：3 根导线	W		单相笼形异步电动机	M	
导线连接			三相笼型异步电动机	M	
导线不连接			三相绕线转子异步电动机	M	
端子	X	∘	接触器继线圈 继电器线圈 电动器线圈	KM KA Y	
连接片	XB		缓吸合继电器线圈	KT	
电阻	R		缓释放继电器线圈	KT	
电位器	RP		接触器动合和动断触点	KM	
电容器	C		继电器动合和动断触点	KA	
极性电容器	C		一般开关	K	
电感器、线圈绕组、扼流圈	L		线圈通电延时动作 常开、常闭触点	KT	
变压器	T		线圈断电延时动作 常开、常闭触点	KT	
半导体二极管	V		按钮开关常开、常闭触点	SB	
桥式全波整流器	VC		行程开关常开、常闭触点	SQ	
稳压二极管	V		热继电器驱动元件 及其动断触点	FR	
晶闸管	V		速度继电器驱动元件 及其动合触点	KS	
PNP 型半导体管	V		三相隔离开关	QS	
NPN 型半导体管	V				
熔断器	FU				
指示灯	HL				

1.4.3　电工识图

1. 识图的基本要领

(1) 结合电工基础理论识图。

要想搞清电路的电气原理，必须具备一些基本的电工基础知识。如三相异步电动机的旋转方向是由通入电动机的三相电源的相序决定的，改变电源的相序可改变电动机的转向。

(2) 结合电器元件的结构和工作原理识图。

看电路图时应弄清楚电器元件的结构和性能、在电路中的作用及相互控制关系，才能弄清电路的工作原理。

(3) 结合典型电路识图。

一张复杂的电路图细分起来是由若干典型电路组成的，因此，熟悉各种典型电路，就能很快分清主次环节。

(4) 结合电路图的绘制特点识图。

绘制电气原理图时，主电路绘制在辅助电路的左侧或上部，辅助电路绘制在主电路的右侧或下部。若同一元件分解成几部分，绘制在不同的回路中，应以同一文字符号标注。回路的排列，通常按元件的动作顺序或电源到用电设备的连接顺序排列，水平方向从左到右、垂直方向从上到下绘制。了解电气图的基本画法，就容易看懂电路的构成情况，搞清电器的相互控制关系，掌握电路的基本原理。

2. 识图的基本步骤

(1) 看图样说明。

搞清设计内容和施工要求，有助于了解图样的大体情况、抓住识图重点。

(2) 看电气原理图的顺序。

应遵循先看主电路，后看辅助电路的顺序识图。看主电路时，通常从下往上看，即从负载开始经控制元件顺次往电源看。主要应搞清负载是怎样取得电源的，电源是经哪些元件到达负载的。看辅助电路时，则从上而下、从左到右看，即先看电源，再顺次看各条回路。主要应搞清其回路构成，各元件的联系、控制关系和在什么条件下构成通路或断路。

(3) 看安装接线图。

先看主电路再看辅助电路。在看主电路时，从电源引入端开始，顺次经控制元件和线路到用电设备。在看辅助电路时，要从电源的一端到电源的另一端，按元件的顺序对每个回路进行分析研究。

3. 识图举例

CA6140 型车床电气原理图如图 1.120 所示。

识图分析如下。

1) 电源电路

机床采用三相 380 V 交流电源供电，由电源开关 QS 引入，FU1 作总电源短路保护。

2) 主电路

主轴电动机 M1 只有 3 根引出线，没有特殊控制要求。由接触器 KM1 控制电源的引

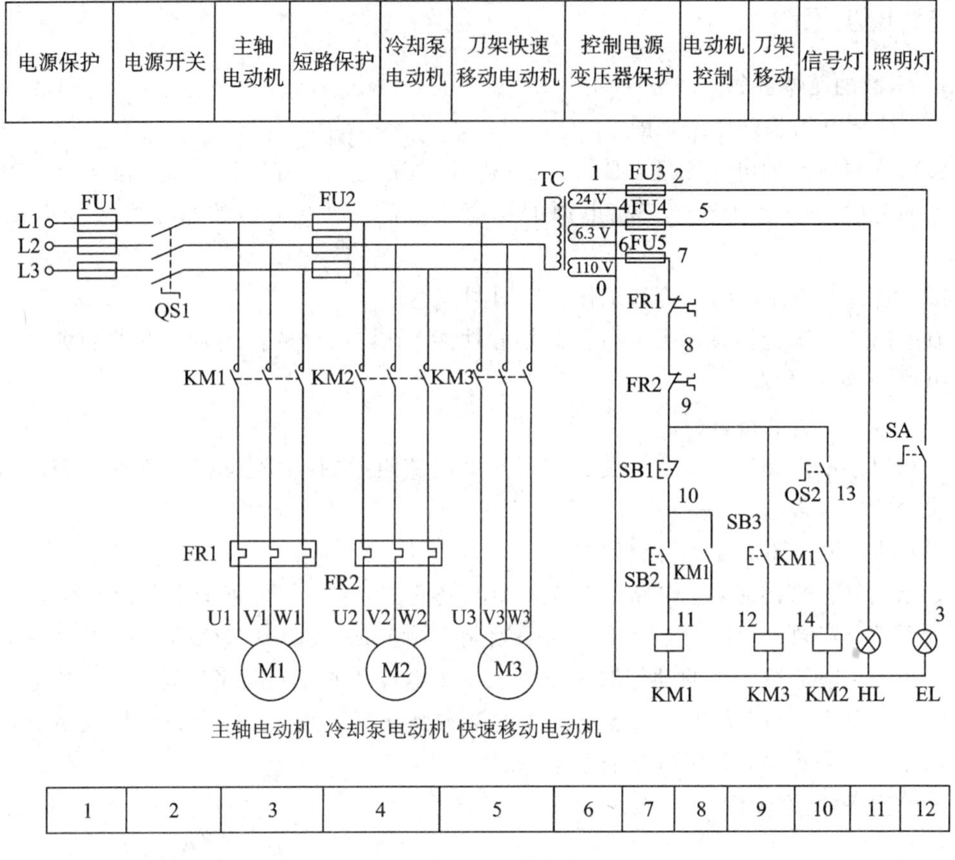

图 1.120　CA6140 型车床电气原理图

入，FR1 作主轴电动机的过载保护，总熔断器 FU1 作主轴电动机的短路保护。冷却泵电动机 M2 由接触器 KM2 控制电源的引入，FR2 作电动机的过载保护，短路保护由 FU2 实现。

刀架快速移动电动机由接触器 KM3 控制电源引入，短路保护由 FU2 实现。

3）控制电路

控制电路电源为 110 V，由 FU5 作短路保护。

KM1 线圈回路：电源由 110 V 上端经 FU5、FR1、FR2、SB1、SB2、KM1 线圈回到 110 V 下端形成回路。电路中 FU5 作短路保护；FR1、FR2 为热继电器的辅助触点，作过载保护；SB1 为停止按钮；SB2 为起动按钮。回路中断开点为 SB2，只要按下 SB2，回路形成通路，KM1 线圈得电动作。KM1 辅助触点闭合形成自锁。按下 SB1，回路断开，KM1 线圈失电。

KM3 线圈回路：电源由 110 V 上端经 FU5、FR1、FR2、SB3、KM3 线圈回到 110 V 下端形成回路。回路中的断开点是 SB3，只要按下 SB3，回路形成通路。KM3 线圈得电动作。松开 SB3，回路断开，KM3 线圈失电。

KM2 线圈回路：电源由 110 V 上端经 FU5、FR1、FR2、QS2、KM1、KM2 线圈回到 110 V 下端形成回路。电路中的两个断开点为 QS2 和 KM1，KM1 为主轴电动机控制接触器的辅助触点，主轴电动机起动时闭合，QS2 为扳动开关，根据加工需要控制，冷却泵需在主轴电动机起动后才能工作。

4）辅助电路

HL为信号灯，由控制变压器6 V绕组供电。FU4作短路保护。当车床通电时，HL得电点亮，说明电源引入。

EL为照明灯，当车间照度不足时工作。由控制变压器24 V绕组供电，FU3作短路保护，电源由24 V绕组上端经FU3、SA、EL回到24 V下端形成回路。SA闭合，灯亮；SA断开，灯熄。

思考与练习

一、什么是电路原理图？简述绘制、识读电路图时应遵循的原则。

二、什么是电气安装接线图？简述绘制、识读连接图时应遵循的原则。

三、什么是电器元件布置图？

单元二　直流电动机的控制

直流电机有直流电动机与直流发电机之分。直流电动机因具有良好的起动和调速性能，被广泛地应用于对起动和调速有较高要求的拖动系统，例如电力牵引、轧钢机、起重机等设备。小容量的直流电动机在自动控制系统中应用也很广泛。但与交流电动机相比，直流电动机结构复杂，使用维护不便，价格较贵，并且近些年来随着交流电动机变频调速技术的发展，在许多领域中直流电动机基本上已经被交流电动机所取代。直流电动机主要用作各种直流电源，例如直流电动机电源，化工中电解、电镀所需的低电压、大电流直流电源等。随着电子技术的发展，晶闸管整流装置有取代直流发动机的趋势。基于此，本单元仅对直流电动机作简单介绍。

本单元主要介绍直流电动机的相关知识及应用。

任务一　直流电动机

任务要求

（1）熟悉直流电动机的工作原理。

（2）熟悉直流电动机的结构与分类。

（3）了解直流电动机的铭牌数据。

（4）掌握直流电动机的机械特性。

2.1.1　直流电动机的工作原理

图 2.1 所示为一台最简单的直流电动机的模型。图中 N 和 S 是一对固定的磁极，可以是电磁铁，也可以是永久磁铁。磁极之间有一个可以转动的铁质圆柱体，称为电枢铁芯。铁芯表面固定一个用绝缘导体构成的电枢线圈 abcd，线圈的两端分别接到相互绝缘的两个弧形铜片 1 和 2 上，铜片称为换向片，它们的组合体称为换向器。换向器固定在转轴上且与转轴绝缘。在换向器上放置固定不动而与换向片滑动接触的电刷 A 和 B。线圈 abcd 通过换向器和电刷接通外电路。

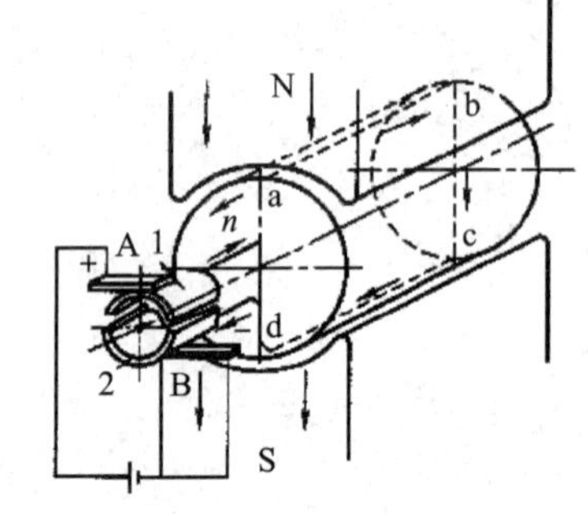

图 2.1　直流电动机的工作原理

直流电动机工作时接于直流电源上，例如 A 刷接电源正极，B 刷接电源负极。电流从 A 刷流入，经线圈 abcd，由 B 刷流出。图 2.1 所示的瞬间，在 N 极下的导体 ab 中电流方向由 a 到 b；在 S 极下的导体 cd 中电流方向由 c 到 d。根据电磁力定律可知，载流导体在磁场中要受力，其方向可由左手定则判定。导体 ab 受力的方向向左，导体 cd 受力的方向向右。两个电磁力对转轴所形成的电磁转矩为逆时针方向，电磁转矩使电枢逆时针方向旋转。

当线圈转过 180°，换向片 2 转至与 A 刷接触，换向片 1 转至与 B 刷接触。电流由正极经换向片 2 流入，导体 cd 中电流由 d 流向 c，导体 ab 中电流由 b 流向 a，由换向片 1 经 B 刷流回负极。用左手定则判定，电磁转矩仍为逆时针方向，这样电动机就沿一个方向连续旋转下去。

由此可知，加在直流电动机上的直流电源，通过电刷和换向器，在电枢线圈中流过的电流方向是交变的，而每一极性下的导体中的电流方向始终不变，因而产生单方向的电磁转矩，使电枢向一个方向旋转。这就是直流电动机的基本工作原理。

一台直流电机原则上既可作为发电机运行，也可作为电动机运行，只是外界条件不同而已。在直流电动机的电刷上加直流电源，将电能转换成机械能，是作为电动机运行；若用原动机拖动直流电机的电枢旋转，将机械能变换成电能，从电刷引出直流电动势，则作为发电机运行。同一台电机，既可作电动机运行又可作发电机运行的原理，在电机理论中称为可逆原理。但在实际应用中，一般只作一个方面使用。

2.1.2　直流电动机的结构与分类

从直流电动机的基本工作原理可知，直流电动机的磁极和电枢之间必须有相对运动，因此，任何电动机都由固定不动的定子和旋转的转子两部分组成，这两部分之间的间隙称为气隙。图 2.2 所示为直流电动机的轴向剖面图，图 2.3 所示为直流电动机的径向剖面图。

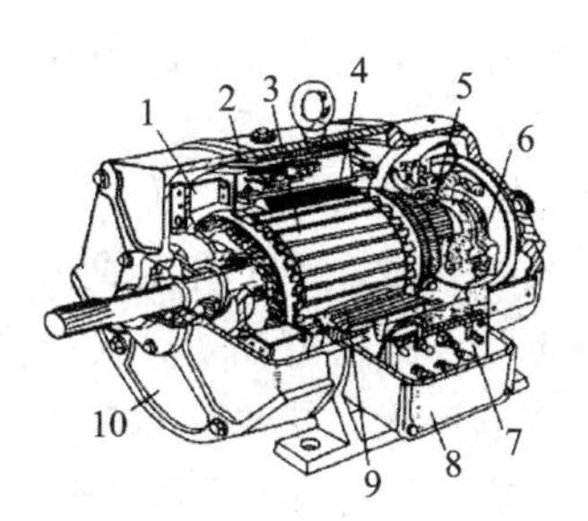

1—风扇；2—机座；3—电枢；4—主磁极；5—刷架；6—换向器；7—接线板；8—出线盒；9—换向磁极；10—端盖

图 2.2　直流电动机的轴向剖面图

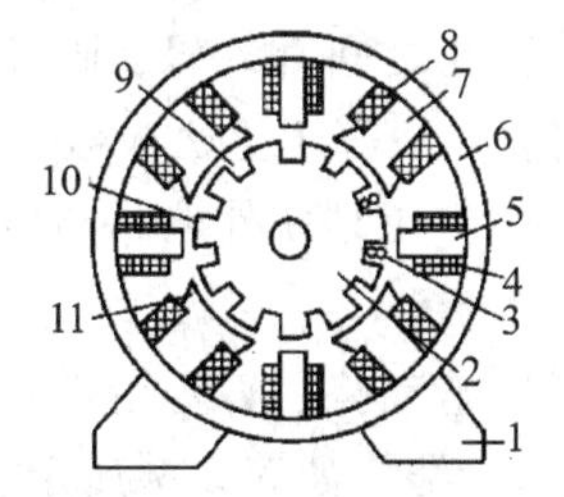

1—底脚；2—电枢铁芯；3—电枢绕组；4—换向极绕组；5—换向极铁芯；6—机座；7—主极铁芯；8—励磁绕组；9—电枢槽；10—电枢齿；11—极靴

图 2.3　直流电动机的径向剖面图

下面分别介绍直流电动机各部分的构成。

1. 定子

定子的作用是产生磁场和作为电动机的机械支撑，它包括主磁极、换向极、机座、端盖、轴承、电刷装置等，如图 2.4 所示。

(1) 机座。机座一般由铸钢或厚钢板焊接而成。它用来固定主磁极、换向极及端盖，借助底脚将电动机安装固定。机座还是磁路的一部分，用以通过磁通的部分称为磁轭。

(2) 主磁极。主磁极的作用是产生主磁通。它由主磁极铁芯和励磁绕组组成。主磁极铁芯一般由 1～1.5 mm 厚的钢板冲片叠压紧固而成。为了改善气隙磁通量密度的分布，主磁极靠近电枢表面的极靴较极身宽。励磁绕组由绝缘铜线绕制而成。直流电动机的主磁极如图 2.5 所示。直流电动机中的主磁极总是成对的，相邻主磁极的极性按 N 极和 S 极交替排列。改变励磁电流的方向，就可改变主磁极的极性，也就改变了磁场方向。

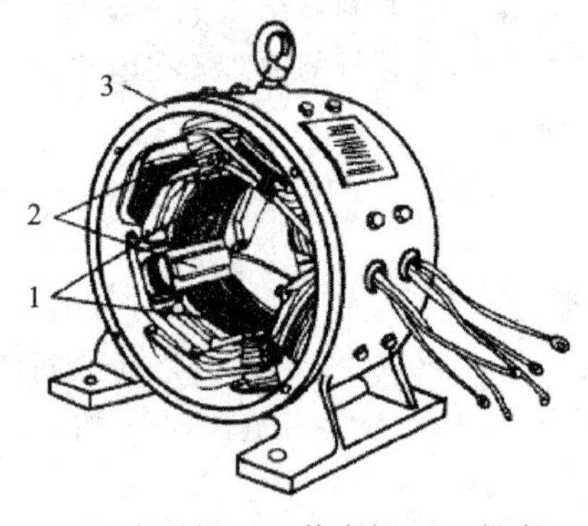

1—主磁极；2—换向极；3—机座

图 2.4　直流电动机的定子

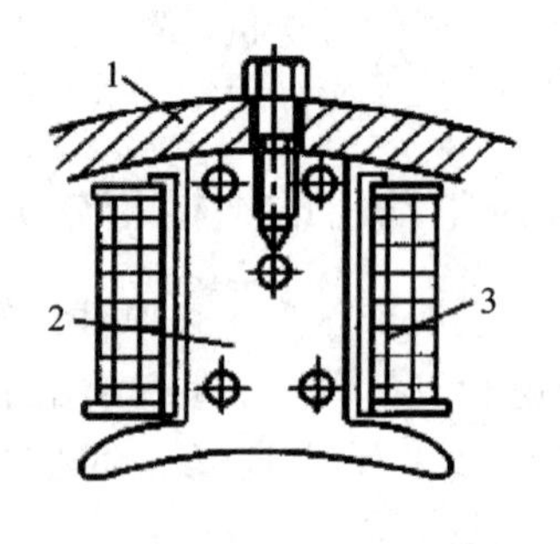

1—机座；2—主极铁芯；3—励磁绕组

图 2.5 直流电动机的主磁极

(3) 换向极。在两个相邻的主磁极之间的中性面内有一个小磁极，这就是换向极。它的构造与主磁极相似，由铁芯和绕组构成。中小容量直流电动机的换向极铁芯是用整块钢制成的。大容量直流电动机和换向要求高的电动机，其换向极铁芯用薄钢片叠成。换向极绕组要与电枢绕组串联，因通过的电流大，导线截面较大，匝数较少。换向极的作用是产生附加磁场，改善电动机的换向，减少电刷与换向器之间的火花。

(4) 电刷装置。电刷装置由电刷、刷盒、压紧弹簧和铜丝辫等组成，如图 2.6 所示。电刷是用碳-石墨等制成的导电块，电刷装在刷握的刷盒内，用压紧弹簧把它压紧在换向器表面上。压紧弹簧的压力可以调整，以保证电刷与换向器表面有良好的滑动接触。刷握固定在刷杆上，刷杆装在刷杆座上，彼此之间都绝缘。刷杆座装在端盖或轴承盖上，位置可以移动，用以调整电刷位置。电刷数一般等于主磁极数，各同极性的电刷经软线汇在一起，再引到接线盒内的接线板上。电刷的作用是使外电路与电枢绕组接通。

2. 转子

转子又称电枢，是用来产生感应电动势、实现能量转换的关键部分。它包括电枢铁芯和电枢绕组、换向器、转轴、风扇等，结构如图 2.7 所示。

(1) 电枢铁芯。电枢铁芯一般用 0.5 mm 厚的涂有绝缘层的硅钢片冲叠而成，这样当铁芯在主磁场中运动时可以减少磁滞和涡流损耗。铁芯表面有均匀分布的齿和槽，槽中嵌放电枢绕组。电枢铁芯也是磁的通路。电枢铁芯固定在转子支架或转轴上。

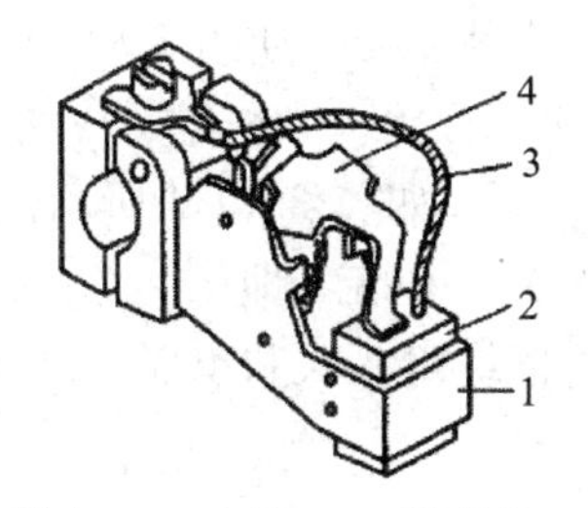

1—刷盒；2—电刷；3—铜丝辫；
4—压紧弹簧

图 2.6　电刷装置

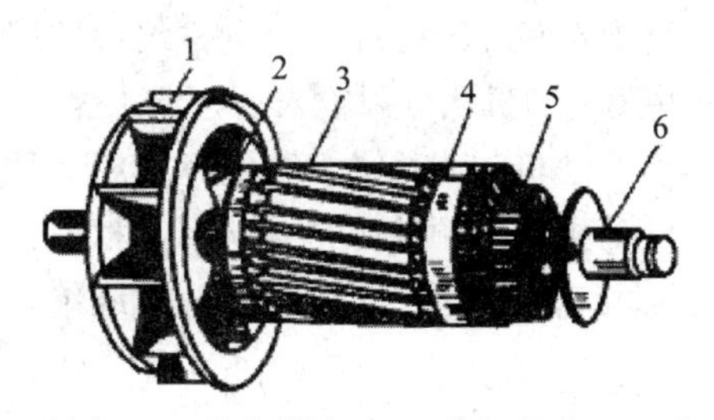

1—风扇；2—电枢绕组；3—电枢铁芯；4—绑带；
5—换向器；6—转轴

图 2.7　直流电动机的电枢

(2) 电枢绕组。电枢绕组是用绝缘铜线绕制的线圈(也称元件)按一定规律嵌放到电枢铁芯槽中，并与换向器作相应的连接。电枢绕组是电动机的核心部件，电动机工作时在其中产生感生电动势和电磁转矩，实现能量的转换。

(3) 换向器。它是由许多带有燕尾的楔形铜片组成的一个圆筒，铜片之间用云母片绝缘，用套筒、V 形环和螺母紧固成一个整体。电枢绕组中不同线圈上的两个端头接在一个换向片上。金属套筒式换向器如图 2.8 所示。换向器的作用是与电刷一起，起转换电动势和电流的作用。

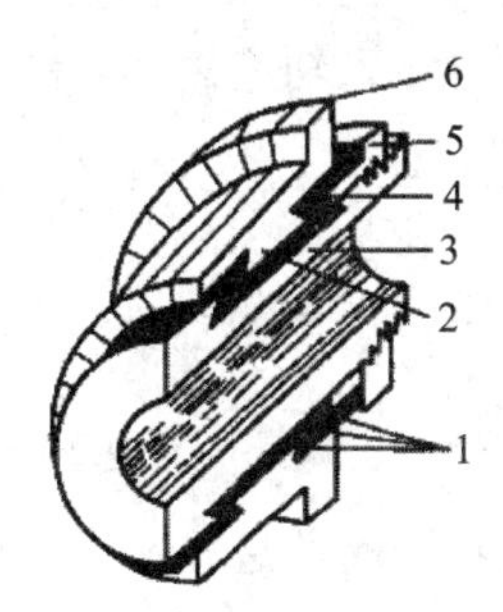

1—云母绝缘；2—换向片；3—套筒；4—V 形环；5—螺母；6—片间云母

图 2.8　金属套筒式换向器剖面图

3. 直流电动机的分类

根据上述结构的特点，直流电动机按其励磁绕组在电路中的连接方式(即励磁方式)可分为他励、并励、串励和复励 4 种。直流电动机按励磁方式分类的接线如图 2.9 所示。

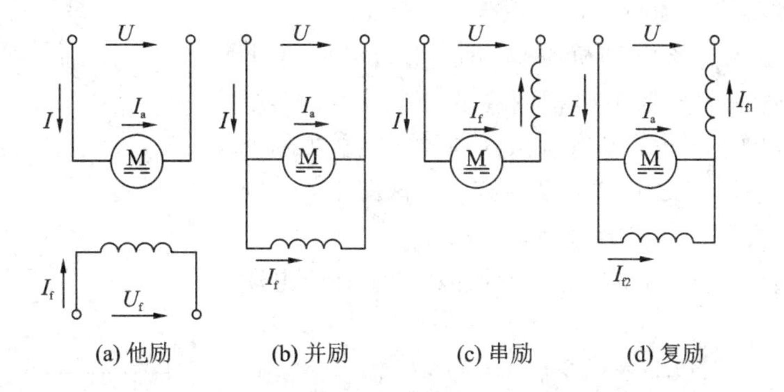

图 2.9　直流电动机按励磁方式分类的接线图

(1) 他励电动机。励磁绕组和电枢绕组分别由不同的直流电源供电，如图 2.9(a)所示。

(2) 并励电动机。励磁绕组和电枢绕组并联，由同一直流电源供电，如图 2.9(b)所示。由图可知，并励电动机从电源输入的电流 I 等于电枢电流 $I_{\rm a}$与励磁电流 $I_{\rm f}$之和，即 $I=I_{\rm a}+I_{\rm f}$。

(3) 串励电动机。励磁绕组和电枢绕组串联后接于直流电源，如图 2.9(c)所示。由图可知，串励电动机从电源输入的电流、电枢电流和励磁电流是同一电流，即 $I=I_{\rm a}=I_{\rm f}$。

(4) 复励电动机。有并励和串励两个绕组，它们分别与电枢绕组并联和串联，如图 2.9(d)所示。

2.1.3 直流电动机的铭牌数据

表征电动机额定运行情况的各种数据称为额定值。额定值一般都标注在电动机的铭牌上，所以也称为铭牌数据，它是正确、合理使用电动机的依据。

直流电动机的额定数据主要有以下几种。

(1) 额定电压 $U_{\rm N}$(V)——在额定情况下，电刷两端输入的电压。

(2) 额定电流 $I_{\rm N}$(A)——在额定情况下，允许电动机长期流入的电流。

(3) 额定功率(额定容量)$P_{\rm N}$(kW)——电动机在额定情况下允许输出的功率。对于电动机，是指电动机轴上输出的功率，即 $P_{\rm N}=U_{\rm N}I_{{\rm N}\eta_{\rm N}}$。

(4) 额定转速 $n_{\rm N}$(r/min)——在额定功率、额定电压、额定电流时电动机的转速。

(5) 额定效率 $\eta_{\rm N}$——输出功率与输入功率之比，称为电动机的额定效率，即

$$\eta_{\rm N}=\frac{输出功率}{输入功率}\times100\%=\frac{P_2}{P_1}\times100\%$$

电动机在接近额定工作状态下运行时效率最高。

2.1.4 直流电动机的机械特性

表征电动机运行状态的两个主要物理量是转速 n 和电磁转矩 T。电动机的机械特性研究的就是电动机的转速 n 和电磁转矩 T 之间的关系，即 $n=f(T)$。机械特性可分为固有机械特性和人为机械特性。本节以他励直流电动机的机械特性为例进行介绍。

1. 直流电动机的电枢电动势和电磁转矩

导体在磁场中运动要产生感应电动势，直流电动机运行时绕组中都要产生感应电动势。这里所说的电动势是指两电刷间的电动势，即电枢绕组每一条支路的感应电动势。

图 2.10 所示为直流电动机空载(即电枢绕组中无电流)时，气隙磁通量密度 B 沿电枢圆周的分布曲线。图中只画出每个元件的上层边，没有画出换向器。电刷实际上通过换向片与处在两极之间的元件相连。在该图中，电刷直接与处在两极之间的元件相连接。

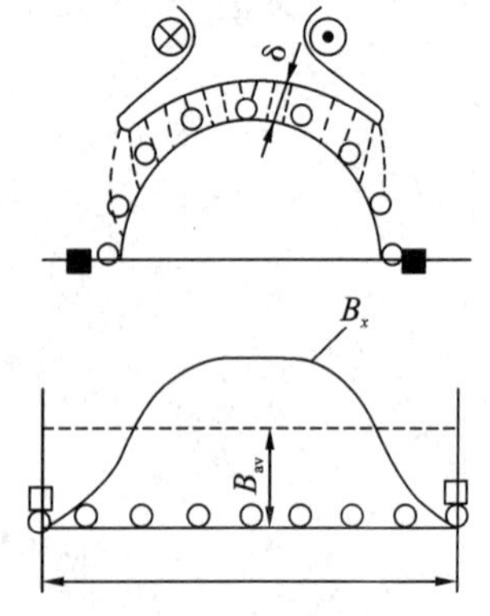

图 2.10 空载时气隙磁通量密度的分布

当电枢旋转时，分布在电枢上的导体将产生感应电动势，即

$$E_{\rm a}=C_{\rm e}\Phi n \tag{2.1}$$

式中：$E_{\rm a}$是电枢感应电动势(V)；Φ 是每极磁通量(Wb)；n 是电枢转速(r/min)；$C_{\rm e}$是电势常数，$C_{\rm e}=\dfrac{pN}{60a}$，$N$ 是导

体根数；p 是电动机极对数；a 是导体的并联支路对数。

分析上式，可以得出如下结论。

(1) 当磁通量 Φ 为常值时，感应电动势与转速成正比。

(2) 当转速恒定时，感应电动势与磁通量成正比，而与磁通量密度的分布无关。

(3) 电刷在磁极的中心线上，即与位于两极中间处的元件相连，得到的感应电动势最大。

根据电磁力定律，载流导体在磁场中要受到电磁力的作用，如图 2.11 所示。电磁力对电枢的轴心形成转矩，称为电磁转矩，用 T 表示

$$T = C_T \Phi I_a \tag{2.2}$$

式中，T 是电磁转矩(N·m)；Φ 是每极磁通量(Wb)；I_a 是电枢电流；C_T 是转矩常数，$C_T = \dfrac{pN}{2\pi a}$。

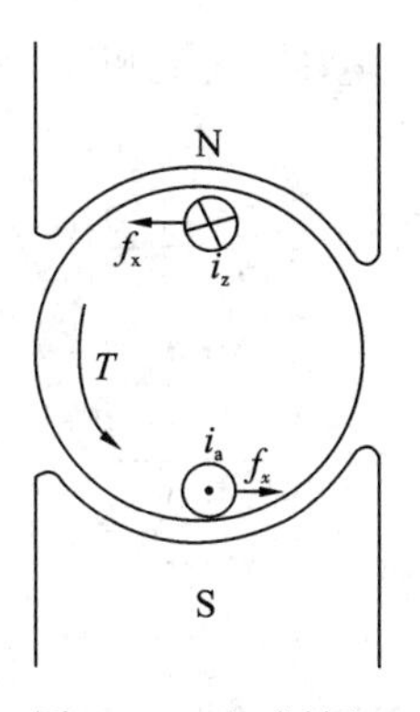

图 2.11　电磁转矩

电枢电动势 $E_a = C_e \Phi n$ 和电磁转矩 $T = C_T \Phi I_a$ 是直流电动机的两个重要公式。对于同一台直流电动机，电动势常数 C_e 和转矩常数 C_T 有一定的关系。由 $C_e = \dfrac{pN}{60a}$ 和 $C_T = \dfrac{pN}{2\pi a}$，可得 $C_e = 0.105 C_T$ 或 $C_T = 9.55 C_e$。

2. 直流电动机的机械特性方程

直流他励电动机的接线如图 2.12 所示。R_f 是励磁回路中串联的调节电阻，R 是电枢回路串联的电阻。

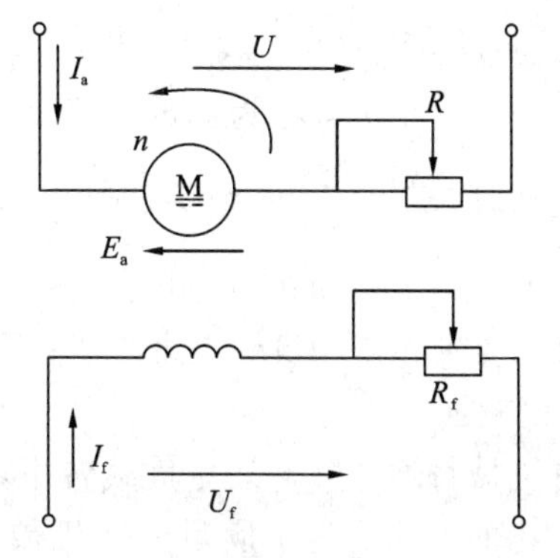

图 2.12　直流他励电动机的接线图

直流他励电动机的机械特性可由基本方程式导出。电压平衡方程为

$$U = E_a + (R_a + R)I_a \tag{2.3}$$

式中，$E_a = C_e\Phi n$ 。可以推出

$$n = \frac{U}{C_e\Phi} - \frac{R_a + R}{C_e\Phi}I_a \tag{2.4}$$

因电磁转矩 $T = C_T\Phi I_a$ ，可得 $I_a = \frac{T}{C_T\Phi}$ 。将此式代入式(2.4)可得直流他励电动机的机械特性方程为

$$n = \frac{U}{C_e\Phi} - \frac{R_a + R}{C_e C_T\Phi^2}T = n_0 - \beta T \tag{2.5}$$

式中，n_0 是理想空载转速(r/min)，$n_0 = \frac{U}{C_e\Phi}$；β 是机械特性的斜率，$\beta = \frac{R_a + R}{C_e C_T\Phi^2}$ 。

3. 固有机械特性

固有机械特性是指电动机的工作电压、励磁磁通为额定值，电枢回路中没有串联附加电阻时的机械特性，其方程为

$$n = \frac{U_N}{C_e\Phi_N} - \frac{R_a}{C_e\Phi_N}I_a \tag{2.6}$$

或

$$n = \frac{U_N}{C_e\Phi_N} - \frac{R_a}{C_e C_T\Phi^2}T \tag{2.7}$$

固有机械特性曲线如图 2.13 所示。

他励直流电动机固有机械特性具有以下特点。

(1) 随着电磁转矩 T 的增大，转速 n 降低，其特性曲线是略微下降的直线。

(2) 当 $T=0$ 时，$n=n_0=\frac{U_N}{C_e\Phi_N}$，称为理想空载转速。

(3) 机械特性斜率 $\beta=\frac{R_a+R}{C_e C_T\Phi^2}$。若其值很小，特性曲线较平，习惯上称为硬特性；若其值较大，则称为软特性。

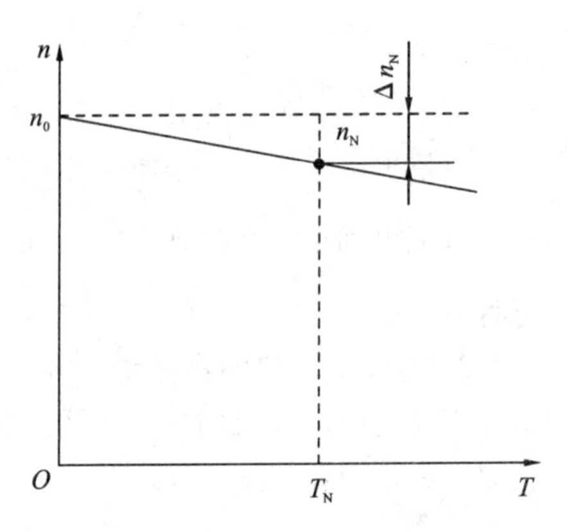

图 2.13　他励直流电动机固有机械特性

(4) 当 $T=T_N$时，$n=n_N$，此点为电动机的额定工作点。此时，转速差 $\Delta n_N=n_0-n_N=\beta n_N$，称为额定转差。一般 $\Delta n_N\approx 0.05n_N$。

(5) 当 $n=0$，即电动机起动时，$E_a=C_e\Phi n=0$，此时电枢电流 $I_a=\frac{U_N}{R_a}=I_s$，称为起动电流；电磁转矩 $T=C_T\Phi_N I_s=T_s$，称为起动转矩。由于电枢电阻 R_a很小，I_s和 T_s都比额定值大很多(可达几十倍)，会给电动机和传动机构等带来危害。

4. 直流电动机的人为机械特性

一台电动机只有一条固有机械特性，对于某一负载转矩，只有一个固定的转速，这显然无法达到实际拖动对转速变化的要求。为了满足生产机械加工工艺的要求，例如起动、调速和制动等各种工作状态的要求，还需要人为地改变电动机的参数，如电枢电压、电枢

回路电阻和励磁磁通，相应得到的机械特性即为人为机械特性。

思考与练习

一、直流电动机的结构特点对其在生产实践中的应用有何影响？

二、什么是直流电动机的固有机械特性和人为机械特性？

三、有一台并励直流电动机，其额定数据为：$P_N=22$ kW，$U_N=110$ V，$n_N=1000$ r/min，$\eta_N=0.84$，$R_a=0.04\ \Omega$，$R_f=27.5\ \Omega$。试求：① 额定电流 I_N、额定电枢电流 I_a及额定励磁电流 I_f；② 铜损耗 P_{Cu}及空载损耗 P_0；③ 额定转矩 T_N；④ 反电动势 E_a。

任务二　直流电动机的起停控制

任务要求

1. 了解直流电动机的起动要求及起动方法。
2. 掌握直流电动机的二级起动控制设计及实现。
3. 掌握直流电动机的制动控制及实现。
4. 熟悉直流电动机的反转实现方法。

在电力拖动系统中，电动机是原动机，起主导作用。电动机的起动、调速和制动特性是衡量电动机运行性能的重要指标。下面就以他励直流电动机的拖动为例，介绍直流电动机起动和制动的方法。

2.2.1　直流电动机起动和反转控制及实现

1. 起动的要求

直流电动机的转速从零增加到稳定运行速度的整个过程称为起动过程(或称起动)。要使电动机起动过程达到最优的要求，应考虑的问题包括：(1) 起动电流 I_s 的大小；(2) 起动转矩 T_s 的大小；(3) 起动时间的长短；(4) 起动过程是否平滑；(5) 起动过程中的能量损耗和发热量的大小；(6) 起动设备是否简单及可靠性如何。上述问题中，起动电流和起动转矩是主要的。直流电动机在起动过程中，要求起动电流不能过大、起动转矩要足够大，以缩短起动时间、提高生产率，特别是对起动频繁的系统这一点更为重要。

直流电动机在起动最初，起动电流 I_s 一般都较大，因为此时 $n=0$、$E_a=0$。如果电枢电压为额定电压 U_N，因为 R_a很小，则起动电流可达额定电流的 10～20 倍。这样大的起动电流会使换向恶化，产生严重的火花。与电枢电流成正比的电磁转矩若过大，会对生产机械产生很大的冲击力。因此起动时需限制起动电流的大小。为了限制起动电流，一般采用电枢回路串电阻起动和降压起动。

同时，电动机要能起动，起动时的电磁转矩应大于它的负载转矩。从公式 $T_s=C_T\Phi_N I_s$ 来看，当起动电流降低时，起动转矩会下降。要使 T_s 足够大，励磁磁通就要尽量大。为此，在起动时需将励磁回路的调节电阻全部切除，使励磁电流尽量大，以保证磁通 Φ 为最大。

2. 起动的方法

1）电枢回路串电阻分级起动

图2.14(a)所示为他励电动机的起动接线图，图中KM1、KM2、KM3为短接起动电阻R_{s1}、R_{s2}、R_{s3}的接触器；KM为接通电枢电源的接触器。起动时先接通励磁电源，保证满励磁起动。起动开始瞬间的起动转矩$T_{s1}>T_L$，否则不能起动。

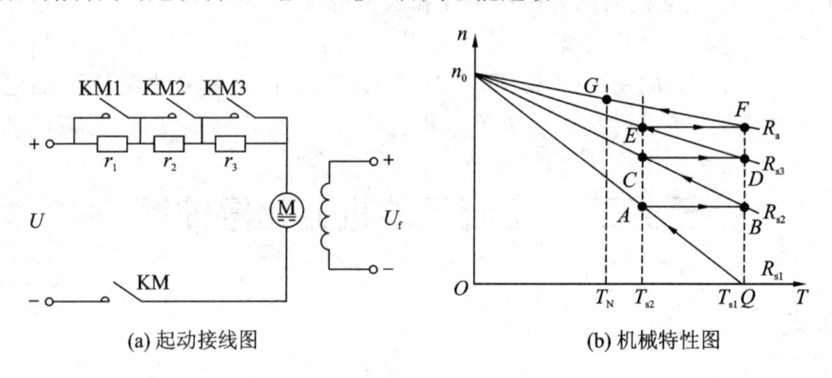

图2.14　电枢回路串电阻起动

因起动过程中电枢回路串接电阻不同，它们的机械特性有两个特点：一是理想空载转速n_0与固有机械特性的转速相同，即电枢回路串入的电阻R改变时，n_0不变；二是特性斜率β与电枢回路串入的电阻有关，R增大，β也增大。故电枢回路串不同电阻时的机械特性是通过理想空载点的一簇放射形直线。起动过程的机械特性如图2.14(b)所示。

当$T_{s1}>T_L$时，电动机开始起动。工作点由起动点Q沿电枢总电阻为R_{s1}的人为特性上升，电枢电动势随之增大，电枢电流和电磁转矩则随之减小。当转速升至n_1时，起动电流和起动转矩下降至I_{s2}和T_{s2}(图中A点)，为了保持起动过程中电流和转矩有较大的值，以加速起动过程，此时闭合KM1，切除r_1。此时的电流I_{s2}称为切换电流。当r_1被切除后，电枢回路总电阻变为$R_{s2}=R_a+r_2+r_3$。由于机械惯性，转速和电枢电动势不能突变，电枢电阻减小将使电枢电流和电磁转矩增大，电动机的机械特性由图中A点平移到B点。再依次切除起动电阻r_2、r_3，电动机的工作点就从B点转到D点和F点，最后稳定运行在自然机械特性的G点，电动机的起动过程结束。

起动过程中，起动电阻上有能量损耗。这种起动方法广泛应用于中小型直流电动机。

2）降压起动

当他励直流电动机的电枢回路由专用的可调压直流电源供电时，可以采用降压起动的方法。降低电枢电压时的机械特性有两个特点：一是理想空载转速n_0与电枢电压U成正比，即$n_0\propto U$，且U为负时，n_0也为负；二是特性斜率不变，与原有机械特性相同。因而改变电枢电压的人为机械特性是一组平行于固有机械特性的直线。降压起动过程的机械特性如图2.15所示。

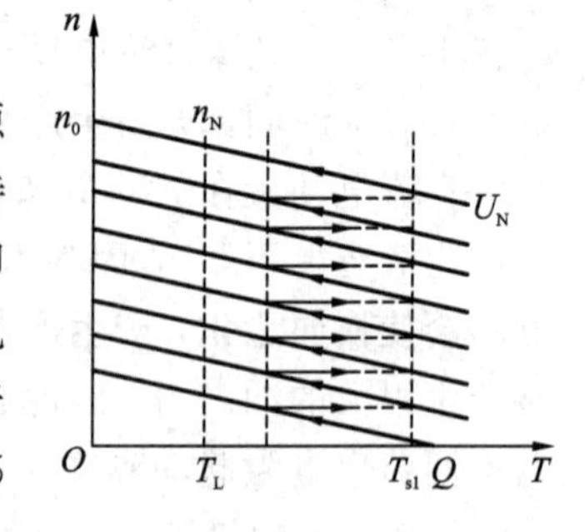

图2.15　降压起动的机械特性

在降压起动过程中，起动电流将随电枢电压降低的程度成正比地减小。起动前先调好励磁，然后把电源电压由低向高调节，当最低电压所对应的人为机械特性中的起动转矩$T_{s1}>T_L$时，电动机就开始起动。起动后，随着转速上升，可相应提高电压，以获得需要的加速转矩。

降压起动过程中能量损耗很少，起动平滑，但需要专用电源设备，多用于要求经常起动的场合和大中型电动机的起动。

3. 直流电动机的二级起动控制设计及实现

他励直流电动机串二级电阻的起动控制线路如图 2.16 所示。图中 KT1、KT2 为时间继电器，KM2、KM3 为短接起动电阻接触器。

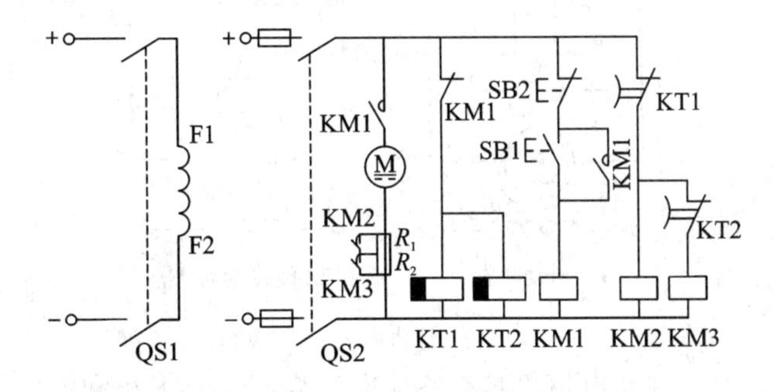

图 2.16　他励直流电动机串二级电阻起动控制

下面介绍具体的起动过程。合上电源开关 QS1 和 QS2，励磁绕组 F1、F2 通过励磁电流产生主磁场。时间继电器 KT1、KT2 线圈得电，则 KT1、KT2 延时闭合的常闭触点分断。短接起动电阻接触器 KM2、KM3 线圈不得电，则 KM2、KM3 常开触点断开，电阻 R_1、R_2 接入主电路。按下起动按钮 SB1，KM1 线圈得电，KM1 自锁触点闭合，松开 SB1；同时 KM1 主触点闭合，电动机串接电阻 R_1、R_2起动；KM1 常闭触点断开，使时间继电器 KT1、KT2 线圈失电。经过一段时间，随着转速的升高，KT1 延时闭合触点首先闭合，接触器 KM2 线圈得电，则 KM2 常开主触点闭合，电阻 R_1被短接，起动电阻减少，随着电枢电流增大，起动转矩也增大，电动机继续加速，然后 KT2 动断延时闭合触点延时闭合，接触器 KM3 线圈通电，使 KM3 主触点闭合，电阻 R_2被短接，电动机起动完毕，进入正常运行状态。

4. 直流电动机的反转

电力拖动系统在工作过程中，经常需要改变电动机的转动方向，为此需要电动机反方向起动和运行，即需要改变电动机产生的电磁转矩的方向。由电磁转矩公式 $T = C_T \Phi I_a$ 可知，要改变电磁转矩的方向，只需改变励磁磁通方向或电枢电流方向即可。所以，改变直流电动机转向的方法有两个：(1) 保持电枢绕组两端极性不变，将励磁绕组反接；(2) 保持励磁绕组极性不变，将电枢绕组反接。

2.2.2　直流电动机的制动控制及实现

电动机的电磁转矩方向与旋转方向相反时，就称电动机处于制动状态。

制动的方法有机械制动和电气。电气制动的制动转矩大，且制动强度比较容易控制，一般的电力拖动系统多采用这种方法，或者与机械制动配合使用。电动机的电气制动分为 3 种：能耗制动、反接制动和回馈制动。

1. 能耗制动

1) 能耗制动方法

如图 2.17 所示，开关合向位置 1 时，电动机为电动状态。电枢电流 I_a、电磁转矩 T、

转速 n 及电动势 E_a 的方向如图 2.17(a)所示。如果将开关从电源断开，迅速合向位置 2，电动机被切断电源并接到一个制动电阻 R_z 上，如图 2.17(b)所示。在拖动系统机械惯性作用下，电动机继续旋转，转速 n 的方向来不及改变。

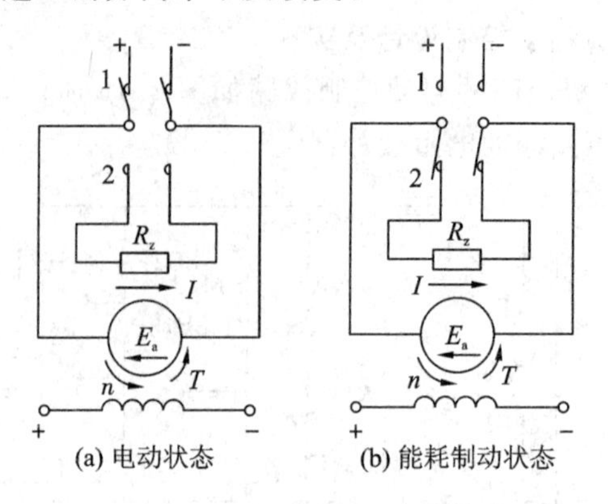

图 2.17　电动机的运行状态

由于励磁保持不变，因此电枢仍具有感应电动势 E_a，其大小和方向与处于电动状态时相同。由于 $U=0$，所以电枢电流为

$$I_a = \frac{U - E_a}{R} = -\frac{E_a}{R} \tag{2.8}$$

式中的负号说明电流方向与原来电动机电动运行状态下相反(如图 2.17 所示)，这个电流叫做制动电流。制动电流产生的转矩也和原来的方向相反，称为制动转矩，这个转矩使电动机很快减速以致停转。这种制动是把储存在系统中的动能变换成电能，并消耗在制动电阻中，故称为能耗制动。

在能耗制动过程中，电动机转变为发电机运行。和正常发电机不同的是，电动机依靠系统本身的动能发电。在能耗制动时，因 $U=0$、$n_0=0$，因此电动机的机械特性方程变为

$$n = -\frac{R}{C_e\Phi}I_a = -\frac{R}{C_e C_T \Phi^2}T \tag{2.9}$$

式中，$R=R_a+R_z$。由此可见，能耗制动的机械特性位于第二象限，为过原点的一条直线，如图 2.18 所示。如果制动前，电动机工作在电动状态，在固有特性曲线上的 A 点，开始制动时，转速 n 不能突变，工作点将沿水平方向跃变到能耗制动特性上的 B 点。在制动转矩的作用下，电动机减速，工作点将沿特性曲线下降，制动转矩也逐渐减小，当 $T=0$ 时，$n=0$，电动机停转。

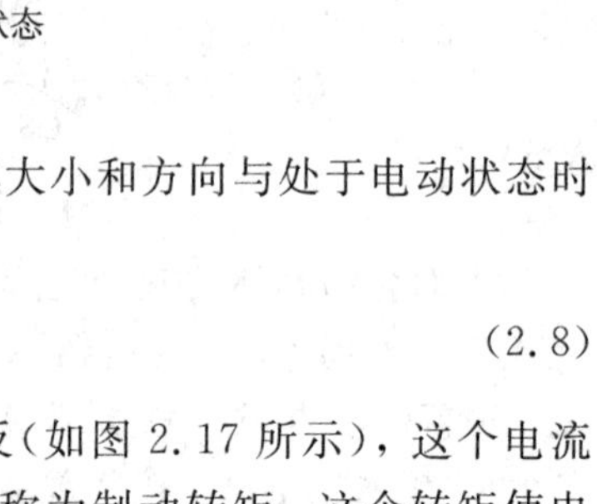

图 2.18　能耗制动的机械特性

如果负载是位能负载(吊车等)，当转速降到零时，在位能负载转矩的作用下，电动机将被拖动反方向旋转。机械特性延伸到第四象限(如图 2.18 所示)。转速稳定在 C 点时，电动机运行在反向能耗制动状态下，实现等速下放重物。

实质上，能耗制动的机械特性是一条电枢电压为零、电枢串电阻的人为机械特性。改变制动电阻的大小，可以得到不同斜率的特性曲线。R_z 越小，特性曲线的斜率越小，曲线就越平，制动转矩就越大，制动作用就越强。但为了避免过大的制动转矩和制动电流对系

统带来不利的影响，通常限制最大制动电流不超过(2～2.5)I_N，即

$$R=R_a+R_z \geqslant \frac{E_a}{(2\sim 2.5)I_N} \approx \frac{U_N}{(2\sim 2.5)I_N} \tag{2.10}$$

能耗制动操作简便，但制动转矩在转速较低时变得很小。为了使电动机更快地停止，可以在转速降到较低时，加上机械制动。

2）能耗制动控制的实现

图 2.19 所示为他励直流电动机单向运行串二级电阻起动，停车采用能耗制动的控制电路。图中 KM1 为电源接触器，KM2、KM3 为起动接触器，KI1 为过电流继电器，KI2 为欠电流继电器，KV 为电压继电器，KT1、KT2 为时间继电器。

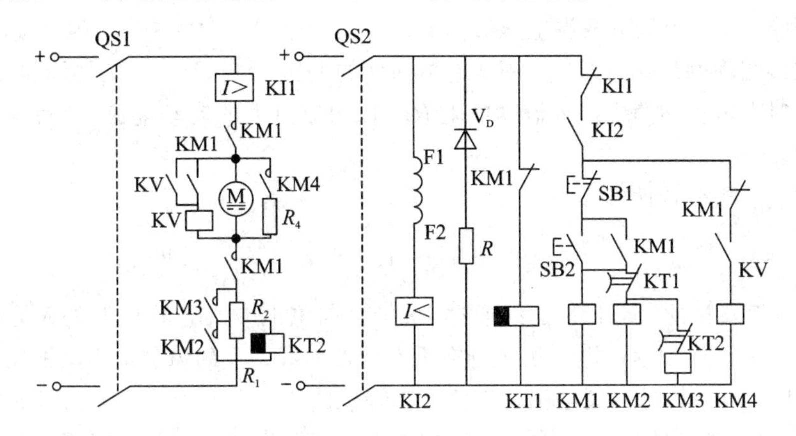

图 2.19　他励直流电动机单向运行能耗制动电路图

制动控制过程介绍如下。

合上电源开关 QS1 及 QS2，励磁绕组 F1、F2 通入电流，欠电流继电器 KI2 得电，KI2 常开触点闭合。同时，KT1 线圈得电，KT1 延时闭合触点立即断开，使得 KM2、KM3 不得电，主触点断开电路，并做好串电阻起动准备。按下起动按钮 SB2，电动机开始转动。起动工作情况与前面所述类似，不同的是，电阻 R_1 两端并接时间继电器 KT2 的线圈，当 KM2 常开主触点闭合后，时间继电器 KT2 线圈失电，KT2 延时闭合触点延时闭合，使 KM3 线圈得电，KM3 主触点闭合，电阻 R_2 被短接。这样保证了 R_1 和 R_2 先后被短接，最后达到稳定运行状态。此时，电压继电器 KV 的线圈经常开触点 KM1 闭合，使 KV 常开触点闭合，做好停车准备。

要停车时，按下停止(制动)按钮 SB1，接触器 KM1 失电释放，KM1 自锁触点分断，使电动机的电枢从电源上断开，励磁绕组仍与电源接通；由于电动机继续旋转切割磁力线，并联在电枢两端的 KV 经自锁触点仍保持通电，KM1 常闭触点闭合后，接触器 KM4 线圈得电，KM4 常开触点闭合，电阻 R_4 并接在电枢两端，电动机开始能耗制动，速度急剧下降。同时，电动机两端电压随着转速的减小而降低，电压继电器 KV 失电释放，KM4 断电，电动机能耗制动结束。

R_4 为制动电阻，阻值应选择适当。若 R_4 过大，则制动缓慢；若 R_4 过小，则电枢电流将超过最大允许电流。

2. 反接制动

反接制动分两种：电枢反接制动和倒拉反接制动。

1）电枢反接制动

图 2.20 所示为电枢反接制动的接线图。当电动机正转运行时，KM1 闭合(KM2 断开)，电动势 E_a和转速 n 的方向如图所示，这时的电枢电流 I_a和电磁转矩 T 方向用图中虚线箭头表示。当 KM2 闭合(KM1 断开)时，加到电枢绕组两端的电压极性与电动机正转时相反。因旋转方向未变，磁场方向未变，感应电动势方向也不变。电枢电流为

$$I_a=\frac{-U_N-E_a}{R_a}=-\frac{U_N+E_a}{R_a} \tag{2.11}$$

电流为负值，表明其方向与正转时相反。由于电流方向改变，磁通方向未变，因此电磁转矩方向改变。电磁转矩与转速方向相反(用图 2.20 中实线箭头表示)，产生制动作用使转速迅速下降。这种因电枢两端电压极性的改变而产生的制动，称为电枢反接制动。

电枢反接制动的最初瞬时，作用在电枢回路的电压$(U+E_a)\approx 2U$，因此必须在电枢电压反接的同时在电枢回路中串入制动电阻 R_z，以限制过大的制动电流(制动电流允许的最大值$\leqslant 2.5I_N$)。

电枢反接的机械特性方程为

$$n=-\frac{U_N}{C_e\Phi_N}-\frac{R_a+R_z}{C_e\Phi_N}I_a=-n_0-\frac{R_a+R_z}{C_eC_T\Phi_N^2}T \tag{2.12}$$

可见，电枢反接的机械特性曲线通过$-n_0$点，与电枢串入电阻 R_z时的人为机械特性平行，如图 2.21 所示。制动前电动机运行在固有特性曲线 1 上的 A 点，当电枢反接并串入制动电阻的瞬间，电动机过渡到电枢反接的人为特性曲线 2 上的 B 点。电动机的电磁转矩变为制动转矩，开始反接制动，使电动机沿曲线 2 减速。当转速减至零时(D 点)，如不立即切断电源，电动机很可能会反向起动。如果是反抗性负载，加速到曲线 2 上的 C 点稳定运行。如果是位能负载，负载转矩又大于拖动系统的摩擦阻转矩，电动机最后将运行于曲线 2 上的 E 点。为了防止电动机反转，在制动到快停车时，应切除电源，并使用机械制动将电动机止住。

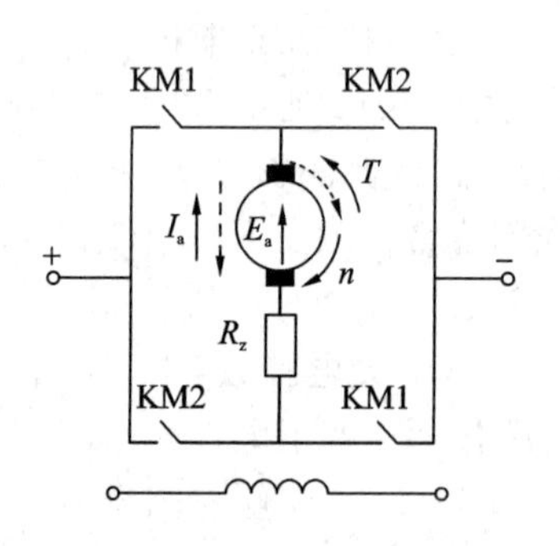

图 2.20 电枢反接制动的接线图

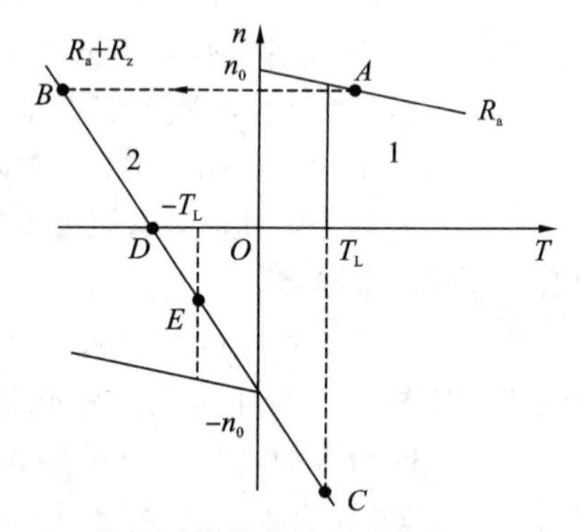

图 2.21 电枢反接制动的机械特性

2）倒拉反接制动

当电动机被外力拖动向着与它接线应有的旋转方向的反方向旋转时，称为倒拉反接运转。以电动机提升重物为例，电枢电流 I_a、电磁转矩 T 和转速 n 的方向如图 2.22(a)中的箭头所示。它的接线使电动机逆时针方向旋转，此时电动机稳定运行于固有机械特性曲线的 A 点，如图 2.23 所示。若在电枢回路串入大电阻 R_z，使电枢电流大大减小，电动机将过

渡到对应的串电阻的人为机械特性曲线上的 B 点。此时电磁转矩小于负载转矩，电动机的转速沿人为机械特性下降。随着转速的下降，反电动势减小，电枢电流和电磁转矩又回升。当转速降至零，电动机的电磁转矩仍小于负载转矩时，电动机便在负载位能转矩作用下开始反转，电动机变为下放重物，最终稳定在 C 点。如图 2.22(b)所示，反转后感应电动势方向也随之改变，变为与电源电压方向相同。由于电枢电流方向未变，磁通方向也未变，所以电磁转矩方向也未变，但因旋转方向改变，所以电磁转矩变成制动转矩，这种制动称为倒拉反接制动。

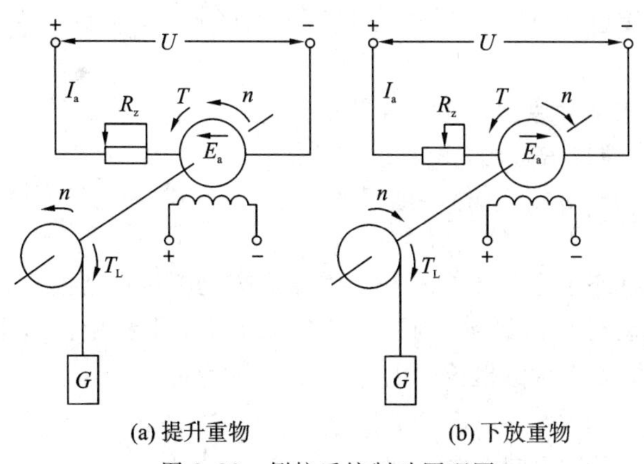

图 2.22　倒拉反接制动原理图

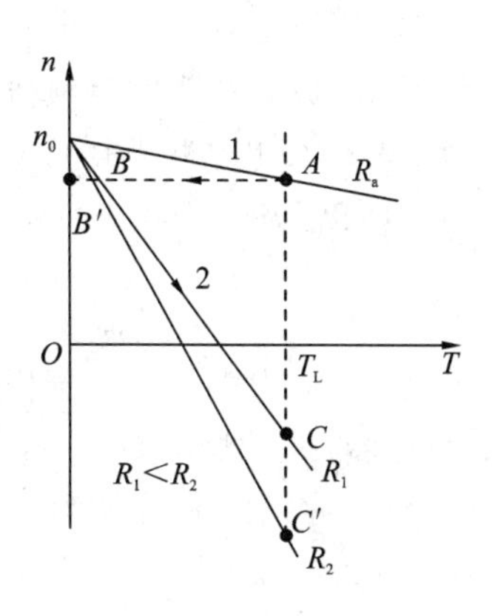

图 2.23　倒拉反接制动机械特性

3) 反接制动控制的实现

并励直流电动机正反转起动和电枢反接制动控制原理图如图 2.24 所示。

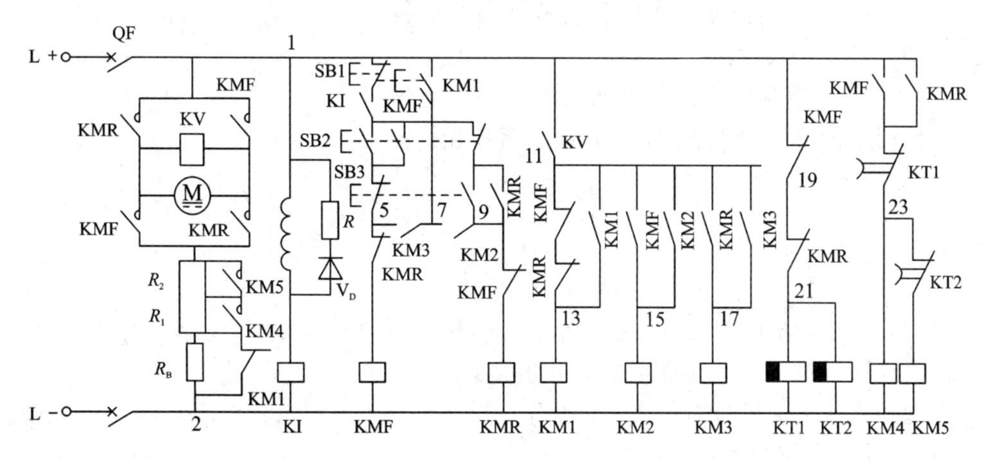

图 2.24　并励直流电动机正反转起动和电枢反接制动控制原理图

起动准备：合上断路器 QF，励磁绕组得电，产生励磁磁通，使欠电流继电器 KI 得电吸合，同时时间继电器 KT1 和 KT2 得电吸合，它们的延时闭合常闭触点瞬时分断，保证接触器 KM4 和 KM5 处于失电状态，使电动机串入电阻起动。

正转起动：按下正转起动按钮 SB2，接触器 KMF 得电吸合，KMF 主触点闭合，电动机串电阻 R_1 和 R_2 起动，KMF 常闭触点分开，KT1 和 KT2 失电释放，KT1 和 KT2 延时闭合的常闭触点先后延时闭合，使 KM4 和 KM5 先后得电吸合，它们的常开触点先后闭合，切除电阻 R_1 和 R_2，电动机全速正转运行。

制动准备：随着电动机转速的升高，反电动势增加，当反电动势达到一定值时，电压继电器 KV 得电吸合，KV 常开触点闭合，使 KM2 得电吸合，KM2 的常开触点闭合，为反接制动做好准备。

反接制动：按下停止按钮 SB1，接触器 KMF 失电释放，电动机失电惯性运转，反电动势很高，因此 KV 仍吸合，接触器 KM1 得电吸合，KM1 常闭触点分断，使制动电阻 R_B 接入电枢回路，KM1 常开触点闭合，使接触器 KMR 得电吸合，KMR 常开主触点闭合，电枢通入反向电流，产生制动转矩，电动机进行反接制动而迅速停转。待电动机转速接近于零时，KV 失电释放，KM1 失电释放，接着 KM2 和 KMR 也先后失电释放，反接制动结束。

3. 回馈制动(再生发电制动)

当电动机在电动状态运行时，由于某种原因，如用电动机拖动机车下坡，使电动机的转速高于理想空载转速，此时 $n>n_0$，使得 $E_a>U$，电枢电流为

$$I_a=\frac{U-E_a}{R}=-\frac{E_a-U}{R} \tag{2.13}$$

可见，电枢中的电流方向与电动状态下电流方向相反，因磁通方向未变，则电磁转矩 T 的方向随着 I_a 的反向而反向，对电动机起到制动作用。在电动状态时，电枢电流从电网的正端流向电动机，而在制动时，电枢电流从电枢流向电网，因而称为回馈制动。

回馈制动的机械特性与电动状态完全相同。由于回馈制动时 $n>n_0$，I_a 和 T 均为负值，所以它的机械特性曲线是电动状态的机械特性曲线向第二象限的延伸，如图 2.25 中的曲线 1。电枢回路串电阻将使特性曲线的斜率增大，如图 2.25 中的曲线 3。

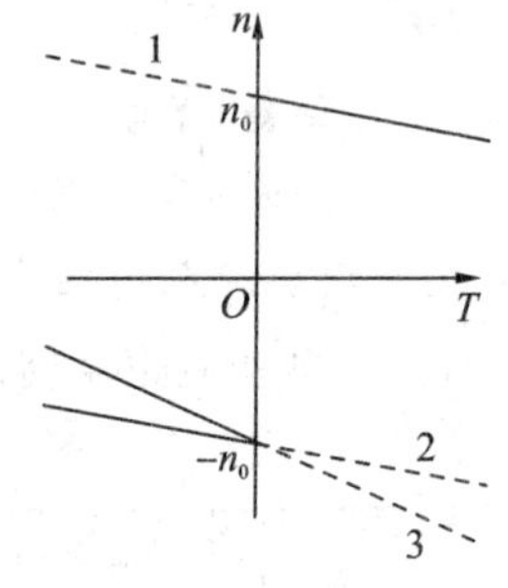

图 2.25　回馈制动的机械特性

回馈制动不需要改接线路即可从电动状态转化到制动状态，同时电能可回馈给电网，使电能获得应用，较为经济。

思考与练习

一、对直流电动机的起动有哪些要求？有哪些常用的起动方法？各种方法的主要特点是什么？为什么一般直流电动机不能采用直接起动？

二、起动直流电动机时为什么一定要先加励磁电压、后加电枢电压？如果未加励磁电压，而将电源接通，将会发生什么后果？

三、为什么他励式和并励式直流电动机通常是通过改变电枢电压的极性来改变转向的？

四、直流电动机各种制动方法的优缺点是什么？

五、一台并励电动机的额定电枢电流 $I_{aN}=26.6$ A，端电压 $U=110$ V，如果起动时不用起动电阻，直接接至额定电压上，则起动电流为为 390 A。今欲使起动电流为额定值的 2 倍，应加入多大的起动电阻？

任务三　直流电动机的调速控制

任务要求

(1) 了解调速概念及调速指标。

(2) 熟悉直流电动机的调速方法。

(3) 掌握直流电动机的常用调速控制电路。

在实际生产中，万能、组合专用切削机床，以及矿山冶金、纺织、印染、化工、农机等行业中的各种传动机构有逐级调速的要求，从而要求直流电动机可随负载的要求变换转速，以达到功率的合理匹配。

2.3.1　调速及其指标

为了提高生产率和保证产品质量，大量的生产机械要求在不同的条件下采用不同的速度。负载不变时，人为地改变生产机械的工作速度称为调速。调速可以采用机械、电气或机电配合的方法来实现。本节只讨论电气调速。

电气调速是指通过改变电动机的参数来改变转速。电气调速可以简化机械结构，提高传动效率，便于实现自动控制。

电动机调速性能的好坏常用下列指标来衡量。

(1) 调速范围(D)。调速范围是指电动机拖动额定负载时，所能达到的最大转速与最小转速之比。不同的生产机械要求的调速范围是不同的，如车床为20～100、龙门刨床为10～40、轧钢机为3～120。

(2) 静差率(δ)。静差率(又称相对稳定性)是指负载转矩变化时，电动机的转速随之变化的程度，用理想空载增加到额定负载时电动机的转速降落Δn_N与理想空载转速n_0之比来衡量。电动机的机械特性越硬，相对稳定性就越好。不同生产机械对相对稳定性的要求不同，一般设备要求$\delta<30\%\sim50\%$，而精度高的造纸机则要求$\delta\leqslant0.1\%$。

(3) 调速的平滑性。在一定的调速范围内，调速的级数越多越平滑，相邻两级转速之比称为平滑系数(ϕ)。ϕ值越接近1则平滑性越好。当$\phi=1$时，称为无级调速，即转速连续可调。不同生产机械对调速的平滑性要求不同。

(4) 调速的经济性。经济性是指调速所需设备投资和调速过程中的能量损耗。

(5) 调速时电动机的容许输出。容许输出是指在电动机得到充分利用的情况下，在调速过程中所能输出的最大功率和转矩。

2.3.2　调速方法

根据直流电动机的转速公式

$$n=\frac{U-I_a(R_a+R)}{C_e\Phi} \tag{2.14}$$

可知，当电枢电流I_a不变时，只要电枢电压U、电枢回路串入附加电阻R和励磁磁通Φ三个量中任一个发生变化，都会引起转速变化。因此，他励直流电动机有 3 种调速方法：电枢串电阻调速、降低电枢电压调速和减弱磁通调速。

1. 电枢串电阻调速

以他励直流电动机拖动恒转矩负载为例，保持电源电压和励磁磁通为额定值不变，在电枢回路串入不同的电阻时，电动机将运行于不同的转速。电枢串电阻调速的机械特性如图 2.26 所示。电枢回路没有串入电阻时，工作点为自然机械特性曲线与负载特性的交点 A，转速为 n_A。在电枢回路串入调速电阻 R_1 的瞬间，因转速和电动势不能突变，电枢电流相应地减小，工作点由 A 过渡到 A'。此时 $T_{A'}>T_L$，工作点由 A' 沿串入电阻 R_1 的新的机械特性下移，转速也随着下降，反电动势减小，I_a 和 T 逐渐增加，直至 B 点，当 $T_B=T_L$ 时恢复转矩平衡，系统以较低的转速 n_B 稳定运行。同理，若在电枢回路串入更大的电阻 R_2，则系统将进一步降速并以更低的转速 n_C 稳定运行。

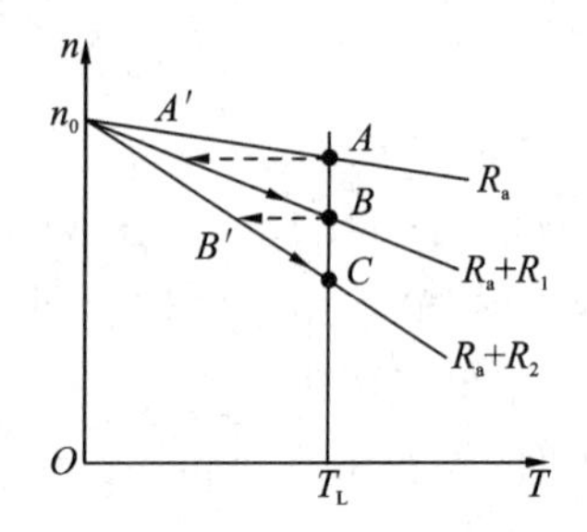

图 2.26　电枢回路串电阻调速的机械特性

电枢回路串电阻调速时，所串电阻越大，稳定运行转速越低，所以这种方法只能在低于额定转速的范围内调速。电枢电路串电阻调速的设备简单，但串入电阻后机械特性变软，转速稳定性较差，电阻上的功率损耗较大。这种调速方法适用于调速性能要求不高的中、小型电动机。

2. 降低电枢电压调速

以他励直流电动机拖动恒转矩负载为例，保持励磁磁通 Φ 为额定值不变，电枢回路不串电阻，降低电枢电压 U 时，电动机将运行于较低的转速。降压调速的机械特性如图 2.27 所示。电压由 U_N 开始逐级下降时，工作点的变化情况如图中箭头所示，由 $A \to A' \to B \cdots$。

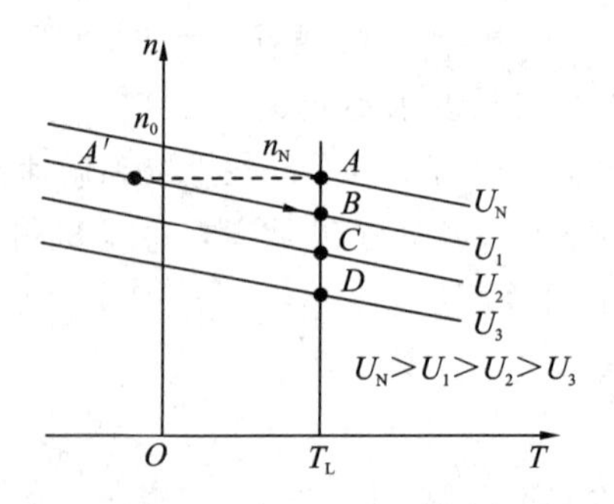

图 2.27　降低电枢电压调速的机械特性

降低电枢电压调速需要有单独的可调压的直流电源，加在电枢上的电压不能超过额定电压 U_N，所以调速也只能在低于额定转速的范围内进行。降低电枢电压时，电动机机械特性的硬度不变，因此运行在低速范围的稳定性较好。当电压连续可调时，可进行无级调速，调速平滑性好。与电枢回路串电阻相比，电枢回路中没有附加的电阻损耗，电动机的效率高。这种调速方法适用于对调速性能要求较高的设备，如造纸机、轧钢机等。

3. 减弱磁通调速

减弱磁通调速的特点是理想空载转速随磁通的减弱而上升，机械特性斜率 β 则与励磁磁通的平方成反比。随着磁通 Φ 的减弱 β 增大，机械特性变软。弱磁调速的机械特性如图 2.28 所示。

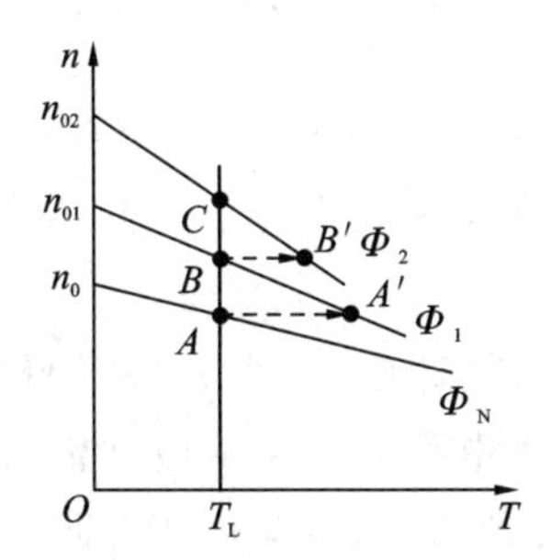

图 2.28　减弱磁通调速的机械特性

以他励直流电动机拖动恒转矩负载为例，保持电枢电压不变，电枢回路不串电阻，减小电动机的励磁电流使励磁磁通 Φ 降低，可使电动机的转速升高。如果忽略磁通变化的电磁过渡过程，则励磁电流逐级减小时，工作点的变化过程如图 2.28 中箭头所示，由 $A \to A' \to B \cdots$。

采用减弱磁通的方式调速，在正常的工作范围内，励磁磁通越弱，电动机的转速越高，因此弱磁调速只能在高于额定转速的范围内进行。但是电动机的最高转速受到换向能力、电枢机械强度和稳定性等因素的限制，所以转速不能升得太高。弱磁调速是在励磁回路进行调节，所用设备容量小，因此损耗小，控制方便，可实现无级调速，平滑性好。这种调速方法的缺点是机械特性软，当磁通减弱相当多时，运行将不稳定。

在实际的他励直流电动机调速系统中，为了获得更大的调速范围，常常把降压调速和弱磁调速配合起来使用。以额定转速为基速，采用降压向下调速和弱磁向上调速相结合的双向调速方法，从而可在很宽的范围内实现平滑的无级调速，而且调速时损耗较小，运行效率较高。

2.3.3　直流电动机调速的实现

图 2.29 所示为他励直流电动机单向运转电枢回路串二级电阻的起动、调速控制电路。图中 QF1、QF2 为空气断路器，控制主电路、控制电路的分断；电阻 R_1、R_2 作为起动、调速电阻，由接触器 KM2、KM3 控制是否短接；KT1、KT2 为时间继电器；V_D、R 作为励磁绕组放电回路；KI1 为过电流继电器，串接在电枢回路中，作为直流电动机的短路和过载保护；KI2 为欠电流继电器，串接在励磁绕组回路中，作为直流电动机失磁和弱磁保护。

当电动机稳定运行时，SA 的手柄处于“3”位，KM2、KM3、KM1 的主触点闭合，KM1 常闭触点断开，KI2、KA 常开触点闭合，电动机工作于主磁通恒定、电枢回路未串入电阻 R_1、R_2 的状态。欲使电动机低速运行，将主令开关 SA 的手柄扳到“1”位或“2”位，电动机

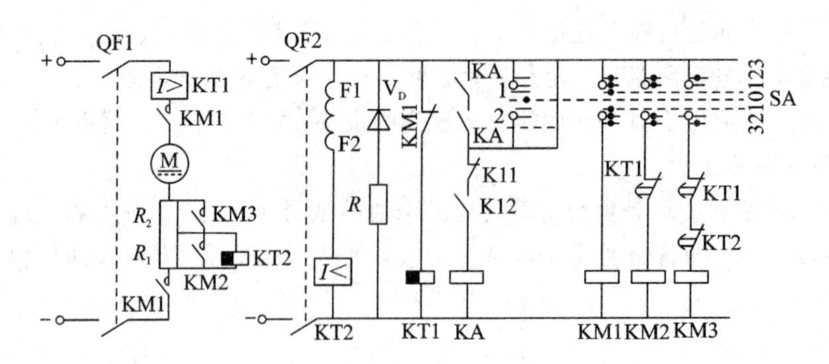

图 2.29　他励直流电动机电枢回路串电阻起动与调速控制电路

就在电枢回路串有一段或两段电阻的情况下运行，其转速低于主令开关处在“3”位时的转速，具体控制过程如下。

SA 主令开关手柄由“3”位扳到“1”位时，KM2、KM3 线圈失电，则 KM2、KM3 常开主触点断开，电动机电枢回路串入电阻 R_1、R_2，电动机减速运行。

SA 主令开关手柄由“3”位扳到“2”位时，KM1、KM2 电路有电流通过。KM1、KM2 主触点不动作，而 KM3 失电，KM3 常开主触点断开。电动机电枢回路串入电阻 R_2，低速运行。

G－M 调速系统的电路图如图 2.30 所示，它是直流发电机—直流电动机调速系统的简称。其中 M1 是他励直流电动机，用于拖动生产机械；G1 是他励直流发电机，为他励直流电动机 M1 提供电枢电压；G2 是并励直流发电机，为他励直流电动机 M1 和他励直流发电机 G1 提供励磁电压，同时为控制电路提供直流电源；M2 是三相笼型异步电动机，用于拖动同轴连接的他励直流发电机 G1 和并励直流发电机 G2；A1、A2 和 A 分别是 G1、G2 和 M1 的励磁绕组；RP1、RP2 和 RP 是调节变阻器，分别用于调节 G1、G2 和 M1 的励磁电流；KA 是过电流继电器，用于电动机 M1 的过载和短路保护；SB1、KM1 组成正转控制电路；SB2、KM2 组成反转控制电路。

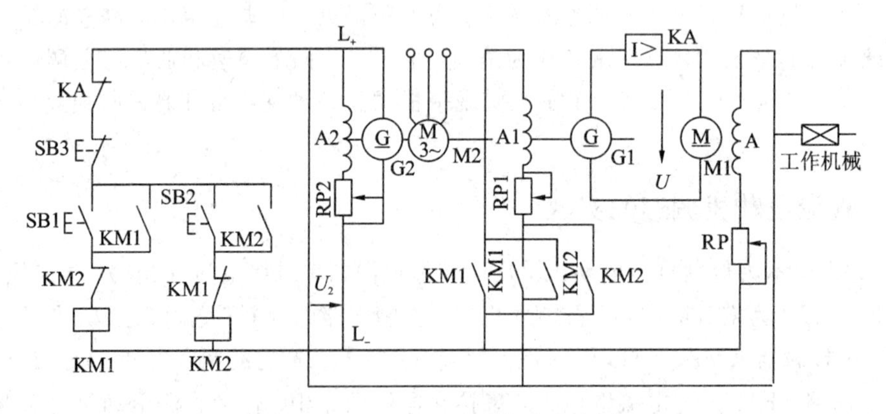

图 2.30　G－M 调速系统的电路图

G－M 调速系统的控制原理分析如下。

1）励磁

起动异步电动机 M2→拖动直流发电机 G1 和 G2 同速旋转→发电机 G2 切割剩磁磁力

线产生感应电动势→输出直流电压 U_2，除提供本身励磁电压外还供给 G－M 机组励磁电压和控制电路电压。

2）起动

按下起动按钮 SB1→接触器 KM1 线圈得电→KM1 常开触点闭合→发电机 G1 的励磁绕组 A1 接入电压 U_2 开始励磁→电动机 M1 起动。

因发电机 G1 的励磁绕组 A1 的电感较大，所以励磁电流逐渐增大，使 G1 产生的感应电动势和输出电压从零逐渐增大，这样就避免了直流电动机 M1 在起动时有较大的电流冲击。因此，在电动机起动时，不需要在电枢电路中串联起动电阻就可以很平滑地进行起动。

3）调速

起动前，应将变阻器 RP 阻值调到零，RP1 调到最大，目的是使直流电压 U 逐步上升，直流电动机 M1 则从最低速逐渐上升到额定转速。

当 M1 运转后需调速时，将 RP1 阻值调小，使 G1 的励磁电流增大，则电动机 M1 转速升高。

此处需要注意的有以下几点。

（1）调节 RP1 的阻值能升降直流发电机 G1 的输出电压 U，即可达到调节直流电动机 M1 转速的目的。不过加在直流电动机 M1 电枢上的电压 U 不能超过其额定电压值，所以一般情况下，调节电阻 RP1 只能使电动机在低于额定转速的情况下进行平滑调速。

（2）当需要电动机在额定转速以上进行调速时，则应先调节 RP1，使电动机电枢电压 U 保持在额定值不变，然后将电阻 RP 的阻值调大，使直流电动机 M1 的励磁电流减小，其主磁通也相应减小，则电动机 M1 的转速升高。

G－M 系统的调速平滑性好，可实现无级调速，具有较好的起动、调速、控制性能，因此被广泛用于龙门刨床、重型镗床、轧钢机、矿井提升设备等生产机械。

由于 G－M 系统存在设备费用高、机组多、占地面积大、效率较低、过渡过程的时间较长等不足，所以，目前正广泛地使用晶闸管整流装置作为直流电动机的可调电源，组成晶闸管—直流电动机调速系统。

图 2.31 所示为带有速度负反馈的晶闸管—直流电动机调速系统的电路图，该电路中用晶闸管整流装置代替 G－M 调速系统的直流发电机。由于这种系统具有效率高、功率增益大、快速性和控制性好、噪声小等优点，因此，正逐渐取代其他的直流调速系统。

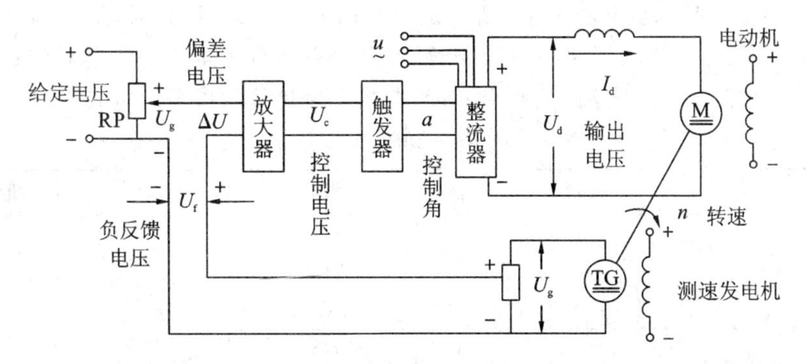

图 2.31　晶闸管-直流电动机调速系统的电路图

晶闸管-直流电动机调速工作原理分析如下。

输入电压 U_g 由电位器 RP 调节，TG 为测速发电机，作为转速检测元件。工作中，测速发电机的电枢电压与转速成正比，电枢电压的一部分 U_f 反馈到系统的输入端，与 U_g 比较后，产生电压 $\Delta U = U_g - U_f$ 送入放大器，经放大器放大后，送入触发器产生移相脉冲，触发晶闸管，从而改变晶闸管整流电路的输出，使电动机 M 的电枢电压改变，实现了电动机转速的变化。当电动机的转速达到某一值时，使 $\Delta U = 0$，触发脉冲不再移相，晶闸管整流电路输出就稳定在某一值上，使电动机在这一转速下稳定运转。由于反馈信号 U_f 与被控对象的转速 n 成正比，故也称为转速负反馈闭环调速系统。

思考与练习

一、直流电动机的调速方法有哪些？

二、各种直流调速方法的主要特点是什么？

任务四　直流电动机的 PLC 控制

任务要求

（1）熟悉西门子 S7－200 PLC 的基本指令及应用。

（2）熟悉西门子 S7－200 PLC 的步进指令及应用。

（3）了解西门子 S7－200 PLC 的功能指令及使用。

（4）掌握直流电动机常用电路的 PLC 控制方法。

2.4.1　S7－200 PLC 的基本指令及应用

1. 基本指令概览

西门子 S7－200 PLC 的基本指令有基本逻辑指令（逻辑取及线圈驱动指令、触点串联指令、触点并联指令、串联电路块的并联连接指令、并联电路块的串联连接指令、分支电路指令、置位和复位指令、立即指令、边沿脉冲指令、触发器指令、取反指令等）、比较指令（字节比较、整数比较、双字整数比较、实数比较和字符串比较五类）、定时器指令（接通延时定时器、记忆接通延时定时器、断开延时定时器三类）、计数器指令（增计数器、增减计数器和减计数器三类）及程序控制指令（暂停及结束指令、监控定时器复位指令、跳转及标号指令、循环指令、子程序调用指令）等。表 2.1 为其基本指令一览表。

表 2.1　S7－200 PLC 基本指令

指令	功能	梯形图符号图例	指令	功能	梯形图符号图例
LD	起始连接 常开接点	─┤ ├─	LDR= AR= OR=	实数比例 =≠≤≥<>	IN1 ==R IN2
LDN	起始连接 常闭接点	─┤/├─	LDS= AS= QS=	字符串比较 =≠≤≥<>	IN1 ==S IN2

续表一

指令	功能	梯形图符号图例	指令	功能	梯形图符号图例
LDI	起始连接 立即常开接点	I	=	普通线圈	Q0.0 ( )
LDNI	起始连接 立即常闭接点	/I	-I	立即线圈	Q0.0 (I)
O	并联常开接点		S	置位线圈	Q0.0 (S) 2
ON	并联常闭接点	/	R	复位线圈	Q0.0 (R) 8
OI	并联立即常开接点	I	SI	立即置位线圈	Q0.0 (SI) 2
ONI	并联立即常闭接点	/I	RI	立即复位线圈	Q0.0 (RI) 4
A	串联常开接点		TON T××PT	通电延时定时器	T×× IN TON PT
AN	串联常闭接点	/	TONRT××PT	累计通电延时 定时器	T×× IN TONR PT
AI	串联立即常开接点	I	TOFT××PT	断电延时定 时器	T×× IN TOF PT
ANI	串联立即常闭接点	/I	CTU C××PV	加计数器	C×× CU CTU R PV
ALD	串联导线		CTD C××PV	减计数器	C×× CD CTD LD PV
OLD	并联导线		CTUD C××PT	加减计数器	C×× CU CTUD CD R PV

续表二

指令	功能	梯形图符号图例	指令	功能	梯形图符号图例
LPS	回路向下分支导线	┌──	STOP	停止	—(STOP)
LRD	中间回路分支导线	├──	END	条件结束	—(END)
LPP	末回路分支导线	└──	JMP	跳转开始	1 —(JMP)
NOT	接点取反	—|NOT|—	LBL	跳转结束	1 LBL
EU	上升沿	—| P |—	WDR	看门狗复位	—(WDR)
ED	下降沿	—| N |—	CALL	子程序调用	SBR_2 EN
LDB= AB= OB=	字节比较 =≠≤≥<>	IN1 —| ==B |— IN2	CRET	子程序返回	—(RET)
LDW= AW= OW=	整数比较 =≠≤≥<>	IN1 —| ==I |— IN2	FOR	循环开始	FOR EN ENO INDX INIT FINAL
LDD= AD= OD=	双字整数比较 =≠≤≥<>	IN1 —| ==D |— IN2	NEXT	循环结束	—(NEXT)

表 2.1 中，指令是用于指令表时助记符表示，功能是助记符的中文称呼(也是功能的简要说明)，功能主要用来说明指令的主要作用，梯形图符号图例则是指令在梯形图程序中的表示方法。

2. 基本指令使用实例

(1) 逻辑取、线圈驱动及定时器指令的使用实例如图 2.32 所示。

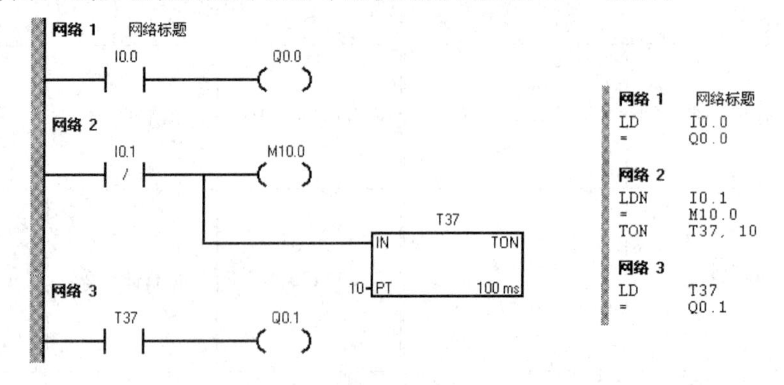

图 2.32 逻辑取、线圈驱动及定时器指令的使用

（2）触点串、并联指令使用实例如图 2.33 所示。

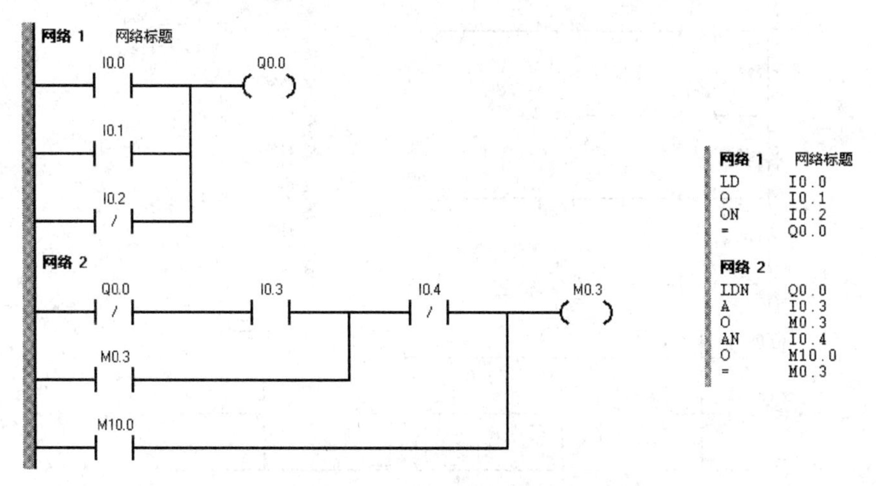

图 2.33　触点串、并联指令的使用

（3）电路块连接指令的使用实例如图 2.34 所示。

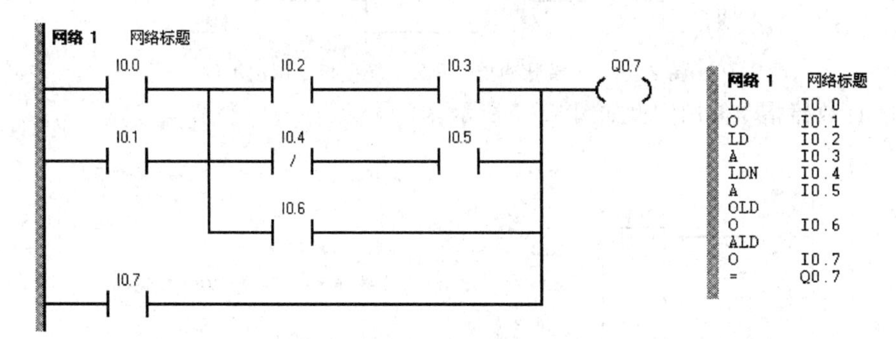

图 2.34　电路块串、并联指令的使用

（4）分支电路指令的使用实例如图 2.35 所示。

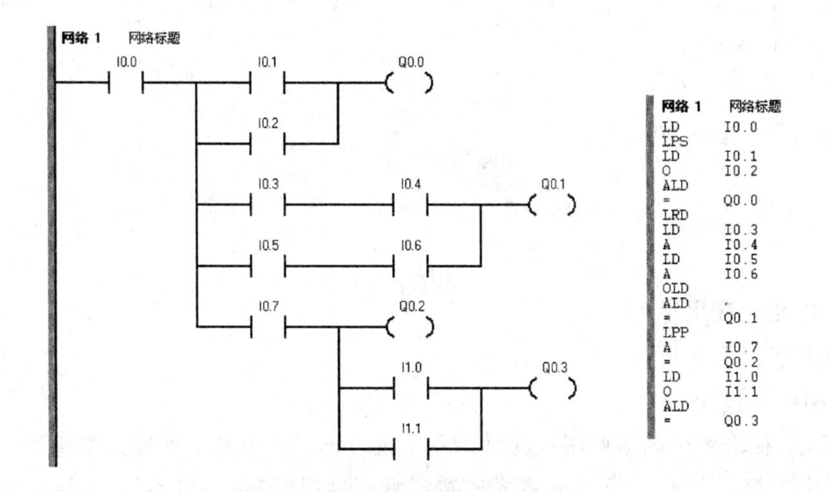

图 2.35　多层分支指令的应用

（5）边沿脉冲指令及置、复位指令的使用实例如图 2.36 所示。

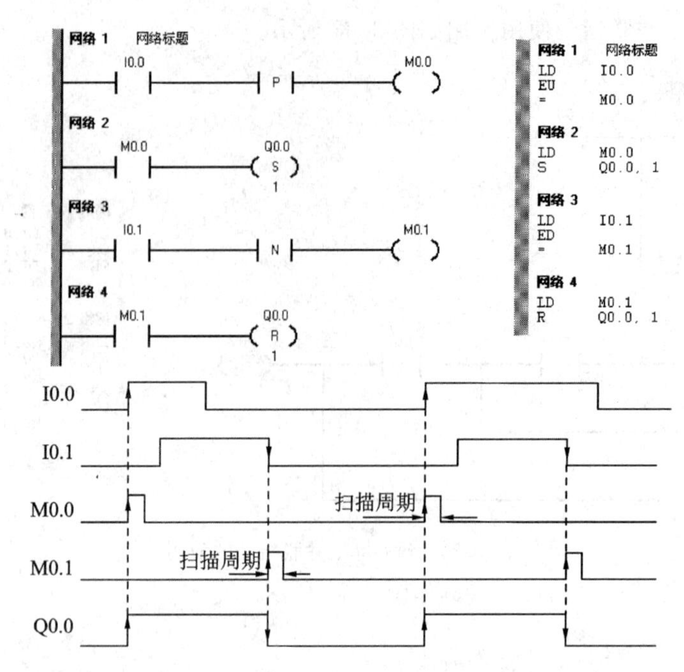

图 2.36　边沿脉冲指令及置、复位指令用法示例

(6) 计数器指令使用实例如图 2.37 所示。

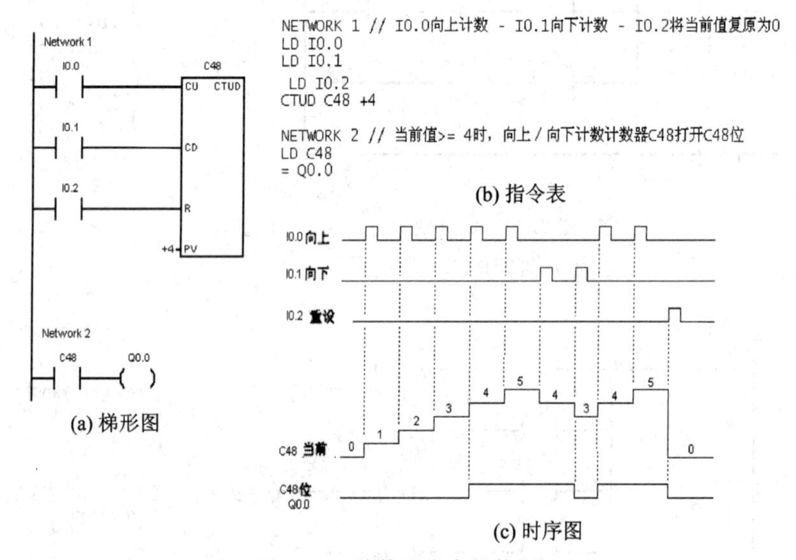

(a) 梯形图

(b) 指令表

(c) 时序图

图 2.37　计数器指令的使用

3. 基本指令应用举例

1) 梯形图的特点

梯形图的特点如下：

(1) PLC 梯形图中的某些编程元件沿用了继电器这一名称，如输入继电器、输出继电器、内部辅助继电器等，它们不是真实的物理继电器(即硬件继电器)，而是在梯形图中使用的编程元件(即软元件)。每一软元件与 PLC 存储器中元件映像寄存器的一个存储单元相对应。以辅助继电器为例，如果该存储单元为 0 状态，则梯形图中对应的软元件的线圈

“断电”，其常开触点断开，常闭触点闭合，称该软元件为0状态，或称该软元件为OFF(断开)。如果该存储单元为1状态，则对应软元件的线圈“有电”，其常开触点接通，常闭触点断开，称该软元件为1状态，或称该软元件为ON(接通)。

(2) 根据梯形图中各触点的状态和逻辑关系，求出图中各线圈对应的软元件的ON/OFF状态，称为梯形图的逻辑运算。逻辑运算是按梯形图中从左至右、从上到下的顺序进行的，运算的结果可以马上被后面的逻辑运算所利用。逻辑运算是根据元件映像寄存器中的状态，而不是根据运算瞬时外部输入触点的状态来进行的。

(3) 梯形图中各软元件的常开触点和常闭触点均可以无限多次地使用。

(4) 输入继电器的状态唯一地取决于对应的外部输入电路的通断状态，因此在梯形图中不能出现输入继电器的线圈。

(5) 辅助继电器相当于继电控制系统中的中间继电器，用来保存运算的中间结果，不对外驱动负载，负载只能由输出继电器来驱动。

2) 梯形图的基本规则

梯形图作为PLC程序设计的一种最常用的编程语言，被广泛应用于工程现场的系统设计。为更好地使用梯形图语言，下面介绍梯形图的一些基本规则。

(1) 线圈右边无触点。梯形图中每一逻辑行从左到右排列，以触点与左母线连接开始，以线圈、指令盒结束。触点不能出现在线圈的右边，线圈也不能直接与左母线连接，必须通过触点连接，如图2.38所示。

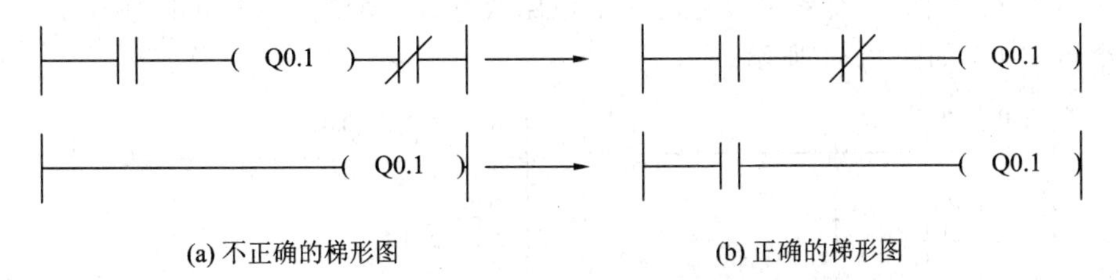

图2.38 线圈右边无触点的梯形图

(2) 触点可串、可并，无限制。触点可以用于串行电路，也可用于并行电路，且使用次数不受限制，所有输出继电器也都可以作为辅助继电器使用。

(3) 线圈不能重复使用。在同一个梯形图中，如果同一元件的线圈使用两次或多次，这时前面的输出线圈对外输出无效，只有最后一次的输出线圈有效，所以程序中一般不出现双线圈输出，如图2.39(a)所示的梯形图必须改为如图2.39(b)所示的梯形图。

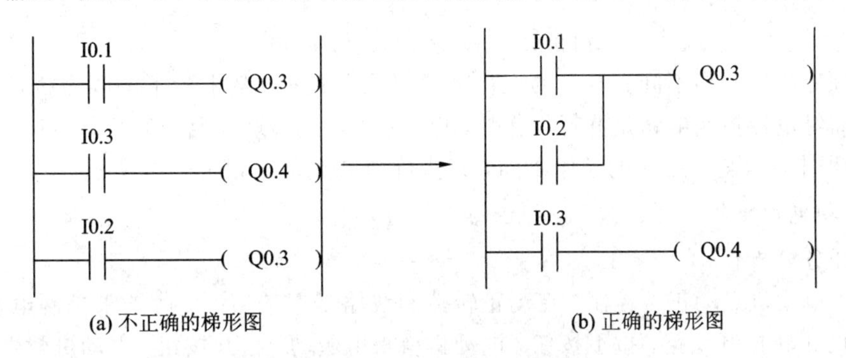

图2.39 线圈不能重复使用的梯形图

(4) 触点水平不垂直。触点应画在水平线上，不能画在垂直线上。图 2.40(a)中的触点被画在垂直线上，所以很难正确识别它与其他触点的逻辑关系，因此，应根据其逻辑关系改为如图 2.40(b)或图 2.40(c)所示的梯形图。

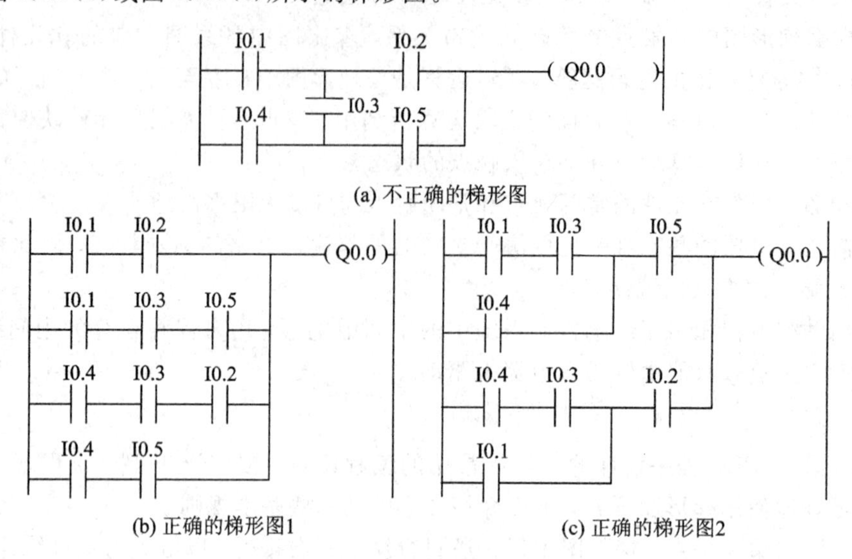

图 2.40　触点水平不垂直的梯形图

(5) 触点多上并左。如果有串联电路块并联，应将串联触点多的电路块放在最上面；如果有并联电路块串联，应将并联触点多的电路块移近左母线，这样可以使编制的程序简洁，指令语句少，如图 2.41 所示。

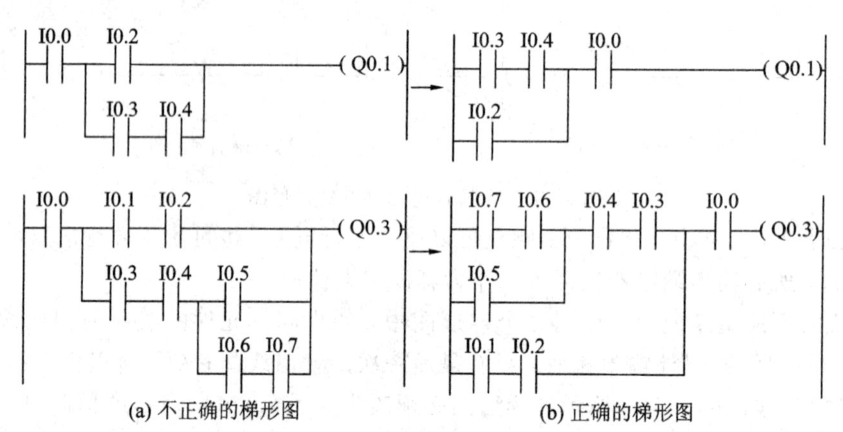

图 2.41　触点多上并左的梯形图

(6) 顺序不同结果不同。PLC 的运行是按照从左到右、从上到下的顺序执行的，即串行工作；而继电器控制电路是并行工作的，电源一接通，并联支路都有相同电压。因此，在 PLC 的编程中应注意：程序的顺序不同，其执行结果不同，如图 2.42 所示。

3) 三相电动机的点动、连续运行控制

(1) 任务分析。

第一，电动机点动正转控制。点动正转控制线路是用按钮、接触器来控制电动机运转的最简单的正转控制线路。按下按钮，电动机就得电起动；松开按钮，电动机就失电停止。

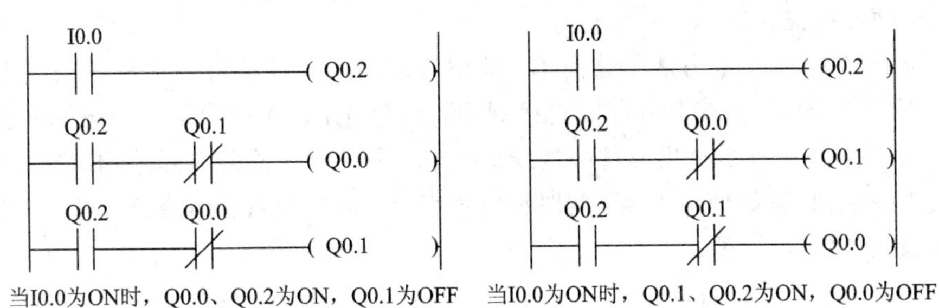

图 2.42　程序的顺序不同结果不同的梯形图

第二，电动机连续运行控制。电动机单向运行的起动/停止控制是最基本、最常用的控制。按下起动按钮，电动机就得电起动运行；起动按钮松开后，电动机仍保持运行状态；按下停止按钮，电动机就失电停止。

第三，为了解电动机的运行状况，可以分别用绿色指示灯 HL1 和红色指示灯 HL2 表示电动机起动和停止状态。

(2) 任务实施。

采用 PLC 进行电动机的控制，主电路与传统继电接触器控制的主电路一样，不同的是其控制电路。由于 PLC 的加入，用户只需将输入元件(如起动按钮 SB1、停止按钮 SB2、点动按钮 SB3、热继电器触点 FR)接到 PLC 的输入端口，输出元件(如接触器线圈 KM、运行指示灯 HL1 和 HL2)接到 PLC 的输出端口，再接上电源，输入用户程序就可以了。具体应该如何接线以及程序如何编写、如何输入与调试程序，下面将详细介绍。

第一，I/O 分配。

在进行接线与编程前，首先要确定输入/输出元件与 PLC I/O 口的对应关系，即要进行 I/O 分配工作。只有 I/O 分配工作结束后，才能绘制 PLC 接线图，也才能具体进行程序的编写工作。因此 I/O 分配是选择确定了输入/输出元件后首先要做的工作。

如何进行 I/O 分配呢？这是一项十分重要的基础工作。具体来说，就是将每一个输入元件对应一个 PLC 的输入点，将每一个输出元件对应一个 PLC 的输出点。

为了绘制 PLC 接线图及进行 PLC 编程，I/O 分配后应形成一张 I/O 分配表，明确表示出输入/输出元件有哪些，它们各起什么作用，对应的是 PLC 的哪些点。这就是 PLC 的 I/O 分配。下面进行三相异步电动机的点动、连续运行 PLC 控制的 I/O 分配。

根据前面控制要求可知，点动、连续运行控制的输入元件应有 4 个，输出元件应有 3 个，应选择与此输入、输出点数相适应的 PLC。西门子 S7－200 系列 PLC 中的 CPU 221 AC/DC/继电器有 6 个输入和 4 个输出点，能满足此要求。点动、连续运行控制的 I/O 分配如表 2.2 所示。

表 2.2　点动、连续运行控制输入/输出地址分配

输　入			输　出		
输入继电器	电路元件	作用	输出继电器	电路元件	作用
I0.0	SB1	起动按钮	Q0.0	KM	电动机接触器
I0.1	SB2	停止按钮	Q0.1	HL1	起动绿色指示灯
I0.2	SB3	点动按钮	Q0.2	HL2	停止红色指示灯
I0.3	FR	过载保护			

第二，硬件接线。

输入元件接入 PLC 的方法十分简单，即将两端输入元件的每一个输入点接到指定的 PLC 输入端口上，另一点接到一起后再接到 DC 24 V 电源正端，DC 24 V 电源的负端接到 PLC 输入公共端 1 M 上。输出元件的接线也类似，主要应根据输出元件的工作特性(工作电压的类型及数值)做好分组工作，同时还应将交流 220 V 电源接入电路。点动、连续运行控制的接线图如图 2.43 所示。

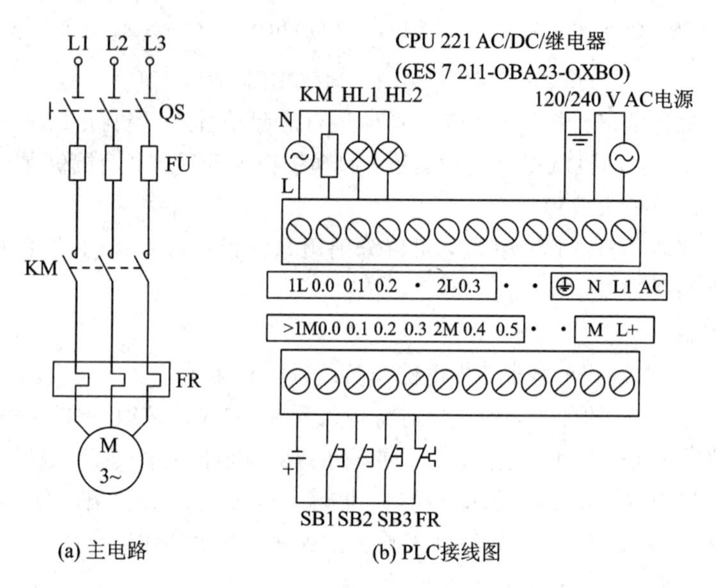

图 2.43 点动、连续运行控制的输入/输出接线图

第三，编程。

PLC 程序主要解决的是如何根据输入元件的信息(通与断信号)按照控制要求形成驱动输出元件的信号，使输出满足控制要求。PLC 的程序形式有多种，最常用的是梯形图，其次是指令形式，两者之间是可以互相转换的。程序的形式可以不同，但描述的内容是相同的，程序的实质是描述控制的逻辑关系。对于初学者来说，最关键的是 PLC 程序如何编写。

编写 PLC 程序，最基本的方法是经验法。经验法要求编程者具有控制系统的设计经验，而作为初学者，只有继电接触器控制系统的初步设计经验，因此，对于继电接触器控制系统中常用基本控制电路的理解及设计经验是十分宝贵的，它将给初学者带来许多有关电动机控制程序设计的灵感，特别是继电接触器控制中的起-保-停控制电路、正反转控制电路，这些将是初学者编程的基本依据。下面将根据这些经验来初步构思并理解编写的程序。

点动实际上是利用输入的触点来控制输出的线圈，而连续运行控制则是典型的起-保-停控制电路，这两种基本控制电路控制的对象实际上是同一个线圈。如何使两者控制不发生冲突呢？最好的办法就是利用辅助继电器。将点动控制的对象改为一个辅助继电器，再将连续控制的对象改为另一个辅助继电器，最后再利用两个辅助继电器的触点来控制输出继电器。这就是采用 PLC 实现点动、连续运行控制的基本思路，然后再加入指示灯的控制程序，就形成了较完整的 PLC 控制程序。梯形图程序如图 2.44 所示，指令表程序如表 2.3 所示。

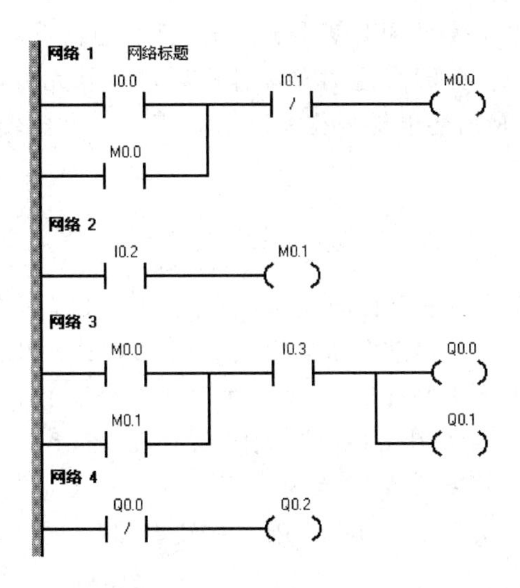

图 2.44 点动、连续运行控制的梯形图程序

表 2.3 点动、连续运行控制的指令程序

指令程序	指令程序	指令程序	指令程序
LD I0.0	LD I0.2	A I0.3	= Q0.2
O M0.0	= M0.1	= Q0.0	
AN I0.1	LD M0.0	= Q0.1	
= M0.0	O M0.1	LDN Q0.0	

第四，调试。

调试步骤如下：

• 在断电状态下连接好导线。

• 将 PLC 运行模式选择开关拨到 RUN 位置。

• 使用编程软件进行编程并下载。

• 观察 PLC 中 Q0.2 的 LED 是否亮，如果处于点亮状态，表明电动机处于停止状态。

• 按下点动按钮 SB3，观察电动机是否起动运行；松开点动按钮 SB3，观察电动机是否能够停车。如果正常，则说明点动控制程序正确。观察指示灯在电动机运行时 Q0.1 应点亮，若指示正常则程序正确。

• 按下起动按钮 SB1，如果系统能够起动运行并保持该状态，当按下停止按钮 SB2 后能停车，则程序调试结束。

如果出现故障，读者应独立检测，直至排除故障，使系统能够正常工作。

4）三相异步电动机计数循环正反转 PLC 控制

（1）任务分析。

设计一个用 PLC 的基本逻辑指令控制电动机循环计数正反转的控制系统，其控制要求如下。

• 按下起动按钮 SB1，电动机正转 30 s、停 5 s、反转 30 s、停 5 s，如此循环 3 个周期，然后自动停止。

• 运行中，可按下停止按钮SB2使系统停止，热继电器FR动作也可使系统停止。

本任务要求读者首先掌握PLC定时器和计数器这类软元件，其次要求掌握延时电路和计数电路的设计方法，最后还能够根据实际需要完成一个比较复杂的PLC控制系统的程序设计。

(2) 任务实施。

第一，I/O分配。

根据以上电动机计数循环正反转的控制要求可知：PLC的输入信号有停止按钮SB1(I0.0)、起动按钮SB2(I0.1)、热继电器常开触点FR(I0.2)；PLC的输出信号有正转接触器KM1(Q0.1)、反转接触器KM2(Q0.2)；定时用到定时器T37(正转30 s)、T38(停5 s)、T39(反转30 s)、T40(停5 s)。其I/O分配如图2.46(a)所示。

第二，硬件接线。

正反转控制主电路图如图2.45所示，PLC接线图如图2.46(a)所示。

第三，编程。

本程序可采用经验法来编程。根据以上控制要求分析如下：该PLC控制是一个顺序控制，控制的时间可用累积定时的方法来设置，循环控制可用振荡电路来实现，至于循环的次数，可用计数器来完成。另外，正转接触器KM1得电的条件为按下起动按钮SB2或T40时间到，正转接触器KM1失电的条件为T37时间到；反转接触器KM2得电的条件为T38时间到，反转接触器KM2失电的条件为T39时间到；按下停止按钮SB1或热继电器触点FR动作或计数器C0次数到则整个系统停止工作。因此，整个设计可在起-保-停电路的基础上，再增加一个振荡电路和一个计数及复位电路来完成，其梯形图如图2.46(b)所示。

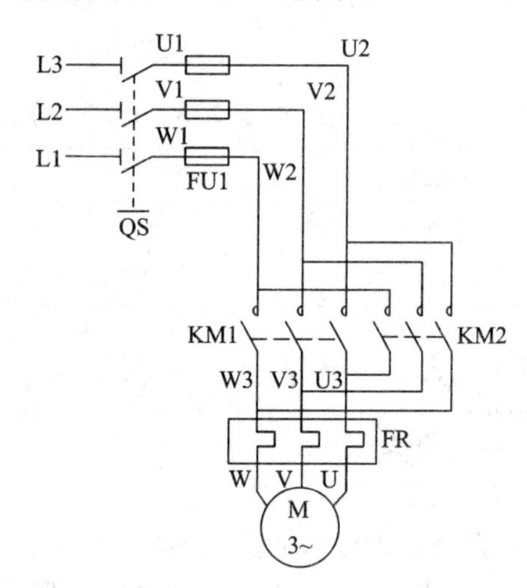

图2.45 电动机的计数循环正反转控制主电路图

用经验法设计梯形图时，没有一套固定的方法和步骤可以遵循，具有很大的试探性和随意性。修改某一局部电路时，可能对系统的其他部分产生意想不到的影响，另外，用经验法设计出的梯形图往往很难阅读，给系统的维修和改进带来了很大的困难。因此，对于复杂的控制系统，特别是复杂的顺序控制系统，一般采用步进顺控的编程方法，将在2.4.2节介绍。

第四，调试。

① 输入程序。按照前面介绍的程序输入方法，用计算机输入程序。

② 静态调试。按图2.46(a)所示的PLC的I/O接线图正确连接好输入元件，进行PLC的模拟静态调试(按下起动按钮SB2时，Q0.1亮，30 s后，Q0.1灭，5 s后，Q0.2亮，再过30s，Q0.2灭，等待5 s后，重新开始循环，完成3次循环后，自动停止；运行过程中，随时按下停止按钮SB1时，整个过程停止；任何时间使FR动作，整个过程也立即停止)，并通过计算机监视，观察其是否与要求一致，否则检查并修改程序，直至输出指示正确。

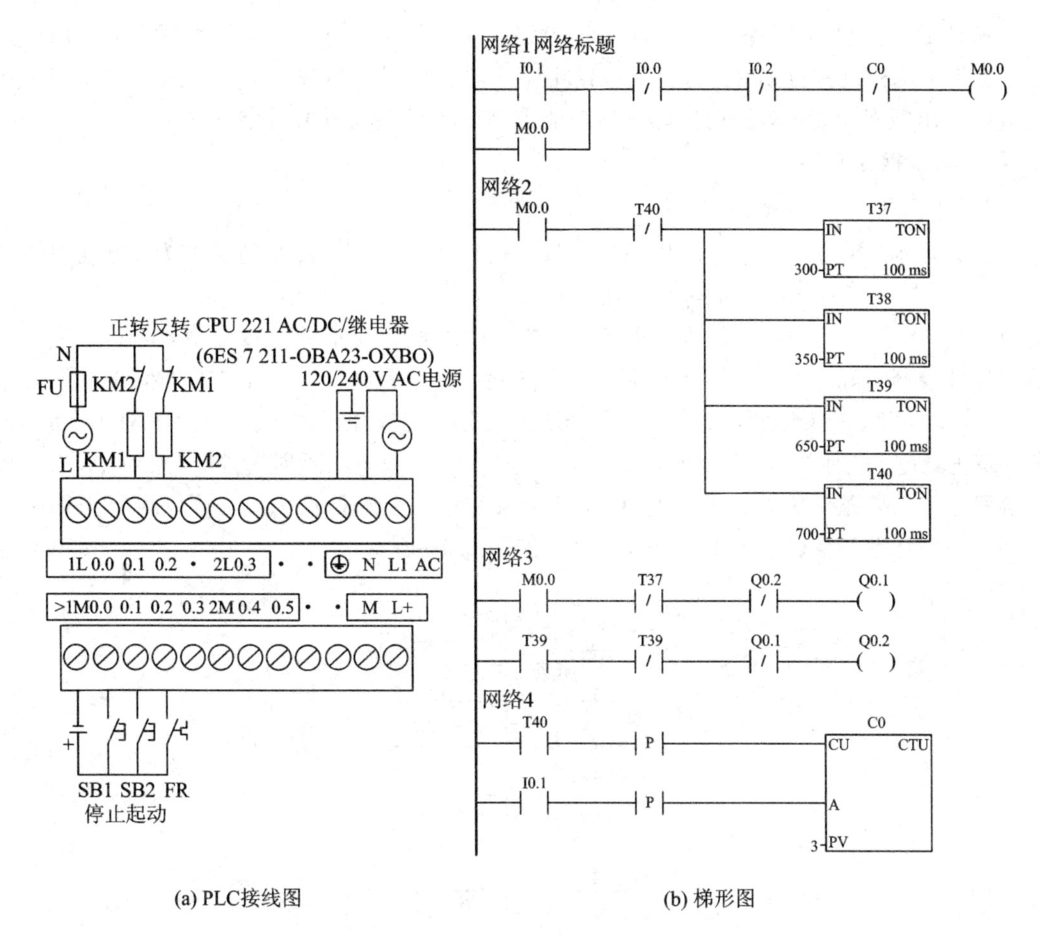

(a) PLC接线图　　　　(b) 梯形图

图 2.46　电动机的计数循环正反转控制的 I/O 接线图及梯形图

③ 动态调试。按图 2.46(a)所示的 PLC 的 I/O 接线图正确连接好输出元件，进行系统的空载调试，观察交流接触器能否按控制要求动作(按下起动按钮 SB2 时，KM1 闭合，30 s后，KM1 断开，5 s 后，KM2 闭合，再过 30 s，KM2 断开，等待 5 s 后，重新开始循环，完成 3 次循环后，自动停止；运行过程中，随时按下停止按钮 SB1 时，整个过程停止；任何时间使 FR 动作，整个过程也立即停止)，并通过计算机进行监视，观察其是否与设计动作一致，否则，检查电路接线或修改程序，直至交流接触器能按控制要求动作。然后按图 2.45所示的主电路接好电动机，进行带载动态调试。

④ 其他测试。动态调试正确后，测试指令的读出、删除、插入、修改、监视、定时器以及计数器设定值的修改等操作。

2.4.2　S7－200 PLC 的顺控指令及应用

用梯形图或指令表方式编程固然为广大电气技术人员所接受，但对于一些复杂的控制程序，尤其是顺序控制程序，由于其内部的联锁、互动关系极其复杂，在程序的编制、修改和可读性等方面都存在许多缺陷。因此许多的 PLC 在梯形图语言之外增加了符合 IEC 11313 标准的顺序功能图语言。顺序功能图(Sequential Function Chart，SFC)是描述控制系统的控制过程、功能和特性的一种图形语言，专门用于编制复杂的顺序控制程序。

所谓顺序控制，就是按照生产工艺的流程顺序，在各个输入信号及内部软元件的作用下，使各个执行机构自动有序地运行。使用顺序功能图设计程序时，首先应根据系统的工艺流程画出顺序功能图，然后根据顺序功能图画出梯形图或写出指令表。

1. 顺控指令概述

1）流程图

首先，还是来分析一下电动机循环计数正反转控制实例。其控制要求为：电动机正转30 s，暂停5 s，反转30 s，暂停5 s，如此循环3个周期，然后自动停止；运行中，可按停止按钮停止，热继电器动作电动机也应停止。从上述的控制要求中可以知道，电动机循环计数正反转控制实际上是一个顺序控制，整个控制过程可分为如下6个工序(也叫阶段)：复位、正转、暂停、反转、暂停、计数，每个阶段又分别完成如下的工作(也叫动作)：初始复位、停止复位、热保护复位、正转、延时、暂停、延时、反转、延时、暂停、延时、计数(各个阶段之间只要条件成立就可以过渡(也叫转移)到下一阶段)。因此，可以很容易地画出电动机循环计数正反转控制的工作流程图，如图2.47所示。

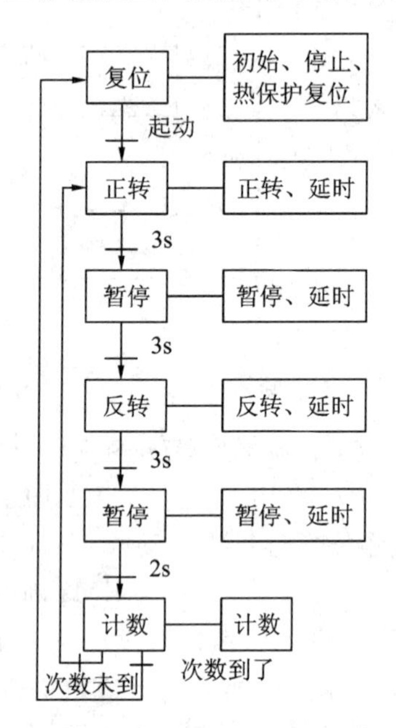

图2.47 电动机循环计数正反转控制工作流程图

流程图是大家所熟悉的，那么，如何让PLC来识别大家所熟悉的流程图呢？下面介绍如何将流程图转化为状态转移图。

2）状态转移图

（1）状态转移图简介。

状态转移图又称状态流程图，它是一种用状态继电器来表示的顺序功能图，是S7-200系列PLC专门用于编制顺序控制程序的一种编程方式。那么，如何将流程图转化为状态转移图呢？其实很简单，只要进行如下的变换：一是将流程图中的每一个工序(或阶段)用PLC的一个状态继电器来替代；二是将流程图中每个阶段要完成的工作(或动作)用PLC的线圈指令或功能指令来替代；三是将流程图中各个阶段之间的转移条件用PLC的触点或电路块来替代；四是流程图中的箭头方向就是 PLC 状态转移图中的转移方向。

(2) 设计状态转移图的方法和步骤。

下面仍以电动机循环计数正反转控制为例(PLC 的 I/O 分配如图 2.46 所示)，来说明设计 PLC 状态转移图的方法和步骤。

第一，将整个控制过程按任务要求分解，其中的每一个工序都对应一个状态(即步)，并分配状态继电器。

电动机循环计数正反转控制的状态继电器的分配如下：

复位→S0.0，正转→S0.1，暂停→S0.2，反转→S0.3，暂停→S0.4，计数→S0.5。

注意：虽然 S0.2 和 S0.4 这两个状态的功能相同，但它们是状态转移图中的不同状态，其状态继电器不同。

第二，搞清楚每个状态的功能、作用。

状态的功能是通过 PLC 驱动各种负载来完成的，负载可由系统元件直接驱动，也可由其他软触点的逻辑组合来驱动。

电动机循环计数正反转控制的各状态功能如下：

S0.0：PLC 初始复位、停止复位及热保护复位等。

S0.1：正转、延时(驱动 Q0.1 的线圈及定时器 T37，使电动机正转 30 s)。

S0.2：暂停、延时(驱动定时器 T38，使电动机暂停 5 s)。

S0.3：反转、延时(驱动 Q0.2 的线圈及定时器 T39，使电动机反转 30 s)。

S0.4：暂停、延时(驱动定时器 T40，使电动机暂停 5 s)。

S0.5：计数(驱动计数器 C0，对循环进行计数)。

第三，找出每个状态的转移条件和方向，即在什么条件下将下一个状态“激活”。状态的转移条件可以是单一的触点，也可以是多个触点的串、并联电路的组合。

电动机循环计数正反转控制的各状态转移条件如下：

S0.0：初始脉冲 SM0.1、停止按钮(常开触点)I0.0、热继电器(常开触点)I0.2，并且这 3 个条件是或的关系，另外，还有一个是从 S0.5 状态来的计数器 C0 的常开触点。

S0.1：一个是起动按钮 I0.1，另一个是从 S0.5 状态来的计数器 C0 的常闭触点$\overline{C0}$。

S0.2：T37 定时器的延时闭合常开触点。

S0.3：T38 定时器的延时闭合常开触点。

S0.4：T39 定时器的延时闭合常开触点。

S0.5：T40 定时器的延时闭合常开触点。

第四，根据控制要求或工艺要求，画出状态转移图。

经过以上 3 步，可画出电动机计数循环正反转控制的状态转移图，如图 2.48 所示。

(3) 状态转移和驱动的过程。

在图 2.48 中，S0.0 为初始状态，用双线框表示，其他状态用单线框表示，垂直线段中间的短横线表示转移的条件，例如 I0.1 动合触点为 S0.1 的转移条件，T37 动合触点为 S0.2 的转移条件。状态方框右侧连接的水平横线及方框表示该状态驱动的负载。图 2.48 所示的状态转移和驱动的过程如下：

当 PLC 开始运行时，SM0.1 产生一初始脉冲使初始状态 S0.0 置 1，进而执行复位指令，当执行该指令时，将 S0.1 至 S0.5 中的元件进行复位和复位 Q0.1、Q0.2 及 C0 等。当

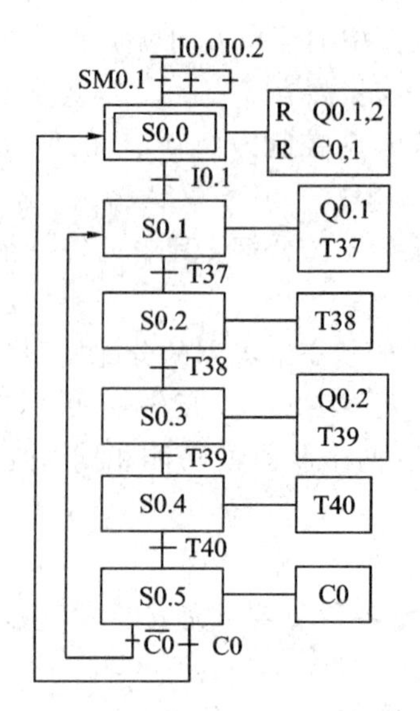

图 2.48　电动机计数循环正反转控制的状态转移图

起动按钮 I0.1 接通，状态转移到 S0.1，使 S0.1 置 1，同时 S0.0 在下一扫描周期自动复位，S0.1 状态下马上驱动 Q0.1 线圈并起动定时器 T37(正转、延时)。当转移条件 T37 触点闭合，状态从 S0.1 转移到 S0.2，使 S0.2 置 1，同时起动定时器 T38 计时，而 S0.1 则在下一扫描周期自动复位，Q0.1 线圈也就断电且 T37 定时器归零。后面的状态 S0.3、S0.4 与此相似。当 T40 触点闭合，状态转移到 S0.5，驱动计数器 C0 计数，若计数次数未到，C0 的常闭触点接通，状态转移到 S0.1，继续循环(共计 3 次)；若计数次数到了，C0 的常开触点接通，状态转移到 S0.0，使初始状态 S0.0 又置位，为下一次起动做准备。在上述过程中，若停止按钮 I0.0 或热继电器触点 I0.2 闭合，则随时可以使状态 S0.1 至 S0.5 及计数器 C0 复位，同时 Q0.1、Q0.2 线圈及定时器 T37～T40 也复位，电动机停止。

(4) 状态转移图的特点。

状态转移图就是由状态和状态转移条件及转移方向构成的流程图。步进顺控的编程过程就是设计状态转移图的过程，其设计思想为：将一个复杂的控制过程分解为若干个工作状态，搞清楚各状态的工作细节(即各状态的功能、转移条件和转移方向)，再依据总的控制顺序要求，将这些状态联系起来，就形成了状态转移图。状态转移图具有如下特点：

第一，可以将复杂的控制任务或控制过程分解成若干个状态。无论多么复杂的过程都能分解为若干个状态，有利于程序的结构化设计。

第二，相对某一个具体的状态来说，控制任务简单了，给局部程序的编制带来了方便。

第三，整体程序是局部程序的综合，只要搞清楚各状态需要完成的动作、状态转移的条件和转移的方向，就可以进行状态转移图的设计。

第四，这种图形很容易理解，可读性很强，能清楚地反映全部控制的工艺过程。

3) 状态继电器及顺序控制指令

状态继电器是构成状态转移图的基本元素，是 PLC 的软元件之一。状态继电器除了在状态转移图中使用以外，也可以作一般的辅助继电器用，它们的触点在 PLC 梯形图内可以自由使用，次数不限。S7－200 PLC 的状态继电器 S 的范围为 S0.0～S31.7。

S7－200 PLC 的顺序控制指令有 4 条，如表 2.4 所示。

表 2.4　顺序控制指令的形式及功能

STL 形式	LAD 形式	功　能	操作对象
LSCR　S_bit	S_bit ├─[SCR]	顺序状态开始	S(位)
SCRT　S_bit	S_bit —(SCRT)	顺序状态转移	S(位)
SCRE	—(SCRE)	顺序状态结束	无
CSCRE		条件顺序状态结束	无

从 LSCR 指令开始到 SCRE 指令结束的所有指令组成一个顺序控制器(SCR)段。LSCR 指令标记一个 SCR 段的开始，当该段的状态器置位时，允许该 SCR 段工作。SCR 段必须用 SCRE 指令结束。当 SCRT 指令的输入端有效时，一方面置位下一个 SCR 段的状态器，以便使下一个 SCR 段开始工作；另一方面又同时使该段的状态器复位，使该段停止工作。因此每一个 SCR 程序段一般有以下三种功能：

(1) 驱动处理。即在该段状态有效时要做什么工作，有时也可能不做任何工作。

(2) 指定转移条件和目标。即满足什么条件后状态转移到何处。

(3) 转移源自动复位功能。状态发生转移后，置位下一个状态的同时，自动复位原状态。

4) 编程示例

按照图 2.48 所示状态转移图用以上指令编写的梯形图程序如图 2.49 所示。

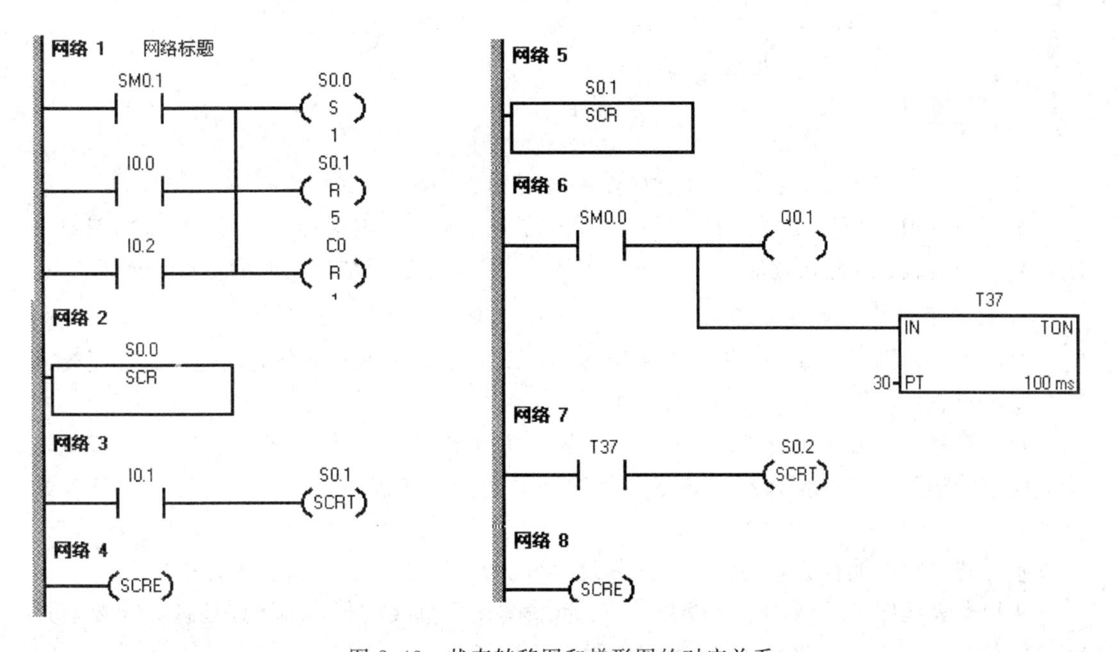

图 2.49　状态转移图和梯形图的对应关系

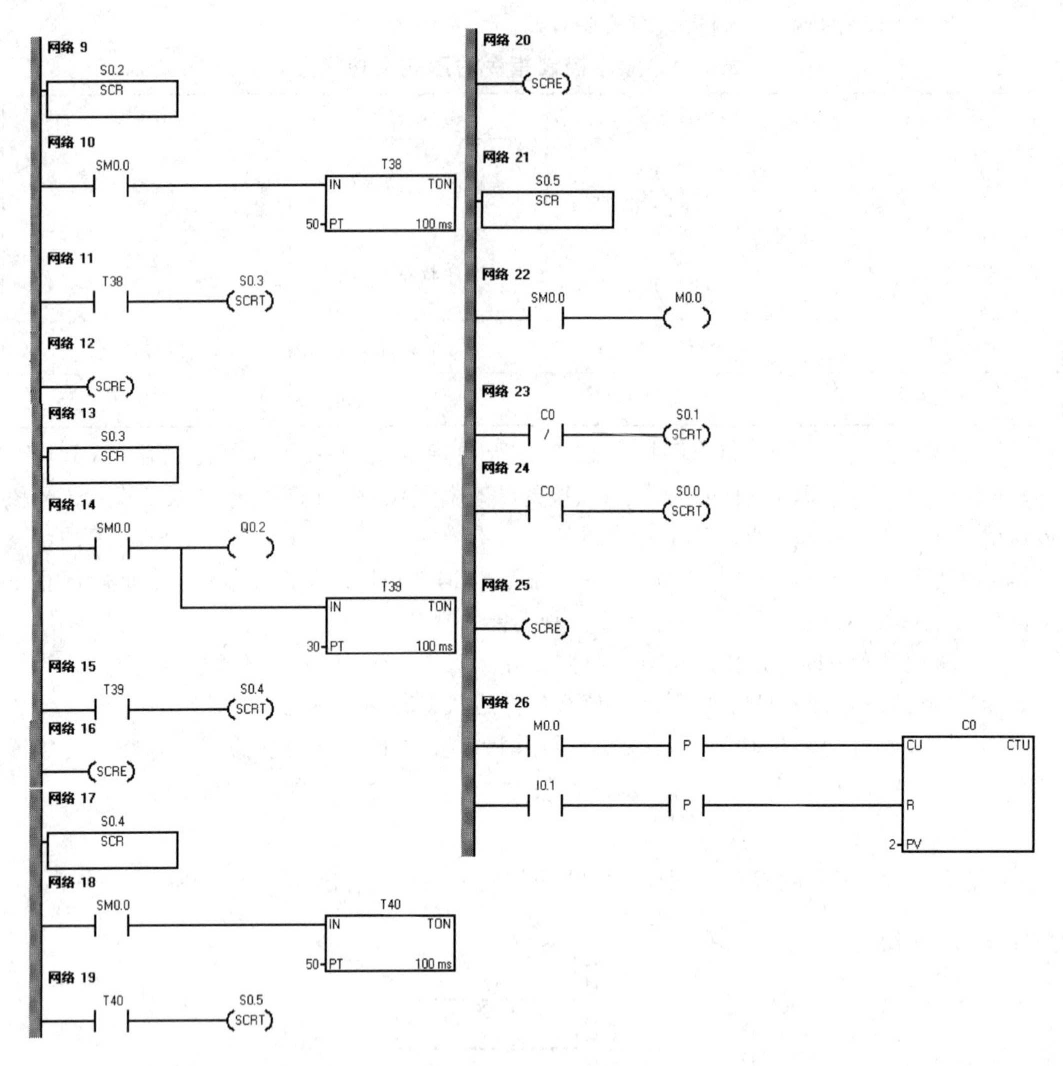

图 2.49　状态转移图和梯形图的对应关系(续)

本例中计数在SCR段外进行，段内只使用了一个辅助继电器传送信号，因而将错过一次计数判断过程，因此在程序中设置成2次计数，则实际运行结果就能满足设计要求。

5) 状态转移图的编程方法

对状态转移图进行编程，不仅是使用SCR、SCRT和SCRE指令的问题，而且还要搞清楚每个状态的特性和要素。

状态转移图中的状态有驱动负载、指定转移方向和转移条件三个要素。其中，指定转移方向和转移条件是必不可少的，驱动负载则要视具体情况，也可能不进行实际负载的驱动。

状态转移图的编程原则为：先进行负载的驱动处理，然后进行状态的转移处理。

从指令表程序可看到，SCR段开始后，负载驱动可直接进行，而转移处理必须要通过SCRT指令进行，而每段结束时都需要使用SCRE指令。

6）编程注意事项

（1）顺序控制指令仅对元件S有效，顺序控制继电器S也具有一般继电器的功能，所以对它能够使用其他指令。

（2）SCR段程序能否执行取决于该状态器(S)是否被置位，SCRE与下一下LSCR之间的指令逻辑不影响下一个SCR段程序的执行。

（3）不能把同一个S位用于不同程序中，如在主程序中用了S0.1，则在子程序中就不能再使用它。

（4）在SCR段中不能使用JMP和LBL指令，即不允许在内部跳转，但可以在SCR段附近使用跳转和标号指令。

（5）在SCR段中不能使用FOR、NEXT和END指令。

（6）在状态发生转移后，所有的SCR段的元器件一般也要复位，如果希望继续输出，可使用置位/复位指令。

（7）在使用功能图时，状态器的编号可以不按顺序编排。

（8）S7-200 PLC的顺序控制程序段中，不支持多线圈输出。如程序中出现多个Q0.0的线圈，则以后面线圈的状态优先输出。

7）功能图的主要类型

功能图的主要类型有直线流程、选择性分支和连接、并行性分支和连接、跳转和循环等。下面分别将选择性流程、并行性流程及跳转与循环流程的顺序功能图和梯形图用图2.50、图2.51及图2.52表示。程序中应特别注意分支与汇合连接处程序的编写方法，一定要符合设计要求。

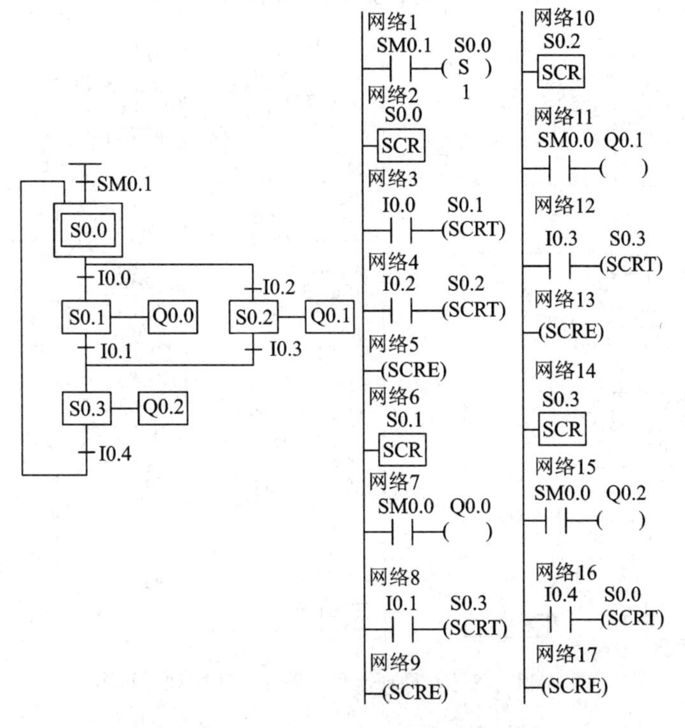

图2.50　选择性流程顺序功能图和梯形图

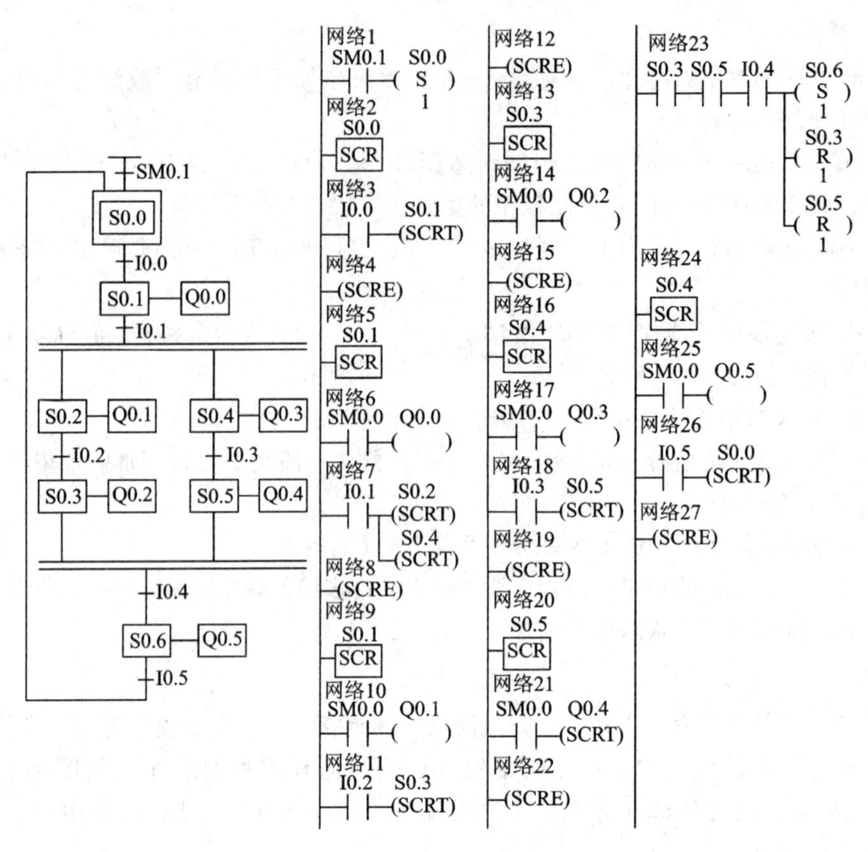

图 2.51　并行性流程顺序功能图和梯形图

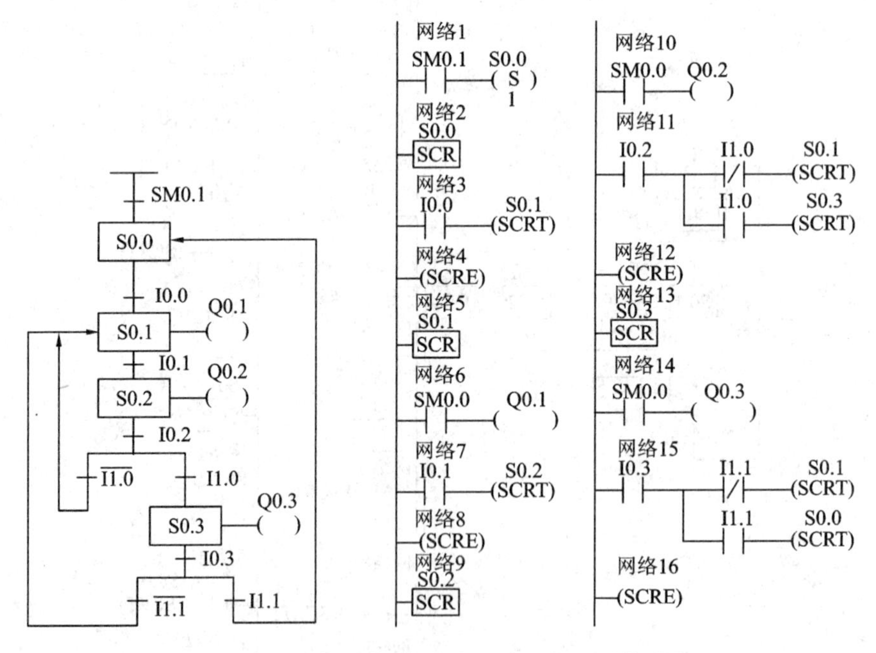

图 2.52　跳转和循环流程的顺序功能图和梯形图

2. 顺控指令应用举例——电动机顺序起动/逆序停止的控制

1）任务分析

设计一个 3 台电动机顺序起动/逆序停止的 PLC 控制系统。其控制要求如下：

3 台电动机在按下起动按钮后，每隔一段时间自动顺序起动，起动完毕后，按下停止按钮，每隔一段时间自动逆顺停止。在起动过程中，如果按下停止按钮，则立即中止起动过程，对已起动运行的电动机，马上进行反方向顺序停止，直到全部结束。起动/停止控制示意图如图 2.53 所示。

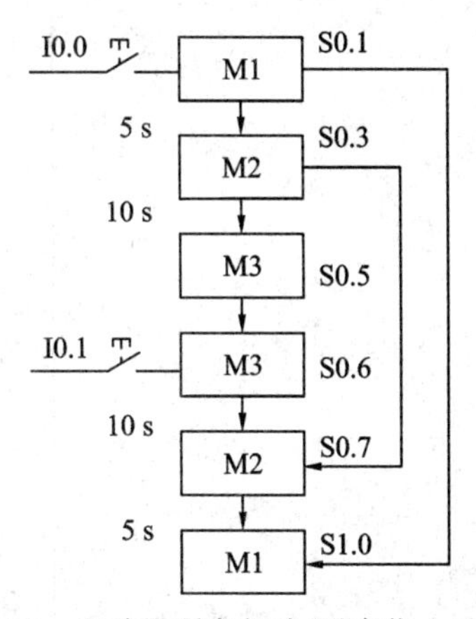

图 2.53　电动机顺序起动/逆序停止示意图

2）任务实施

（1）I/O 分配。电动机顺序起动/逆序停止的 PLC 控制中，有 2 个输入控制元件，有 3 个输出元件。系统的输入/输出元件的地址分配如表 2.5 所示。

表 2.5　电动机顺序起动/逆序停止 PLC 控制的 I/O 分配表

输　入			输　出		
输入元件	作用	输入继电器	输出元件	作用	输出继电器
SB1	起动按钮	I0.0	KM1	控制电机 M1 运行停止	Q0.0
SB2	停止按钮	I0.1	KM2	控制电机 M2 运行停止	Q0.1
			KM3	控制电机 M3 运行停止	Q0.2

（2）硬件接线。PLC 输入/输出接线如图 2.54 所示。

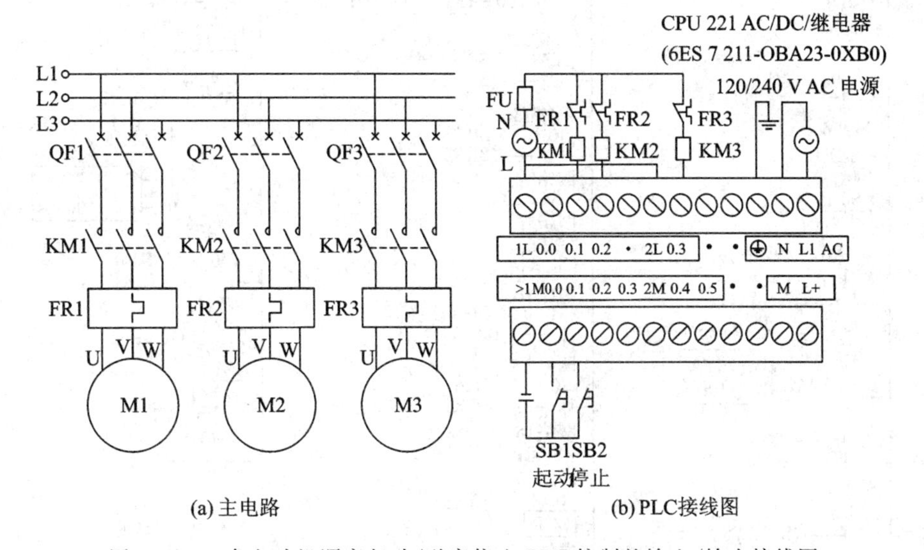

图 2.54　3 台电动机顺序起动/逆序停止 PLC 控制的输入/输出接线图

（3）编程。根据 3 台电动机的控制要求，采用顺序功能图法编写状态转移图程序，如图 2.55 所示。

根据状态转移图编写梯形图程序，如图 2.56 所示。

（4）调试。按照输入/输出接线图接好外部各线，输入程序，运行调试，观察结果。

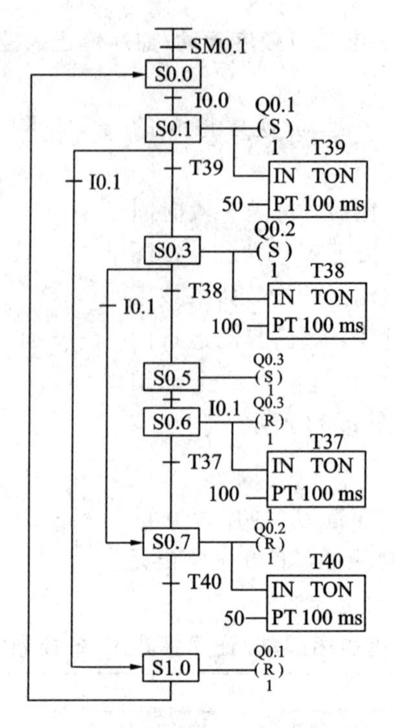

图 2.55　3 台电动机顺序起动/逆序停止 PLC 控制的顺序功能图

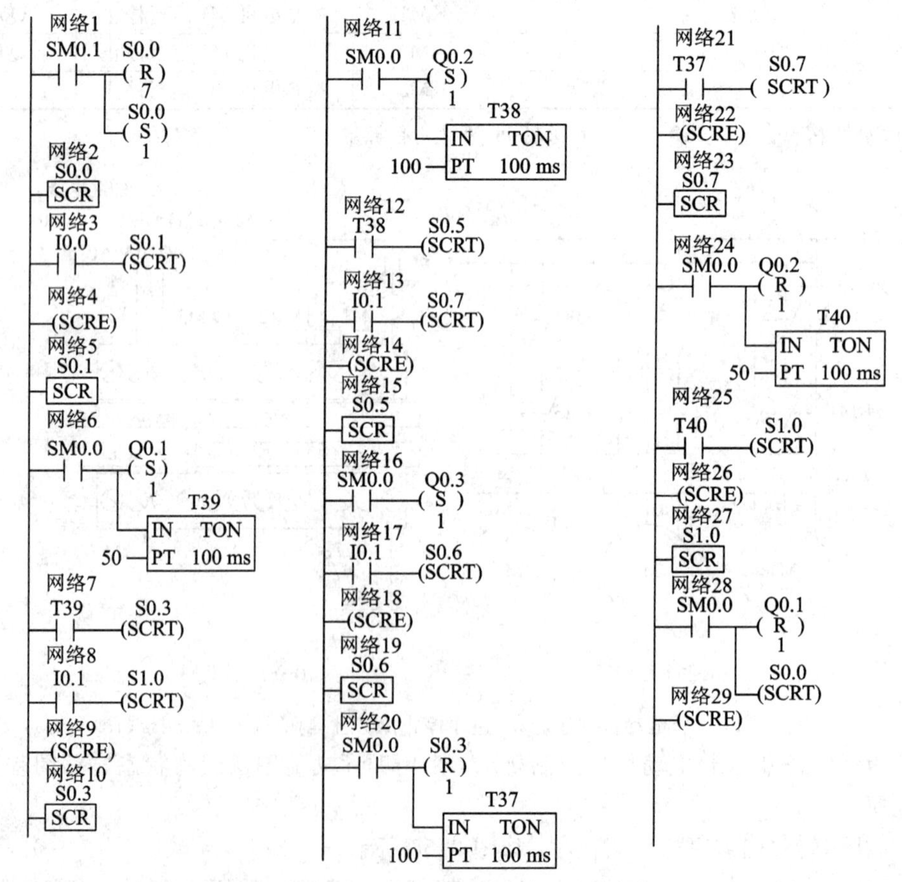

图 2.56　3 台电动机顺序起动/逆序停止 PLC 控制的梯形图

2.4.3　S7-200 PLC的功能指令简介

PLC的基本指令主要用于逻辑功能处理，顺控指令用于顺序逻辑控制系统。但在工业自动化控制领域中，许多场合需要进行数据运算和特殊处理。因此，现代PLC中引入了功能指令(或称为应用指令)。本节主要介绍西门子S7-200 PLC功能指令的表示方法和使用要素，以及常用功能指令及简单应用。

1. 功能指令说明

1）功能指令的分类

S7-200功能类指令依据其功能大体可分为数据处理类、程序控制类、特种功能类和外部设备类等类型。数据处理类指令的功能主要包括数据传送、数据转换、比较、循环移位、移位和算术与逻辑运算等，用于数据的各种运算；程序控制类指令主要包括子程序、中断、跳转以及循环等指令，主要用于程序结构和流程的控制；特种功能类指令主要包括时钟、高速计数、脉冲输出、表功能和PID调节等指令，用于实现某些特殊的专用功能；外部设备类指令主要包括输入/输出口指令和通信指令等，用于主机内外设备之间的数据交换。

2）功能指令的表达形式

功能指令和基本指令相类似，也具有梯形图和语句表等表达方式。由于功能指令主要是完成指令的功能，不表达梯形图符号间的相互关系，因此功能指令的梯形图符号多为功能框。一般的功能指令数据处理远比逻辑处理复杂得多，而且涉及的器件种类及数据量较多。现介绍功能指令的表达形式及使用要素。

助记符：如MOV、ADD等。

数据类型：B(字节)，W(字)，I(整数)，DW(双字)，DI(双整数)，R(实数)。

① 字节型包括VB、IB、QB、MB、SB、SMB、LB、AC、*VD、*LD、*AC和常数。

② 字型及INT型包括VW、IW、QW、MW、SW、SMW、LW、AC、T、C、*VD、*LD、*AC和常数。

③ 双字型及DINT型包括VD、ID、QD、MD、SD、SMD、LD、AC、*VD、*LD、*AC和常数。

④ 字符型字节包括VB、LB、*VD、*LD和*AC。

操作数类型：IN(源)、OUT(目标)、N(辅助)等。操作数分输入操作数(IN)和输出操作数(OUT)，输出操作数一般不包括常数和元件I。有些指令中还有辅助操作数，常用于对源操作数和目的操作数做补充说明。

指令的执行条件和及执行形式：指令功能框中“EN”表示的输入为指令执行条件，只要有能流进入EN端，则指令就执行。在梯形图中，EN端常连接各类触点的组合，只要这些触点的动作使能流到达EN端，指令就会执行。需要注意的是：只要指令执行条件存在，该指令会在每个扫描周期执行一次，称为连续执行。但大多数情况下，只需要指令执行一次，即执行条件只在一个扫描周期内有效，这时需要用一个扫描周期的脉冲作为其执行条件，称为脉冲执行。一个扫描周期的脉冲可以使用正负跳变指令或定时器指令实现。

指令功能及ENO状态：每条指令都有其自身的功能，使用前需要认真了解。某些指令的指令功能框右侧设有“ENO”使能输出，它是LAD及FBD功能框的布尔输出。若使能输入 EN 端有能流且指令被正常执行，则 ENO 端会将能流输出，传送到下一个程序单元。如果指令运行出错，ENO 端状态为 0。

指令执行结果对特殊标志位的影响：为更好地了解 PLC 内部的运行情况，为控制和故障诊断提供方便，PLC 中设置了很多特殊标志位，如溢出位、负值位等。

2. 常用功能指令

1）传送指令

数据传送指令用于各个编程元件之间的数据传送。根据每次传送数据的多少可分为单一传送和块传送指令。单一数据传送指令每次传送一个数据，按传送数据类型分为字节传送、字传送、双字传送和实数传送。

传送指令(见表 2.6 和图 2.57)将输入的数据传送到输出 OUT 指定的输出地址，传送过程不改变数据的原始值。

表 2.6　传送指令

梯形图	语句表	描述	梯形图	语句表	描述
MOV_B	MOVB　IN，OUT	传送字节	MOV_BIW	BIW　IN，OUT	字节立即写
MOV_W	MOVW　IN，OUT	传送字	BLKMOV_B	BMB　IN，OUT，N	传送字节块
MOV_DW	MOVD　IN，OUT	传送双字	BLKMOV_W	BMW　IN，OUT，N	传送字块
MOV_R	MOVR　IN，OUT	传送实数	BLKMOV_D	BMD　IN，OUT，N	传送双字块
MOV_BIR	BIR　IN，OUT	字节立即读	SWAP	SWAP　IN	字节交换

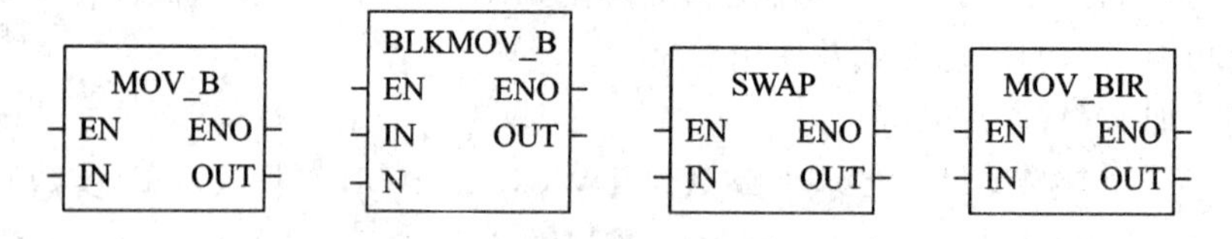

图 2.57　数据传送指令梯形图

下面举例说明传送指令的应用。应用时，一定要注意数据类型的对应。

［例 2.1］　将 VB100、VW102、VD104、VD108 中存储的数据分别送到 VB200、VW202、VD204、VD208 中。

［解］　以上数据传送的梯形图程序如图 2.58 所示。

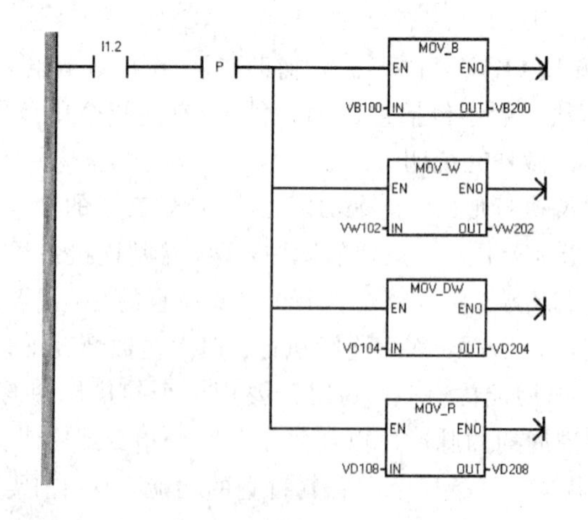

图 2.58　传送指令应用的梯形图

2）比较指令

比较指令是将两个数值或字符串按指定条件进行比较，条件成立时，触点就闭合，否则断开。比较指令实际上也是一种位指令，在实际应用中，比较指令为上、下限控制以及数值条件的判断提供了方便。

比较指令的类型有字节比较、整数比较、双字整数比较、实数比较和字符串比较。

数值比较指令的运算符有＝、＞、＞＝、＜、＜＝和＜＞6种，而字符串比较指令只有＝和＜＞两种。

比较指令的应用如图2.59所示，应用时，一定要注意数据类型的对应。

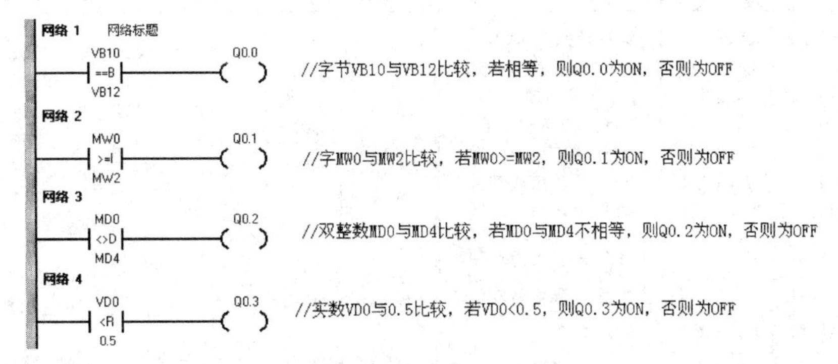

图2.59　比较指令的用法

3）运算指令

PLC除了具有极强的逻辑功能外，还具备较强的运算功能。在使用算术运算指令时，要注意存储单元的分配。在使用梯形图编程时，IN1、IN2和OUT可以使用不一样的存储单元，这样编写的程序比较清晰易懂。常用运算指令主要有加法指令、减法指令、乘法指令、除法指令、加1指令和减1指令等。每种指令又可以根据数据类型不同，而有整数、双整数和实数运算指令。

［例2.2］　试编程序实现算式 $Y=\dfrac{X+50}{3}\times 2$ 的算法。

［解］　式中，X 是从IB0送入的二进制数，计算出的 Y 值以二进制数的形式从QB0输出显示。程序如图2.60所示。

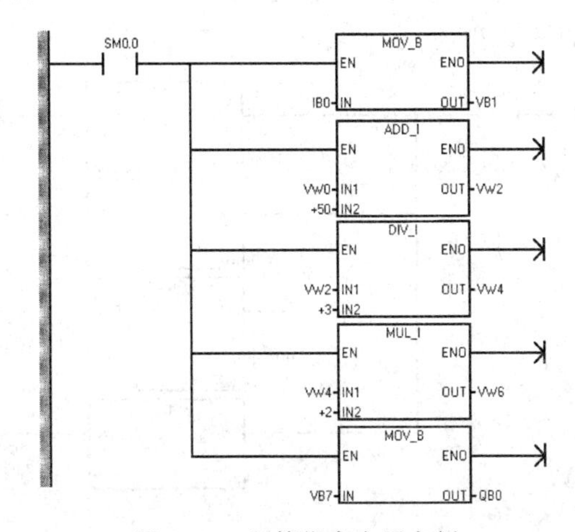

图2.60　运算指令应用实例

4）数字转换指令

表 2.7 中的前 7 条指令属于数字转换指令，包括字节(B)与整数(I)之间(数值范围为 0～255)、整数与双整数(DI)之间、BCD 码与整数之间的转换指令，以及双整数转换为实数(R)的指令。BCD 码的允许范围为 0～9999，如果转换后的数超出输出的允许范围，溢出标志 SM1.1 将被置为 1。整数转换为双整数时，有符号数的符号位被扩展到高字。字节是无符号的，转换为整数时没有扩展符号位的问题。图 2.61 给出了梯形图中的部分数字转换指令。

表 2.7　数字转换指令

梯形图	语句表		描述	梯形图	语句表		描述
LBCD	IBCD	OUT	整数转换成 BCD 码	I_S	ITS	IN, OUT, FMT	整数→字符串
BCD_I	BCDI	OUT	BCD 码转换成整数	DI_S	DTS	IN, OUT, FMT	双整数→字符串
B_I	BT1	IN, OUT	字节转换成整数	R_S	RTS	IN, OUT, FMT	实数→字符串
I_B	ITB	IN, OUT	整数转换成字节	S_I	STI	IN, INDX, OUT	子字符串→整数
L_DI	ITD	IN, OUT	整数转换成双整数	S_DI	STD	IN, INDX, OUT	子字符串→双整码
DI_I	DTI	IN, OUT	双整数转换成整数	S_R	STR	IN, INDX, OUT	子字符串→实数
DI_R	DTR	IN, OUT	双整数转换成实数				
ROUND	ROUND	IN, OUT	实数四舍五入为双整数	ATH	ATH	IN, OUT, LEN	ASCII 码→16 进制数
TRUNC	TRUNC	IN, OUT	实数截位取整为双整数	HTA	HTA	IN, OUT, LEN	16 进制数→ASCII 码
SEG	SEG	IN, OUT	7 段译码	ITA	ITA	IN, OUT, FMT	整数→ASCII 码
DECO	DECO	IN, OUT	译码	DTA	DTA	IN, OUT, FMT	双整数→ASCII 码
ENCO	ENCO	IN, OUT	编码	RTA	RTA	IN, OUT, FMT	实数→ASCII 码
						IN, OUT, FMT	

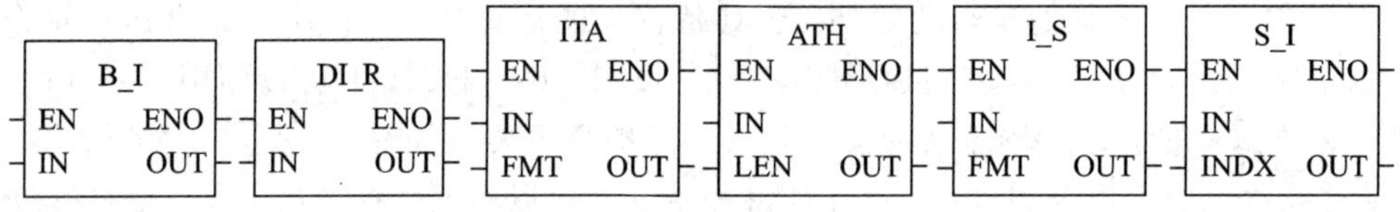

图 2.61　部分数字转换指令

实数转换为双整数有两条指令。指令 ROUND 将实数(IN)四舍五入后转换成双整数，如果小数部分≥0.5，整数部分加 1。截位取整指令 TRUNC 将 m 位整数的实数(IN)转换成 m 位带符号整数，小数部分被舍去。

如果转换后的数超出双整数的允许范围，溢出标志 SM1.1 被置为 1。

转换指令编程举例如图 2.62 所示。

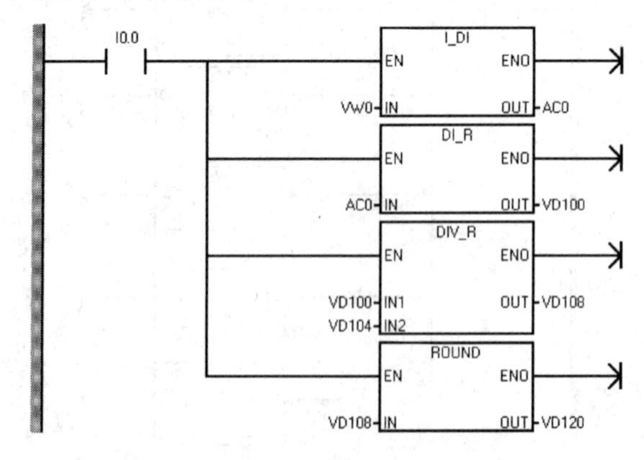

图 2.62　转换指令编程举例

5）移位和循环移位指令

移位指令对数值的每一位进行左移或右移，从而实现数值变换。

循环移位指令是将循环数据存储单元的移出端与另一端相连，最后被移出的位被移动到另一端，同时移出端又与溢出位 SM1.1 相连，所以移出位也进入 SM1.1，它始终存放最后一次被移出的位值。

右移位(SHR_)指令把输入端 IN 指定的数据右移 *N* 位，结果存入 OUT 单元。左移位指令(SHL_)把输入端 IN 指定的数据左移 *N* 位，结果存入 OUT 单元。

循环右移指令(ROR_)把输入端 IN 指定的数据循环右移 *N* 位，结果存入 OUT 单元。循环左移指令(ROL_)把输入端 IN 指定的数据循环左移 *N* 位，结果存入 OUT 单元。

移位和循环移位指令编程举例如图 2.63 所示。

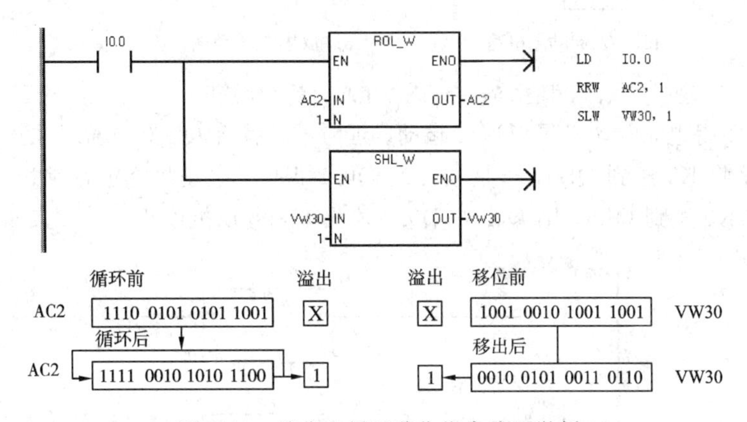

图 2.63　移位和循环移位指令编程举例

3. 功能指令应用举例——电动机的 Y/△降压起动控制

1）任务分析

用 PLC 功能指令实现电动机 Y/△起动的控制系统，其控制要求如下：

(1) 按下起动按钮，KM2(Y 运行接触器)、KM1(主接触器)先闭合，形成 Y 形起动；6 s 后 KM1、KM2 断开，KM3(△运行接触器)闭合，再过 1 s 后 KM1 闭合，形成△形运行。

(2) 具有热保护和停止功能。

2）任务实施

(1) I/O 分配。根据控制要求，需要 3 个输入和 3 个输出，其 I/O 分配如表 2.8 所示。

表 2.8　Y/△降压起动 I/O 分配表

输　入			输　出		
输入元件	作用	输入继电器	输出元件	作用	输出继电器
SB2	起动按钮	I0.0	KM1	主电源接触器	Q0.0
SB1	停止按钮	I0.1	KM2	Y 运行接触器	Q0.1
FR	热继电器保护	I0.2	KM3	△运行接触器	Q0.2

(2) 硬件接线。硬件接线图如图 2.64 所示。

(3) 程序编制。图 2.65 所示为用 MOV 指令编写的电动机 Y/△降压起动梯形图程序。图中 I0.0 对应的为起动按钮，I0.1 对应的为停止按钮。当 I0.0 闭合时，将 K3 送到 QB0，

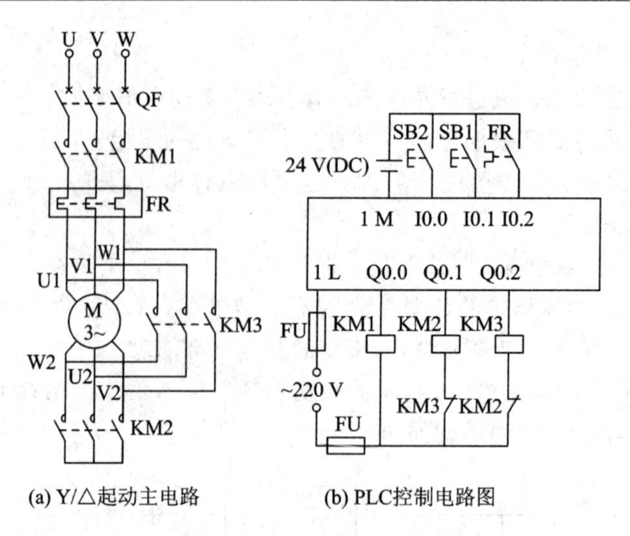

(a) Y/△起动主电路　　(b) PLC控制电路图

图 2.64　Y/△降压起动系统接线图

则 Q0.0、Q0.1 得电，电动机星形连接起动。延时 6 s 后将 Q0.0、Q0.1 复位，接通 Q0.2 后再延时 1 s，将 K5 送到 QB0，于是 Q0.0、Q0.2 得电，电动机△形正常运行。使 I0.1 或 I0.2 闭合，将 K0 送到 QB0，则 Q0.0、Q0.2 均失电，电动机停止。

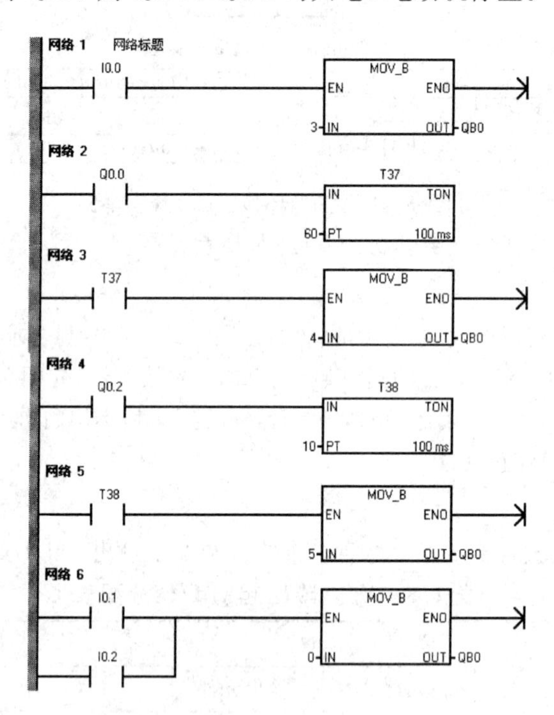

图 2.65　Y/△降压起动梯形图

（4）系统调试。

• 程序输入。按图 2.65 所示输入程序。

• 静态调试。按图 2.64 所示连接好输入线路，运行程序观察输出指示灯动作情况。如果不正确则检查程序，直到正确为止。

• 动态调试。按图 2.64 正确连接输出线路，运行程序观察接触器动作情况。如果不正确，则检查输出线路连接及 I/O 接口。

- 其他测试。测试过程表现、安全生产、相关提问等。

2.4.4　直流电动机的 PLC 控制

下面以直流电动机正反转、调速及能耗制动控制为实例进行详细介绍。

改变电枢电压极性进行直流电动机正反转控制，其控制电路如图 2.66 所示。电路中的电阻 R_1 和 R_2 用于限流起动，同时兼作调速用。

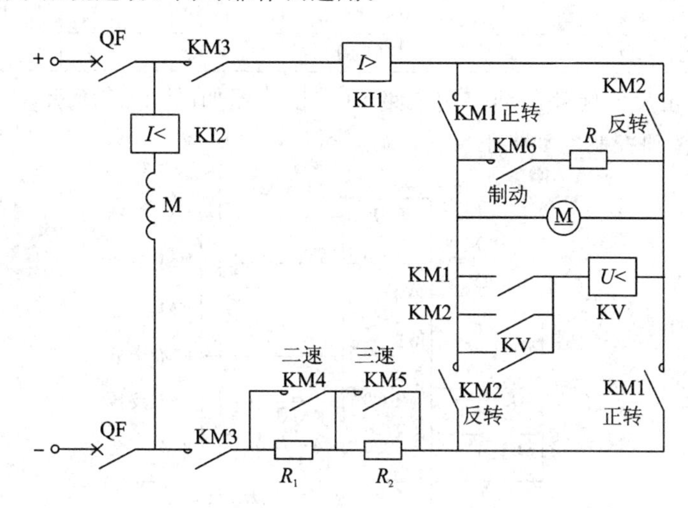

图 2.66　直流电动机正反转、调速及能耗制动控制电路

1. 输入/输出元件及控制功能

表 2.9 所示为该实例中用到的输入/输出元件及控制功能。

表 2.9　输入/输出元件及控制功能

	PLC 软元件	元件文字符号	元件名称	控制功能
输入	I0.1	SB1	正转按钮	电动机正转、调速及停止
	I0.2	SB2	反转按钮	电动机反转、调速及停止
	I0.3	KI1	过电流继电器	过电流保护
		KI2	欠电流继电器	失磁保护
	I0.4	KV	欠电压继电器	能耗制动(转速检测)
输出	Q0.0	KM1	接触器 1	电动机电枢绕组正接
	Q0.1	KM2	接触器 2	电动机电枢绕组反接
	Q0.2	KM3	接触器 3	电动机电枢绕组电源
	Q0.3	KM4	接触器 4	二速(短接 R_1)
	Q0.4	KM5	接触器 5	三速(短接 R_2)
	Q0.5	KM6	接触器 6	能耗制动(连接 R)

2. 电路设计

电动机有 7 种状态：停止、正转一速、正转二速、正转三速、反转一速、反转二速、反转三速。将三速、二速、反转、正转分别用 M0、M1、M2 和 M3 表示，电动机的 7 种状态可用 7 位十六进制数表示，如表 2.10 所示。例如，正转一速时可表示为 MB0＝1000(H8)。

表 2.10　正反转数据

转速		正转			停止	反转			停止
		高速	中速	低速		低速	中速	高速	
数据(H)		B	A	8	0	4	6	7	0
高速	M0	1	0	0	0	0	0	1	0
中速	M1	1	1	0	0	0	1	1	0
反转	M2	0	0	0	0	1	1	1	0
正转	M3	1	1	1	0	0	0	0	0

直流电动机正反转能耗制动控制电路 PLC 接线图如图 2.67 所示，梯形图如图 2.68 所示。利用两个按钮控制电动机正反转、调速和停止。

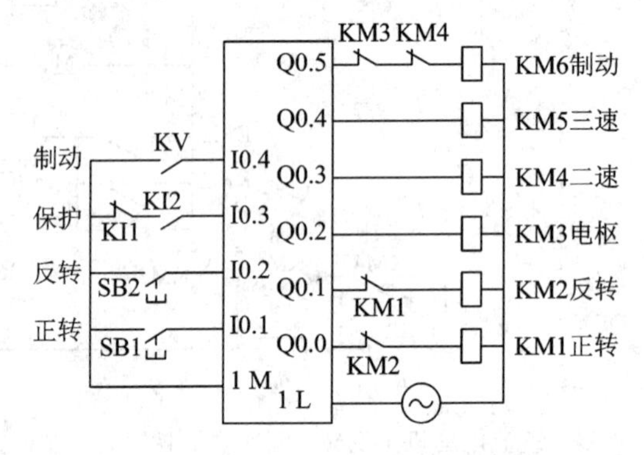

图 2.67　直流电动机正反转、调速及能耗制动控制电路 PLC 接线图

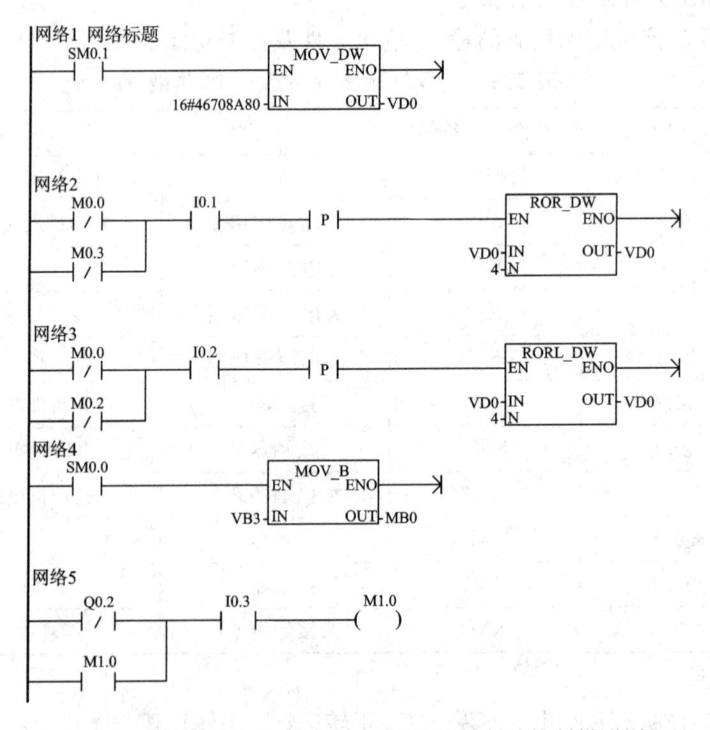

图 2.68　直流电动机正反转、调速及能耗制动控制梯形图

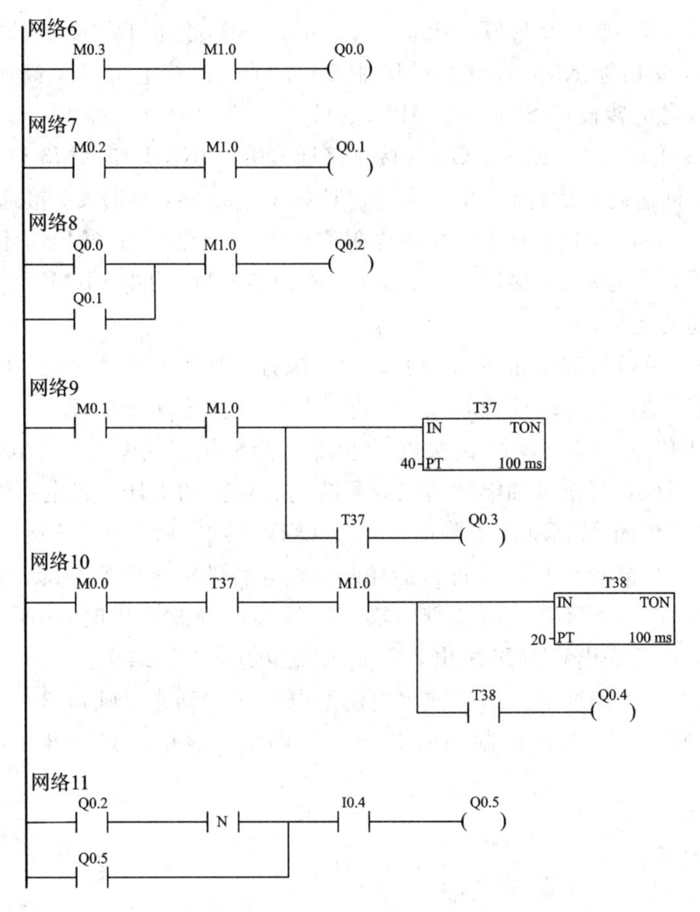

图 2.68　直流电动机正反转、调速及能耗制动控制梯形图(续)

3. 控制原理

电动机起动前，合上电源断路器 QF，励磁绕组得电，欠电流继电器 KI2 动作，KI2 常开接点闭合，I0.3=1，M1.0 线圈得电并自锁。

PLC 运行时，将 7 位十六进制数再加一位 0，补足的 8 位十六进制数 H4670BA80 传送到 32 位数据寄存器 VD0 中，初始状态 VD0=0。

按下正转按钮 SB1，I0.1=1，执行一次循环右移指令 RRD VD0，4，右移 4 位，相当于右移 1 位十六进制数，这时 VD0 的低 4 位为十六进制数 H8，将 VB3 的低 4 位传送到 MB0 中，MB0(的低 4 位)=1000(H8)，即 M0.3=1，Q0.0 线圈得电，接触器 KM1 得电，KM1 主接点闭合，Q0.2 线圈得电，接触器 KM3 得电，KM3 主接点闭合，电枢绕组串联电阻 R_1、R_2，低速起动运行。KM1 接点闭合，使欠电压继电器 KV 得电自锁，KV 接点闭合，I0.4=1，梯形图中常开接点 I0.4 闭合，为能耗制动做好准备。

再按一次正转按钮 SB1，I0.1=1，再执行一次循环右移指令 RRD VD0，4，右移 4 位，这时，VD0 的低 4 位为十六进制数 HA，MB0(的低 4 位)=1010B，M0.3=1，M0.1=1，Q0.0 和定时器 T37 线圈得电，延时 4 s 接通 Q0.3 线圈，接触器 KM4 得电，KM4 主接点闭合，短接电阻 R_1，中速起动运行。

第三次按正转按钮 SB1，再右移 4 位，这时，VD0 的低 4 位为十六进制数 HB，MB0

(的低4位)=1011B，即M0.3=1、M0.1=1、M0.0=1，定时器T38线圈得电，延时2 s接通Q0.4线圈，接触器KM5得电，KM5主接点闭合，短接电阻R_2，高速起动运行。

如果连按三次正转按钮SB1，则MB0(的低4位)=1011B，即M0.3=1、M0.1=1、M0.0=1，M0.3接通Q0.0线圈，Q0.0接点接通Q0.2，KM1和KM3得电，电枢绕组串联电阻R_1、R_2，低速起动运行。M0.1接通定时器T37线圈，延时4 s接通Q0.3线圈，接触器KM4得电，KM4主接点闭合，短接电阻R_1，中速起动运行。M0.0和T37接点接通定时器T38线圈，再延时2 s接通Q0.4线圈，接触器KM5得电，KM5主接点闭合，短接电阻R_2，高速起动运行。

如果要减速，可按反转按钮SB2，I0.2=1，执行一次循环左移指令RLD VD0，4，左移4位，电动机减速。若连续按反转按钮，电动机转速从三速→二速→一速→停止。停止时，MB0(的低4位)=0000B，Q0.2失电，Q0.2下降沿接点使Q0.5得电自锁，电枢绕组失去电源，由于惯性，电动机轴继续转动，两端仍有较高的电压，欠电压继电器KV线圈仍吸合，I0.4接点仍闭合，Q0.2下降沿接点使Q0.5得电自锁，KM6得电，KM6常开接点闭合，电枢绕组并接制动电阻R进行能耗制动，电动机转速迅速下降。电枢绕组两端的电压迅速下降。当电压下降到欠电压继电器KV线圈的释放电压时，KV线圈释放，I0.4常开接点断开，Q0.5失电，KM6失电，KM6接点断开，制动结束。

运行时，如果过电流继电器KI1或欠电流继电器KI2动作，则I0.3=0，梯形图中I0.3常开接点断开，M1.0线圈及控制的常开触点均断电，电枢绕组失电，Q0.5得电进行制动。

思考与练习

试用基本指令、步进指令和应用指令完成十字路口交通灯的控制，题目自拟。

单元三　交流电动机的控制

电动机自动控制方式大致可分为断续控制、连续控制和数字控制 3 种。在断续控制方式中，控制系统处理的信号为断续变化的开关量，如异步电动机的继电—接触器控制系统。在连续控制方式中，控制系统处理的信号为连续变化的模拟量，如某些设备的直流电动机调速系统。在数字控制方式中，控制系统处理的信号为离散的数字量，如机床的数控系统。

本单元主要介绍交流异步电动机及其继电—接触器控制系统，同时介绍了 PLC 的应用。

任务一　交流异步电动机

任务要求

(1) 了解三相异步电动机的结构和工作原理。

(2) 熟悉三相异步电动机的特性。

(3) 掌握三相异步电动机的起动、反转及调速的原理。

(4) 了解单相异步电动机的原理、特性与使用。

3.1.1　三相异步电动机的结构与工作原理

三相异步电动机结构简单、运行可靠、价格低廉、维修方便，在工业中获得广泛应用。

1. 三相异步电动机的基本结构

三相异步电动机由定子和转子两个基本部分组成，如图 3.1 所示。定子铁芯为圆桶形，由互相绝缘的硅钢片叠成，铁芯内圆表面的槽中放置着对称的三相绕组 U1U2、V1V2、W1W2。转子铁芯为圆柱形，也用硅钢片叠成，表面的槽中有转子绕组。转子绕组有笼型和绕线型两种。笼型的转子绕组做成笼状，在转子铁芯的槽中放入铜条，其两端用环连接。也可以在槽中浇铸铝液，铸成一笼型。绕线型的转子绕组同定子绕组一样，也是三相，每相终端连在一起，始端通过滑环、电刷与外部电路相连。

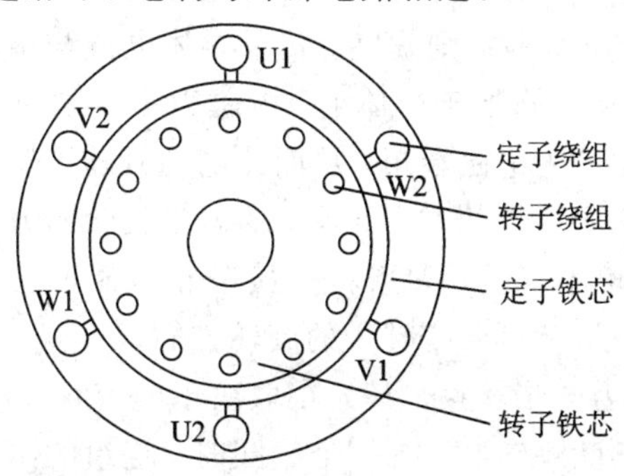

图 3.1　三相异步电动机结构原理图

2. 异步电动机的工作原理

笼型与绕线型转子绕组只是结构不同，它们的工作原理是一样的。电动机定子三相绕组UlU2、V1V2、W1W2可以连接成星形也可以连接成三角形，如图3.2所示。

假设将定子绕组连接成星形，并接在三相电源上，绕组中便通入三相对称电流，则

$$\left.\begin{aligned} i_U &= I_m \sin\omega t \\ i_V &= I_m \sin(\omega t - 120°) \\ i_W &= I_m (\sin\omega t + 120°) \end{aligned}\right\} \tag{3.1}$$

其波形如图3.3所示。

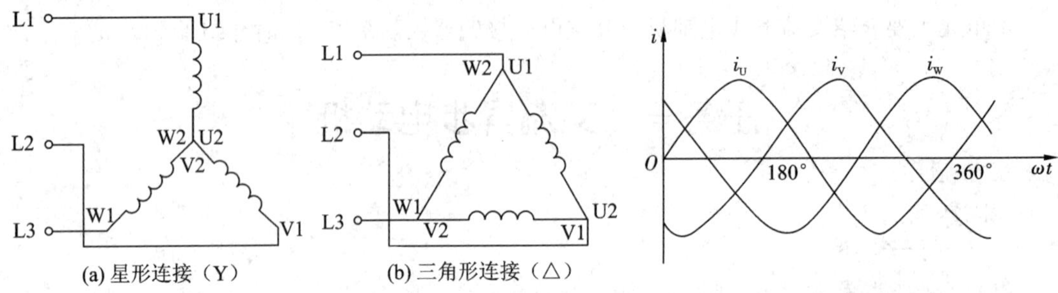

图3.2 定子三相绕组的连接　　图3.3 三相电流波形

三相电流共同产生的合成磁场将随着电流的交变而在空间不断地旋转，即形成所谓的旋转磁场，如图3.4所示。

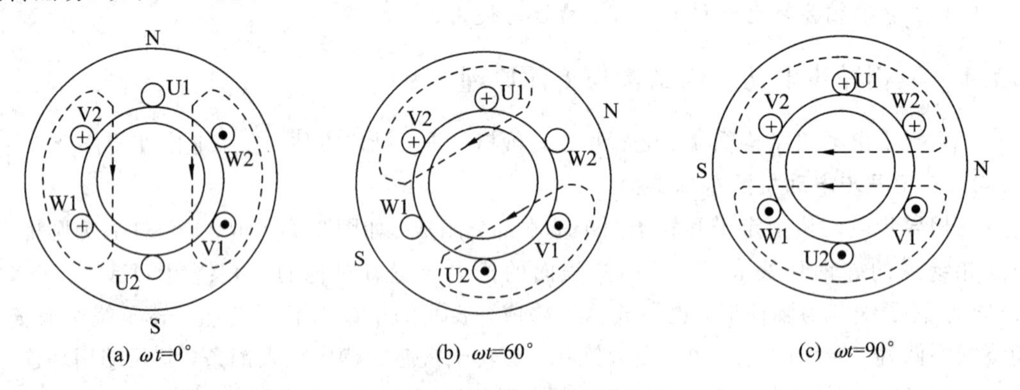

图3.4 三相电流产生旋转磁场

旋转磁场切割转子导体，便在其中感应出电动势和电流，如图3.5所示，电动势的方向可由右手定则确定。转子导体电流与旋转磁场相互作用便产生电磁力F施加于导体上。电磁力F的方向可由左手定则确定。由电磁力产生电磁转矩，从而使电动机转子转动起来。转子转动的方向与磁场旋转的方向相同，而磁场旋转的方向与通入绕组的三相电流的相序有关。如果将连接三相电源的三相绕组端子中的任意两相对调，就可改变转子的旋转方向。

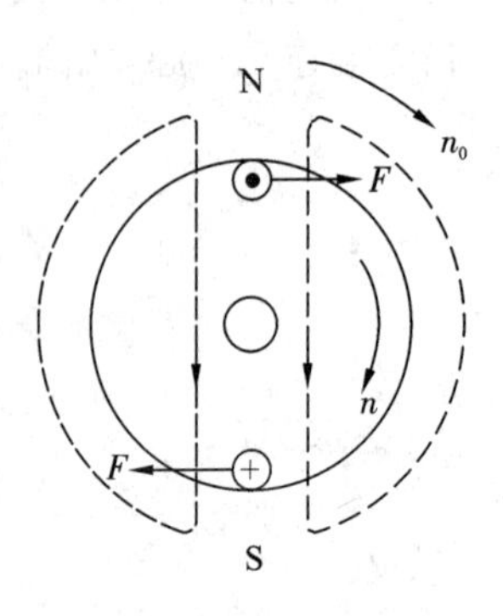

图3.5 转子转动原理图

旋转磁场的转速n_0称为同步转速，其大小取决于电流频率f_1和磁场的极对数p。当定子每相绕组只有一个线圈时，绕组的始端

之间相差120°空间角，如图3.4所示，则产生的旋转磁场具有一对极，即 $p=1$。当电流交变一次时，磁场在空间旋转一周，旋转磁场的(每分钟)转速 $n_0=60f_1$。若每相绕组有两个线圈串联，绕组的始端相差60°空间角，则产生两对极，即 $p=2$。电流交变一次时，磁场在空间旋转半周，即(每分钟)转速 $n_0=\frac{60f_1}{2}$。依此类推，可得

$$n_0=\frac{60f_1}{p} \tag{3.2}$$

式中 n_0 的单位为r/min。

在我国，工频(工业上用的交流电源的频率) $f_1=50$ Hz，电动机常见极对数 $p=1\sim4$。

由工作原理可知，转子的转速 n 必然小于旋转磁场的转速 n_0(即所谓“异步”)。二者相差的程度用转差率 s 来表示

$$s=\frac{n_0-n}{n_0} \tag{3.3}$$

一般异步电动机在额定负载时的转差率约为1%～9%。

3.1.2　三相异步电动机的特性

三相异步电动机的定子绕组和转子绕组之间的电磁关系同变压器类似，其每相电路图如图3.6所示。图中，u_1 为定子相电压，R_1、X_1 为定子每相绕组电阻和漏磁感抗，R_2、X_2 为转子每相绕组电阻和漏磁感抗。

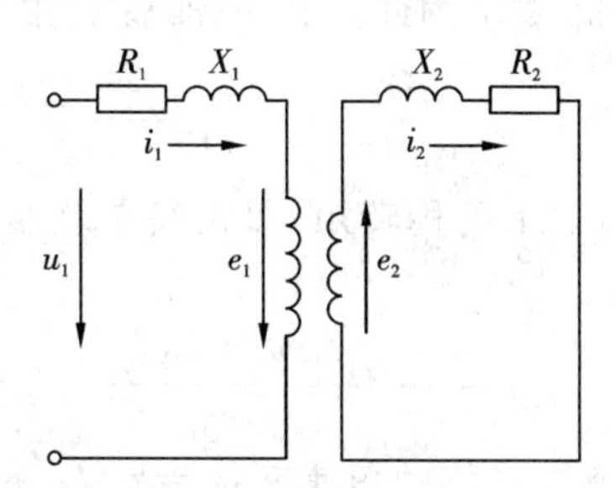

图3.6　三相异步电动机每相电路图

在定子电路中，旋转磁场通过每相绕组的磁通为 $\Phi=\Phi_m\sin\omega t$，其中 Φ_m 是通过每相绕组磁通的最大值。定子每相绕组中由旋转磁通产生的感应电动势为

$$e_1=-N_1\frac{d\Phi}{dt} \tag{3.4}$$

式中 N_1 为定子每相绕组匝数。

感应电动势的有效值为

$$E_1=4.44f_1N_1\Phi \tag{3.5}$$

式中 f_1 是 e_1 的频率。

由于绕组电阻 R_1 和漏磁感抗 X_1 较小，其上电压降与电动势 E_1 比较可忽略不计，因此

$$U_1\approx E_1 \tag{3.6}$$

在转子电路中，旋转磁场在每相绕组中感应出的电动势为

$$e_2=-N_2\frac{d\Phi}{dt} \tag{3.7}$$

式中 N_2为转子每相绕组匝数。

电动势的有效值为

$$E_2=4.44f_2N_2\Phi \tag{3.8}$$

式中 f_2是转子电动势 e_2的频率。

因为旋转磁场和转子间的相对转速为 n_0-n，所以 $f_2=\dfrac{p(n_0-n)}{60}=sf_1$。代入式(3.8)可得

$$E_2=4.44sf_1N_2\Phi \tag{3.9}$$

转子每相绕组漏磁感抗 X_2与转子频率 f_2有关，即

$$X_2=2\pi f_2L_2 \tag{3.10}$$

式中 L_2为转子每相绕组漏磁电感。

$n=0$，即 $s=1$ 时，转子绕组漏磁感抗为

$$X_{20}=2\pi f_1L_2 \tag{3.11}$$

由以上两式可得

$$X_2=sX_{20} \tag{3.12}$$

转子每相绕组的电流为

$$I_2=\frac{E_2}{\sqrt{R_2^2+X_2^2}}=\frac{E_2}{\sqrt{R_2^2+(sX_{20})^2}} \tag{3.13}$$

由于转子绕组存在漏磁感抗 X_2，因此 I_2比 E_2滞后 φ_2角。转子功率因数为

$$\cos\varphi_2=\frac{R_2}{\sqrt{R_2^2+X_2^2}}=\frac{R_2}{\sqrt{R_2^2+(sX_{20})^2}} \tag{3.14}$$

异步电动机的电磁转矩 T(以下简称转矩)可由转子绕组的电磁功率 P_2与转子相对于旋转磁场的角速度 ω_2之比求出，即

$$T=\frac{P_2}{\omega_2}=\frac{m_1E_2I_2\cos\varphi_2}{s\omega_0} \tag{3.15}$$

式中：m_1为定子绕组的相数，旋转磁场的角速度 $\omega_0=2\pi f_1/p$。

综合上面各式可得

$$T=\frac{Km_1pU_1^2R_2s}{2\pi f_1[R_2^2+(sX_{20})^2]} \tag{3.16}$$

式中，比例常数 $K=\left(\dfrac{N_2}{N_1}\right)^2$。

当电动机结构参数固定，电源电压不变时，可得到转矩与转差率的关系曲线 $T=f(s)$，称为电动机的转矩特性曲线，如图 3.7 所示。图中，与转矩最大值 $T_{\max}$对应的转差率 s_c称为临界转差率。可令 $\mathrm{d}T/\mathrm{d}s=0$，求出

$$s_c=\frac{R_2}{X_{20}} \tag{3.17}$$

和

$$T_{\max}=\frac{Km_1pU_1^2}{4\pi f_1X_{20}} \tag{3.18}$$

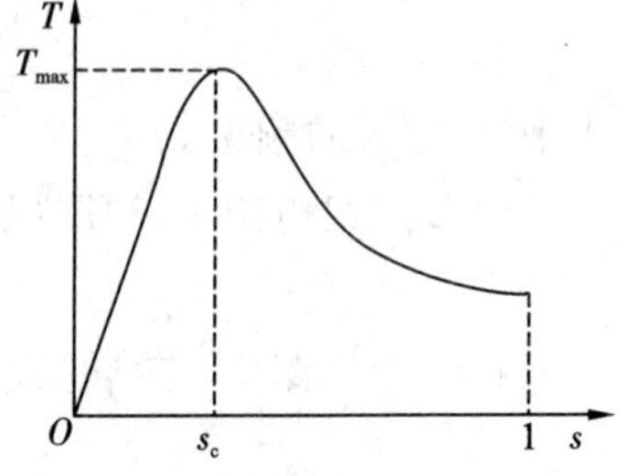

图 3.7 电动机的 $T=f(s)$曲线

1. 固有机械特性

三相异步电动机的固有机械特性是指异步电动机在额定电压和额定频率下，按规定的接线方式接线，定、转子电路外接电阻和电抗为零时的转速 n 与电磁转矩 T 之间的关系。

上面已找到电磁转矩 T 与转差率 s 之间的关系，考虑到 $n=n_0(1-s)$，则用 $n=f(T)$ 表示的异步电动机的机械特性如图 3.8 所示。

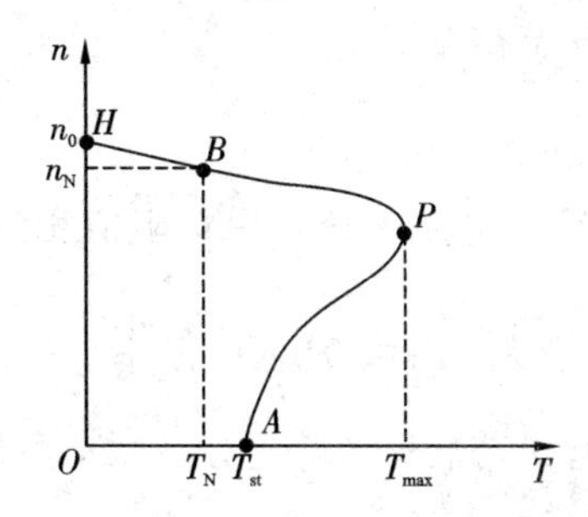

图 3.8　三相异步电动机的固有机械特性

为了描述三相异步电动机机械特性的特点，下面重点介绍几个反映电动机工作的特殊运行点。

(1) 起动点 A。对应这一点的转速 $n=0(s=1)$，电磁转矩 T 为起动转矩 $T_{st}(T=T_{st})$，起动转矩 T_{st}反映异步电动机直接起动时的带负载能力。起动电流 I_{st}为 4～7 倍的额定电流 I_N。

(2) 额定工作点 B。对应于这一点的转速 n_N、电磁转矩 T_N、电流 I_N都是额定值。这是电动机平稳运转时的工作点。

(3) 同步转速点 H。在这一点上，电动机以同步转速 n_0运行($s=0$)，转子的感应电动势为零，$I_2=0$，$T=0$。在这一点电动机不输出转矩，若要以 n_0转速运转，需在外力下克服空载转矩方能实现。该点不但所带负载为零，电动机转子电流也为零，是理想空载点。

(4) 最大电磁转矩点 P。电动机在这一点时能提供最大转矩，这是电动机能提供的极限转矩。这一点也叫临界点，转速为临界转速，转差率为临界转差率。

2. 人为机械特性

在实际应用中，往往需要人为地改变某些参数，以便得到不同的机械特性，这样人为地改变参数后得到的机械特性称为人为机械特性。由式(3.16)可知，电动机的电磁转矩 T 是由某一转速 n 下的电压 U_1 、电源频率 f_1 、定子极对数 p 以及转子电路的参数 R_2、X_{20} 决定的，因此人为改变这些参数就可得到各种不同的机械特性。下面介绍几种常用的人为机械特性。

1) 降低定子电压

由于异步电动机受磁路饱和以及绝缘、温升等因素的限制，因而只有降低定子电压的人为特性。

将 $s=1$ 代入转矩公式，得电动机起动转矩表达式为

$$T_{st}=\frac{Km_1pU_1^2R_2}{2\pi f_1[R_2^2+(X_{20})^2]} \tag{3.19}$$

由上式可见，当其他参数不变只降低电压 U_1时，电动机的最大转矩 T_{max}和起动转矩 T_{st}与 U_1^2成正比地下降。又由 $s_c=\dfrac{R_2}{X_{20}}$可知，临界转差率 s_c与定子电压 U_1无关，且电动机的

同步转速 n_0（$n_0=60\ f_1/p$）也与电压 U_1 无关，因此降低定子电压的人为特性是一组过同步转速点 n_0 的曲线簇，如图 3.9 所示。

值得注意的是，若电压降低过多，使最大转矩 T_{max} 小于负载转矩，则会造成电动机停止运转。另外，因负载转矩不变，电磁转矩也不变，降低电压将使电动机转速降低，转差率增大使得转子电流因转子电动势的增大而增大，从而引起定子电流的增大；若电流超过额定值并长时间运行将使电动机寿命降低。

2）转子电路串接对称电阻

在绕线型异步电动机三相转子电路中分别串接阻值相等的电阻后，由 $s_c=\frac{R_2}{X_{20}}$ 知临界转差率 s_c 随外串电阻 R_s 增大而增大，而由 $T_{max}=\frac{Km_1pU_1{}^2}{2\pi f_1X_{20}}$ 知最大转矩 T_{max} 不随外串电阻而变，又因为电动机的同步转速 n_0 与转子外串电阻无关，所以人为特性是一组过同步转速 n_0 点的曲线簇，如图 3.10 所示。

由 $T_{st}=\frac{Km_1pU_1^2R_2}{2\pi f_1[R_2^2+(X_{20})^2]}$ 可知，起动转矩 T_{st} 随外串电阻的增大而增大。可选择适当电阻 R_s 接入转子电路，使 T_{max} 发生在 $s_c=1$ 的时刻，即最大转矩发生在起动瞬时，以改善电动机的起动性能。但如果再增大电阻，起动转矩反而要减小。这是因为过大的电阻接入将使转子电流下降过多所致。

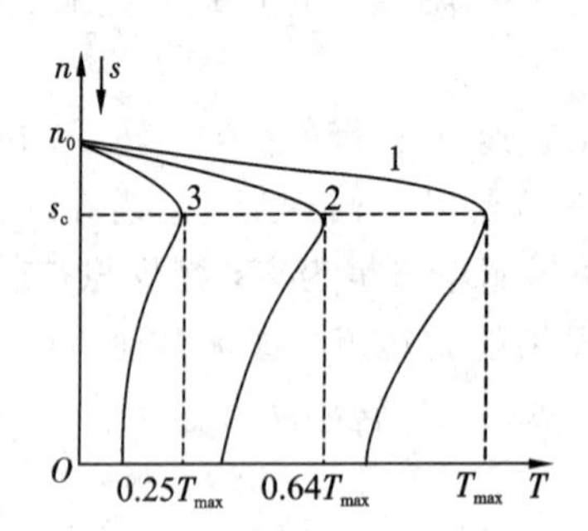

图 3.9　对应于不同电源电压的人为特性

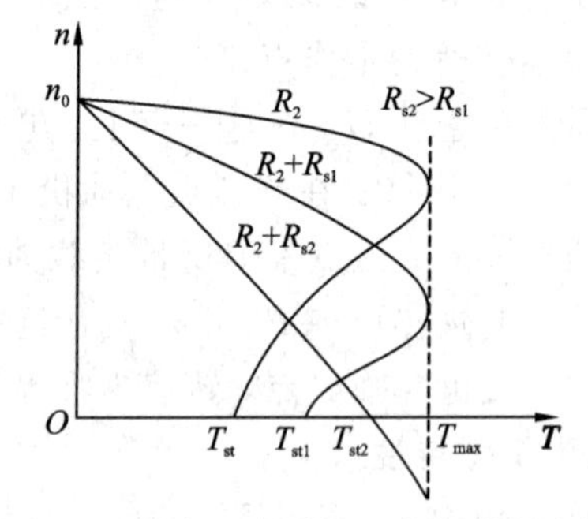

图 3.10　对应于不同转子电阻的人为特性

3）改变定子电源频率

若保持电动机极对数 p 不变，改变电源频率时，同步转速 $n_0=60\ f_1/p$ 将随电源频率而变化。频率越高 n_0 则越大，反之 n_0 则减小。

而由最大转矩和起动转矩公式可知，如果减小 f_1，则最大转矩 T_{max} 和起动转矩 T_{st} 都将随 f_1 减小而增大，临界转差率 s_c 将成反比地增大。不同频率的人为特性如图 3.11 所示。

4）改变极对数

在保持电源频率 f_1 不变的情况下，改变极对数 p，同步转速 $n_0=60\ f_1/p$ 将随 p 的增大而减小。

一个普通三相异步电动机的极对数是固定不变的。但为了满足某些生产机械实现多级变速的要求，专门生产有极对数可变的多速异步电动机。变极多速异步电动机是利用改变绕组的接法来改变电动机的极对数的。下面以常用的双速异步电动机为例加以说明。

双速异步电动机的定子绕组每相均由两个相同的绕组组成，这两个绕组可以并联，也可以串联。串联时极对数是并联时的两倍，如图 3.12 所示。

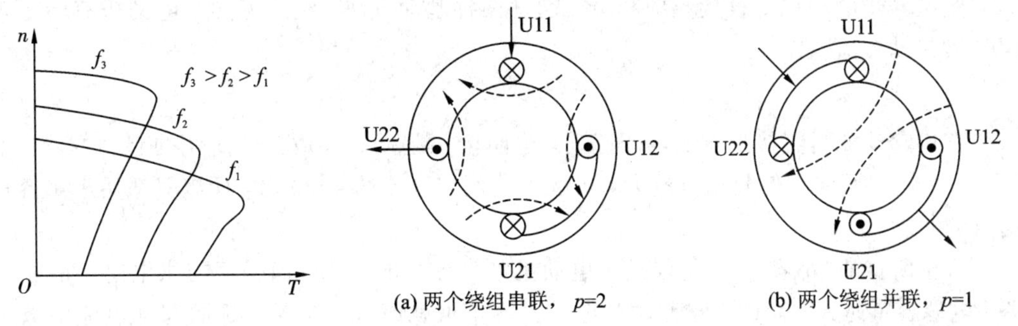

(a) 两个绕组串联，p=2　(b) 两个绕组并联，p=1

图 3.11　改变频率 f_1 的人为特性　　图 3.12　定子绕组极对数的改变

图 3.13 所示为双速异步电动机的 YY/△接法。图 3.13(a)所示为电动机三相绕组呈三角形连接，运行时 1、2、3 接电源，4、5、6 置空不接，电动机低速运行；而当 1、2、3 连接在一起，中间接线端 4、5、6 接电源时，如图 3.13(b)所示，电动机则高速运转。为保证电动机旋转方向不变，从一种接法变为另一种接法时，应改变电源的相序。

当电动机由△变为 YY 接法时，极对数减少一半。相电压 $U_{YY}=\frac{1}{\sqrt{3}}U_{\triangle}$，将该公式代入相关式子中，可得到如下关系式：

$$s_{cYY}=s_{c\triangle}；T_{\max YY}=\frac{1}{6}T_{\max\triangle}；T_{st\,YY}=\frac{1}{6}T_{st\triangle}$$

即电动机的临界转差率不变，而 YY 接法时的最大转矩和起动转矩均为△接法时的 1/6，其机械特性的变化如图 3.14 所示。

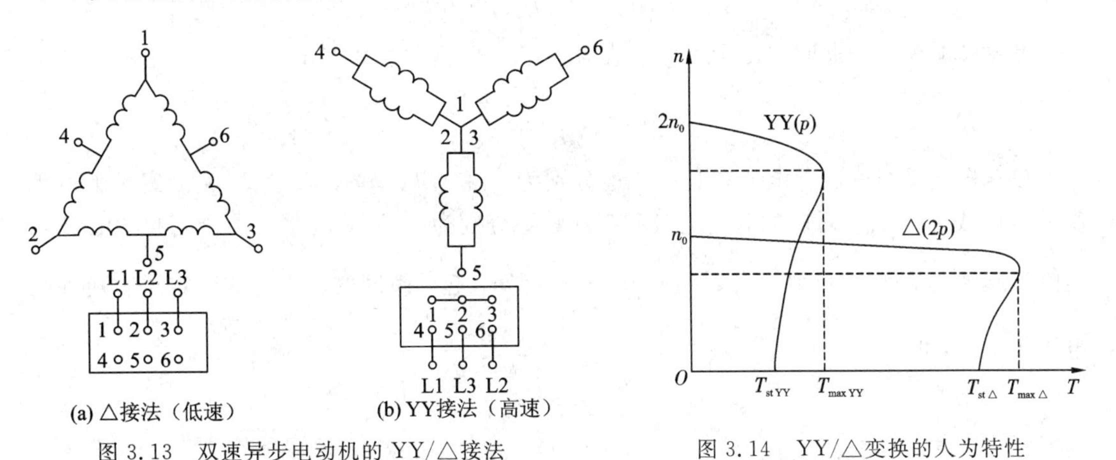

(a) △接法（低速）　(b) YY接法（高速）

图 3.13　双速异步电动机的 YY/△接法　　图 3.14　YY/△变换的人为特性

3.1.3　三相异步电动机的使用

1. 异步电动机的起动

电动机从静止状态一直加速到转速稳定的过程叫起动。最简单的起动方法是将异步电动机直接接到具有额定电压的电网上使它转动起来，但这时起动电流很大。因为这时转差率 $s=1$，转子电动势和转子电流很大，对应的定子电流也必然很大。因而起动的关键在于限制起动电流。

下面分别介绍笼型和绕线型异步电动机的起动方法。

笼型异步电动机有直接起动和降压起动两种起动方法。绕线型异步电动机有转子串电阻分级起动方法。

1）直接起动

直接起动就是直接加额定电压起动，也叫全压起动。这是一种简便的起动方法，不需要复杂的起动设备，但起动电流大，一般可达额定电流的4～7倍，所以只适用于小容量电动机的起动。

这里所指的“小容量”，不仅是指电动机本身容量的大小，而且还与供电电源的容量有关。电源容量越大，允许直接起动的电动机容量也就越大。电源允许的起动电流倍数可用下面的经验公式估算

$$\frac{I_{st}}{I_N} \leqslant \frac{3}{4} + \frac{\text{电源总容量}/(\text{kV}\cdot\text{A})}{4\times\text{电动机容量}/(\text{kW})} \tag{3.20}$$

式中：I_{st}为电源允许的起动电流；I_N为电动机定子额定电流。

只有当电动机的起动电流倍数小于或等于电源允许的起动电流倍数时，才允许采用直接起动的方法。

2）降压起动

为了限制起动电流，可以在定子电路中串联电阻或电抗，用降低每相绕组上电压的方法来限制起动电流，这就是降压起动。下面分析其起动电流和起动转矩。

由异步电动机工作原理可知，异步电动机定子电流近似等于转子电流的折算值，即

$$I_1 \approx \frac{N_2}{N_1} I_2 = \frac{KsU_1}{\sqrt{R_2^2 + (sX_{20})^2}} \tag{3.21}$$

起动瞬时$s=1$，此时的定子起动电流为

$$I_{st} = \frac{KU_1}{\sqrt{R_2^2 + X_{20}^2}} \tag{3.22}$$

设全压起动时的起动电流和起动转矩分别为I_{st}和T_{st}。串入R_{st}或X_{st}后，定子上所承受的电压减小为U_1'，对应的起动电流和起动转矩分别为I_{st}'和T_{st}'。设a为全压起动电流I_{st}与降压起动电流I_{st}'之比值，从$I_{st}=\frac{KU_1}{\sqrt{R_2^2+X_{20}^2}}$可知，起动瞬间的电流与此时定子上所加的电压成正比，即

$$a=\frac{I_{st}}{I_{st}'}=\frac{U_1}{U_1'};\ I_{st}'=\frac{1}{a}I_{st};\ U_1'=\frac{1}{a}U_1 \tag{3.23}$$

又由$T_{st}=\frac{Km_1 pU_1^2R_2}{2\pi f_1[R_2^2+(X_{20})^2]}$可知，起动转矩与定子电压的平方成正比，即

$$\frac{T_{st}}{T_{st}'}=\frac{U_1^2}{U_1'^2}=a^2;\ T_{st}'=\frac{1}{a^2}T_{st} \tag{3.24}$$

从上述可知，降压起动时，起动电流降低到全压起动时的$1/a$，起动转矩降低到全压起动时的$1/a^2$。这表明，降压起动虽然可以减小起动电流，但同时使起动转矩减小得更多，因此串电阻或电抗起动只适用于轻载起动。

对于运行时其定子绕组连接为三角形的异步电动机，可采用星形-三角形(Y/△)换接

的降压起动方法。起动时可先接为星形，这样定子每相绕组电压减为额定电压的 $1/\sqrt{3}$，从而实现了降压起动，等到转速接近额定值时再换成三角形连接。下面分析起动电流和起动转矩。

采用三角形接法直接起动时，每相绕组的相电压 $U_{\triangle}=U_N$，U_N 为电源线电压，相电流 $I_{\triangle}=I_{st}/\sqrt{3}$，$I_{st}$ 为电源线电流。

采用星形接法降压起动时，每相绕组相电压 $U_Y=U_N/\sqrt{3}$，相电流 $I_Y=I'_{st}$。

由于相电流正比于相电压，则有

$$\frac{I_Y}{I_{\triangle}}=\frac{U_Y}{U_{\triangle}}=\frac{1}{\sqrt{3}}$$

所以

$$\frac{I'_{st}}{I_{st}/\sqrt{3}}=\frac{1}{\sqrt{3}};\ \frac{I'_{st}}{I_{st}}=\frac{1}{3} \tag{3.25}$$

两种情况下起动转矩之比为

$$\frac{T'_{st}}{T_{st}}=\frac{U_Y^2}{U_{\triangle}^2}=\frac{(U_N/\sqrt{3})^2}{U_N^2}=\frac{1}{3} \tag{3.26}$$

由上两式可见，用 Y/△降压起动时，起动电流和起动转矩都降为直接起动时的 1/3。所以也只适用于轻载起动。

3）绕线型电动机转子串电阻起动

绕线型电动机转子串电阻分级起动，既可增大起动转矩，又可限制起动电流，可实现大中容量电动机重载起动。

图 3.15 所示为绕线型三相异步电动机转子串对称电阻分级起动的接线图以及相应的机械特性。

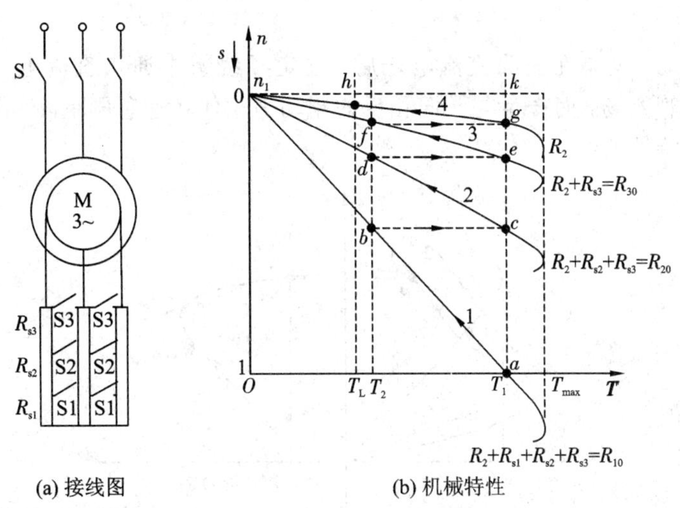

图 3.15　三相绕线型异步电动机转子串电阻分级起动

由前所述人为机械特性可知，转子串电阻可提高电动机起动转矩，绕线型异步电动机正是利用了这一点。当起动时，在转子电路中接入起动电阻 R_s，以提高起动转矩，同时也限制了起动电流。起动电阻分成 n 段，在起动过程中逐步切换。在图 3.15 中，曲线 1 对应于转子电阻$R_{10}=R_2+R_{s1}+R_{s2}+R_{s3}$的人为特性；曲线2对应于转子电阻为$R_{20}=R_2+R_{s2}+R_{s3}$的人为特性；曲线3对应于电阻$R_{30}=R_2+R_{s3}$；曲线4为固有机械特性。

开始起动时，$n=0$，全部电阻接入。这时的起动电阻为R_{10}，随转速上升，转速沿曲线1变化，转矩T逐渐减小，当减到T_2时，接触器触点S1闭合，R_{s1}被切除，电动机的运行点由曲线1(b点)跳变到曲线2(c点)，转矩由T_2跃升为T_1；电动机的转速和转矩又沿曲线2变化，待转矩又减到T_2时，触点S2闭合，电阻R_{s2}被切除，电动机运行点由曲线2(d点)跳变到曲线3(e点)。电动机的转速和转矩又沿着曲线3变化，最后S3闭合，起动电阻全部切除，电动机转子绕组直接短路，电动机运行点沿固有特性变化，直到电磁转矩T与负载转矩T_L相平衡，电动机稳定运行，如图3.15中的h点。

由于异步电动机的转矩与电压的平方成正比，考虑电源电压的允许降落，一般选最大起动转矩T_1为

$$T_1 \leqslant 0.85T_{max} \tag{3.27}$$

考虑起动时的带负载能力和快速性，选切换转矩T_2为

$$T_2 = (1.1 \sim 1.2)T_L \tag{3.28}$$

起动级数越多，起动越平稳，而且起动过程中的平均转矩越大，起动越快，常采用3或4级。

2. 三相异步电动机的制动

异步电动机制动的目的是使电力拖动系统快速停车或者使拖动系统尽快减速。对于位能性负载，用制动可获得稳定的下降速度。制动运行的特点是：电磁转矩与转速n反方向，转矩T对电动机起制动作用。制动时电动机将轴上吸收的机械能转换成电能，该电能将消耗于转子电路或反馈回电网。

异步电动机制动方法有能耗制动、反接制动和发电反馈制动3种。

1）能耗制动

所谓能耗制动，就是在去除交流电之后，在定子绕组中通入直流电，形成恒定磁场。由于转子导体切割磁场，而产生与转向相反的制动力矩使转速急剧下降。图3.16所示为能耗制动时的机械特性曲线。

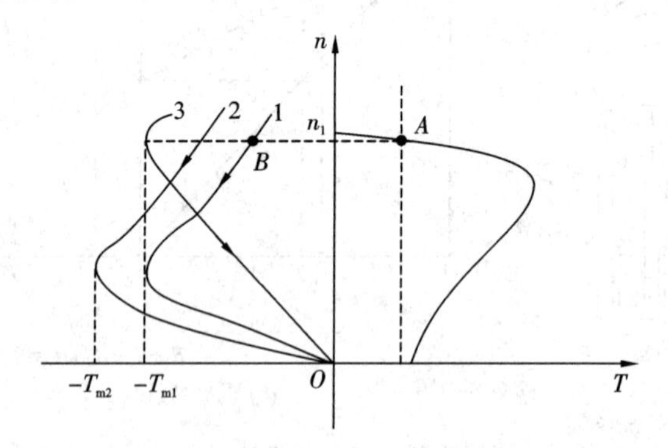

图3.16 异步电动机能耗制动时的机械特性曲线

由图3.16可知：

(1) 当直流励磁一定而转子电阻增加时，产生最大制动转矩时的转速也随之增加，但是所产生的转矩最大值不变，如图中曲线1和曲线3所示。

(2) 转子电路电阻不变，当增大直流励磁时，则产生的最大制动转矩增大，但产生最大转矩时的转速不变，如图中曲线1和曲线2所示。能耗制动时最大转矩 T_{max} 与定子输入的直流电流平方成正比。

比较图中3条制动特性曲线可见，转子电阻较小时，在高速时的制动转矩较小。因此对于笼型异步电动机，为了增大高速时的制动转矩，就需增大直流励磁电流；而对于绕线型异步电动机，则采用转子串电阻的方法。

由图3.16所示机械特性曲线可分析异步电动机能耗制动的过程。设电动机原来在 A 点稳定运行，能耗制动时，若转子不串接附加电阻，机械特性为曲线1。电动机由于机械惯性，转速来不及变化，工作点 A 平移至特性曲线1上的 B 点，对应的转矩为制动转矩，使电动机沿曲线1减速，直到原点转速 $n=0$ 时，转矩 $T=0$。如果负载是反抗性的，则电动机停转；如果负载是位能性的，则需要在制动到 $n=0$ 时及时地切断电源才能保证停车，否则电动机将在位能性负载转矩的拖动下反转，特性曲线延伸到第四象限，直到电磁转矩与负载转矩相平衡时，重物获得稳定的下放速度。

2) 反接制动

所谓反接制动有两种情况：一是保持定子旋转磁场不变，使转子反转，称作转子反转的反接制动；二是转子转向不变，使定子旋转磁场方向借助于定子两相电源反接而改变，称作定子两相反接的反接制动。

(1) 转子反转的反接制动。

异步电动机带有位能负载，如果加大转子回路电阻，则其机械特性斜率加大，如图3.17所示。随着转子电阻的加大，特性曲线斜率也越来越大，由特性曲线1变到特性曲线2，以至变到特性曲线3。电动机的起动转矩 T_{st} 小于负载转矩 T_L。负载转矩拖着电动机反转，使电动机转矩与转速方向相反，起到制动作用。

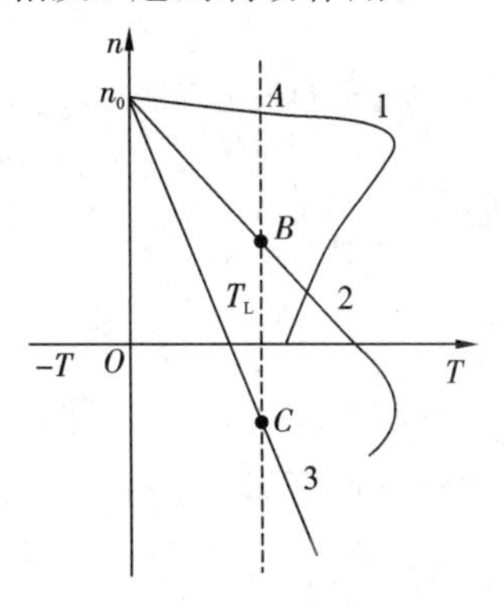

图3.17 异步电动机转子反转的反接制动机械特性

(2) 定子两相反接的反接制动。

异步电动机在电动状态运行时，若将其定子两相绕组出线端对调，则定子旋转磁场的方向改变，电动机转矩和转速方向相反，起到制动作用，机械特性如图3.18所示。

电动机原来工作在电动状态，工作点为 A。定子两相反接后，移到反接制动特性曲线的 B 点上。由于电动机转矩为制动转矩，使电动机转速下降。到 $n=0$ 时必须及时切断电源，否则电动机将自行反转。图3.18中特性曲线1是笼型异步电动机的机械特性，特性曲线2是绕线型异步电动机的特性曲线。

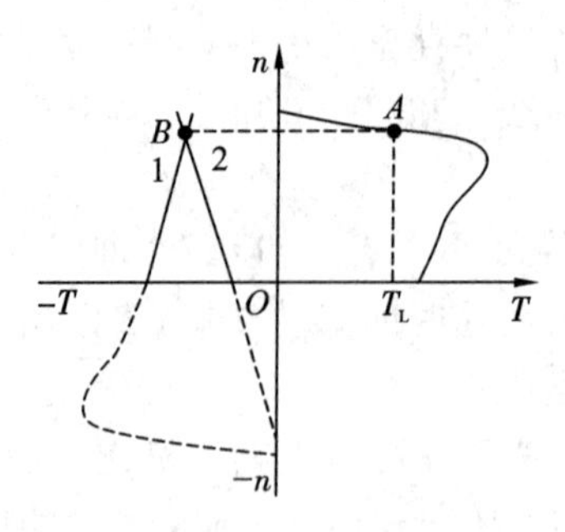

图 3.18 异步电动机定子两相反接的反接制动机械特性

3）发电反馈制动

如果用一原动机或者其他转矩（如位能性负载）去拖动异步电动机，使电动机转速高于同步转速，即 $n>n_0$、$s<0$，这时异步电动机的电磁转矩 T 将和转速 n 的方向相反，起制动作用。因异步电动机转速超过旋转磁场速度即同步转速时，转子绕组导体的运动速度大于旋转磁场速度，转子中感应电动势方向改变，从而转子电流方向也改变。电动机转矩 T 的方向也随着改变，变得和转速 n 的方向相反而起制动作用。这时异步电动机把轴上的机械能或系统储存的动能变成电能反馈到电网上，即为反馈制动，也称再生发电制动。异步电动机发电反馈制动的机械特性如图 3.19 所示。

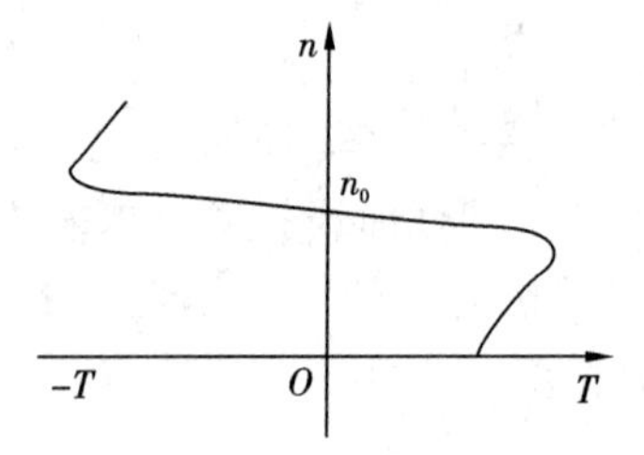

图 3.19 异步电动机发电反馈制动的机械特性

3. 异步电动机的调速

负载不变时，异步电动机的转速为

$$n=n_0(1-s)=\frac{60f_1}{p}(1-s) \tag{3.29}$$

可见，异步电动机的调速方法有改变 f_1、p、s 三种。对于笼型异步电动机来说，要想实现无级调速，只有改变 f_1，即变频调速方法。

1）变极调速

变极调速就是通过改变定子绕组的磁极对数 p 达到调速的目的。由于磁极对数 p 只能成倍地变化，所以这种调速方法不能实现无级调速。

由于三相异步电动机的线圈可以采用不同的连接方式，所以通过改变绕组的连接方式，可以改变磁极对数，从而改变电动机的转速。为了得到更多的转速，可在定子上安装两套三相绕组，每套都可以改变磁极对数，采用适当的连接方式，就有 3 种或 4 种不同的转速。这种可以改变磁极对数的异步电动机称为多速度电动机。

变极调速虽然不能实现平滑无级调速，但由于结构简单、经济实惠，在金属切削机床上常被用来扩大齿轮箱的调速范围。

2）变频调速

变频调速通过改变供电电网的频率 f_1 达到调速的目的。在进行变频调速时，为了保证电动机的电磁转矩不变，就要保证电动机内旋转磁场的磁通量不变。由 $U \approx 4.44fN\Phi_m$ 可得磁通 $\Phi_m \approx U/4.44fN$ 。可见，为了改变频率 f 而保持磁通 Φ_m 不变，必须同时改变电源电压，使比值 U/f 保持不变。

进行变频调速，需要一套专用变频设备，例如图 3.20 所示的晶闸管变频装置，它由晶闸管整流器和晶闸管逆变器组成。整流器先将 50 Hz 的交流电变换为直流电，再由逆变器变换为频率可调且比值 U/f 保持不变的三相交流电，供给鼠笼式异步电动机，连续改变电源频率可以实现大范围的无级调速，而且电动机机械特性的硬度基本不变。总体来说，变频调速是一种比较理想的调速方法，近年来发展很快，正得到越来越多的应用。

3）变转差率调速

变转差率调速是在不改变同步转速 n_0 条件下的调速，包括改变定子电压调速、绕线式电动机转子串电阻调速和串级调速，通常只用于绕线式电动机。串电阻调速是通过转子电路串接调速电阻（与起动电阻一样接入）来实现的，其原理如图 3.21 所示。设负载转矩为 T_L，当转子电路的电阻为 R_a 时，电动机稳定运行在 a 点，转速为 n_a，若 T_L 不变，转子电路的电阻增大为 R_b，则电动机机械特性变软，转差率 s 增大，工作点由 a 点移至 b 点，于是转速降低为 n_b。转子电路串接的电阻越大，则转速越低。

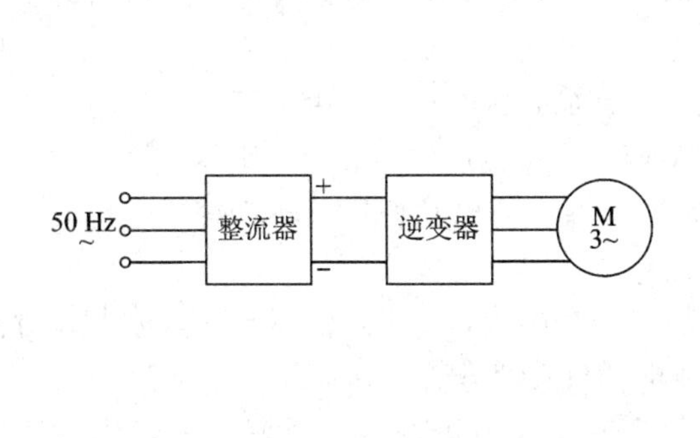

图 3.20　变频调速原理

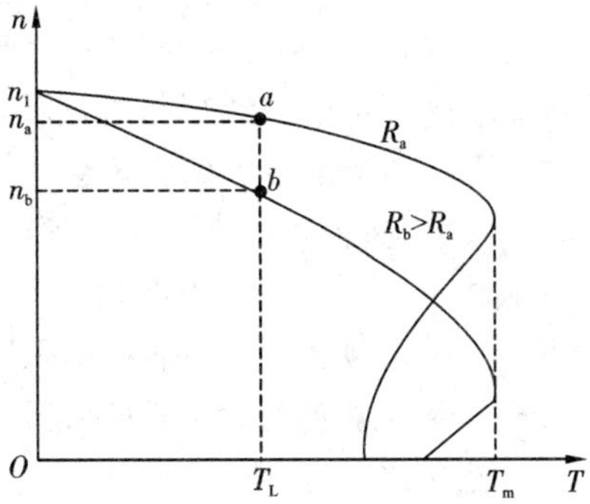

图 3.21　变转差率调速原理

变转差率调速方法简单、调速平滑，但由于一部分功率消耗在电阻器上，使电动机的效率降低，且转速太低时机械特性很软，运行不稳定。这些问题已经通过晶闸管串级调速系统得到解决，因此该方法已应用于大型起重机等设备中。

（1）改变定子电压调速。

改变定子电压调速的方法适用于鼠笼式异步电动机。

对于转子电阻大、机械特性较软的鼠笼式异步电动机，如加在定子绕组上的电压发生改变，则负载转矩对应于不同的电源电压，可获得不同的工作点。电动机调压调速的机械特性曲线如图 3.22 所示，该方法的调速范围较宽。

（2）转子串电阻调速。

转子串电阻调速只适用于绕线式转子异步电动机。

绕线式转子异步电动机的特性曲线如图 3.23 所示。转子串电阻时最大转矩不变，临界转差率增大。所串的电阻越大，特性曲线的斜率越大。带恒定负载时，原来运行在特性曲

线的 a_1 点，转速为 n_1；转子串电阻 R_1 后，电动机就运行于 a_2 点，转速由 n_1 降低为 n_2；串电阻 R_2 后，电动机就运行于 a_3 点。

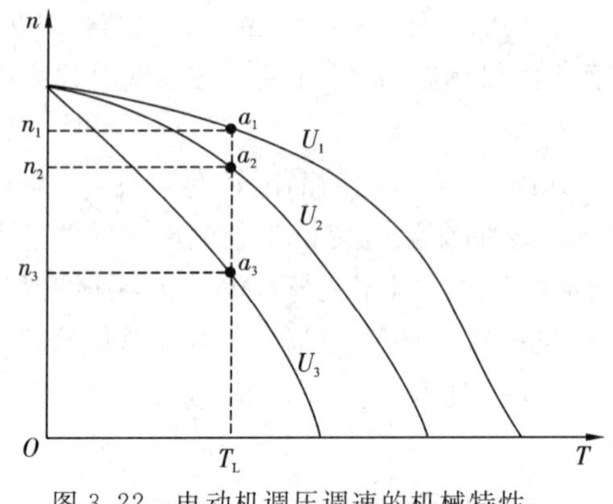

图 3.22　电动机调压调速的机械特性

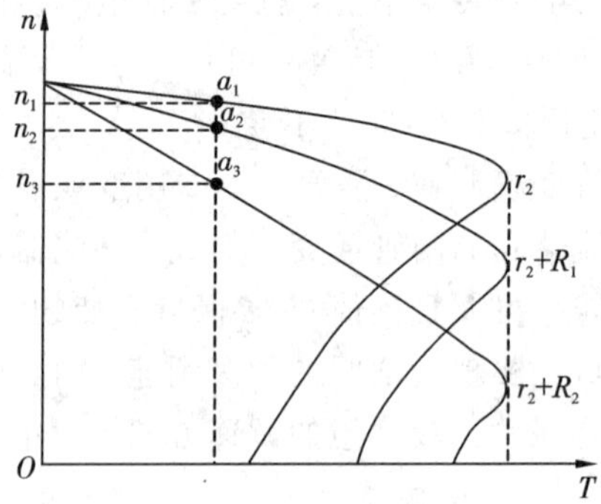

图 3.23　绕线式转子异步电动机的机械特性

(3) 串级调速。

所谓串级调速，就是在异步电动机的转子回路串入一个三相对称的附加电动势 E_f，其频率与转子的电动势相同，改变 E_f 的大小和相位，就可以调节电动机的转速。它适合于笼形转子和绕线或转子异步电动机。

通过控制这个等效电动势的大小来改变转子电流的大小，在电动机磁通、转矩系数及转子功率因数不变的前提下(这些参数与电动机制造有关)，异步电动机电磁转矩与转子电流成正比关系，因此，等效电势的改变会改变转子电流，进而改变电动机电磁转矩。在稳定运行情况下，电动机电磁转矩与机械转矩是平衡的，当电磁转矩由于等效电势的改变而改变时，电动机电磁转矩与机械转矩会失去平衡，进而转速发生变化。比如，增加反向等效电动势，会减小电磁转矩，使转速下降，转速下降会使电动机机械转矩相应下降，当电磁转矩和机械转矩达到新的平衡后，电动机就会稳定运行在新的转速下。

引入 E_f 后，使电动机转速降低，串入附加电动势越大，转速降低得越多，称为低同步串级调速。若负载恒定不变，串入 E_f 后，导致电动机转速升高，则称为超同步串级调速。

串级调速性能比较好，过去由于附加电动势的获得比较困难，长期以来未能得到推广。近年来，随着晶闸管技术的发展，串级调速有了广阔的发展前景，在水泵和风机的节能调速以及轧钢机、压缩机等多种生产机械上得到应用。

3.1.4　单相异步电动机

使用单相交流电源的异步电动机称为单相异步电动机，其在电动工具、电风扇、洗衣机、电冰箱、吸尘器、空调器以及各种医疗器械和小型机械上得到广泛应用。

1. 单相异步电动机的结构和工作原理

单相异步电动机的结构和工作原理与三相异步电动机相仿，其转子一般都是鼠笼式的，其定子绕组同样通入交流电产生旋转磁场，切割转子导体产生感应电动势和感应电流，从而形成电磁转矩使转子转动。

单相异步电动机的特点在于定子绕组通入的是单相交流电，所产生的是一个空间位置固定不变、而大小和方向随时间作正弦变化的脉冲磁场，如图 3.24 所示。由于脉冲磁场不能旋转而产生电磁转矩，故单相异步电动机不能自行起动。为了使单相异步电动机通电后能产生旋转磁场自行起动，必须再产生另一个与此脉冲磁场频率相同、相位不同、在空间相差一个角度的脉冲磁场与其合成，常用的方法有电容分相和电容运行式、电阻分相式和罩极式三种。

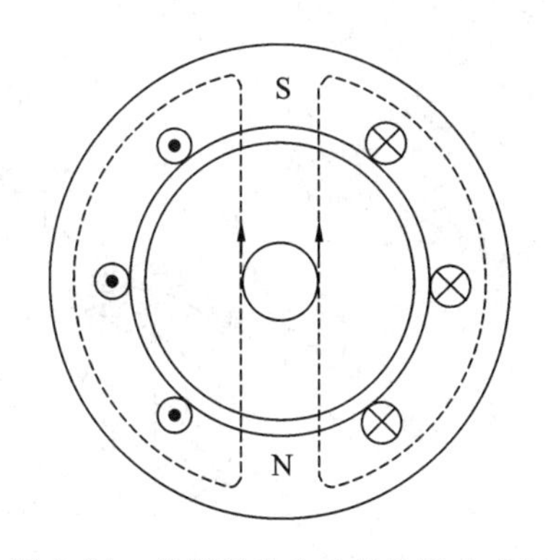

图 3.24　单相异步电动机的脉冲磁场

单相异步电动机与同容量的三相异步电动机相比，体积大、效率低、运行性能差，因此，只制成小容量电动机，功率从几瓦到几千瓦。

从结构上看，单相异步电动机与三相异步电动机结构相似，其转子多数为鼠笼式，定子绕组有两相：一相工作绕组(运行绕组)，一相起动绕组。起动绕组是为单相电动机产生旋转磁场，在起动时产生起动转矩而设置的，当转速达到 70%～85% 的同步转速时，由离心开关将起动绕组从电源切除，所以，正常运行时只有工作绕组在电源上运行。以前多数单相异步电动机都采用离心开关将起动绕组切除，但由于结构较复杂，所以现在多数单相电动机都采用电容运行式，即在运行时起动绕组一直接于电源上，这实质上相当于一台两相电动机(电容运行式单相异步电动机)，但由于它接于单相电源上，因此仍称为单相异步电动机。根据起动绕组的结构和原理不同，单相异步电动机分为分相式和罩极式两种。所谓分相，就是在同一电压的作用下，工作绕组和起动绕组上流过的电流具有一定角度的相位差。

2. 电容分相式单相异步电动机

电容分相式电动机的定子上有两个在空间相隔 90°的绕组 U_1U_2 和 V_1V_2，如图3.25(a)所示，V 绕组为起动绕组，串联适当的电容器 C 后与 U 绕组并联于单相交流电源上。电容器的作用是使通过它的电流 i_V 超前于 i_U 接近 90°，其相量图如图 3.25(b)所示，即把单相交流电变为两相交流电。这样两相交流电流产生的两个脉冲磁场相合成，就是一个旋转磁场，其原理如图 3.26 所示，分析方法与三相异步电动机的旋转磁场的分析方法相同。在此旋转磁场的作用下，鼠笼式转子就会顺着同一方向转动起来。

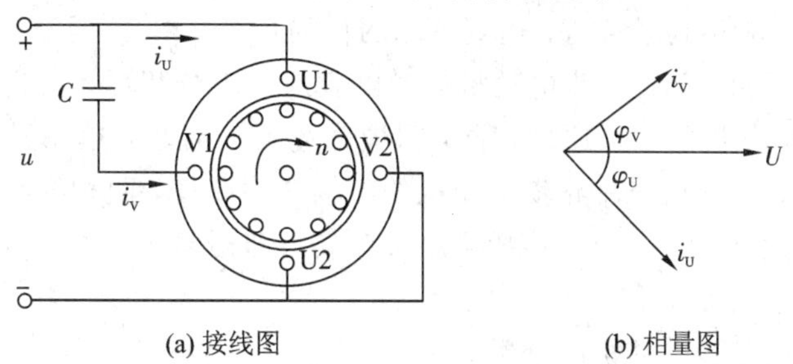

(a) 接线图　　(b) 相量图

图 3.25　电容分相式电动机接线与相量图

单相交流电产生的脉冲磁场虽然不能使转子起动，但一旦起动后，却能产生电磁转矩使转子继续运转。因此电容分相式电动机起动后，起动绕组 V_1V_2 可以留在电路中，也可用离心开关在转速上升到一定数值后将其切除，这时只留下工作绕组，仍可继续带动负载运转。

电容分相式电动机也可以反向运转，只要将分相电容 C 串联到 U 绕组再与 V 绕组并联于单相交流电源上即可。使通过工作绕组的电流 i_U 超前于通过起动绕组的电流 i_V，相

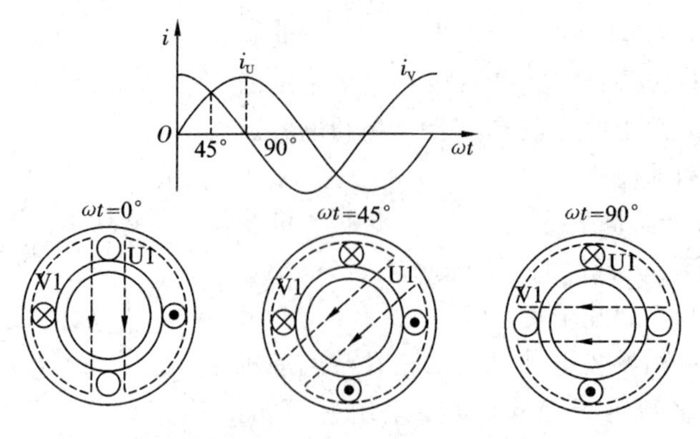

图 3.26　两相交流电产生的旋转磁场

位差接近 90°，这时工作绕组变为起动绕组，起动绕组变为工作绕组。若两绕组不完全相同，则转速会有所下降(起动绕组电阻大于工作绕组电阻)；若两绕组完全相同，则转速也完全相同。洗衣机中的洗涤电动机靠定时器自动转换开关，使波轮周期性地改变方向，就是这个原理，如图 3.27 所示。

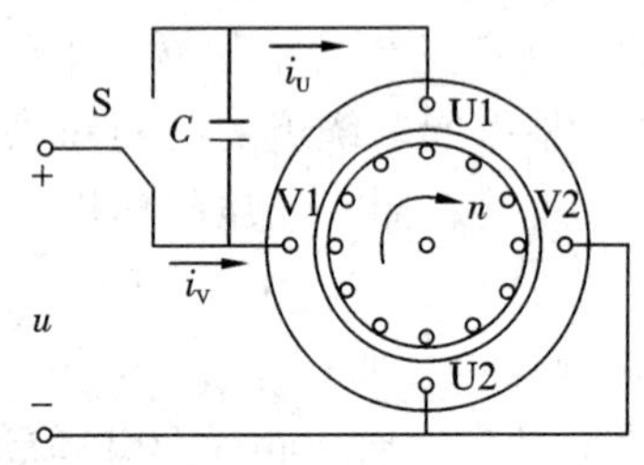

图 3.27　电容运行式电动机的正、反转

单相异步电动机除通过电容分相外，还可以通过电阻分相。电阻分相即起动绕组串接电阻，使起动绕组电路性质呈近乎电阻性，而工作绕组呈感性电路性质，从而使两绕组中电流具有一定的相位差，电阻分相的相位差小于 90°。实际上，电阻分相式单相异步电动机的起动绕组并没有串接电阻，而是通过选用阻值大的绕组材料以及绕组反绕的方法来增大起动绕组的电阻值，减小其感抗值，达到分相的目的。

理论和实践均证明，单相异步电动机通过电容或电阻分相后，在起动时就能产生旋转磁场，同三相异步电动机的工作原理相同，只要产生旋转磁场，单相异步电动机在起动时就能产生起动转矩。与三相交流异步电动机的磁场转向一样，两相绕组产生的旋转磁场也是由电流超前相的绕组向滞后相的绕组方向旋转，即磁场旋转方向与绕组电流的相序一致。

电容分相式单相异步电动机的分类如下：

(1) 电容起动式。起动绕组仅参与起动，当转速上升到额定转速的 70％～85％时，由离心开关将起动绕组从电源上切除。此种电动机适用于具有较高起动转矩的小型空气压缩机、电冰箱、磨粉机、水泵及满载起动的小型机械。

(2) 电容运行式。电动机没有离心开关，起动绕组不但参与起动，也参与电动机的运行。电容运行式单相异步电动机实质上是一台两相电动机。此种电动机具有较高的功率因数和效率，体积小、质量轻，适用于电风扇、洗衣机、通风机、录音机等各种空载或轻载起动的机械。

(3) 电容起动与运行式。电动机的起动绕组具有两个电容器。一个称为起动电容器，该电容器仅参与起动，起动结束后由离心开关切除其与起动绕组的连接；另一个称为工作电容器，该电容器一直与起动绕组连接，通过电动机在起动与运行时电容值的改变，适应电动机起动性能和运行性能的要求。此种电动机具有较好的起动与运行性能，起动能力强，过载性能好，效率和功率因数高，适用于家用电器、水泵和小型机械。

3. 单相电阻起动异步电动机

用电阻使副绕组和主绕组的电流产生相位差的方法，称为电阻分相法。

单相电阻起动异步电动机有两个绕组，一个主绕组 U1U2，一个副绕组 V1V2。两个绕组接在同一电源电压 $\dot{U}$ 上。主绕组电路中，感抗比电阻大得多，所以主绕组内电流 $\dot{I}_U$ 的相位滞后于电压 $\dot{U}$，且相位差 φ_U 较大；副绕组电路中，电阻比感抗大得多，所以副绕组内电流 $\dot{I}_V$ 的相位也滞后于电压 $\dot{U}$，但相位差 φ_V 较小，这样两绕组中电流虽然存在相位差 φ，但相位差较小，因而起动转矩也较小。图 3.28 所示为两绕组中电流的相量图。为了增大起动力矩，在副绕组中串接一电阻，使副绕组中电流的相位更接近电压的相位，这样就增大了两绕组电流的相位差，从而就增大了起动转矩，可达到额定转矩的 1.1～1.7 倍。

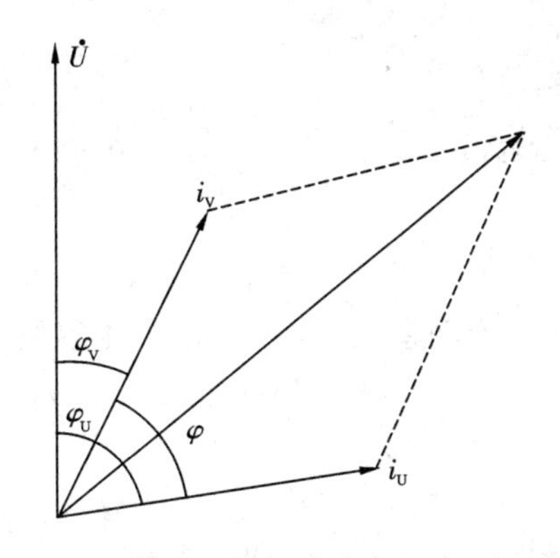

图 3.28　单相电阻起动异步电动机相量图

由于两绕组内的阻抗不等，因此两绕组中电流 $\dot{I}_U$ 和 $\dot{I}_V$ 的大小也不相等。虽然在设计时可以适当选择两绕组的匝数 N_U 和 N_V，使两绕组上产生的磁动势幅值相等，即 $\dot{I}_U N_U = \dot{I}_V N_V$，但不可能使两绕组电流之间的相位差达到 90°，一般可达到 30°～40°。因此，不能满足产生圆形旋转磁场的条件，只能产生椭圆形旋转磁场。

为了使起动绕组电路内获得较大的电阻值，一般采取以下措施：

(1) 起动绕组用较细的导线或电阻率较高的铝线绕制，以增加电阻。

(2) 部分线圈反接，减小感抗，可得到较高的电阻与感抗的比值。

电阻起动异步电动机的起动绕组只允许起动时短时间工作，电动机转速达到额定转速的 75%～80%时，由起动(离心)开关将副绕组从电源上切断，由主绕组单独运行。

单相电阻起动式电动机适用于具有中等起动转矩和过载能力的小型车床、鼓风机、医疗机械等。

4. 单相罩极电动机

罩极式电动机的定子一般多采用凸极式，工作绕组集中绕制，套在定子磁极上。在极面的1/3～1/4处开有一个小槽，并用短路铜环把这部分磁极罩起来，故称罩极电动机，如图3.29所示。当定子绕组中通入单相交流电流时，它所产生的脉冲磁场在短路环的电磁干扰作用下，在极面上被分成Φ_1和Φ_2两个部分，穿过短路铜环的部分磁通Φ_2在铜环内产生感应电动势和电流。根据楞次定律，由于感应电流对原磁通的变化起到阻碍作用，使Φ_2在相位上滞后于另一部分磁通Φ_1，结果铜环罩住的这部分合成磁通较弱，使得罩极部分比非罩极部分磁场弱。同时，Φ_2和Φ_1的位置也相隔一定角度，即左强右弱。这样两个在时间上有一定相位差，在空间上相隔一定角度的脉动磁场，也可以合成一个有一定旋转功能的磁场。

在这个旋转磁场的作用下，鼠笼式转子也会产生感应电流，形成电磁转矩而转动，旋转方向是由磁极未罩短路环的一侧转向罩有短路环的一侧。

罩极式电动机结构比较简单，但起动转矩小，且不能反转，常用于小型电风扇。

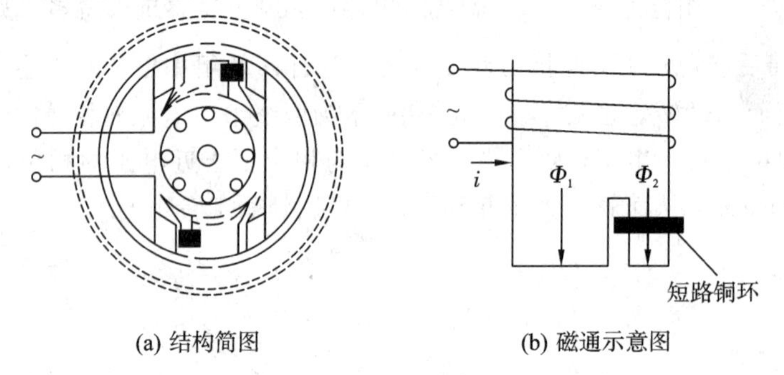

图3.29　罩极式电动机

单相异步电动机的优点是能够在单相交流电源上使用，但它的效率、功率因数和过载能力都较低，因此目前只生产额定功率在1 kW以下的小容量单相异步电动机。

思考与练习

一、简述三相异步电动机的工作原理。

二、说明三相异步电动机的转动原理，怎样改变它的转向？

三、如何进行三相异步电动机的调速？

四、为什么要降压起动？

五、如何进行三相异步电动机的制动？

六、如何进行三相异步电动机应用中的基本计算？如何求解转差率？如何表示额定转速或额定转矩等？

任务二　三相异步电动机的基本控制

任务要求

(1) 掌握起动控制电路。

(2) 掌握正反转控制电路。

(3) 掌握制动控制电路。

三相异步电动机基本控制电路类型丰富，可用来实现对电力拖动系统的起动、换向、制动等运行性能的控制和对拖动系统的保护，以满足机电传动控制的需要。

3.2.1　起动控制

1. 全压起动控制电路

对于小容量笼型异步电动机或在变压器允许的情况下，笼型异步电动机可采用全压直接起动。图3.30、图3.31所示为两种全压直接起动控制电路，图3.30适于小型设备，图3.31适于中小型设备。

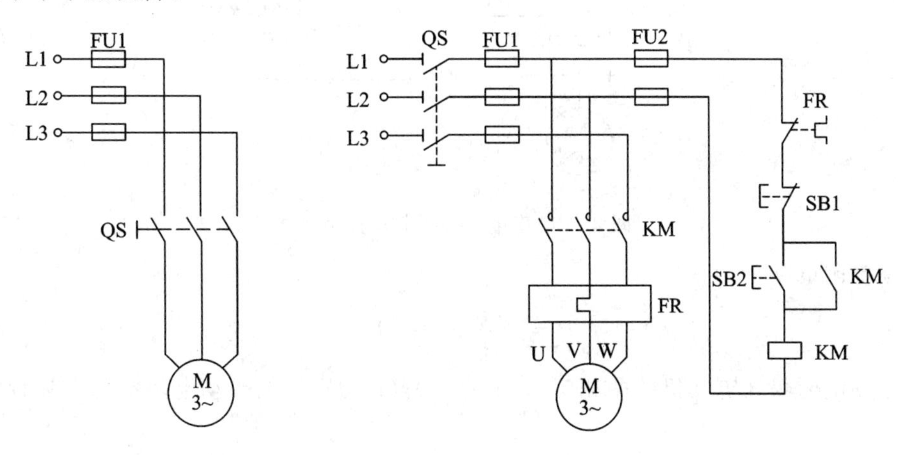

图3.30　开关起动电路　　　　图3.31　接触器起动电路

2. 降压起动控制电路

由于大容量笼型异步电动机的起动电流很大，会引起电网电压降低，使电动机转矩减小，甚至造成起动困难，而且还会影响同一供电网络中其他设备的正常工作，所以大容量异步电动机的起动电流应限制在一定的范围内，不允许直接起动。

电动机能否直接起动，应根据起动次数、电网容量和电动机的容量来决定。一般规定：起动时供电母线上的电压降落不得超过额定电压的10%～15%；起动时变压器的短时过载不得超过最大允许值，即电动机的最大容量不得超过变压器容量的20%～30%。常用的降压起动方法有定子绕组串电阻、Y/△降压、串自耦变压器等。

1）定子绕组串电阻降压起动控制电路

用时间继电器控制串电阻降压起动的控制电路如图3.32所示。当按下起动按钮SB2后，接触器KM1线圈得电吸合，KM1主触点闭合，电动机M串电阻R降压起动。与此同时，时间继电器KT线圈得电吸合，KT触点延时闭合，接触器KM2线圈得电吸合，KM2主触点闭合，起动电阻R被短接，电动机全压运行，同时KM2的动断触点断开，时间继电器KT线圈断电释放。

起动电阻R的阻值可通过以下近似公式计算

$$R = 190 \times \frac{I_{st} - I'_{st}}{I_{st} \times I'_{st}} \tag{3.30}$$

式中：I_{st}为未串电阻前的起动电流，一般$I_{st} = (4 \sim 7) I_N$，I'_{st}为串联电阻后的起动电流，一般$I'_{st} = (2 \sim 3) I_N$，I_N为电动机的额定电流。公式中电流单位均为A。

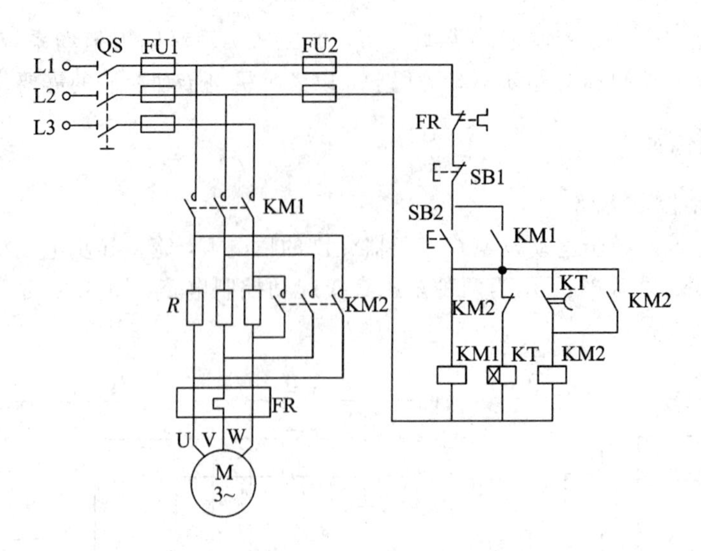

图 3.32　串电阻降压起动控制电路

起动电阻的功率为

$$P=\left(\frac{1}{4}\sim\frac{1}{3}\right)I'^{2}_{st}R \tag{3.31}$$

若起动电阻仅在电动机的两相定子绕组中串联时，选用的起动电阻应为上述计算值的 1.5 倍。

2）Y/△降压起动控制线路

Y/△降压起动适用于正常工作时定子绕组作三角形连接的电动机。由于方法简便且经济，所以使用较普遍，但起动转矩只有全压起动的 1/3，故只适用于空载或轻载起动。Y/△降压起动控制线路如图 3.33 所示。

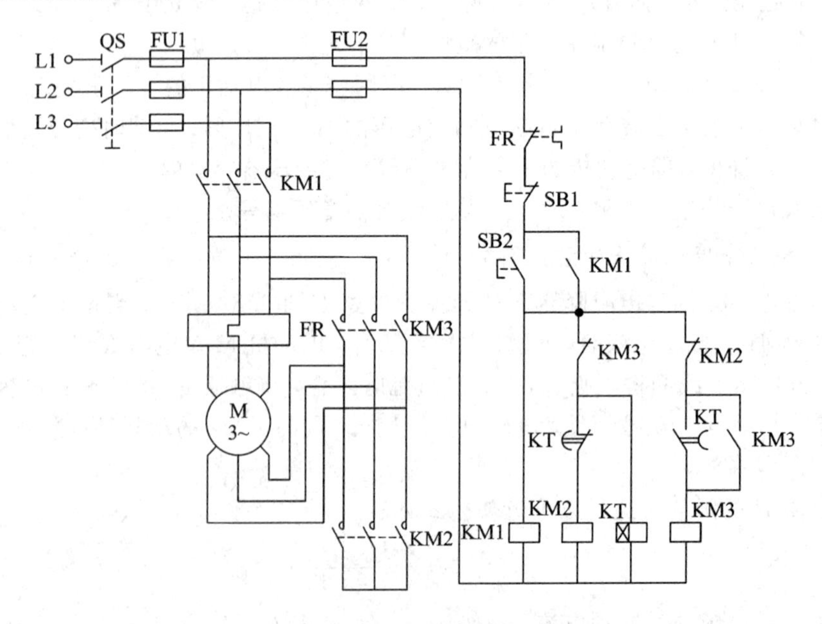

图 3.33　Y/△降压起动控制电路

合上电源开关 QS 后，按下起动按钮 SB2，接触器 KM1 和 KM2 线圈同时得电吸合，KM1 和 KM2 主触点闭合，电动机 Y 形连接降压起动。与此同时，时间继电器 KT 的线圈同时得电，KT 动断触点延时断开，KM2 线圈断电释放，KT 动合触点延时闭合，KM3 线圈得电吸合，电动机定子绕组由 Y 形连接自动换接成△形连接，时间继电器 KT 的触点延时动作时间由电动机的容量及起动时间的快慢等决定。

3）自耦变压器降压起动电路

自耦变压器降压起动就是把三相交流电源接入自耦变压器的一次侧，电动机的定子绕组接到自耦变压器的二次侧，电动机起动时得到的电压低于电源电压(额定电压)，从而达到限制起动电流的目的，当电动机的转速达到一定值时，让自耦变压器与电路脱开，使电动机全压运行。图 3.34 所示为时间继电器控制的自耦变压器降压起动控制线路。

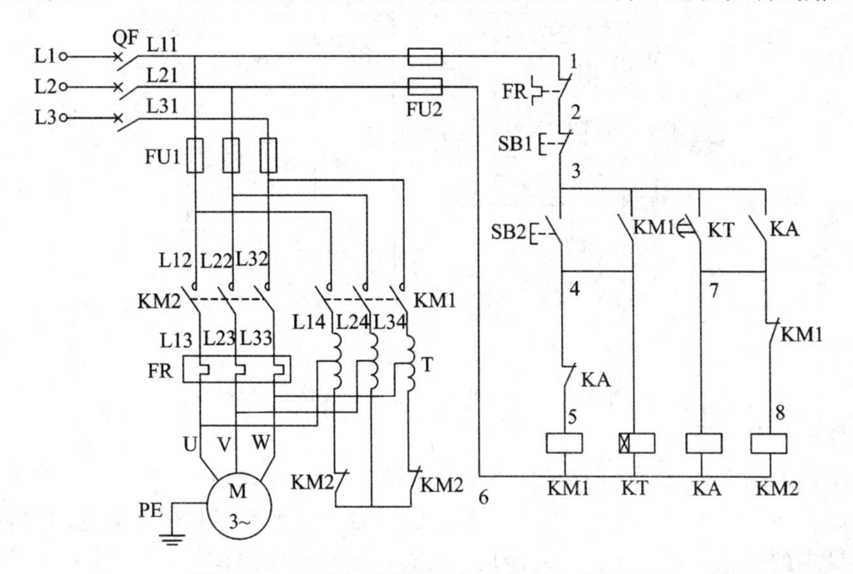

图 3.34　自耦变压器降压起动控制电路原理图

电路的工作过程是：合上空气开关 QF，按下起动按钮 SB2，接触器 KM1 和时间继电器 KT 的线圈通电吸合，接触器 KM1 主触点闭合，其动合辅助触点(3～4)闭合而自锁，对接触器 KM2 互锁的动断辅助触点(7～8)断开；时间继电器 KT 开始延时，同时自耦变压器 T 接入电路，电动机定子绕组接入低电压起动，当电动机的转速达到一定值时，时间继电器 KT 动作，延时动合触点(3～7)闭合，中间继电器 KA 线圈通电并自锁，对接触器 KM1 互锁的动断触点(4～5)断开，接触器 KM1 线圈断电释放并解除了对接触器 KM2 的互锁，同时切断自耦变压器 T；接触器 KM2 线圈通电，其主触点闭合接通三相电源，电动机在全压状态下运行；停止时，按下停止按钮 SB1，接触器 KM2 和中间继电器 KA 线圈断电，电动机停止运转。

自耦变压器降压起动适用于正常工作时定子绕组接成星形或三角形的较大容量的电动机，而且还可以根据不同场合的需要，改变自耦变压器的变压比，改变电动机的起动电流。但该起动方式实现成本较高，且不允许频繁起动。

3. 软起动控制

软起动是随着电子技术的发展出现的新技术，软起动器是一种晶闸管调压装置，采用微机控制技术，实现了三相交流异步电动机的软起动、软停车及轻载节能，同时也具有过载、缺相、过电压和欠压等多种保护功能。

图3.35所示为采用西诺克Sinoco-SS2系列软起动器控制电动机起动、停止的控制电路原理图。其中FU2是保护软起动器的快速熔断器，S1和S2是起停信号输入端子，S3和S4是旁路信号输出端子(其他端子的功能见图1.76)。电动机起动时通过软起动器使电压从某一较低值逐渐上升到额定值，起动后再用旁路接触器使电动机全压运行。

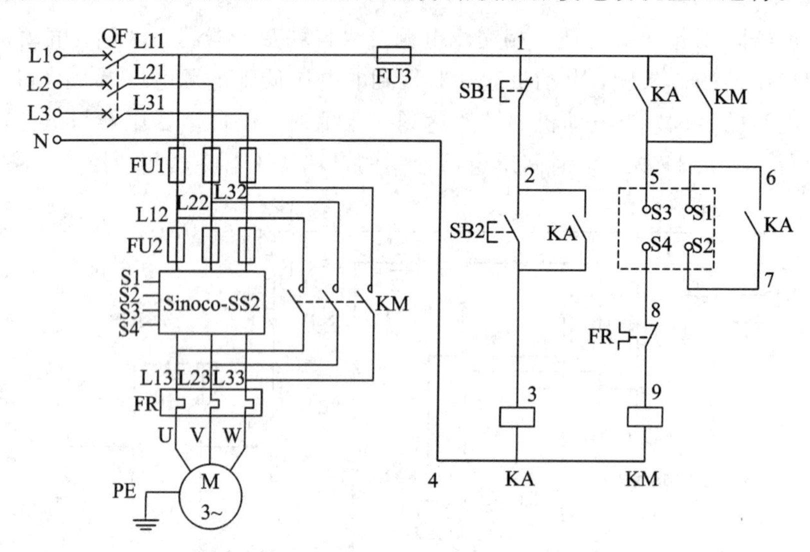

图3.35 电动机软起动控制线路原理图

该电路的工作原理如下：

合上空气开关QF，按下起动按钮SB2，中间继电器KA线圈通电吸合并自锁，同时其动合触点(1～5)、(2～3)、(6～7)闭合，起停信号输入端子S1和S2给软起动器输入信号，电动机按设定的过程起动，当起动完成后，软起动器输出旁路信号，使S3和S4端子闭合，接触器KM线圈通电吸合并自锁，旁路电路起动，电动机在全压下运行。

停止时，按下停止按钮SB1，中间继电器KA线圈断电并解除自锁，同时已闭合的动合触点(1～5)、(2～3)、(6～7)复位断开，起停信号输入端子S1和S2给软起动器输入该信号，使软起动器旁路信号输出端子S3和S4断开，接触器KM线圈断电并解除自锁，软起动器接入电路，电动机按预定的过程实现软停车。

3.2.2 正反向运行控制和顺序控制

生产机械往往要求运动部件可以向正反两个方向运行，这就要求电动机可以正反转控制。若将接至电动机三相电源进线中任意两相对调接线，即可达到反转的目的，常用的电动机正反转控制电路有以下几种。

1. 接触器互锁正反转控制电路

正反转控制电路如图3.36所示，图中采用两个接触器，即正转用的接触器KM1和反转用的接触器KM2。当接触器KM1的3对主触点接通时，三相电源的相序按L1、L2、L3接入电动机。当KM2的3对主触点接通时，三相电源的相序按L3、L2、L1接入电动机，电动机即反转。

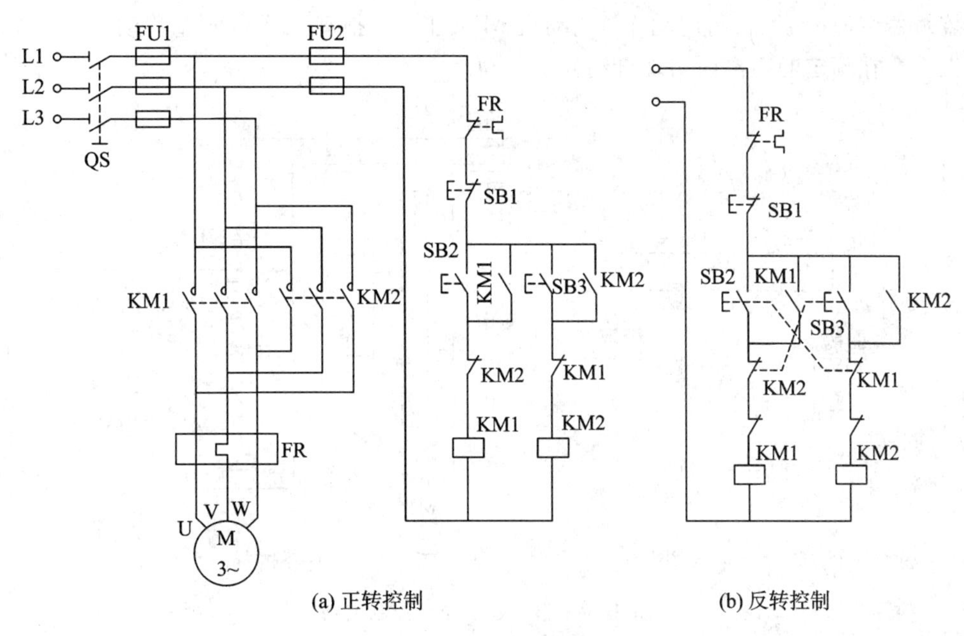

(a) 正转控制　(b) 反转控制

图 3.36　正反转控制电路

电路要求接触器 KM1 和 KM2 不能同时通电，否则它们的主触点就会一起闭合，将造成 L1 和 L3 两相电源短路。为此，在 KM1 和 KM2 线圈各自支路中相互串联一个动断辅助触点，以保证接触器 KM1 和 KM2 的线圈不会同时通电。KM1 和 KM2 这两个动断辅助触点在线路中所起的作用称为互锁，这两个动断触点就叫互锁触点。

如图 3.36(a)所示，正转控制时，按下按钮 SB2，接触器 KM1 通电吸合，KM1 主触点闭合，电动机 M 起动正转，同时 KM1 的自锁触点闭合，互锁触点断开。

反转控制时，必须先按停止按钮 SB1，接触器 KM1 线圈断电释放，KM1 触点复位，电动机 M 断电；然后按下反转按钮 SB3，接触器 KM2 线圈通电吸合，KM2 主触点闭合，电动机 M 起动反转，同时 KM2 自锁触点闭合，互锁触点断开。

这种线路的缺点是操作不方便，因为要改变电动机的转向，必须先按停止按钮 SB1，再按反转按钮 SB3 才能使电动机反转。

图 3.36(b)所示可不按停止按钮而直接按反转按钮进行反向起动，而且当正转接触器发生熔焊故障时又不会发生相间短路故障。

2. 自动往复循环控制电路

利用生产机械运动的行程来控制其自动往返的方法叫自动往复循环控制，它是通过位置开关来实现的，控制电路如图 3.37 所示。

合上电源开关 QS，按下起动按钮 SB2，接触器 KM1 线圈得电，KM1 主触点闭合，电动机 M 正转起动，工作台向左移动；当工作台移动到一定位置时，挡铁 1 碰撞位置开关 ST1，使 ST1 动断触点断开，接触器 KM1 线圈断电释放，电动机 M 断电；与此同时，位置开关 ST1 的动合触点闭合，接触器 KM2 线圈得电吸合，使电动机 M 反转，拖动工作台向右移动，此时位置开关 ST1 虽复位，但接触器 KM2 的自锁触点已闭合，故电动机 M 继续拖动工作台向右移动；当工作台向右移动到一定位置时，挡铁 2 碰撞位置开关 ST2，ST2 的动断触点断开，接触器 KM2 线圈断电释放，电动机 M 断电，同时 ST2 的动合触点闭合，接触器KM1线圈又得电动作，电动机M又正转，拖动工作台向左移动。如此周而复始，工作台在预定的距离内实现自动往复运动。

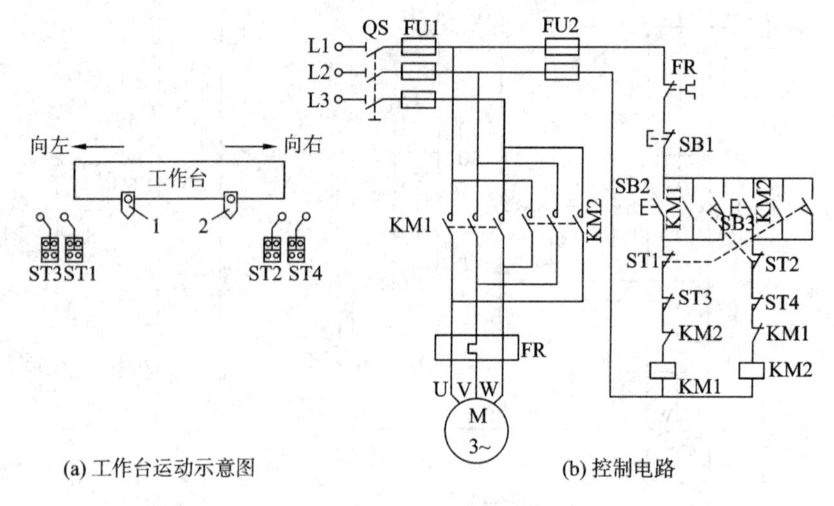

图 3.37　自动往复循环控制电路

图3.37中位置开关ST3和ST4安装在工作台往复运动的极限位置上，以防止位置开关ST1和ST2失灵而使工作台继续运动不停止而造成事故。

3. 顺序控制电路

在装有多台电动机的设备上，由于每台电动机所起的作用不同，因此，起动过程有先后顺序的要求。需要某台电动机起动几秒后，另一台电动机方可起动，这样才能保证生产过程的安全。这种控制方式就是电动机的顺序控制。

1）按顺序工作时的联锁控制

某一控制系统要求电动机M1起动后，电动机M2才能起动。停止时，M2停止后，M1才能停止。即实现"顺序起动，逆序停止"的控制电路。图3.38是能实现上述控制要求的顺序控制电路的原理图。

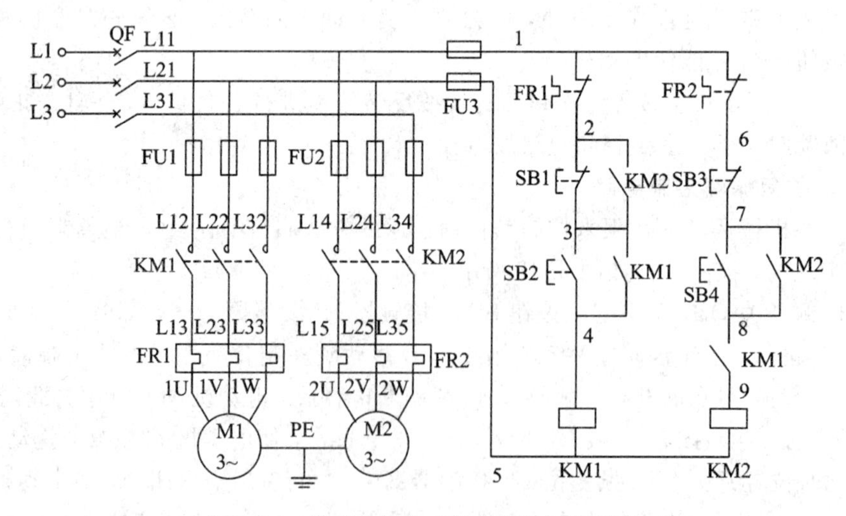

图 3.38　控制电路实现的顺序控制原理图

起动时，合上空气开关 QF，按下电动机 M1 起动按钮 SB2，接触器 KM1 的线圈通电吸合并自锁，电动机 M1 接通三相电源起动。同时，与接触器 KM2 线圈串联的动合辅助触点(8～9)也闭合，为接触器 KM2 的线圈通电做好准备。此后，当按下电动机 M2 的起动按钮 SB4，接触器 KM2 的线圈通电并自锁，电动机 M2 接通三相电源起动。同时，与电动机 M1 的停止按钮 SB1 并联的动合辅助触点(2～3)也闭合形成联锁。可以看出，只有在电动机 M1 起动后才能起动电动机 M2。实现这种联锁的方法是将上一级接触器 KM1 的动合辅助触点串联在下一级接触器 KM2 的线圈电路中。

停止时，先按下电动机 M2 的停止按钮 SB3，接触器 KM2 线圈断电，其主触点和动合辅助触点复位，电动机 M2 停止工作；再按下电动机 M1 停止按钮 SB1，接触器 KM1 线圈断电，电动机 M1 停止工作。

如果在两台电动机同时工作时，先按下 SB1，由于与其并联的接触器 KM2 的动合辅助触点(2～3)闭合，故此时不能使接触器 KM1 线圈断电，所以无法使电动机 M1 先停止。实现这种联锁的方法是将下一级接触器 KM2 的动合辅助触点并联在上一级停止按钮 SB1 的两端。

2) 按时间原则控制电动机的顺序起动

某一控制系统有两台电动机 M1 和 M2，要求电动机 M1 起动后，经过一定时间后电动机 M2 自行起动，并要求电动机 M1 和 M2 同时停止。控制线路如图 3.39 所示。

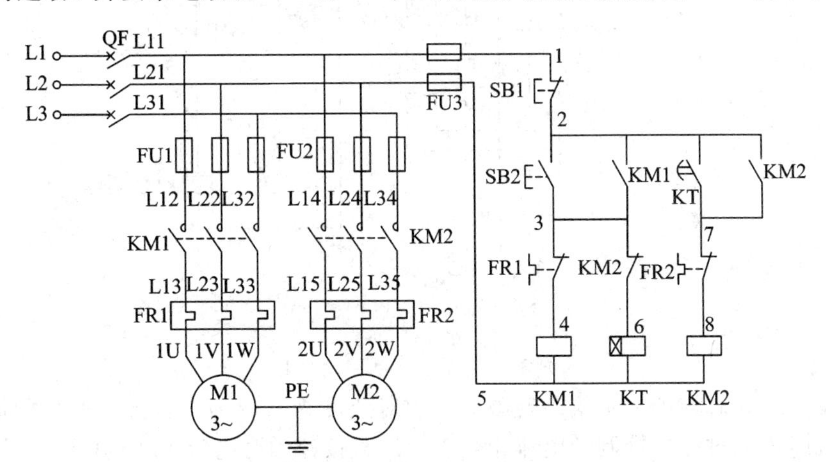

图 3.39　时间原则实现的顺序控制原理图

起动时，合上空气开关 QF，按下电动机 M1 起动按钮 SB2，接触器 KM1 和通电延时型时间继电器 KT 的线圈通电吸合，接触器 KM1 主触点闭合并自锁，电动机 M1 接通三相电源起动。当电动机 M1 工作一定时间后，时间继电器 KT 延时触点动作，其延时闭合触点(2～7)闭合，KM2 的线圈通电并自锁，电动机 M2 接通三相电源起动。同时，接触器 KM2 的动断辅助触点(3～6)断开，使时间继电器 KT 断电，避免时间继电器长期通电工作。停止时，按下停止按钮 SB1，接触器 KM1、KM2 的线圈同时断电，电动机 M1、M2 同时停止运转。

3.2.3　制动控制

三相异步电动机从定子绕组断电到完全停转要一段时间，为适应某些生产机械的工艺要求，缩短辅助时间，提高生产率，要求电动机能制动停转。三相异步电动机的制动方法一般有机械制动和电气制动两种。电气制动就是让电动机产生一个与其实际转向相反的电磁转矩，即制动转矩，而使电动机迅速停转。电气制动常用的有能耗制动和反接制动。

1. 反接制动控制电路

反接制动控制电路如图3.40所示。合上电源开关QS，按下起动按钮SB2，接触器KM1线圈通电吸合，KM1主触点吸合，电动机起动运转。当电动机转速升高到一定数值时，速度继电器KS的动合触点闭合，为反接制动做准备。

停车时，按停止按钮SB1，接触器KM1线圈断电释放，而接触器KM2线圈通电吸合，KM2主触点闭合，串入电阻R进行反接制动，电动机产生一个反向电磁转矩(即制动转矩)，迫使电动机转速迅速下降，当转速降至100 r/min以下时，速度继电器KS的动合触点断开，接触器KM2线圈断电释放，电动机断电，防止了反向起动。

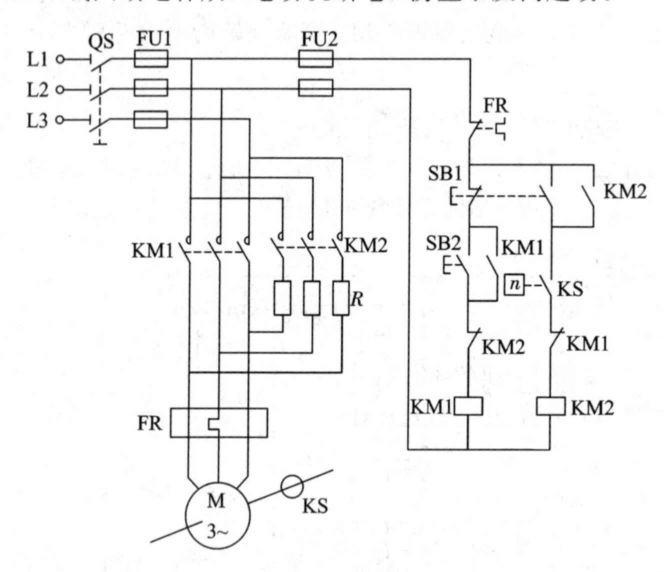

图3.40　反接制动控制电路

由于反接制动时转子与定子旋转磁场的相对速度为n_0+n，接近于两倍的同步转速，所以定子绕组中流过的反接制动电流相当于全压直接起动时电流I_{st}的两倍。为此，一般对10 kW以上的电动机采用反接制动时，应在主电路中串接一定的电阻，以限制反接制动电流。这个电阻称为反接制动电阻，用R表示。

2. 能耗制动控制电路

能耗制动的方法就是在电动机脱离三相交流电源后，在定子绕组中加入一个直流电源，以产生一个恒定磁场，惯性运转的转子绕组切割磁场而产生制动转矩使电动机迅速制动停转。能耗制动控制电路如图3.41所示。

起动控制时，合上电源开关QS，按下起动按钮SB2，接触器KM1线圈通电吸合，KM1主触点闭合，电动机M起动运转。

停止时，按下停止按钮SB1，接触器KM1线圈断电释放，KM1主触点断开，电动机M断电惯性运转；同时接触器KM2和时间继电器KT的线圈获电吸合，KM2主触点闭合，电动机M定子绕组通入全波整流脉动直流电进行能耗制动。能耗制动结束后，KT动断触点延时断开，接触器 KM2 线圈断电释放，KM2 主触点断开直流电源，制动过程结束。

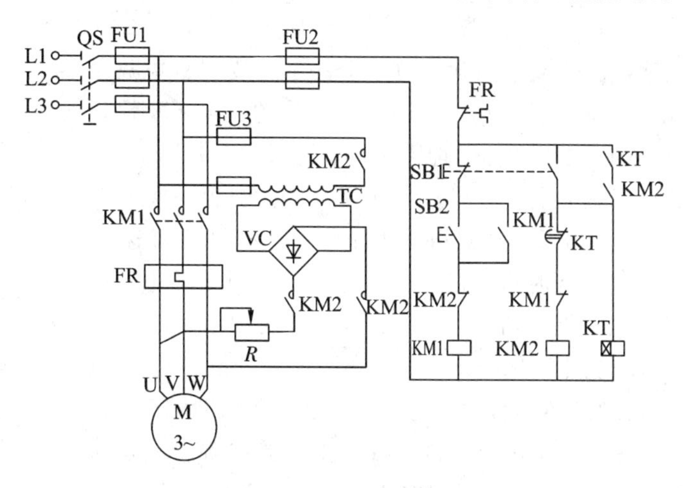

图 3.41　全波整流单向能耗制动控制电路

3.2.4　电气保护

电气控制系统要长期无故障地运行，还必须有各种保护措施，否则有可能会造成电动机、电网、电气设备事故或危及人身安全。保护环节是所有电气控制系统不可缺少的组成部分。

电气控制系统中常用的保护措施有短路保护、过载保护、零压与欠压保护以及过电流保护等。

1. 短路保护

电动机绕组的绝缘损坏、导线的绝缘损坏或线路发生故障时，会造成短路现象，产生短路电流并引起其他电气设备绝缘损坏和产生强大的电动力使机械设备损坏。因此在发生短路时，必须迅速地将电源切断。常用的短路保护电器有熔断器和自动开关。

熔断器比较适合于对动作准确度和自动化程度要求不高的系统，如小容量的笼型电动机、一般的普通交流电源等。在发生短路时，很可能造成只有一相熔断器熔断的单相运行状况。与之相比，自动开关在发生短路时可将三相电路同时切断。由于自动开关结构复杂，操作频率低，因而广泛用于控制要求较高的场合。自动开关不仅能对电路或电气设备发生的短路进行保护，还能对过载、失压等故障进行保护。自动开关目前在机床控制电路中应用十分广泛。

2. 过载保护

电动机长期超载运行，绕组温升超过其允许值，电动机的绝缘材料就会变脆，寿命降低，严重时将使电动机损坏。过载电流越大，达到允许温升的时间就越短。常用的过载保护电器是热继电器，热继电器可以满足这样的要求：当电动机中的电流为额定电流时，电动机为额定温升，热继电器不动作；在过载电流较小时，热继电器要经过较长时间才运作；在过载电流较大时，热继电器则经过较短时间就会动作。

由于热惯性的原因，热继电器不会受电动机短时过载冲击电流或短路电流的影响而瞬时动作，所以在用热继电器作过载保护的同时，还必须设有短路保护，并且选作短路保护的熔断器熔体的额定电流不应超过热继电器发热元件额定电流的 4 倍。

3. 零压与欠电压保护

当电动机正常运行时，如果电源电压因某种原因消失，那么在电源电压恢复时，电动机将自行起动，这就可能造成生产设备损坏，甚至造成人身事故。对电网来说，同时有许多电动机及其他用电设备自行起动也会引起不允许的过电流及瞬间网络电压下降。为了防止电压恢复时电动机自行起动进行的保护叫“零压保护”。

当电动机正常运行时，电源电压过分地降低将会引起一些电器释放，造成控制电路工作异常，可能导致事故，电源电压过分降低也会引起电动机转速下降甚至停转，因此需要在电源电压降到一定值以下时将电源切断，这就是“欠电压保护”。

一般常用电磁式电压继电器实现欠电压保护。而利用按钮的自动恢复作用和接触器的自锁作用，可不必另加设零压保护继电器。如图 3.40 所示的主电动机控制线路，当电源电压过低或断电时，接触器 KM1 释放，此时其主触点和辅助触点同时打开，使电动机电源切断并失去自锁。当电源恢复正常时，必须由操作人员重新按下起动按钮 SB2，才能使电动机 M1 重新起动。所以像这样带有自锁环节的电路本身已具有了零压保护功能。

4. 过电流保护

过电流保护广泛用于直流电动机或绕线型异步电动机，对于三相笼型异步电动机，一般不采用过电流保护而采用短路保护。

过电流往往是由于不正确的起动过程和过大的负载转矩引起的，一般比短路电流要小。在电动机运行中产生过电流要比发生短路电流的可能性更大，尤其是在频繁正反转起制动的重复短时工作制的电动机中更是如此。直流电动机和绕线型异步电动机线路中过电流继电器也起短路保护作用，一般过电流的动作值为起动电流的 1.2 倍左右。

5. 漏电保护

漏电保护主要用于当发生人身触电或漏电事故时，能迅速切断电源，保障人身安全。一般采用漏电保护器进行保护，它不但有漏电保护功能，还兼有过载、适中保护，用于不频繁起、停的电动机。

漏电保护器又称漏电保护自动开关。漏电保护器根据工作原理可分为电压型漏电保护器、电流型漏电保护器(包括电磁式、电子式)、漏电继电器等，常用的主要是电流型漏电保护器。

电磁式漏电保护器由主开关、测试电路、电磁式漏电脱扣器和零序电流互感器组成。当正常工作时，主电路三相电流相量之和等于零，互感器中无感应电动势，漏电保护器工作于闭合状态。如果发生漏电或触电事故，三相电流之和便不再等于零，而等于某一电流值，它会通过人体、大地、变压器中性点形成回路，这样零序电流互感器二次侧产生对应的感应电动势，加到脱扣器上，脱扣器动作推动主开关的锁扣，分断主电路，从而实现保护作用。

思考与练习

一、什么是自锁和互锁？画图说明。

二、降压起动的目的是什么？通常采用的降压起动方式有哪些？

三、自耦变压器降压起动适用于什么场合？

四、什么是软起动？它有哪些优点？

五、何为三相异步电动机的机械制动和电气制动？常用的电气制动方法有哪些？

六、什么是能耗制动？什么是反接制动？

任务三 三相异步电动机的调速控制

任务要求

（1）了解变极调速控制。

（2）了解电磁滑差离合器调速控制。

（3）掌握变频调速控制。

根据三相异步电动机的转速表达式可以看出，通过改变极对数 p、转差率 s 和电源频率 f 三种方法可实现电动机的转速控制。其中变极调速适用于笼型异步电动机，一般有双速、三速、四速之分。双速电动机的定子中只有一套绕组，而三速、四速电动机的定子中需要两套绕组。

3.3.1 变极调速控制

1. 按钮控制的双速电动机电路

图 3.42 所示为按钮控制的双速电动机电路图。图中 KM1 用于三角形连接的低速控制（参考图 3.13），KM2、KM3 用于双星形连接的高速控制，SB2 为低速按钮，SB3 为高速按钮，HL1、HL2 分别为低、高速指示灯。

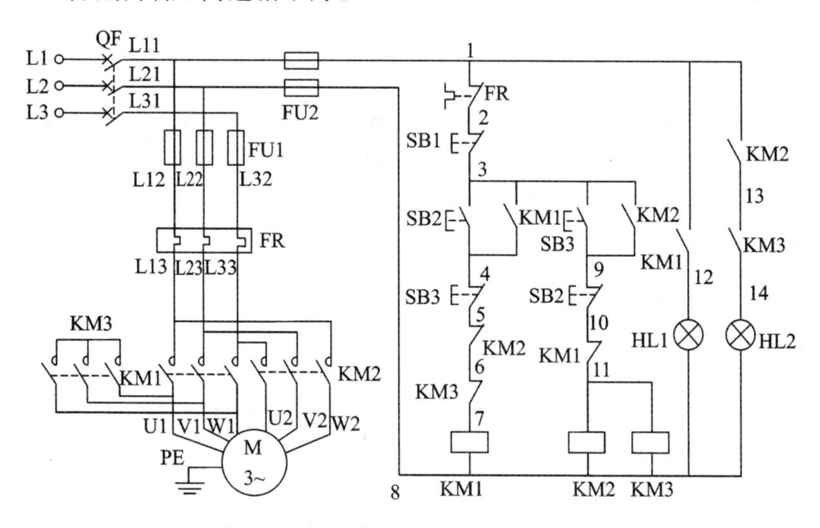

图 3.42 按钮按制的双速电动机电路图

该电路的工作原理是：合上电源开关 QF，按下起动按钮 SB2，KM1 通电并自锁，电动机为三角形连接，实现低速运行，指示灯 HL1 亮；当需要高速运行时，按下 SB3，KM2、KM3 通电并自锁，电动机为双星形连接，实现高速运行，指示灯 HL2 亮，HL1 灭。

由于电路采用了 SB2、SB3 的按钮互锁和接触器的电气互锁，能够实现低速运行直接转换为高速，或由高速直接转换为低速，无须再操作停止按钮。

2. 时间继电器控制的双速电动机电路

图 3.43 所示为时间继电器控制的双速电动机电路图。图中 KM1 用于三角形连接的低速控制，KM2、KM3 用于双星形连接的高速控制，KT 用于高、低速自动切换控制，SB2 为低速按钮，SA 为转换开关，KA 为中间继电器，HL1、HL2 分别为低、高速指示灯。

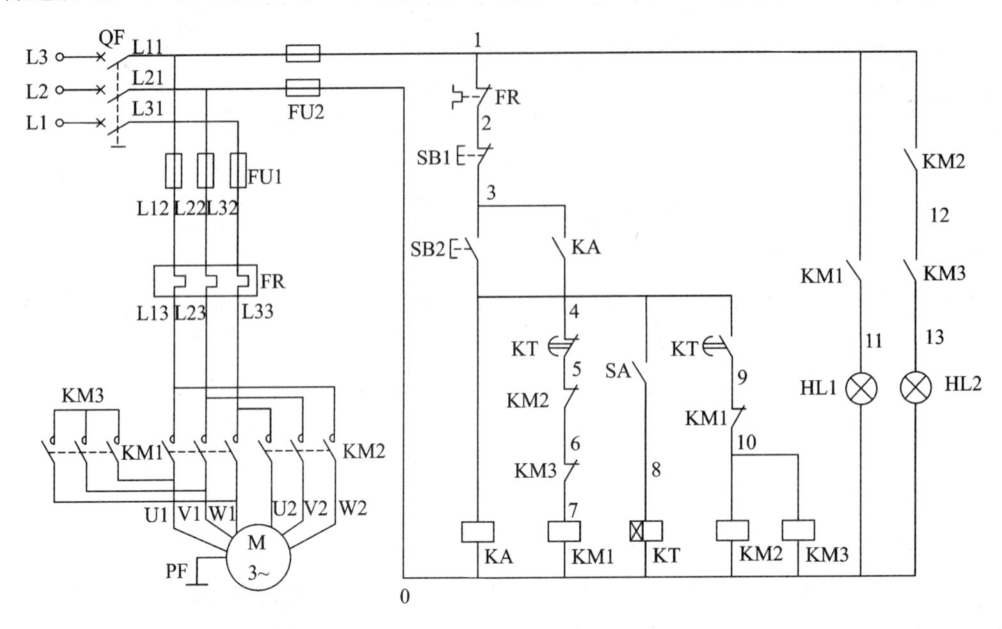

图 3.43　时间继电器控制的双速电动机电路图

该电路的工作原理是：合上电源开关 QF，按下起动按钮 SB2，KA 通电并自锁，KM1 线圈得电，其触点动作，电动机为三角形连接，实现低速运行，指示灯 HL1 亮；当需要高速运行时，合上 SA，时间继电器 KT 通电，经过延时后 KT 触点(4～5)断开，KM1 线圈失电，电动机断开三角形连接，同时 KT 触点(4～9)延时闭合，KM2、KM3 的线圈通电，电动机为双星形连接，实现高速运行，此时指示灯 HL1 灭，HL2 亮。

由于电路采用了时间继电器 KT 和接触器的电气互锁，能够实现低速直接转换为高速，或由高速直接转换为低速。

3.3.2　电磁滑差离合器调速控制

电磁滑差离合器调速是目前应用较为广泛的一种恒转矩交流调速方式，它由标准型异步电动机、电磁滑差离合器(以下简称离合器)和控制器 3 部分组成。其中，异步电动机作为拖动原动力，电磁离合器作为转矩传输器，将异步电动机的输出转矩传递至负载侧，而控制器则为供给和自动调整离合器励磁电流的电子装置。

电磁滑差离合器调速系统具有调速范围广、速度调节平滑、起动转矩大、控制功率小、有速度负反馈、自动调节系统时机械特性硬度高等一系列优点，因此在印刷机及其订书机、无线装订、高频烘干联动机控制中都得到了广泛应用。

图 3.44 所示为电磁滑差离合器调速系统的接线图，输入和输出线都通过面板下方的 7 芯航空插座进行连接，插座各芯与相应的各线进行连接。

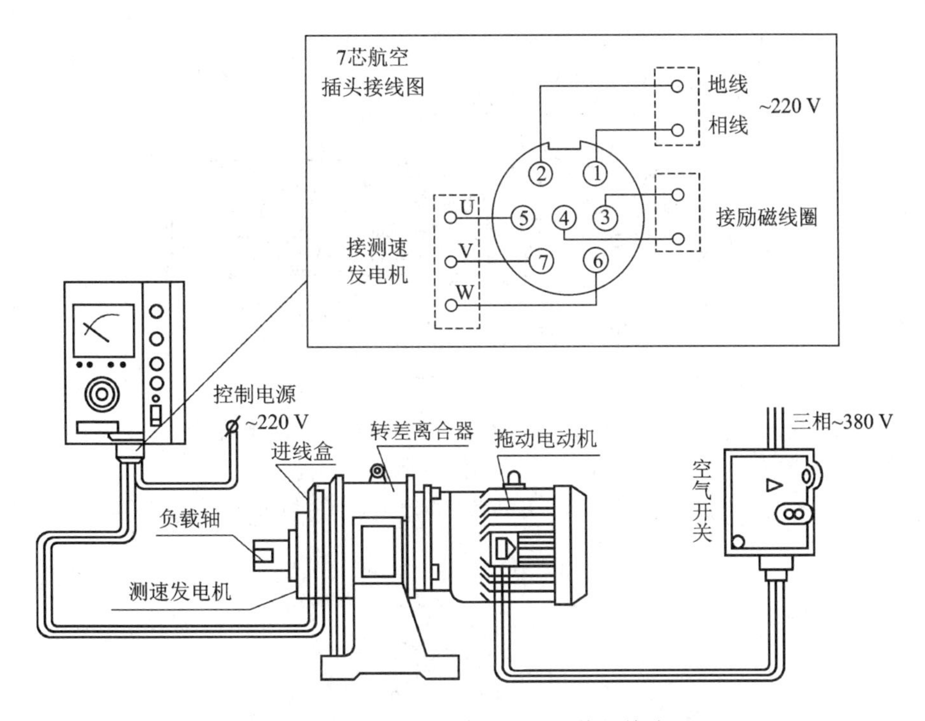

图 3.44　电磁滑差离合器调速系统的接线图

1. 电磁滑差离合器调速系统的结构组成

电磁调速异步电动机由三相交流鼠笼式异步电动机、电磁滑差离合器和电磁调速控制器等 3 部分组成，外形如图 3.45 所示。

图 3.45　电磁调速异步电动机外形

1）三相交流鼠笼式异步电动机的结构

滑差电动机采用组合式结构，拖动电动机为笼型的 Y 系列电动机，同步转速为 1500 r/min，电动机端盖上的凸缘装在离合器机座上。图 3.46 所示为 YCT 系列电磁调速电动机的结构图。

2）电磁滑差离合器的组成

离合器的主要部件为电枢、磁极和静止励磁绕组等，如图 3.47 所示。

（1）电枢为圆筒形实心钢体，直接套在拖动电动机的轴上，作为主动转子，其转速与拖动电动机相同。

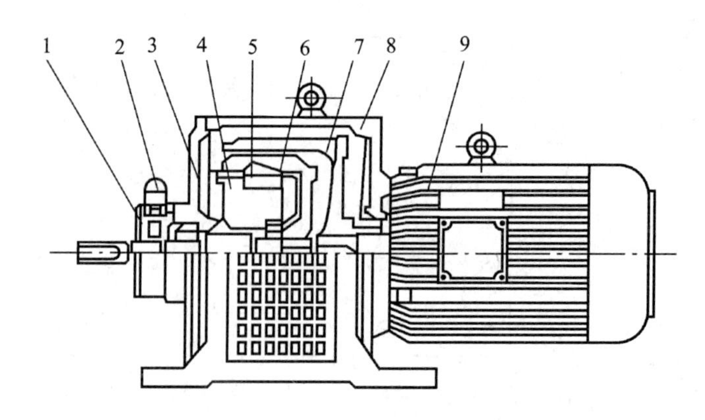

1—测速发电机；2—接线盒；3—端盖；4—导磁体；5—励磁绕组；6—磁极；7—电枢；8—基座；9—拖动电动机

图 3.46　YCT 系列电磁调速电动机的结构图

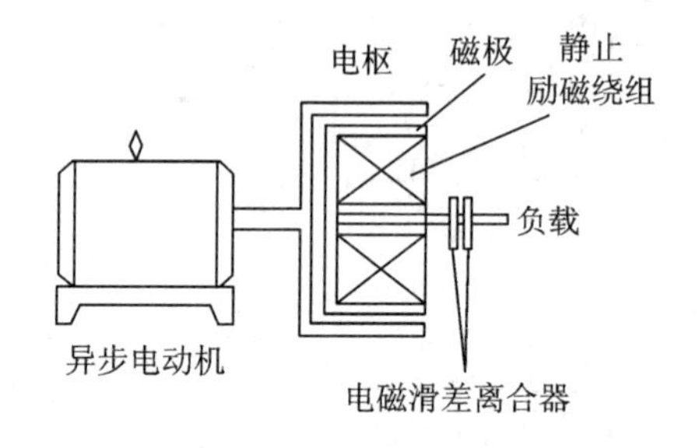

图 3.47　电磁滑差离合器的组成

(2) 磁极采用爪式结构，部分交叉，作为从动转子而输出转矩，在机械上与电枢无硬性连接，借助气隙而分开。

(3) 静止励磁绕组固定在端盖上，包括直流励磁绕组和导磁体两个部件。导磁体除支持绕组外，还作为磁路的一部分，借助两个辅助气隙与磁极转子分开，因此该系列调速电动机无碳刷等接触部件，使用安全可靠，且输出惯量小。

3) 电磁调速控制器

JD1 系列电磁调速控制装置是原机械电子工业部设计的节能型产品，主要用于电磁调速电动机的速度控制，实现恒转矩无级调速，当负载为风机和泵类时有明显的节电效果。

(1) 型号及其含义。

电磁调速控制器型号含义如图 3.48 所示。

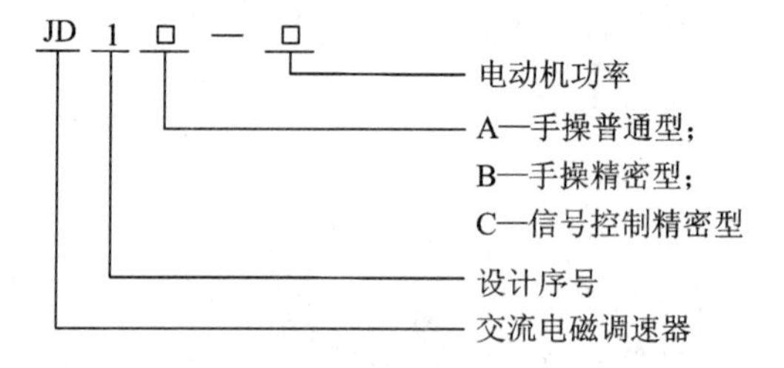

图 3.48　交流电磁调速器型号含义

(2) 规格型号与技术参数。

规格型号与技术参数参见表 3.1。

表 3.1 规格型号与技术参数

型　号	JD1A-11	JD1A-40	JD1A-90
电源电压	AC 220 V±10%　频率 50～60 Hz		
最大输出定额	DC 90 V 3 A	DC 90 V 5 A	DC 90 V 8 A
可控电动机功率	0.55～11 kW	11～40 kW	40～90 kW
测速发电动机	三相中频电压转速比≤2 V/100 r/min		
转速变化率	≤2.5%		
稳速精度	≤1%		
调速范围	100～1420 r/min		130～1420 r/min

(3) JD1A 型电磁调速控制器

JD1A 型电磁调速控制器外形及面板图如图 3.49 所示。

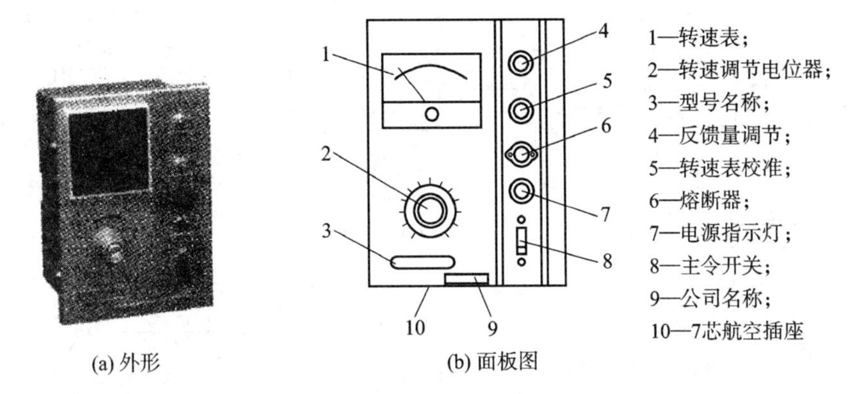

(a) 外形　(b) 面板图

图 3.49 JD1A 型电磁调速控制器

(4) 调速控制器的工作原理。

JD1A 系列电磁调速电动机控制器是由速度调节器、移相触发器、晶闸管调压电路及速度反馈等环节组成的。图 3.50 所示为 JD1A 调速控制器原理图。

由图 3.50 可以看出，速度指令电位器 RP1 给定的信号电压与测速发电机反馈量电位器 RP2 上的信号相比较后，其差值信号被送入速度调节器(或前置放大器)进行放大，放大后的信号电压与锯齿波叠加，控制晶闸管的导通放大，从而控制晶闸管的导通角来控制直流输出电压(0～90 V)，使转差离合器的激磁电流得到控制。即转差离合器的输出转速随着激磁电流的改变而改变，从而实现电磁调速电动机输出转速的宽范围调节。

2. 电磁滑差离合器调速系统的基本工作原理

接通电动机和调速控制器的电源，电动机作为原动机使用，当它旋转时带动离合器的电枢一起旋转。调速控制器是提供滑差离合器励磁线圈励磁电流的装置，当励磁绕组通入直流电后，工作气隙中产生空间交变的磁场，电枢切割磁力线产生感应电动势并产生涡流，由涡流产生的磁场与磁极磁场相互作用，产生转矩。输出轴的旋转速度取决于通入励磁绕组的励磁电流的大小，电流越大，转速越高，反之则低。不通入电流，输出轴便不能输出转矩。

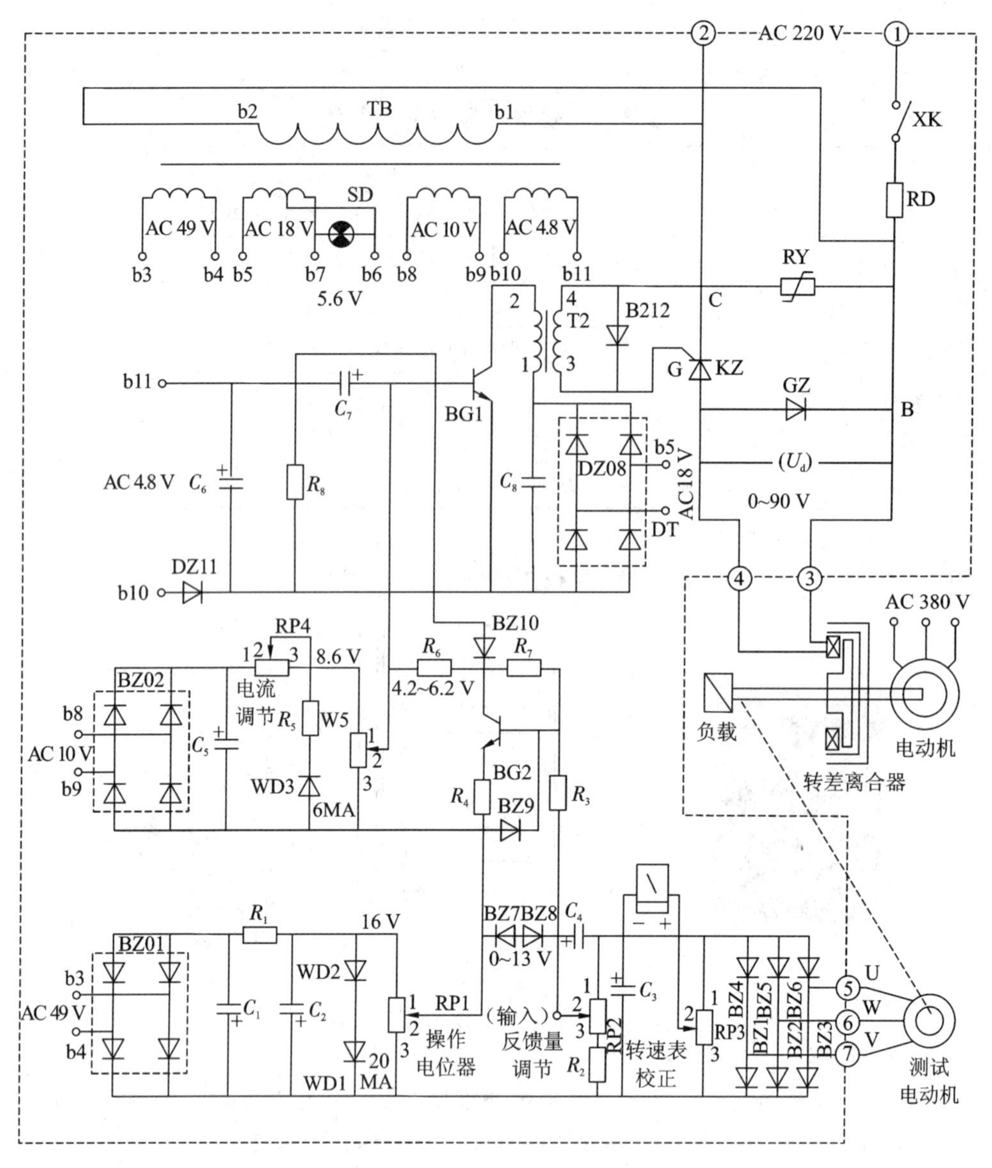

图 3.50　JD1A 调速控制器原理图

3. 电磁滑差离合器调速系统的安装与调试

1）接线

电磁调速控制器的 7 根外部接线通过航空插头进行连接，引线排布及位置如图 3.51 所示。

插头引线编号	1、2	3、4	5、6、7
颜色	红色	黑色	黄色
对应接线位置	1为220 V电源相线，接至开关或接触器下端，2为零线	离合器励磁绕组	测速发电机

图 3.51　航空插头引线编号、颜色及对应接线位置

2）起动与调试

（1）检查接线正确后，先起动电动机，再接通调速控制器电源。

（2）转速表的校正：由于测速发电机输出电压有差异，因此使用前必须根据电磁调速电动机的实际输出转速对转速表进行校正。调节转速电位器使电动机转到某一转速时，用轴测式转速表或其他数字转速表测量电动机的实际转速，然后调整面板上的转速表校准电位器使之一致。

（3）最高转速整定：将面板上的转速调节电位器按顺时针方向调至最大，然后调节面板上的反馈量调节电位器，使电磁调速电动机达到最高额定转速。

（4）运行中，若发现电动机输出转速有周期性的摆动，可将7芯插头接励磁线圈的3、4线对调，使之与机械惯性协调，以达到更进一步的稳定。

3.3.3　变频调速控制

变频调速是利用变频器向交流电动机供电，并构成开环或闭环系统。而其中的变频器就是把固定电压、固定频率的交流电变换为可调电压、可调频率的交流电的变换器，是异步电动机变频调速的控制装置。图3.52所示为西门子MM420系列变频器的外形。

图3.52　西门子MM420变频器的外形

1. 变频器的标准接线与端子功能

不同系列的变频器都有其标准的接线端子，要根据使用说明书进行连接。变频器的接线主要有以下两部分。

（1）主电路，包括电源及电动机的连接。

（2）控制电路，包括控制电路及监测电路的连接。

图3.53所示为西门子MM420系列变频器的电路方框图。各端子功能参见表3.2。端子功能介绍也分为主回路端子和控制回路端子两部分。

主回路端子接线如图3.54所示。

主回路端子和控制回路端子布局如图3.55所示。

表3.2　MM420各端子功能

端子号	标志符	功　能
1	输出	＋10 V直流电压输出(内部电源)
2	输出	0 V输出(内部电源)
3	AIN1＋	模拟输入(＋)(模拟输入电压0～10 V，可标定)

续表

端子号	标志符	功　能
4	AIN1 -	模拟输入(－)(模拟输入电压 0～10 V，可标定)
5	DIN1	数字输入 1(最大电压 3.3 V，最大电流 5 mA，可设置)
6	DIN2	数字输入 2(最大电压 3.3 V，最大电流 5 mA，可设置)
7	DIN3	数字输入 3(最大电压 3.3 V，最大电流 5 mA，可设置)
8	带电位隔离的输出	＋24 V，最大电流 100 mA(内部电源)
9	带电位隔离的输出	0 V，最大电流 100 mA(内部电源)
10	RL1B	继电器(数字)输出常开触点(250 V AC 2 A 感性，30 V DC 5 A 阻性)
11	RL1C	继电器(数字)输出切换触点(250 V AC 2 A 感性，30 V DC 5 A 阻性)
12	AOUT＋	模拟量输出(＋)(0～20 mA)
13	AOUT -	模拟量输出(－)(0～20 mA)
14	P＋	RS485 串口
15	N -	RS485 串口

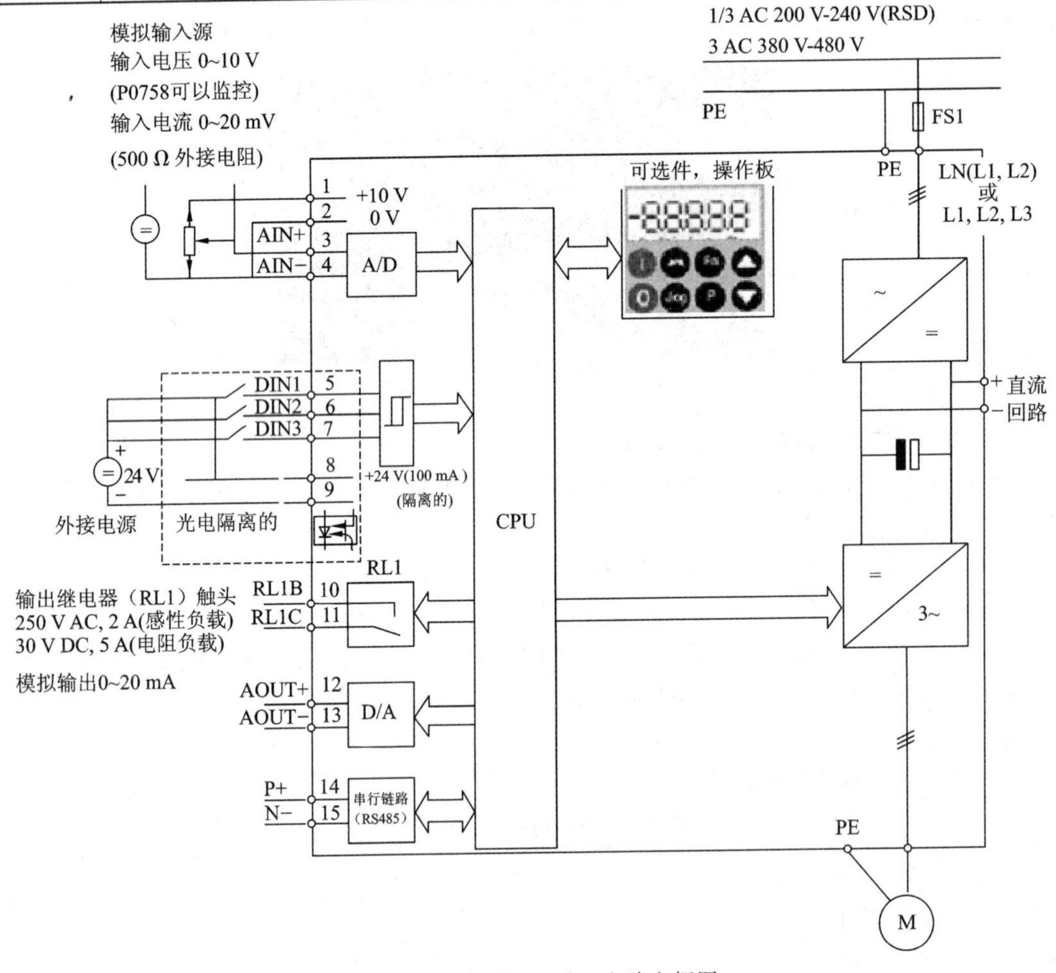

图 3.53　西门子 MM420 电路方框图

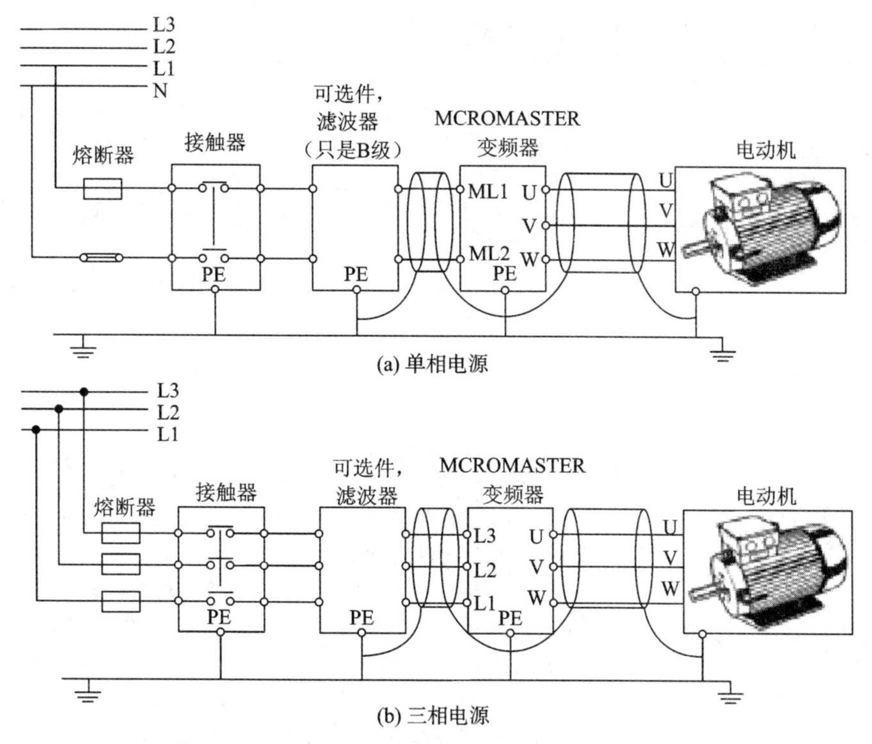

图 3.54　MM420 变频器主回路端子接线示意图

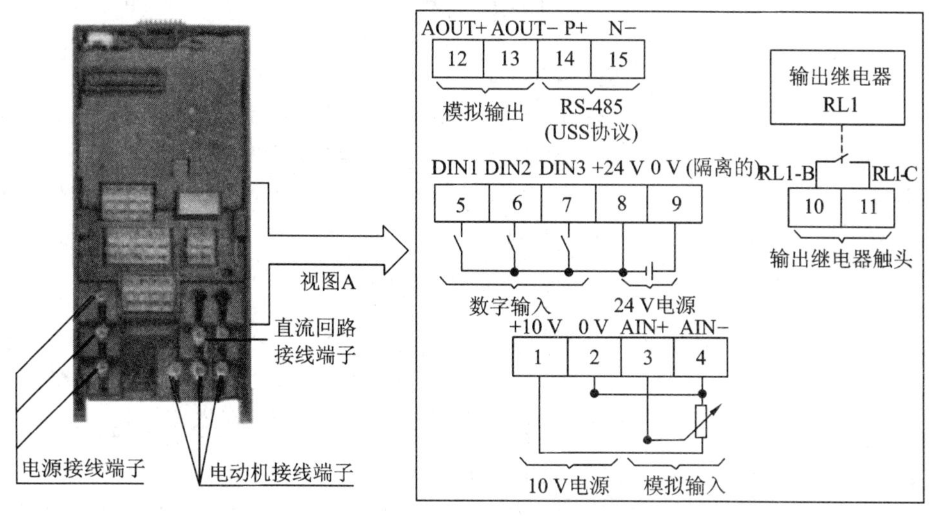

图 3.55　MM420 变频器接线端子图

2. 基本操作面板

基本操作面板(BOP)如图 3.56 所示，各部分名称、功能及功能说明见表 3.3。

图 3.56　BOP 外形

表 3.3　BOP 各部分名称、功能及功能说明

显示/按钮	功能	功能说明
r0000	状态显示	LCD 显示变频器当前的设定值
I	起动变频器	按此键起动变频器。缺省值运行时此键是被封锁的。为了使此键的操作有效，应设定 P0700＝1
0	停止变频器	OFF1：按此键，变频器将按选定的斜坡下降速率减速停车。缺省值运行时此键被封锁；为了允许此键操作，应设定 P0700＝1。 OFF2：按此键两次(或一次，但时间较长)电动机将在惯性作用下自由停车。 此功能总是"使能"的
	改变电动机的转动方向	按此键可以改变机的转动方向。电动机的反向用负号(－)表示或用闪烁的小数点表示。缺省值运行时此键是被封锁的，为了使此键的操作有效，应设定 P0700＝1
jog	电动机点动	在变频器无输出的情况下按此键，将使电动机起动，并按预设定的点动频率运行。释放此键时，变频器停车。如果变频器/电动机正在运行，按此键将不起作用
Fn	功能	① 此键用于浏览辅助信息。 变频器运行过程中，在显示任何一个参数时按下此键并保持不动 2 s，将显示以下参数值(在变频器运行中，从任何一个参数开始)： 1. 直流回路电压(用 d 表示，单位：V) 2. 输出电流(A) 3. 输出频率(Hz) 4. 输出电压(用 o 表示，单位：V)。 5. 由 P0005 选定的数值(如果 P0005 选择显示上述参数中的任何一个(3、4 或 5)，这里将不再显示) 连续多次按下此键，将轮流显示以上参数。 ② 跳转功能 在显示任何一个参数(rXXXX 或 PXXXX)时短时间按下此键，将立即跳转到 r0000，如果需要的话，您可以接着修改其他的参数。跳转到 r0000 后，按此键将返回原来的显示点
P	访问参数	按此键即可访问参数
▲	增加数值	按此键即可增加面板上显示的参数数值
▼	减少数值	按此键即可减少面板上显示的参数数值

3. 基本操作

进行主电路接线时，变频器上的 L1、L2、L3 接三相电源，接地接保护地线；端子 U、V、W 连接到三相电动机(千万不能接错电源，否则会损坏变频器)。控制端子按要求接好线后(与操作方式相关)，就要进行 MM420 变频器的参数设置。

变频器的参数由参数号和参数值组成。参数号是指该参数的编号，用 0000 到 9999 的

4 位数字表示。在参数号的前面冠以一个小写字母“r”时，表示该参数是“只读”的参数。其他所有参数号的前面都冠以一个大写字母“P”。这些参数的设定值可以直接在“最小值”和“最大值”范围内进行修改。[下标]表示该参数是一个带下标的参数，并且指定了下标的有效序号。

1）用 BOP 设定系统参数实例

用 BOP 可以修改和设定系统参数，使变频器具有期望的特性，例如斜坡时间、最小和最大频率等。选择的参数号和设定的参数值在五位数字的 LCD 上显示。

更改参数数值的步骤可大致归纳为：(1) 查找所选定的参数号；(2) 进入参数值访问级，修改参数值；(3) 确认并存储修改好的参数值。

参数 P0004(参数过滤器)的作用是根据所选定的一组功能，对参数进行过滤(或筛选)，并集中对过滤出的一组参数进行访问，从而可以更方便地进行调试。

假设参数 P0004 设定值=0，需要把设定值改变为 3。改变设定数值的步骤如图 3.57 所示。

操作步骤	显示的结果
1 按 P 访问参数	r0000
2 按 ▲ 直到显示出 P0004	P0004
3 按 P 进入参数数值访问级	0
4 按 ▲ 或 ▼ 达到所需要的数值	3
5 按 P 确认并存储参数的数值	P0004
6 使用者只能看到命令参数	

图 3.57　改变参数 P0004 数值的步骤

修改带下标的参数实例如图 3.58 所示。P0719 是一个带下标的参数，请将 P0719[0] 下的值 0 修改成 12。

操作步骤	显示的结果
1 按 访问参数	r0000
2 按 直到显示出P0719	P0719
3 按 进入参数数值访问级	in000
4 按 显示当前的设定值	0
5 按 或 选择运行所需要的最大频率	12
6 按 确认和存储P0719的设定值	P0719
7 按 直到显示出r0000	r0000
8 按 返回标准的变频器显示（由用户定义）	

图 3.58　带下标参数的修改实例

2）MM420 常用系统参数的说明

西门子 MM420 变频器常用系统参数的设定值与对应的功能如下：

◆ **P0003**　**用户的参数访问级别**

1　标准级：可以访问经常使用的一些参数

2　扩展级：允许扩展访问参数的范围

3　专家级：只供专家使用

4　维修级：只供授权的维修人员使用

◆ **P0004**　**参数过滤器**

0　全部参数

2　变频器参数

3　电动机参数

7　命令、数字 I/O

8　模拟 I/O

10　设定值通道和斜坡发生器

12　驱动装置的特点

13　电动机的控制

20　通信

21　报警、警告和监控

22　PI 控制器

◆ **P0005**　**显示选择**

21　实际频率

25　输出电压

26　直流回路电压

27　输出电流

◆ **P0010**　**调试参数过滤器**

0　准备

1　快速调试

2　变频器

29　下载

30　工厂的设定值

◆ **P0100**　**使用地区**

0　欧洲，50 Hz

2　北美，60 Hz

◆ **P0300**　**选择电动机的类型**

1　异步电动机

2　同步电动机

◆ **P0304**　**电动机额定电压**

◆ **P0305**　**电动机额定电流**

◆ **P0307**　**电动机额定功率**

◆ **P0308**　**电动机的额定功率因数**
◆ **P0309**　**电动机的额定效率**
◆ **P0310**　**电动机的额定频率**
◆ **P0311**　**电动机的额定转速**
◆ **P0700**　**选择命令源**
0　工厂的缺省
1　BOP(键盘)设置
2　由端子排输入
4　BOP 链路的 USS 设置
5　COM 链路的 USS 设置
◆ **P0701**　**数字输入 1 的功能**
0　禁止数字输入
1　ON/OFF1(接通正转/停车命令 1)
2　ON reverse/OFF1(接通反转/停车命令 1)
3　OFF2 停车命令 2，惯性自由停车
4　OFF3 停车命令 3，斜坡函数曲线减速停车
9　故障确认
10　正转点动
11　反转点动
12　反转
13　MOP 升速
14　MOP 减速
15　固定频率设定值(直接选择)
16　固定频率设定值(直接选择＋ON 命令)
17　固定频率设定值(二进制编码选择＋ON 命令)
21　机旁/远程控制
25　直流注入制动
29　由外部信号触发跳闸
33　禁止附加频率设定值
99　使能 BICO 参数化
◆ **P0702**　**数字输入 2 的功能(参见 P0701)**
◆ **P0703**　**数字输入 3 的功能(参见 P0701)**
◆ **P0704**　**数字输入 4 的功能 (参见 P0701)**
◆ **P0719**　**命令和频率设定值选择**
0　命令＝BICO 参数　设定值＝BICO 参数
1　命令＝BICO 参数　设定值＝JOP 参数
2　命令＝BICO 参数　设定值＝模拟设定值
3　命令＝BICO 参数　设定值＝固定频率
……………………………………………………

◆ **P0731　BI：数字输出 1 的功能**

52.0　变频器准备
52.1　变频器运行准备就绪
52.2　变频器正在运行
52.3　变频器故障
52.4　OFF2 停车命令有效
52.5　OFF3 停车命令有效
52.6　禁止合闸
52.7　变频器报警
52.8　实际值/设定值偏差过大

◆ **P0771　CI：DAC 的功能**

21　CO：实际频率
24　CO：实际输出频率
25　CO：实际输出电压
26　CO：实际直流回路电压
27　CO：实际输出电流

◆ **P0970　工厂复位**

0　禁止复位
1　参数复位

◆ **P1000　频率设定值选择**

0　无主设定值
1　MOP 设定值
2　模拟设定值
3　固定频率
4　通过 BOP 链路的 USS 设定
5　通过 COM 链路的 USS 设定
6　通过 CB 链路的 USS 设定

◆ **P1001　固定频率 1**
◆ **P1002　固定频率 2**
◆ **P1003　固定频率 3**
◆ **P1004　固定频率 4**
◆ **P1005　固定频率 5**
◆ **P1006　固定频率 6**
◆ **P1007　固定频率 7**
◆ **P1058　正向点动频率**
◆ **P1059　反向点动频率**
◆ **P1060　点动的斜坡上升时间**
◆ **P1061　点动的斜坡下降时间**
◆ **P1080　最低频率**

◆ **P1082**　**最高频率**

◆ **P1120**　**斜坡上升时间**

◆ **P1121**　**斜坡下降时间**

◆ **P3900**　**结束快速调试**

0　不用快速调试

1　结束快速调试，并按工厂设置复位参数

2　结束快速调试

3　结束快速调试，只进行电动机数据计算

◆ **P3981**　**故障复位**

0　故障不复位

1　故障复位

3）基本实例

(1) 变频器复位。

通常，一台新的 MM420 变频器需要经过三个调试步骤后才能正常运行，即参数复位、快速调试和功能调试。

参数复位是将变频器参数恢复到出厂状态下的默认值的操作。一般在变频器出厂和参数出现混乱的时候进行此操作。

快速调试是用户输入电动机相关参数和一些基本驱动控制参数，使变频器可以良好地驱动电动机运转。一般在复位后或更换电动机后需要进行此操作。

功能调试是用户按具体生产工艺的需要进行的设置操作。这一部分的调试工作比较复杂，常常在现场多次进行。

MM420 的复位操作流程见表 3.4。

表 3.4　变频器复位操作流程

参数号	设置值	参数说明
P0003	1	定义参数访问等级为标准级
P0010	30	加入工厂复位准备状态
P0970	1	将参数复位到出厂设定值

(2) 变频器参数出厂默认值设置。

变频器出厂时起动/停止由数字输入控制，频率由模拟输入控制，其相关参数设定见表 3.5，对应接线如图 3.59 所示。

表 3.5　系统参数与端子对应关系表

	端子	参数	缺省操作
数字输入 1	5	P0701＝1	ON，正向运行
数字输入 2	6	P0702＝12	反向运行
数字输入 3	7	P0703＝9	故障复位
输出继电器	10/11	P0731＝52.3	故障识别
模拟输出	12/13	P0771＝21	输出频率
模拟输入	3/4	P0700＝0	频率设定值
	1/2		模拟输入电源

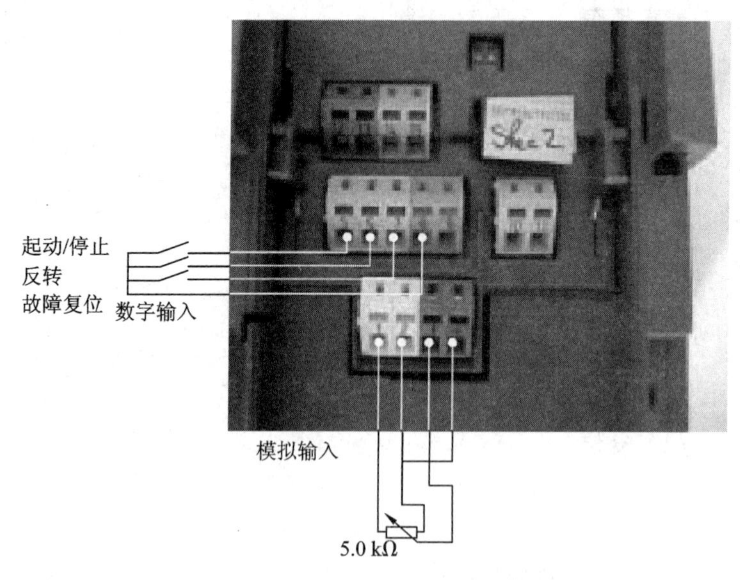

图 3.59　与出厂设置对应的接线图

操作如下：合上数字输入 1 开关，电动机起动运行，再合上数字输入 2 开关，则电动机反转，调整电位器旋钮则电动机改变速度，断开数字输入 1 开关，则电动机停止转动。

(3) 电动机参数设置。

为了使电动机与变频器相匹配，需要设置电动机参数。电动机参数设定完成后，设 P0010=0，变频器当前处于准备状态，可正常运行。

已知电动机的额定电压为 380 V、额定电流为 1.05 A、额定功率为 0.37 kW、额定频率为 50 Hz、额定转速为 1400 r/min，电动机参数设置如表 3.6 所示。

表 3.6　电动机参数设置

参数号	出厂值	设置值	说　明
P0003	1	1	设定用户访问级为标准级
P0010	0	1	快速调试
P0100	0	0	功率以 kW 表示，频率为 50 Hz
P0304	230	380	电动机额定电压(V)
P0305	3.25	1.05	电动机额定电流(A)
P0307	0.75	0.37	电动机额定功率(kW)
P0308	0	0.8	电动机额定功率因素
P0310	50	50	电动机额定频率(Hz)
P0311	0	1400	电动机额定转速(r/min)
P3900	0	3	仅进行电动机参数计算
P0010	0	0	准备调试

(4) 用面板 BOP 进行变频器操作。

通过变频器操作面板实现电动机的起动、正反转、点动及调速控制等操作。参数设置见表 3.7。

表 3.7　面板基本操作控制参数

参数号	出厂值	设置值	说　明
P0003	1	1	设用户访问级为标准级
P0010	0	0	正确地进行运行命令的初始化
P0004	0	7	命令和数字 I/O
P0700	2	1	由键盘输入设定值(选择命令源)
P0003	1	1	设用户访问级为标准级
P0004	0	10	设定值通道和斜坡函数发生器
P1000	2	1	由键盘(电动电位计)输入设定值
P1080	0	0	电动机运行的最低频率(Hz)
P1082	50	50	电动机运行的最高频率(Hz)
P0003	1	2	设用户访问级为扩展级
P0004	0	10	设定值通道和斜坡函数发生器
P1040	5	20	设定键盘控制的频率值(Hz)
P1058	5	10	正向点动频率(Hz)
P1059	5	10	反向点动频率(Hz)
P1060	10	5	点动斜坡上升时间(s)
P1061	10	5	点动斜坡下降时间(s)

操作说明如下：

变频器起动：在变频器的前操作面板上按运行键，变频器将驱动电动机升速，并运行在由 P1040 所设定的 20 Hz 频率对应的 560 r/min 的转速上。

正反转及加减速运行：电动机的转速(运行频率)及旋转方向可直接通过按前操作面板上的加减键来改变。

点动运行：按下变频器前操作面板上的点动键，则变频器驱动电动机升速，并运行在由 P1058 所设置的正向点动 10 Hz 频率值上。松开变频器前操作面板上的点动键，则变频器将驱动电动机降速至零。这时，如果按一下变频器前操作面板上的换向键，再重复上述的点动运行操作，电动机可在变频器的驱动下反向点动运行。

电动机停车：在变频器的前操作面板上按停止键，则变频器将驱动电动机降速至零。

(5) 利用外部数字输入完成不同速度正反转控制操作。

正转频率为 20 Hz，反转频率为 15 Hz。三个数字输入一个负责正转频率，一个负责反转频率，还有一个负责正反转切换。端子功能分配见表 3.8，参数设置见表 3.9。

表 3.8　数字输入 1、2、3 功能分配

端子号	使用元件及符号(接端子 8)	功　能
5　DIN1	开关 S1	频率 20 Hz+ON 起动
6　DIN2	开关 S2	频率 15 Hz+ON 起动
7　DIN3	开关 S3	正(OFF)反(ON)转

表 3.9　端子操作的变频器参数设置

参数号	出厂值	设置值	说　明
P0003	1	1	设用户访问级为标准级
P0010	0	30	加入工厂复位准备状态
P0970	0	1	将参数复位到出厂设定值
P0004	0	7	命令和数字 I/O
P0700	2	2	命令源选择由端子排输入
P0003	1	2	设用户访问级为扩展级
P0004	0	7	命令和数字 I/O
P0701	1	17	选择固定频率
P0702	1	17	选择固定频率
P0703	1	1	ON 接通正转，OFF 停止
P0003	1	1	设用户访问级为标准级
P0004	2	10	设定值通道和斜坡函数发生器
P1000	2	3	选择固定频率设定值
P0003	1	2	设用户访问级为扩展级
P0004	0	10	设定值通道和斜坡函数发生器
P1001	0	20	选择固定频率 1
P1002	5	15	选择固定频率 2

设置完成并接好线后，当合上 S1 时，数字输入端口 1“ON”，电动机以 20 Hz 频率运行，当断开 S1 时，数字输入端口 1“OFF”，电动机停车。当合上 S2 时，数字输入端口 2“ON”，电动机以 15 Hz 频率正转运行，再合上 S3 时，电动机反转，直到以 15 Hz 频率反转稳定运行。当断开 S2 时，数字输入端口 2“OFF”，电动机停车。

(6) 变频器的快速调试。

变频器有许多参数，为了快速进行调试，选用其中最基本的参数进行修正即可，调试过程如图 3.60 所示。

4. 基本操作举例

1) 变频器的操作方式

MM420 变频器有多种操作方式，可以完全采用操作面板进行操作(即使用操作面板上的按键按键实现起动停止控制、正反转切换、点动等)，也可以完全利用外部输入端子进行操作(起动、停止、正反转切换、点动等)，还可以将面板与外部输入端子组合起来进行操作(如利用面板按键实现起动停止、正反转等，利用外部输入端子进行调速)，另外还可以通过通信进行变频器的操作等。变频器的操作方式可以通过 P0700 与 P1000 两个参数的不同取值进行组合，常见操作方式组合见表 3.10。

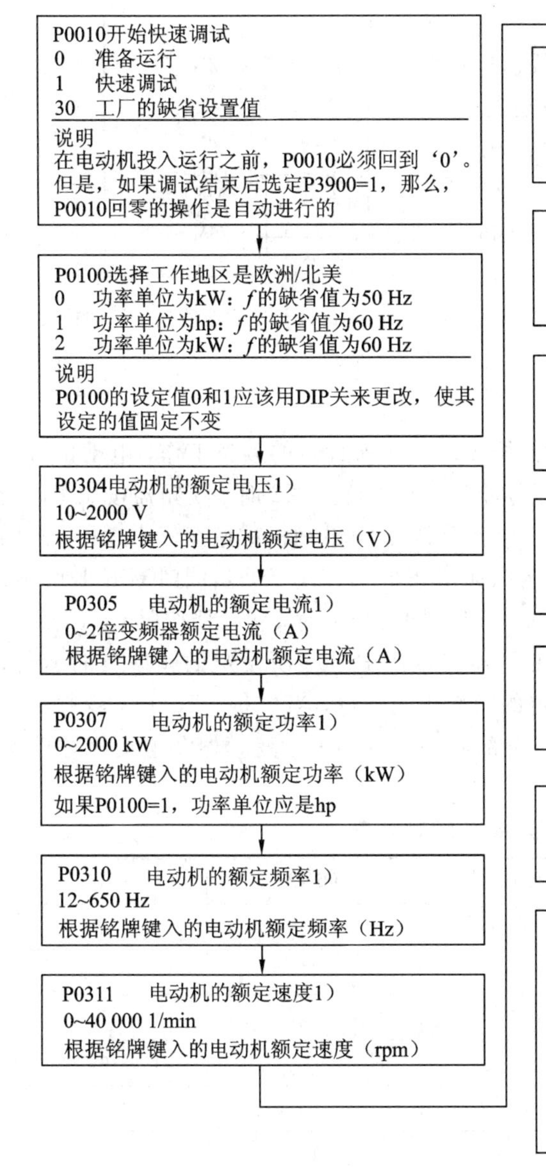

图 3.60　快速调试流程图(仅适用于第 1 访问级)

表 3.10　常见操作方式及参数设置

组合方式	P0700	P1000	组合特点
面板操作与调速	1	1	完全使用面板进行操作
外部操作与调速 1	0	2	系统默认设置(外部操作与模拟量调速)
外部操作与调速 2	2	3	全部使用数字输入端子(含多段速运行)
外部操作与面板调速	2	1	组合操作 1
面板操作与端子调速 1	1	2	组合操作 2
面板操作与端子调速 2	1	3	组合操作 3

2）变频器的多段速控制方式介绍

图 3.61 所示为变频器外部信号控制多段速运行的接线图。

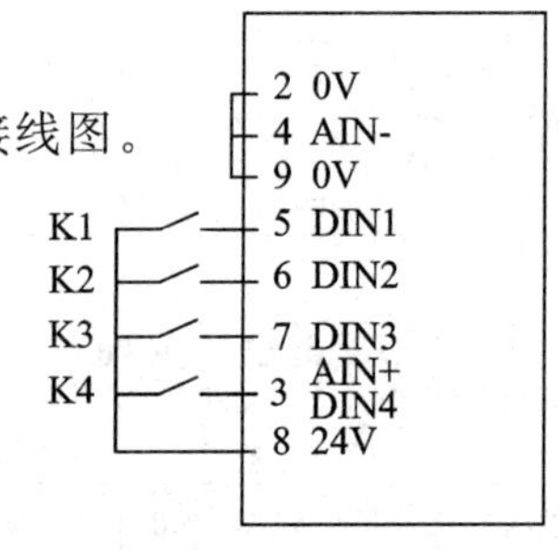

图 3.61　外部信号控制多段速运行的接线图

当变频器需要用外部信号控制多段速运行时，将 P0700 设为 2、P1000 设为 3，并完成 P0701 = 17、P0702 = 17、P0703 = 17 和 P0304=12设置，此时，变频器的起动、停止、正反转以及频率都通过外部端子由外部信号来控制。

固定频率选择对应关系见表 3.11。

3）多段速操作

若按图 3.61 接线，当合上 K1 时，变频器按照 P1001 所设定的频率工作，电动机可正向加速运行；当断开 K1 时，电动机将减速至停止运行。当合上 K2 时，变频器按照 P1002 所设定的频率工作，电动机可正向加速运行；当断开 K2 时，电动机减速至停止运行；当同时合上 K1、K2 时，变频器按照 P1003 所设定的频率正向加速运行，当同时断开 K1、K2 时，电动机将减速至停止运行。当 K1、K2、K3 和 K4 同时合上时，变频器按照 P1007 所设定的频率反向加速运行，当仅断开 K1 时，变频器将按照 P1006 所设定的频率反向运行，当再断开 K4 时，变频器将按照 P1006 所设定的频率正向运行，当再断开 K2 时，变频器将按照 P1004 所设定的频率正向运行，只有当全部开关均断开时，变频器及电动机才停止运行。

表 3.11　固定频率选择对应表

频率设定	DIN4(0 正 1 反)	DIN3	DIN2	DIN1
P1001	0	0	0	1
P1002	0	0	1	0
P1003	0	0	1	1
P1004	0	1	0	0
P1005	0	1	0	1
P1006	0	1	1	0
P1007	0	1	1	1
P1001	1	0	0	1
P1002	1	0	1	0
P1003	1	0	1	1
P1004	1	1	0	0
P1005	1	1	0	1
P1006	1	1	1	0
P1007	1	1	1	1

思考与练习

一、三相异步电动机的电气调速的方法主要有哪些？

二、简述变极调速的方法、原理及特点。

三、电磁转差离合器调速与其他调速方式有何不同？

四、说明变频调速的基本控制方式及常见变频方式。

五、试比较三相异步电动机的几种电气调速方式的优缺点。

任务四　三相异步电动机的 PLC 控制

任务要求

（1）掌握继电接触器控制的实现方式。

（2）熟悉继电器控制电路的 PLC 改造方法。

（3）掌握多段速调速时变频器与 PLC 的应用。

（4）掌握触摸屏的简单应用。

3.4.1　继电接触器控制电路的 PLC 改造

在生产中，有的生产机械常要求能正反两个方向运行，如机床工作台的前进与后退、主轴的正转与反转、小型升降机和起重机吊钩的上升与下降等，这就要求电动机必须可以正反转。

1. 双重联锁正反向起动控制电路的设计

图 3.62 所示为双重联锁正反向起动控制的电气原理图，其动作原理参见 3.2.2 小节。

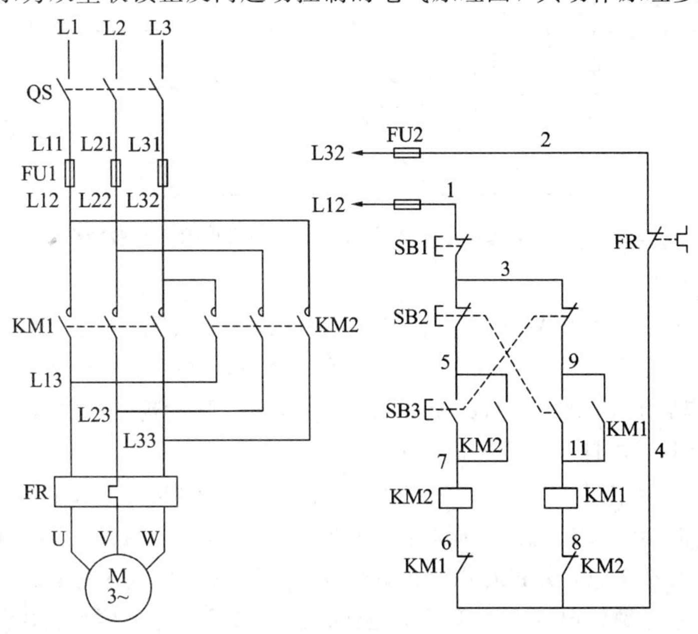

图 3.62　双重联锁正反向起动控制的电气原理图

2. 正反向起动控制电路的实现

1）绘制安装接线图

安装接线图如图 3.63 所示。线路中的刀开关 QS，两组熔断器 FU1、FU2，两组接触器 KM1、KM2 以及热继电器安装在底板上；控制按钮 SB2、SB3、SB1(使用 LA4 系列按钮盒)及电动机 M 安装在底板外，通过接线端子板 XT 与底板上的电器连接。为了接线美观，绘图时注意使 QS、FU1、KM1、FR 排在一条直线上，KM1 和 KM2 排在一条水平线上。在控制电路中，将每只接触器的联锁触点并排画在自保触点旁边，认真对照原理图的线号标好端子号。

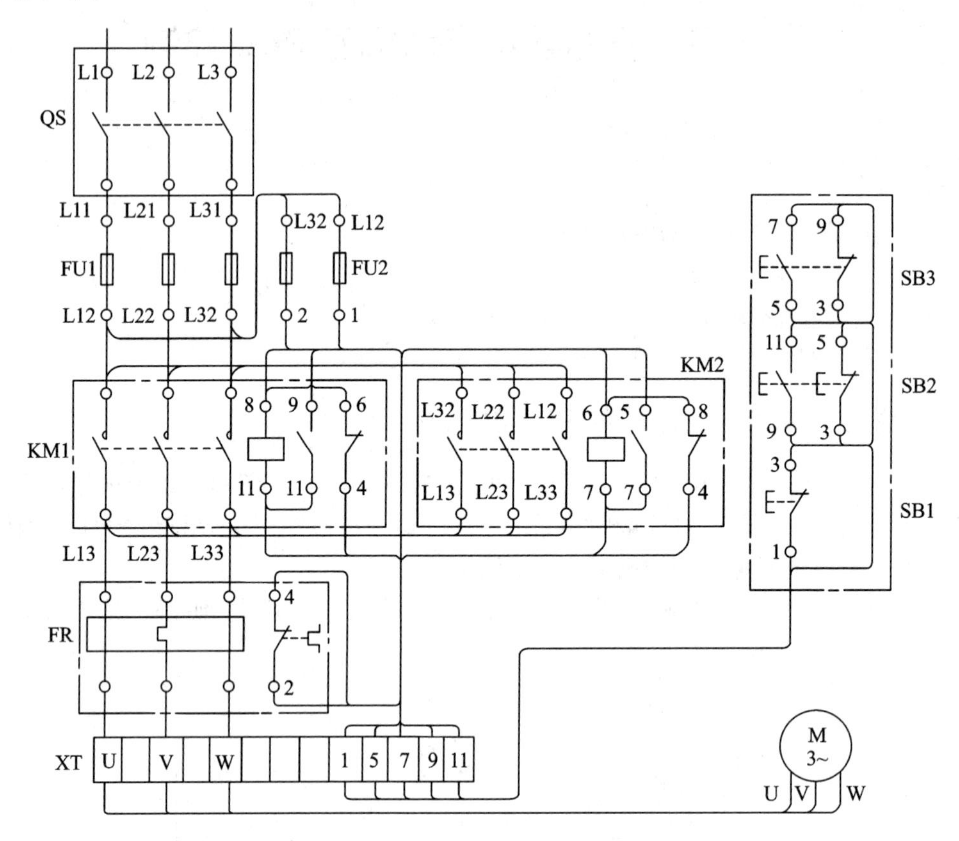

图 3.63　双重联锁的正反向起动控制线路的安装接线图

2）检查与接线

认真检查两只交流接触器的主触点、辅助触点的接触情况，按下触点架检查各极触点的分合动作，必要时用万用表检查触点动作后的通断，以保证自保和联锁线路的正常工作。检查其他电器动作情况，进行必要的测量、记录，排除发现的电器故障。按照线路图规定的位置在底板上定位打孔和固定电器元件。

接线时的顺序要求是先接主电路，再接控制电路，另外要注意以下几点：

(1) 主电路的走线方式是，先根据电动机的工作电流准备导线，再套上接线号管接到端子上。接线应横平竖直，分布对称。电动机接线盒至安装底板上的接线端子板之间应使用护套线连接。注意做好电动机外壳的接地保护线。另外，两只接触器主触点端子之间的连线可以直接在主触点高度的平面内走线，不必向下贴近安装底板，以减少导线的弯折。

(2) 控制电路接线可先接好两只接触器的自保线路，核查无误后再接联锁线路。自保线为单号，联锁线为双号，前者接在接触器线圈的前端，后者接在接触器线圈的后端。这两部分线路没有公共接点，应反复核对，不可接错。

3) 试车

(1) 对照原理图、接线图逐线检查，核对线号，防止错、漏接。

(2) 检查所有端子接线的接触情况，排除虚接处。

(3) 用万用表检查。断开 QS，取下接触器的灭弧罩，以便手动模拟触点的分合动作，万用表拨到 R×1 挡。拔出 FU2 的熔断管切除控制电路，测量主电路刀开关下端 L11 - L21、L21 - L31、L11 - L31 之间的电阻，结果均应该为断路。若结果为短路，则说明所测量的两相之间的接线有短路问题，应仔细逐线检查。测量时电动机各相绕组值应较小，若 R→∞，则应排查断路点。检查控制电路时，应拆下电动机，插好 FU2 的瓷盖。用万用表笔接刀开关下端子 L11、L31 处，应测得断路；按下按钮 SB2 或 SB3，应测得接触器 KM1 或 KM2 线圈的电阻值。若有异常可移动表笔逐步缩小故障范围，这是一种快速可靠的探查方法。

(4) 通电试车。完成上述步骤后，清点工具，清理安装板上的线头杂物，检查三相电源电压。一切正常后，在指导老师的监护下通电试车。先进行空载试验，再进行负载试验。

第一，空载操作。合上 QS，做以下几项试验。

正反向起动、停车。交替按下 SB2、SB3，观察 KM1、KM2 受其控制的动作情况，细听它们运行的声音，观察按钮联锁作用是否可靠。

检查辅助触点联锁动作。用绝缘棒按下 KM1 触点架，当其自保触点闭合时，KM1 线圈立即得电，触点保持闭合；再用绝缘棒轻轻按下 KM2 触点架，使其联锁触点分断，则 KM1 应立即释放；继续将 KM2 触点架按到底，则 KM2 得电动作。再用同样的方法检查 KM1 对 KM2 的联锁作用。反复操作几次，以观察线路联锁作用的可靠性。

第二，带负荷试车。切断电源后接好电动机接线，装好接触器灭弧罩，合上刀开关后试车。

先按下 SB2 使电动机正向起动，待电动机达到额定转速后，再按下 SB3，注意观察电动机转向是否改变。交替操作 SB2 和 SB3 的次数不可太多，动作应慢，防止电动机过载。

3. 正反向起动控制电路的 PLC 改造

如何用 PLC 来完成双重联锁的正反向起动控制呢？这也就是正反向起动控制电路的 PLC 改造。在改造时需要注意，原来的主电路全部保留，原来的控制电路由以 PLC 为中心的电路来取代。当然应选择一个 PLC，这里选择 S7 - 200 系列的 PLC，然后要进行 I/O 分配与编程，再进行硬件的接线与调试等。下面分别进行介绍。

1) I/O(输入/输出)分配与编程

(1) I/O(输入/输出)分配表。

由上述控制要求可确定 PLC 需要 3 个输入点、2 个输出点，其 I/O 分配表见表 3.12。

表 3.12 I/O分配表

输入			输出		
输入继电器	输入元件	作用	输出继电器	输出元件	作用
I0.0	SB1	停止按钮	Q0.0	KM1	正转运行用交流接触器
I0.1	SB2	正转起动按钮	Q0.1	KM2	反转运行用交流接触器
I0.2	SB3	反转起动按钮			

（2）编程。

根据表3.12及控制要求，当按下正转起动按钮SB2时，输入继电器I0.1接通，输出继电器Q0.0置1，交流接触器KM1线圈得电并自保，这时电动机正转连续运行；当按下停止按钮SB1时，输入继电器I0.0接通，输出继电器Q0.0置0，电动机停止运行；当按下反转起动按钮SB3时，输入继电器I0.2接通，输出继电器Q0.1置1，交流接触器KM2线圈得电并自锁，这时电动机反转连续运行；当按下停止按钮SB1时，输入继电器I0.0接通，输出继电器Q0.1置0，电动机停止运行。从图3.61所示的继电器控制电路可知，不但正反转按钮实行了互锁，正反转运行接触器间也实行了互锁。结合以上的编程分析及所学的起-保-停基本编程环节、置位复位指令和栈操作指令，可以通过下面3种方案来实现PLC控制电动机连续运行电路的要求。

方案一：直接用起-保-停基本电路实现。

梯形图及指令表如图3.64所示。

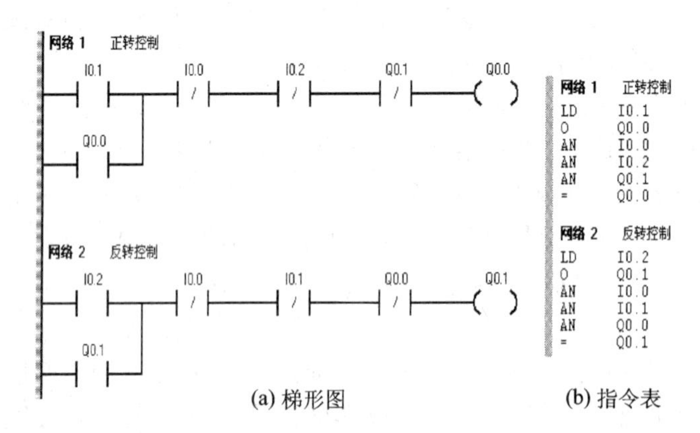

图3.64 PLC控制三相异步电动机正反转运行电路方案一

此方案通过在正转运行支路中串入I0.2常闭触点和Q0.1常闭触点，在反转运行支路中串入I0.1常闭触点和Q0.0常闭触点来实现按钮及接触器的互锁。

方案二：利用置位复位基本电路实现。

梯形图及指令表如图3.65所示。

方案三：利用栈操作指令实现。

梯形图及指令表如图3.66所示。

2）硬件接线

PLC的外部硬件接线图如图3.67所示。

由图3.67可知，外部硬件输出电路中使用KM1、KM2的常闭触点进行了互锁。这是

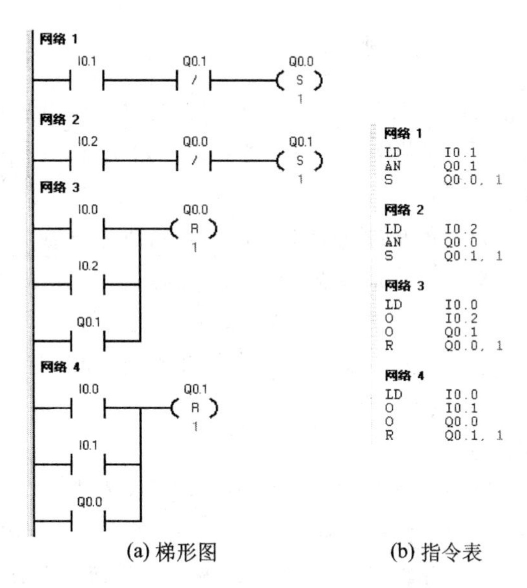

(a) 梯形图　　(b) 指令表

图 3.65　PLC 控制三相异步电动机正反转运行电路方案二

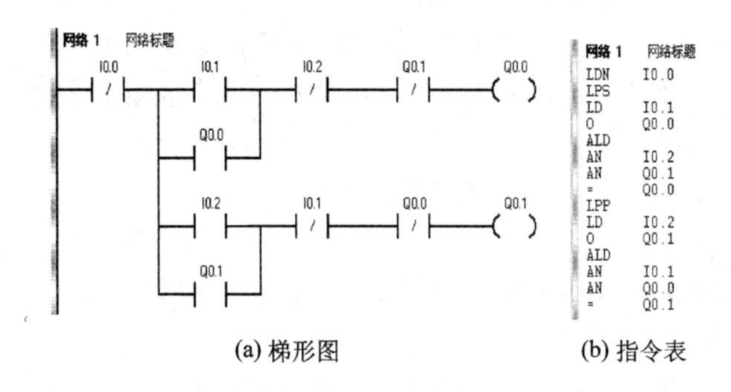

(a) 梯形图　　(b) 指令表

图 3.66　PLC 控制三相异步电动机正反转运行电路方案三

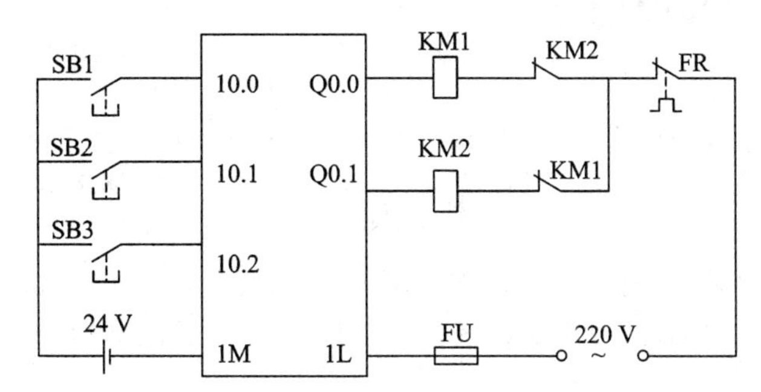

图 3.67　PLC 的外部硬件接线图

因为 PLC 内部软继电器互锁只相差一个扫描周期，来不及响应。例如 Q0.0 虽然已断开，可能 KM1 的触点还未断开，在没有外部硬件互锁的情况下，KM2 的触点可能接通，引起主电路短路。因此不仅要在梯形图中加入软继电器的互锁触点，还要在外部硬件输出电路中进行互锁，这也就是常说的“软硬件双重互锁”。采用双重互锁，同时也避免了因接触器 KM1 和 KM2 的主触点熔焊引起电动机主电路短路。

3.4.2 变频器调速的 PLC 控制

仔细观察电梯轿厢开关门时的速度，可以发现：电梯轿厢开(或关)门时，刚开始时速度慢，然后速度快，到总行程的四分之三时，速度又开始变慢，直到完全打开(或关闭)。对于电梯轿厢开关门的速度控制，老式电梯全都是利用直流电动机的调速，通过继电控制来实现的。随着变频器、PLC 性价比的不断提高，直流调速逐渐被变频调速取代，继电控制逐渐被 PLC 控制取代，因此，现代的新式电梯大多利用变频器的多段调速，通过 PLC 来实现开关门控制的。那么，PLC、变频器是如何来完成该控制功能的呢？如何设计 PLC 的程序？如何确定变频器的运行参数？如何将二者有机地结合在一起？这些是本小节重点讨论的课题，下面就来进行详细介绍。

1. 变频器的多段速调速

变频器的多段速调速就是通过变频器参数来设定其运行频率，然后通过变频器的外部端子来选择执行相关参数所设定的运行频率。

多段速调速是变频器的一种特殊的组合运行方式，其运行频率由 BOP 单元的参数来设置，起动和停止由外部输入端子来控制。其中 P1001、P1002、P1003 为三段速度设定，至于变频器实际运行哪个参数设定的频率，则分别由其外部控制端子 DIN1、DIN2 和 DIN3 的组合来决定。P1004～P1007 为 4～7 段速度设定，实际运行哪个参数设定的频率由端子 DIN1、DIN2 和 DIN3 的组合(ON)来决定，如表 3.11 所示。

在设定变频器多段速度时，应注意以下几点。

(1) 每个参数均能在 0～650 Hz 范围内被设定，且在运行期间参数值可以修改。

(2) 在面板运行或外部运行时都可以设定多段速度的参数，但只有在 P0700=2 时，才能运行多段速度，否则不能。

(3) 多段速度比主速度优先，但各参数之间的设定没有优先级。

2. 电梯轿厢开关门控制系统

1) 控制要求

(1) 按开门按钮 SB1，电梯轿厢门即打开，开门的速度曲线如图 3.68(a)所示。按开门按钮 SB1 后即起动(20 Hz)，2 s 后即加速(40 Hz)，6 s 后即减速(10 Hz)，10 s 后开始停止。

(2) 按关门按钮 SB2，电梯轿厢门即关闭，关门的速度曲线如图 3.68(b)所示。按关门按钮 SB2 后即起动(20 Hz)，2 s 后即加速(40 Hz)，6 s 后即减速(10 Hz)，10 s 后开始停止。

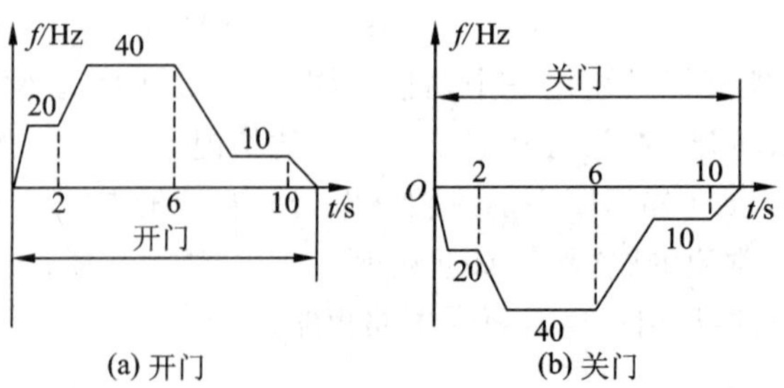

图 3.68 电梯轿厢开关门的速度曲线

(3) 在电动机运行过程中，若热保护动作，则电动机无条件停止运行。

(4) 电动机的加、减速时间自行设定。

(5) 模拟调试时，不考虑电梯的各种安全保护和联运条件。

2) 设计思路

根据控制要求，可以采用变频器的三段调速功能来实现，即通过变频器的输入端子DIN1、DIN2、DIN3，并结合变频器的参数P1001、P1002、P1003进行变频器的多段速调速；而输入端子DIN1、DIN2、DIN3、AIN＋(DIN4)和8(24 V)端子的通和断可以通过PLC的输出信号来控制。

3) 变频器设置

根据控制要求，变频器的具体参数设定如下。

(1) 面板操作模式P0003＝1、P0010＝30、P0790＝1，清除所有参数。

(2) 面板操作模式P0700＝2、P1000＝3，外部端子起停控制和外部端子固定频率。

(3) 设定P0701＝16、P0702＝16和P0703＝16，固定频率直接选择＋ON。

(4) 设定P1001＝20、P1002＝40和P1003＝10，确定外部端子固定频率值。

(5) 设定上、下限频率，P1080＝0和P1082＝50。

(6) 确定加速时间P1120＝1，减速时间P1121＝1。

(7) 设定P0704＝12，控制正反转。

4) PLC的I/O分配

根据要求，PLC的输入/输出分配为：I0.1—开门按钮，I0.2—关门按钮，I0.3—热继电器(用动合按钮替代)；Q0.0—DIN1，Q0.1—DIN2，Q0.2—DIN3，Q0.3—DIN4。

5) 程序设计

根据系统控制要求及PLC的输入/输出分配，其系统的控制程序如图3.69所示。

6) 系统接线图

系统接线图如图3.70所示。

7) 运行调试

(1) PLC程序调试。

按图3.69输入程序，并按图3.70连接PLC输入电路，将PLC运行开关置RUN。

按SB1按钮(即I0.1闭合)，输出指示灯Q0.0亮；2 s后Q0.0灭，Q0.1亮；再过4 s后，Q0.1灭，Q0.2亮；再过4 s后Q0.2熄灭。

按SB2按钮(即I0.2闭合)，输出指示灯Q0.0、Q0.3亮；2 s后Q0.0灭，Q0.1、Q0.3亮；再过4 s后，Q0.1灭，Q0.2、Q0.3亮；再过4 s后全部熄灭。

在上述运行过程中，热继电器动作(即I0.3闭合)，所有指示灯全部熄灭。

观察输出指示灯是否正确，如不正确，则用监视功能监视其运行情况并进行修改。

(2) 空载调试。

按上述变频器的参数值设置好变频器的参数。

按图3.70连接好主电路(不接电动机)和控制电路。

按SB1按钮，变频器以20 Hz正转，2 s后切换到40 Hz运行，再过4 s切换到10 Hz运行，再过4 s变频器停止运行。

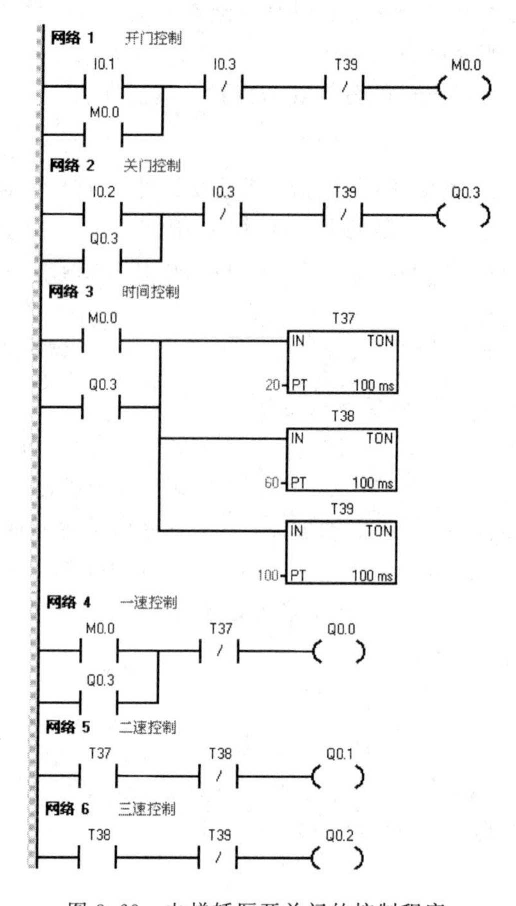

图 3.69　电梯轿厢开关门的控制程序

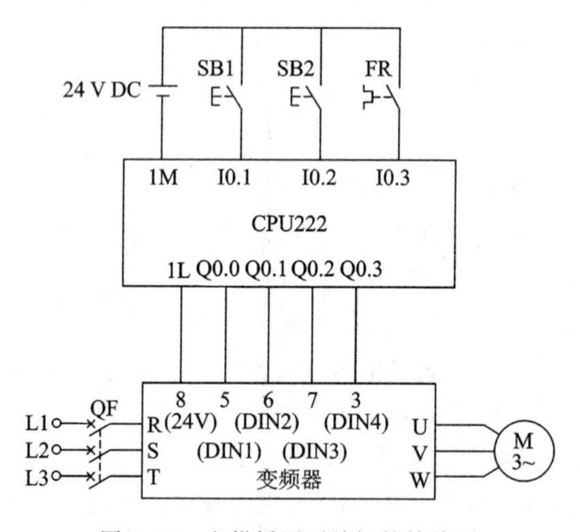

图 3.70　电梯轿厢开关门的接线图

按 SB2 按钮，变频器以 20 Hz 反转，2 s 后切换到 40 Hz 运行，再过 4 s 切换到 10 Hz 运行，再过 4 s 变频器停止运行。

在任何时刻，热继电器动作，变频器均停止运行。

若按下 SB1 按钮，变频器不运行，请检查 PLC 输出点 Q0.0 与变频器 DIN1 的连接线路及 PLC 输出点 Q0.0 是否有故障。若变频器的运行频率与设定频率不一致，请检查 PLC 端子 1L 及 Q0.0～Q0.3 与变频器的连接线及 PLC 的输出点 Q0.1～Q0.3 是否有故障，再检查变频器的参数 P1001、P1002、P1003 的设定值是否正确。

(3) 综合调试。

按图 3.70 连接好所有主电路和控制电路。

按 SB1 按钮，电动机以 20 Hz 正转，2 s 后切换到 40 Hz 运行，再过 4 s 后切换到 10 Hz 运行，再过 4 s 电动机停止运行。

按 SB2 按钮，电动机以 20 Hz 反转，2 s 后切换到 40 Hz 运行，再过 4 s 后切换到 10 Hz 运行，再过 4 s 电动机停止运行。

在任何时刻，热继电器动作，电动机均停止运行。

3. 变频器的 PLC 控制方法探讨

1) 变频器的其他组合控制方式

利用 PLC 与变频器的组合进行控制，可采用 DIN1、DIN2 和 DIN3 来实现，具体方法是将 P0700 设置为 2，P1000 设置为 3，P0701＝17、P0702＝17、P0703＝12，从而可以在接线图上减少一个 DIN4 端子，应用程序稍微复杂一点。程序如图 3.71 所示。

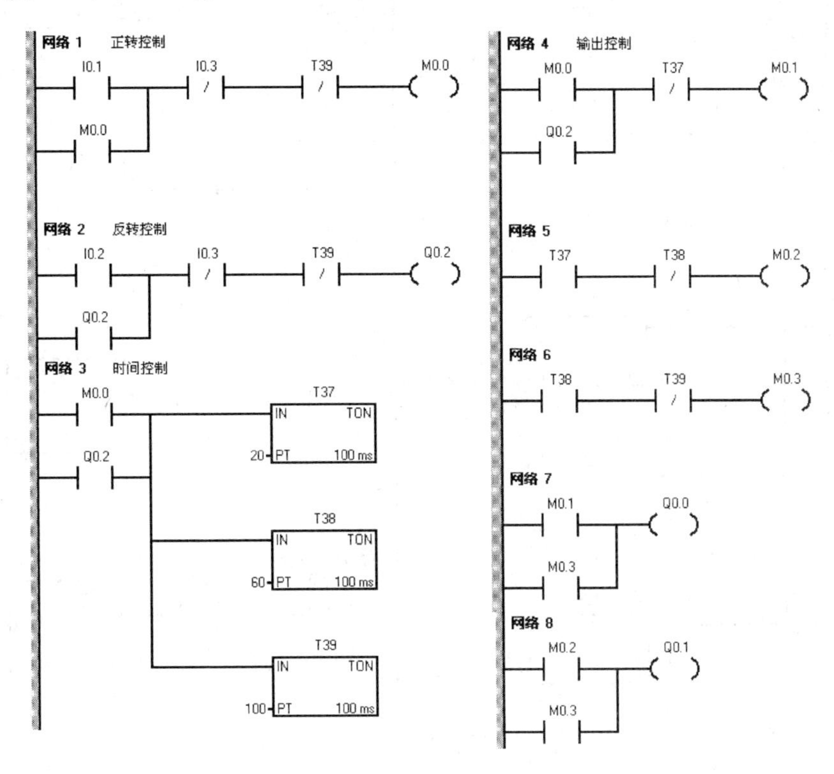

图 3.71　多段速方式控制程序

2) 变频器的模拟量 PLC 控制方法

利用 PLC 的开关量输出控制变频器的起停，而使用 PLC 的模拟量输出控制变频器的频率值。PLC 与变频器的接线图如图 3.72 所示。变频器的参数设置如下：P0700＝2、P1000＝2、P0701＝1、P0702＝2。PLC 的控制程序如图 3.73 所示。

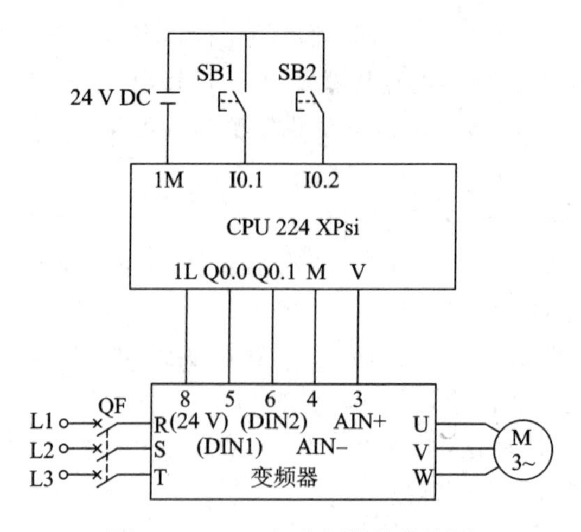

图 3.72　PLC 与变频器的接线图

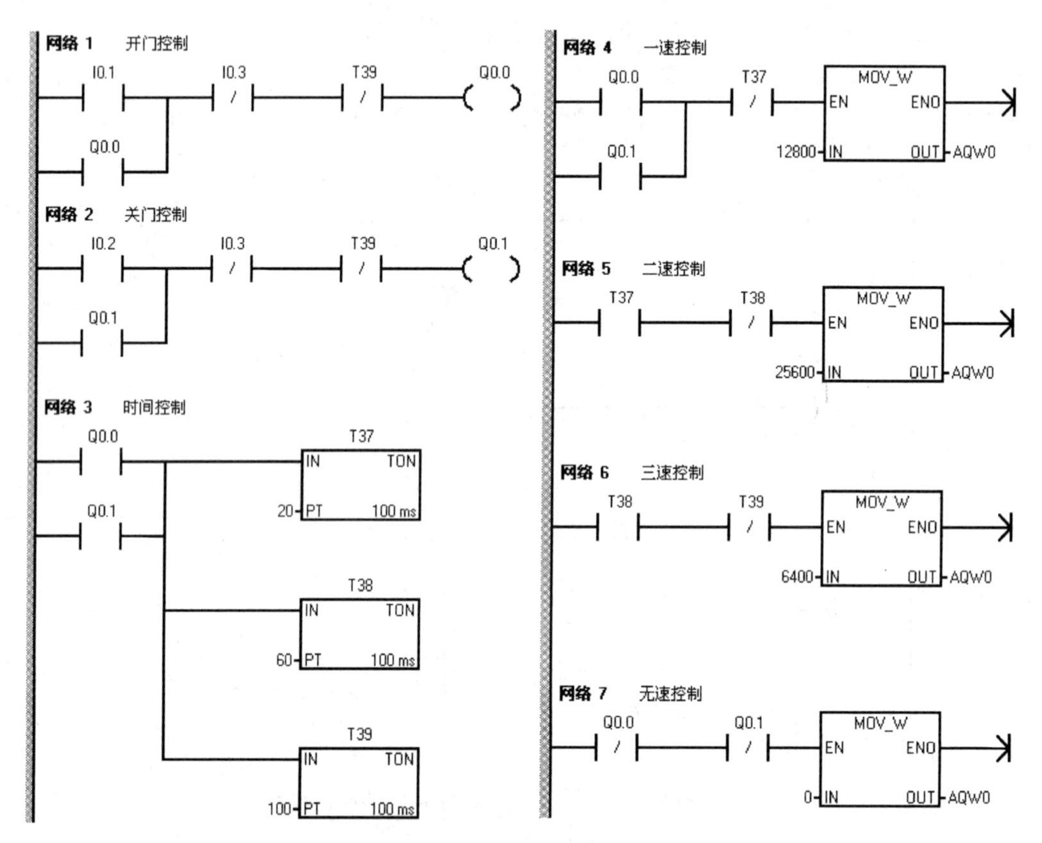

图 3.73　模拟控制频率的梯形图程序

3) PLC 通过通信口控制变频器运行

变频器一般都自带 RS485 口或通过扩展通信卡。PLC 可采用 RS - 485 无协议通信方式、Modbus - RTU 通信方式、现场总线方式实现变频器和 PLC 之间的通信控制。这种方案控制功能强大，功能可以任意编程，连线少(2 根线)，但程序相对复杂，比较适合复杂的系统。优点：速度变换平滑，速度控制精确，适应能力好。缺点：程序复杂。

3.4.3　人机界面 TPC7062K 和 MCGS 嵌入式组态软件

1. TPC7062K 和 MCGS 组态软件概述

TPC7062K 是昆仑通态研发的人机界面，是一款在实时多任务嵌入式操作系统 WindowsCE环境中运行，用 MCGS 嵌入式组态软件组态。

该产品设计采用了 7"高亮度 TFT 液晶显示屏(分辨率 800×480)，四线电阻式触摸屏(分辨率 4096×4096)，色彩达到 64 K。其 CPU 主板是 ARM 结构，以嵌入式低功耗 CPU 为核心，主频 400 MHz，内存 64 M。

1) TPC7062K 与组态计算机的连接

TPC7062K 的前、后视图如图 3.74 所示，接口和说明如图 3.75 所示，其下载线及通信线如图 3.76 所示。

(a) 前视图

(b) 后视图

图 3.74　TPC7062K 触摸屏前、后视图

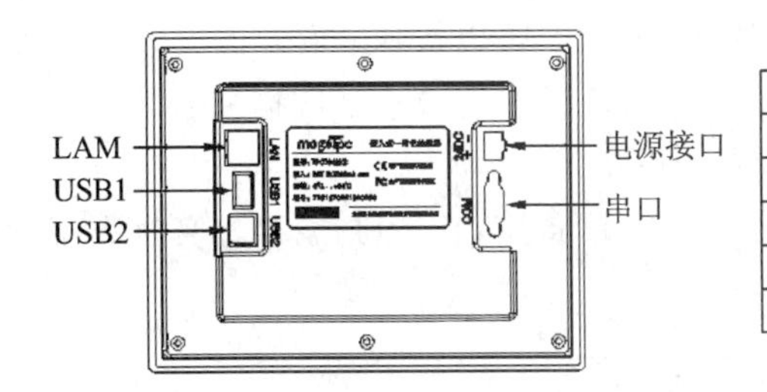

项目	TPC7062K
LAN(RJ45)	以太网接口
串口(DB9)	1×RS232，1×RS485
USB1	主口，USB1.1兼容
USB2	从口，用于下载工程
电源接口	24 V DC±20%

图 3.75　TPC7062K 接口及说明

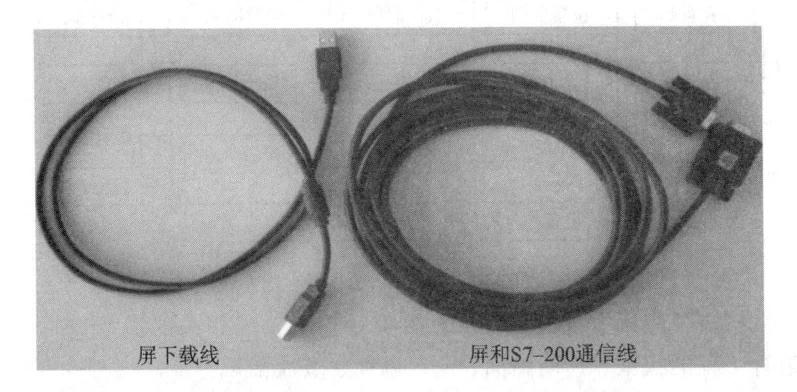

图 3.76　TPC7062K 下载线和与 S7-200 通信线

TPC7062K 通过 USB2 或 RJ45 接口与装有 MCGS 组态软件的电脑相连。当需要在

MCGS组态软件上把资料下载到HMI时，只要在“下载配置”里，选择“连接运行”，单击“工程下载”，即可进行下载。如图3.77所示。如果工程项目要在电脑模拟测试，则选择“模拟运行”，然后下载工程。

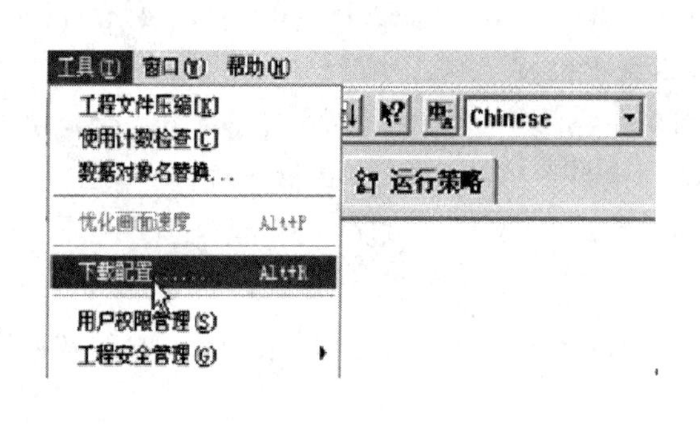

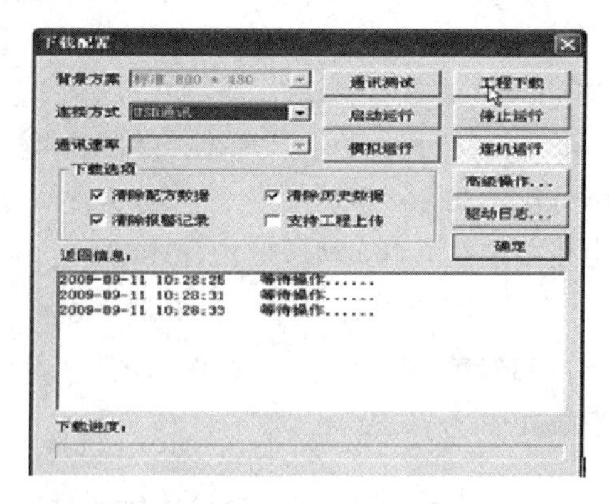

图3.77 工程下载方法

2）TPC7062K与S7-200 PLC的连接

触摸屏的COM口通过PC-PPI电缆与S7-200 PLC连接。PC-PPI电缆的9针母头插在屏侧，9针公头插在PLC侧。正常通讯除了硬件连接正确外，还需对触摸屏的串口0属性进行设置，设置方法在设备窗口组态中再详细说明。

3）TPC7062K的设备组态

MCGS嵌入版组态软件是昆仑通态公司专门为mcgsTpc开发的组态软件，主要完成现场数据的采集与监测、前端数据的处理与控制。

MCGS嵌入版组态软件与其他相关的硬件设备结合，可以快速、方便的开发各种用于现场采集、数据处理和控制的设备。如可以灵活组态各种智能仪表、数据采集模块，无纸记录仪、无人值守的现场采集站、人机界面等专用设备。

MCGS嵌入版生成的用户应用系统由主控窗口、设备窗口、用户窗口、实时数据库和运行策略5个部分构成，如图3.78所示。

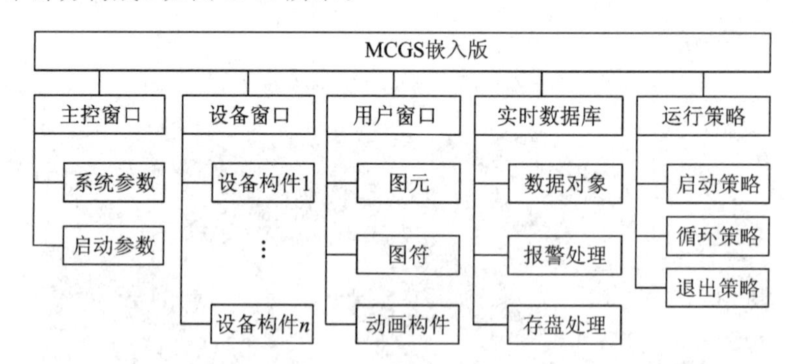

图3.78 MCGS嵌入版生成的用户应用系统的组成

主控窗口：构造了应用系统的主框架。用于对整个工程相关的参数进行配置，可设置封面窗口、运行工程的权限、起动画面、内存画面、磁盘裕量等。

设备窗口：是MCGS嵌入版系统与外部设备联系的媒介。专门用来放置不同类型和功能的设备构件，实现对外部设备的操作和控制。设备窗口通过设备构件把外部设备的数据采集进来，送入实时数据库，或把实时数据库中的数据输出到外部设备。

用户窗口：实现了数据和流程的“可视化”。工程里所有可视化的界面都是在用户窗口里面构建的。用户窗口中可以放置三种不同类型的图形对象：图元、图符和动画构件。通过在用户窗口内放置不同的图形对象，用户可以构造各种复杂的图形界面，用不同的方式实现数据和流程的“可视化”。

实时数据库：是MCGS嵌入版系统的核心。实时数据库相当于一个数据处理中心，同时也起到公共数据交换区的作用。从外部设备采集来的实时数据送入实时数据库，系统其他部分操作的数据也来自于实时数据库。

运行策略：是对系统运行流程实现有效控制的手段。运行策略本身是系统提供的一个框架，其中放置由策略条件构件和策略构件组成的“策略行”，通过对运行策略的定义，使系统能够按照设定的顺序和条件操作任务，实现对外部设备工作过程的精确控制。

嵌入式组态软件的组态环境和模拟运行环境相当于一套完整的工具软件，可以在PC上运行。

嵌入式组态软件的运行环境则是一个独立的运行系统，它按照组态工程中用户指定的方式进行各种处理，完成用户组态设计的目标和功能。运行环境本身没有任何意义，必须与组态工程一起作为一个整体，才能构成用户应用系统。一旦组态工作完成，并且将组态好的工程通过USB口下载到嵌入式一体化触摸屏的运行环境中，组态工程就可以离开组态环境而独立运行在TPC上。从而实现了控制系统的可靠性、实时性、确定性和安全性。

2. MCGS组态软件的工作方式

(1) MCGS如何与设备进行通讯？MCGS通过设备驱动程序与外部设备进行数据交换。包括数据采集和发送设备指令。设备驱动程序是用VB、VC程序设计语言编写的DLL(动态链接库)文件，设备驱动程序中包含符合各种设备通信协议的处理程序，将设备运行状态的特征数据采集进来或发送出去。MCGS负责在运行环境中调用相应的设备驱动程序，将数据传送到工程中的各个部分，完成整个系统的通讯过程。每个驱动程序独占一个线程，达到互不干扰的目的。

(2) MCGS如何产生动画效果？MCGS为每一种基本图形元素定义了不同的动画属性，如：一个长方形的动画属性有可见度、大小变化、水平移动等，每一种动画属性都会产生一定的动画效果。所谓动画属性，实际上是反映图形大小、颜色、位置、可见度、闪烁性等状态的特征参数。然而，我们在组态环境中生成的画面都是静止的，如何在工程运行中产生动画效果呢？方法是图形的每一种动画属性中都有一个“表达式”设定栏，在该栏中设定一个与图形状态相联系的数据变量，连接到实时数据库中，以此建立相应的对应关系，MCGS称之为动画连接。

(3) MCGS如何实施远程多机监控？MCGS提供了一套完善的网络机制，可通过TCP/IP网、Modem网和串口网将多台计算机连接在一起，构成分布式网络监控系统，实现网络间的实时数据同步、历史数据同步和网络事件的快速传递。同时，可利用MCGS提供的网络功能，在工作站上直接对服务器中的数据库进行读写操作。分布式网络监控系统的每一台计算机都要安装一套MCGS工控组态软件。MCGS把各种网络形式，以父设备构件和子设备构件的形式，供用户调用，并进行工作状态、端口号、工作站地址等属性参数的设置。

(4) 如何对工程运行流程实施有效控制？MCGS开辟了专用的“运行策略”窗口，建立用户运行策略。MCGS 提供了丰富的功能构件，供用户选用。通过构件配置和属性设置两项组态操作，生成各种功能模块(称为“用户策略”)，使系统能够按照设定的顺序和条件，操作实时数据库，实现对动画窗口的任意切换，控制系统的运行流程和设备的工作状态。所有的操作均采用面向对象的直观方式，避免了烦琐的编程工作。

3. MCGS 组态软件组建一个工程的一般过程

组建一个新工程的一般过程为：工程项目系统分析、工程立项搭建框架、设计菜单基本体系、制作动画显示画面、编写控制流程程序、完善菜单按钮功能、编写程序调试工程、连接设备驱动程序。

(1) 工程项目系统分析：分析工程项目的系统构成、技术要求和工艺流程，弄清系统的控制流程和监控对象的特征，明确监控要求和动画显示方式，分析工程中的设备采集及输出通道与软件中实时数据库变量的对应关系，分清哪些变量是要求与设备连接的，哪些变量是软件内部用来传递数据及动画显示的。

(2) 工程立项搭建框架：MCGS 称为建立新工程。主要内容包括：定义工程名称、封面窗口名称和起动窗口(封面窗口退出后接着显示的窗口)名称，指定存盘数据库文件的名称以及存盘数据库，设定动画刷新的周期。经过此步操作，即在 MCGS 组态环境中，建立了由五部分组成的工程结构框架。封面窗口和起动窗口也可等到建立了用户窗口后，再行建立。

(3) 设计菜单基本体系：为了对系统运行的状态及工作流程进行有效地调度和控制，通常要在主控窗口内编制菜单。编制菜单分两步进行，第一步首先搭建菜单的框架，第二步再对各级菜单命令进行功能组态。在组态过程中，可根据实际需要，随时对菜单的内容进行增加或删除，不断完善工程的菜单。

(4) 制作动画显示画面：动画制作分为静态图形设计和动态属性设置两个过程。前一部分类似于“画画”，用户通过 MCGS 组态软件中提供的基本图形元素及动画构件库，在用户窗口内“组合”成各种复杂的画面。后一部分则设置图形的动画属性，与实时数据库中定义的变量建立相关性的连接关系，作为动画图形的驱动源。

(5) 编写控制流程程序：在运行策略窗口内，从策略构件箱中，选择所需功能策略构件，构成各种功能模块(称为策略块)，由这些模块实现各种人机交互操作。MCGS 还为用户提供了编程用的功能构件(称之为“脚本程序”功能构件)，使用简单的编程语言，编写工程控制程序。

(6) 完善菜单按钮功能：包括对菜单命令、监控器件、操作按钮的功能组态；实现历史数据、实时数据、各种曲线、数据报表、报警信息输出等功能；建立工程安全机制等。

(7) 编写程序调试工程：利用调试程序产生的模拟数据，检查动画显示和控制流程是否正确。

(8) 连接设备驱动程序：选定与设备相匹配的设备构件，连接设备通道，确定数据变量的数据处理方式，完成设备属性的设置。此项操作在设备窗口内进行。

最后测试工程各部分的工作情况，完成整个工程的组态工作，实施工程交接。

4. 组态举例

在安装了 MCGS 嵌入式组态软件的计算机上，用鼠标双击 Windows 操作系统桌面上的组态环境快捷方式，可打开嵌入版组态软件，然后按如下步骤建立通信工程。

1）新建工程

单击文件菜单中“新建工程”选项，弹出“新建工程设置”对话框，如图 3.79 所示，TPC 类型选择为“TPC7062K”，点击“确定”。

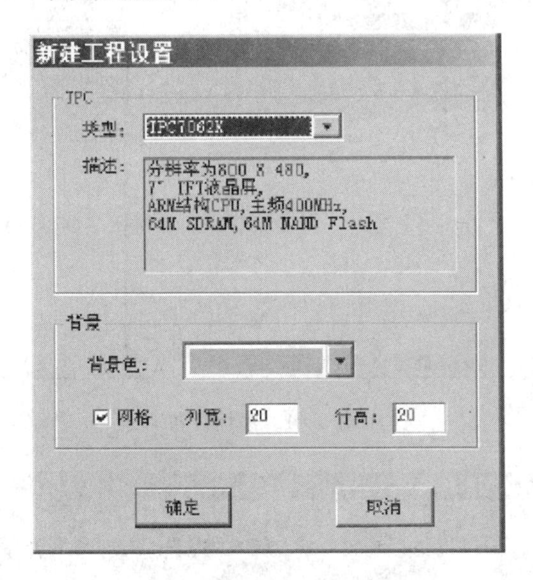

图 3.79　“新建工程设置”对话框

选择“文件”菜单中的“工程另存为”菜单项，弹出文件保存窗口。

在文件名一栏内输入“TPC 通讯控制工程”，点击“保存”按钮，工程创建完毕。

2）工程组态

(1) 设备组态。在工作台中激活设备窗口，鼠标双击“设备窗口”进入设备组态画面，点击工具条中的“设备工具箱”，如图 3.80 所示。

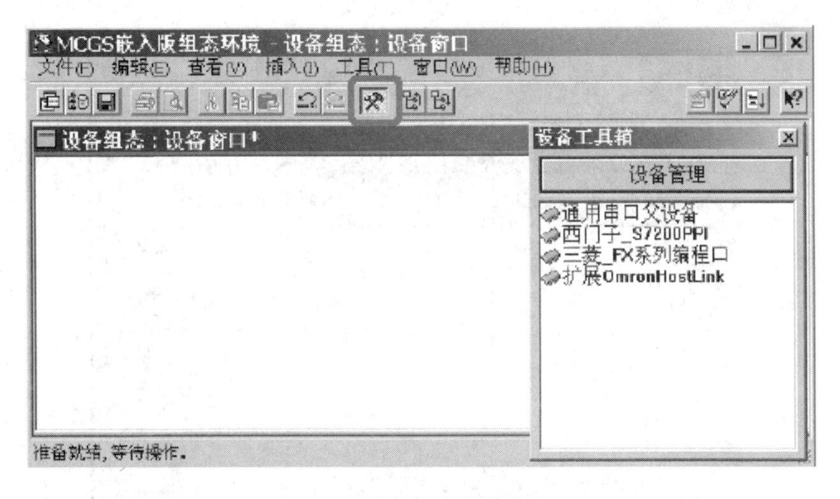

图 3.80　设备组态的设备窗口

在设备工具箱中，鼠标按顺序先后双击“通用串口父设备”和“西门子_S7200PPI”添加至组态画面窗口，如图 3.81 所示。提示是否使用西门子默认通讯参数设置父设备，如图 3.82 所示，点击“是”按钮。

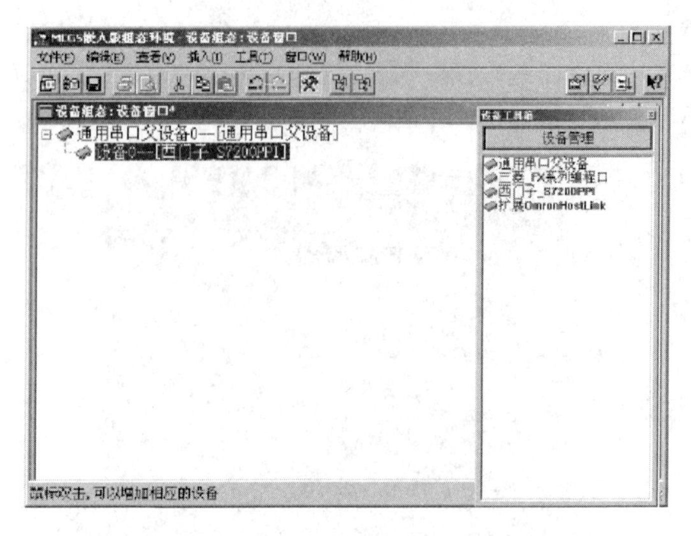

图 3.81 添加设备

图 3.82 选择设备参数

所有操作完成后关闭设备窗口，返回工作台。

(2) 窗口组态。在工作台中激活用户窗口，鼠标单击“新建窗口”按钮，建立新画面“窗口 0”。如图 3.83 所示。

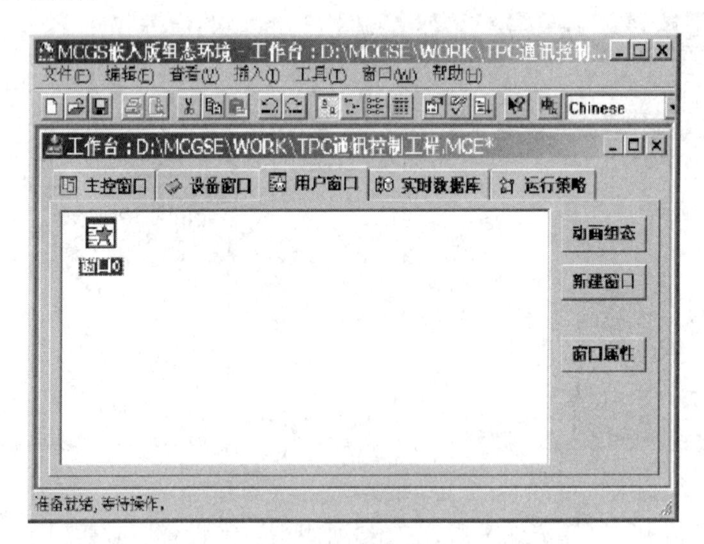

图 3.83 用户窗口

单击“窗口属性”按钮，弹出“用户窗口属性设置”对话框，在基本属性页，将“窗口名称”修改为“西门子 200 控制画面”，点击“确认”进行保存。如图 3.84 所示。

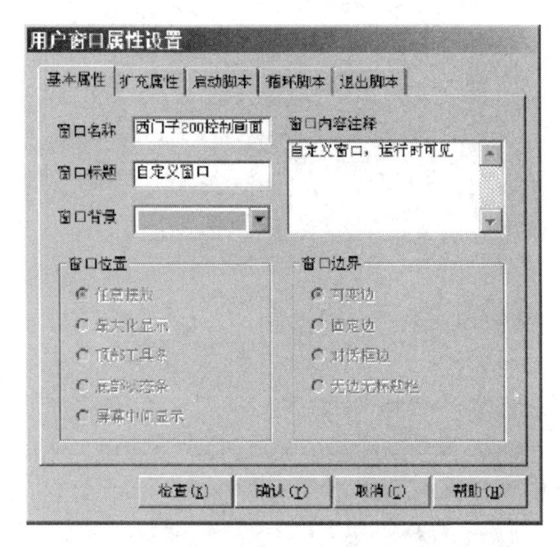

图 3.84　用户窗口属性设置

在用户窗口双击进入“动画组态西门子 200 控制画面”，点击打开“工具箱”。

① 建立基本元件。

按钮：从工具箱中单击“标准按钮”构件，在窗口编辑位置按住鼠标左键拖放出一定大小后，松开鼠标左键，这样一个按钮构件就绘制在窗口中。如图 3.85 所示。

双击该按钮打开“标准按钮构件属性设置”对话框，在基本属性页中将“文本”修改为 Q0.0，点击“确认”按钮保存，如图 3.86 所示。

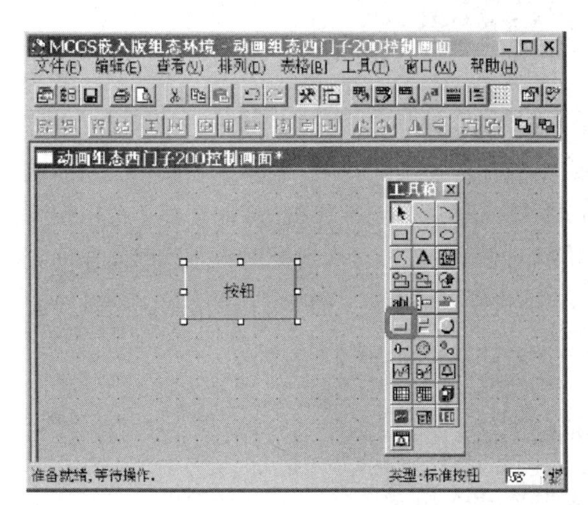

图 3.85　按钮制作

图 3.86　按钮属性设置

按照同样的操作分别绘制另外两个按钮，文本修改为 Q0.1 和 Q0.2，完成后如图 3.87 所示。

按住键盘的 Ctrl 键，然后单击鼠标左键，同时选中三个按钮，使用工具栏中的等高宽、左(右)对齐和纵向等间距对三个按钮进行排列对齐，如图 3.88 所示。

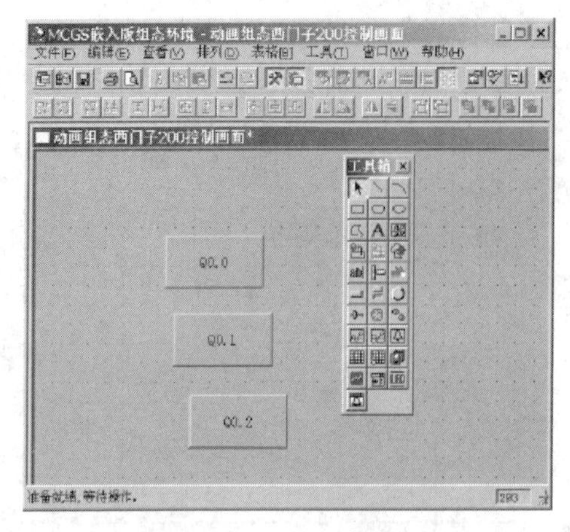

图 3.87　按钮复制

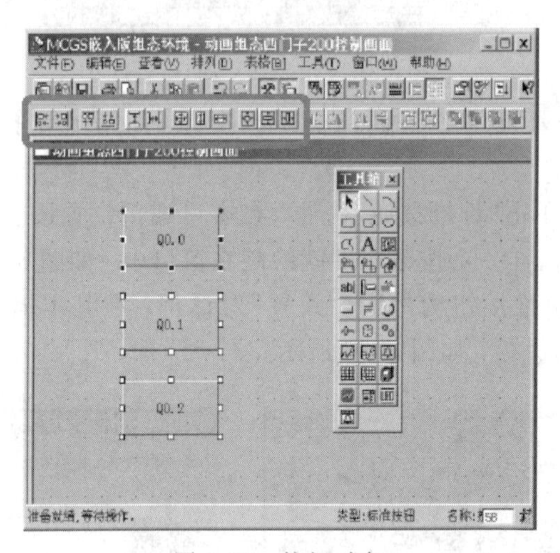

图 3.88　按钮对齐

指示灯：单击工具箱中的“插入元件”按钮，打开“对象元件库管理”对话框，选中图形对象库指示灯中的一款，点击“确认”添加到窗口画面中，并调整到合适大小。用同样的方法再添加两个指示灯，摆放在窗口中按钮旁边的位置，如图 3.89 所示。

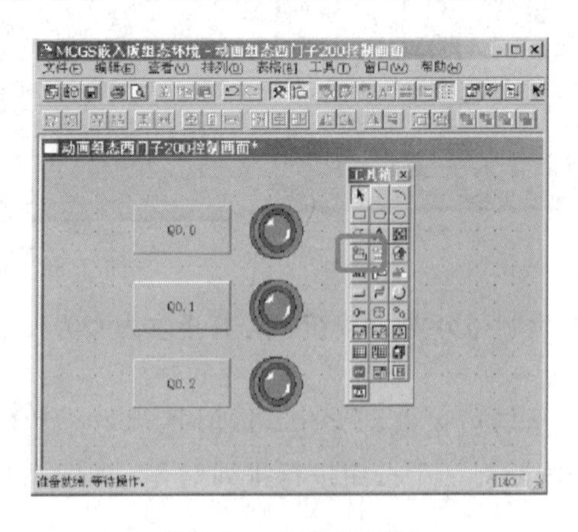

图 3.89　制作指示灯

标签：单击选中工具箱中的“标签”构件，在窗口按住鼠标左键，拖放出一定大小的“标签”，如图 3.90 所示。

然后双击该标签，弹出“标签动画组态属性设置”对话框，在扩展属性页，在“文本内容输入”中输入 VW0，点击“确认”按钮，如图 3.91 所示。

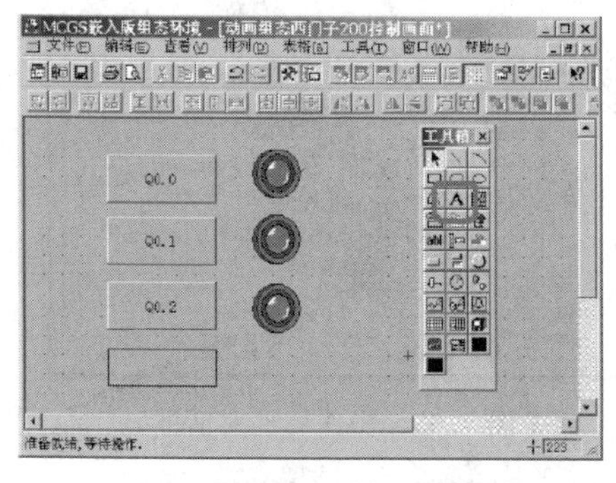

图 3.90　插入标签

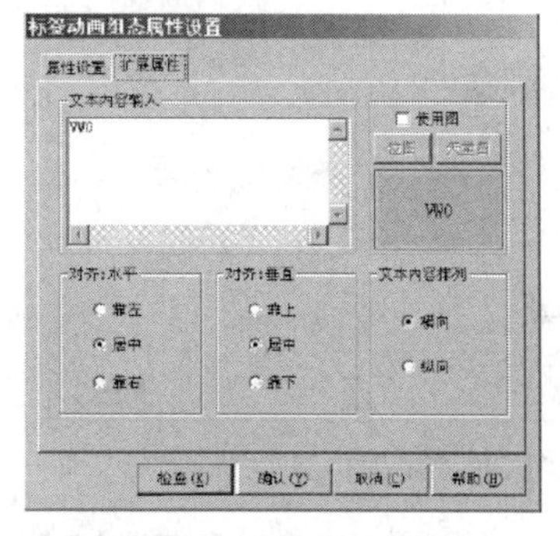

图 3.91　设置标签属性

用同样的方法添加另一个标签，文本内容输入 VW2，如图 3.92 所示。

输入框：单击工具箱中的“输入框”构件，在窗口按住鼠标左键，拖放出两个一定大小的“输入框”，分别摆放在 VW0、VW2 标签的旁边位置，如图 3.93 所示。

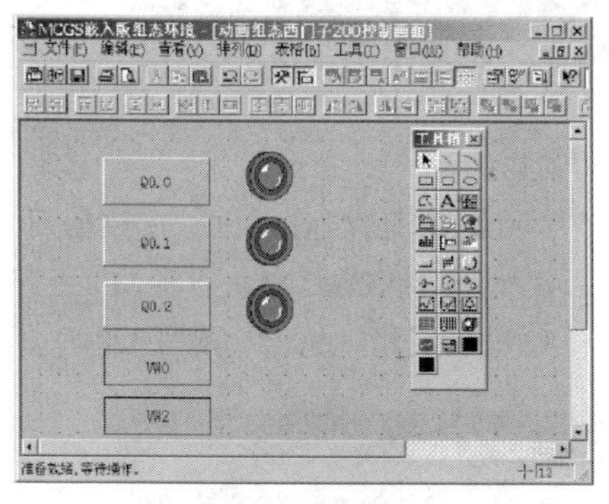

图 3.92　添加 VW2 标签

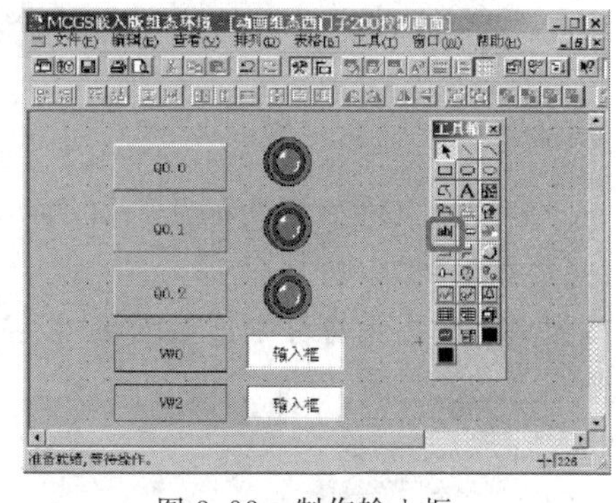

图 3.93　制作输入框

② 建立数据链接。

按钮：双击 Q0.0 按钮，弹出“标准按钮构件属性设置”对话框，如图 3.94 所示，在操作属性页，默认“抬起功能”按钮为按下状态，勾选“数据对象值操作”，选择“清 0”，如图 3.95 所示，点击弹出“变量选择”对话框，选择“根据采集信息生成”，通道类型选择“Q 寄存器”，通道地址为“0”，数据类型选择“通道第 00 位”，读写类型选择“读写”，如图 3.96 所示，设置完成后点击“确认”按钮。即在 Q0.0 按钮抬起时，对西门子 S7－200 的 Q0.0 地址“清 0”，如图 3.95 所示。

同样的方法，点击“按下功能”按钮进行设置，勾选“数据对象值操作”，选择“置 1”，选择“设备 0_读写 Q000_0”，如图 3.97 所示。

同样的方法，分别对 Q0.1 和 Q0.2 的按钮进行设置。

Q0.1 按钮→“抬起功能”时“清 0”；“按下功能”时“置 1”→变量选择→Q 寄存器，通道地址为 0，数据类型为通道第 01 位。

Q0.2 按钮→“抬起功能”时“清 0”；“按下功能”时“置 1”→变量选择→Q 寄存器，通道地址为 0，数据类型为通道第 02 位。

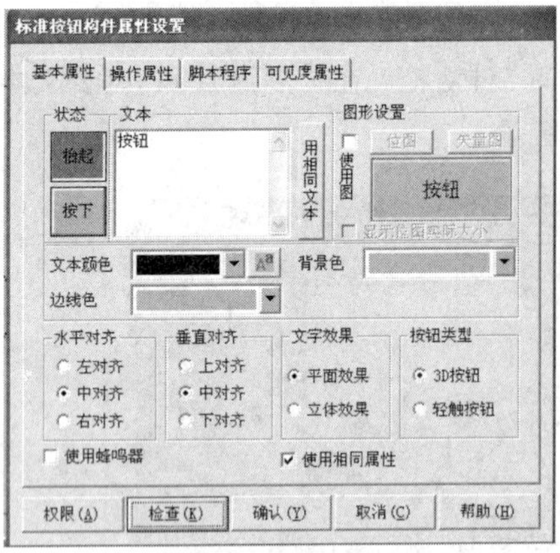

图 3.94　“标准按钮构件属性设置”对话框 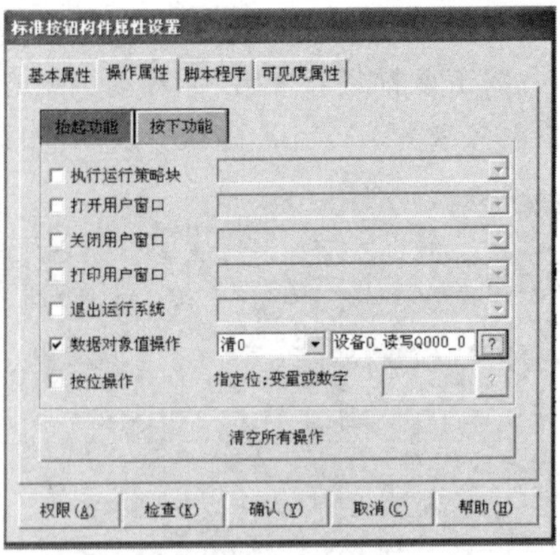　　　　图 3.95　操作属性对话框

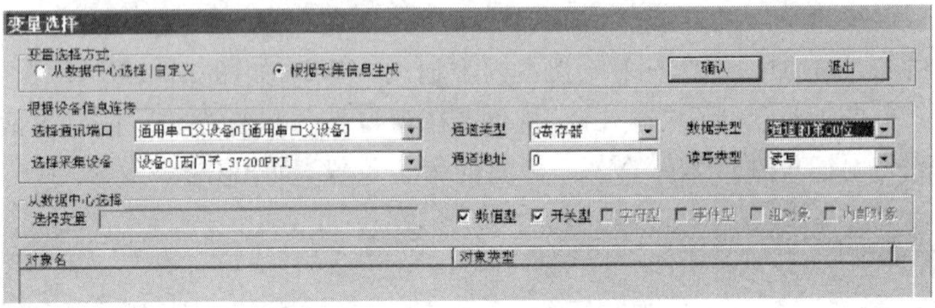

图 3.96　“变量选择”对话框

指示灯：双击 Q0.0 旁边的指示灯构件，弹出“单元属性设置”对话框，在数据对象页，点击选择数据对象“设备 0_读写 Q000_0”，如图 3.98 所示。同样的方法，将 Q0.1 按钮和 Q0.2 按钮旁边的指示灯分别连接变量“设备 0_读写 Q000_1”和“设备 0_读写 Q000_2”。

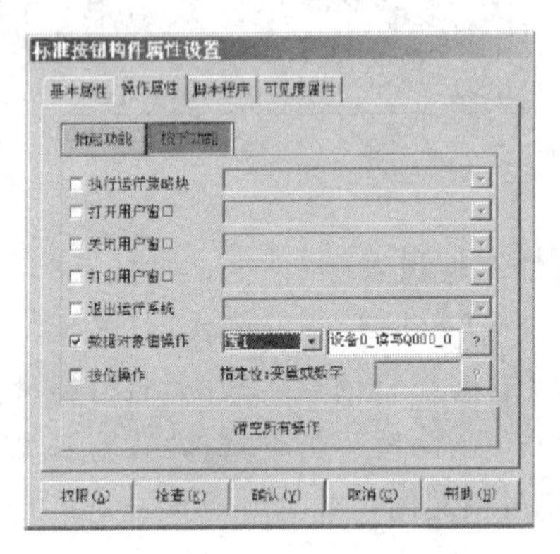

图 3.97　“按下功能”设置

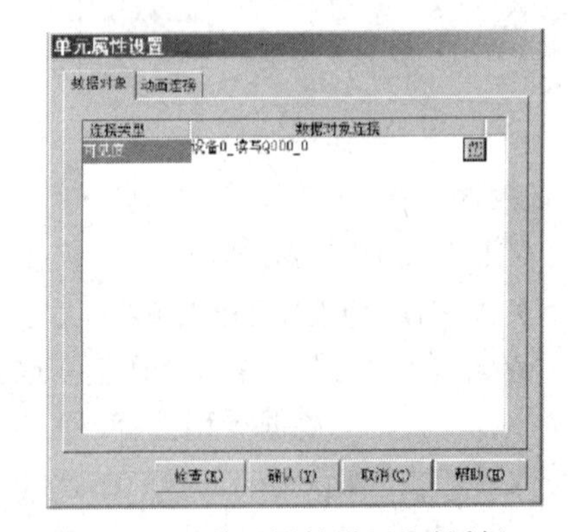

图 3.98　“单元属性设置”对话框

输入框：双击 VW0 标签旁边的输入框构件，弹出“输入框构件属性设置”对话框，在操作属性页，点击进入“变量选择”对话框，选择“根据采集信息生成”，通道类型选择“V 寄存器”；通道地址为“0”；数据类型选择“16 位无符号二进制”；读写类型选择“读写”。如图 3.99 所示，设置完成后点击“确认”。

同样的方法，双击 VW2 标签旁边的输入框进行设置，在操作属性页，选择对应的数据对象：通道类型选择“V 寄存器”；通道地址为“2”；数据类型选择“16 位无符号二进制”；

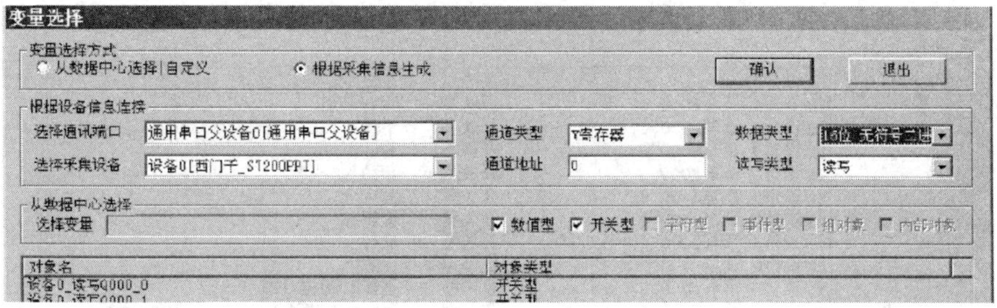

图 3.99　输入框“变量选择”对话框

读写类型选择“读写”。

组态完成后，下载到 TPC 进行运行环境的调试。

运行效果如图 3.100 所示。

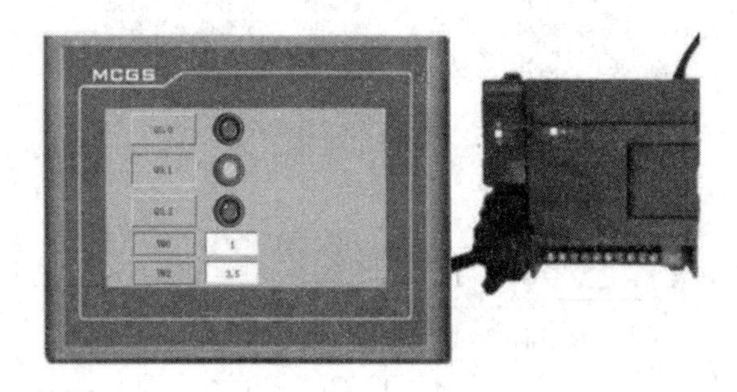

图 3.100　运行效果图

3）组态实例

完成一个循环计数正反转控制系统的设计。要求：循环计数正反转控制的时间（正转 20 s，暂停 3 s，反转 15 s，暂停 3 s）、计数次数（2 次）可变及正反转频率（正 20 Hz，反 15 Hz）可调。

分析：这样一个控制系统可采用 PLC、变频器和触摸屏来实现，其中变频器完成速度可调，PLC 完成循环计数过程及输入与输出控制，触摸屏完成数据输入及数据显示等。为了使三者协调工作，先进行 PLC 的 I/O 分配、变频器的参数设置及触摸屏的组态设计，然后完成三者之间的接线，再后完成 PLC 的编程，最后完成三者之间的综合调试。

（1）PLC 的 I/O 分配。

起动按钮：I0.0；停止按钮：I0.1。

电机正转运行频率：Q0.0；电机反转运行频率：Q0.1；正反转运行控制：Q0.2。

定时器及时间、计数器及次数：T37＝VW0；T38＝VW2；T39＝VW4；T40＝VW6；C0＝VW10。

设置变量：VW0＝200；VW2＝30；VW4＝150；VW6＝30；VW10＝2；VW20（电动机运行频率）；VW22＝20；VW24＝15；起动 M0.3；停止 M0.4。

（2）变频器的主要参数设置。

P0700＝2；P0701＝16；P0702＝16；P0703＝12；P1000＝3；P1001＝20；P1002＝15。

（3）触摸屏中状态变量及数据变量设置。

触摸屏中各种变量列表见表 3.13。

表 3.13 循环计数正反转控制触摸屏变量一览表

名字	类型	注释
设备0_读写M000_0	开关型	运行状态
设备0_读写M000_1	开关型	暂停1
设备0_读写M000_2	开关型	暂停2
设备0_读写M000_3	开关型	起动
设备0_读写M000_4	开关型	停止
设备0_读写Q000_0	开关型	正转
设备0_读写Q000_1	开关型	反转
设备0_读写CWUB000	数值型	计数
设备0_读写TDUB037	数值型	正转时间定时器
设备0_读写TDUB038	数值型	暂停1时间定时器
设备0_读写TDUB039	数值型	反转时间定时器
设备0_读写TDUB040	数值型	暂停2时间定时器
设备0_读写VWUB000	数值型	正转定时时间寄存器
设备0_读写VWUB002	数值型	暂停1时间定时寄存器
设备0_读写VWUB004	数值型	反转定时时间寄存器
设备0_读写VWUB006	数值型	暂停2定时时间寄存器
设备0_读写VWUB010	数值型	计数次数寄存器
设备0_读写VWUB020	数值型	频率显示寄存器
设备0_读写VWUB022	数值型	正转频率寄存器
设备0_读写VWUB024	数值型	反转频率寄存器

(4) PLC、变频器及触摸屏的电路连接图如图 3.101 所示。

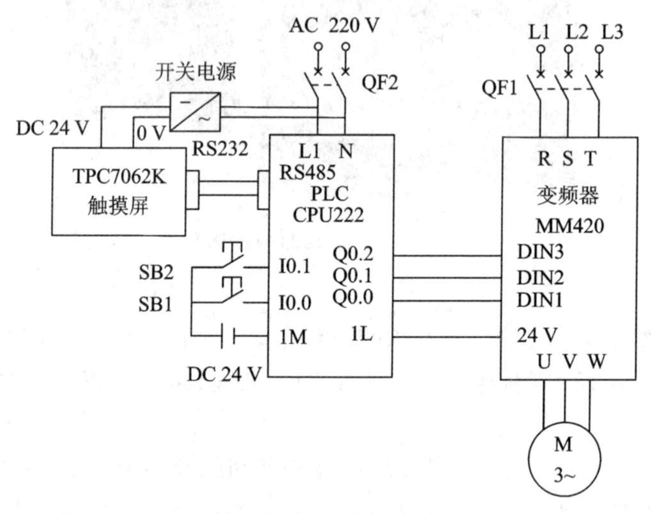

图 3.101 电路连接图

(5) 触摸屏的组态画面设计。

触摸屏的组态画面设计成两个窗口，其中主窗口为操作显示界面，另外还有一窗口为参数设置窗口，两个窗口画面如图 3.102 所示。

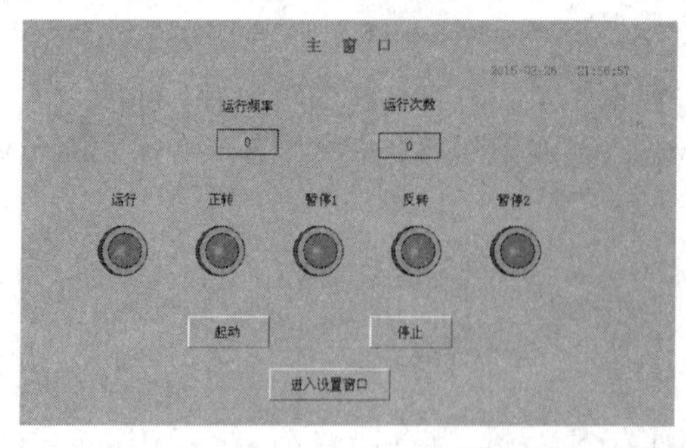

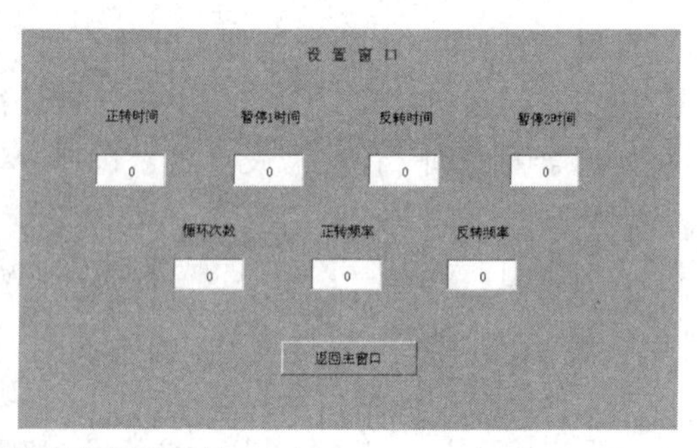

图 3.102 触摸屏的组态画面设计

(6) PLC 程序设计。

PLC 程序由起-保-停控制部分、时间循环控制部分、输出显示部分和计数控制部分等组成。具体程序如图 3.103 所示。

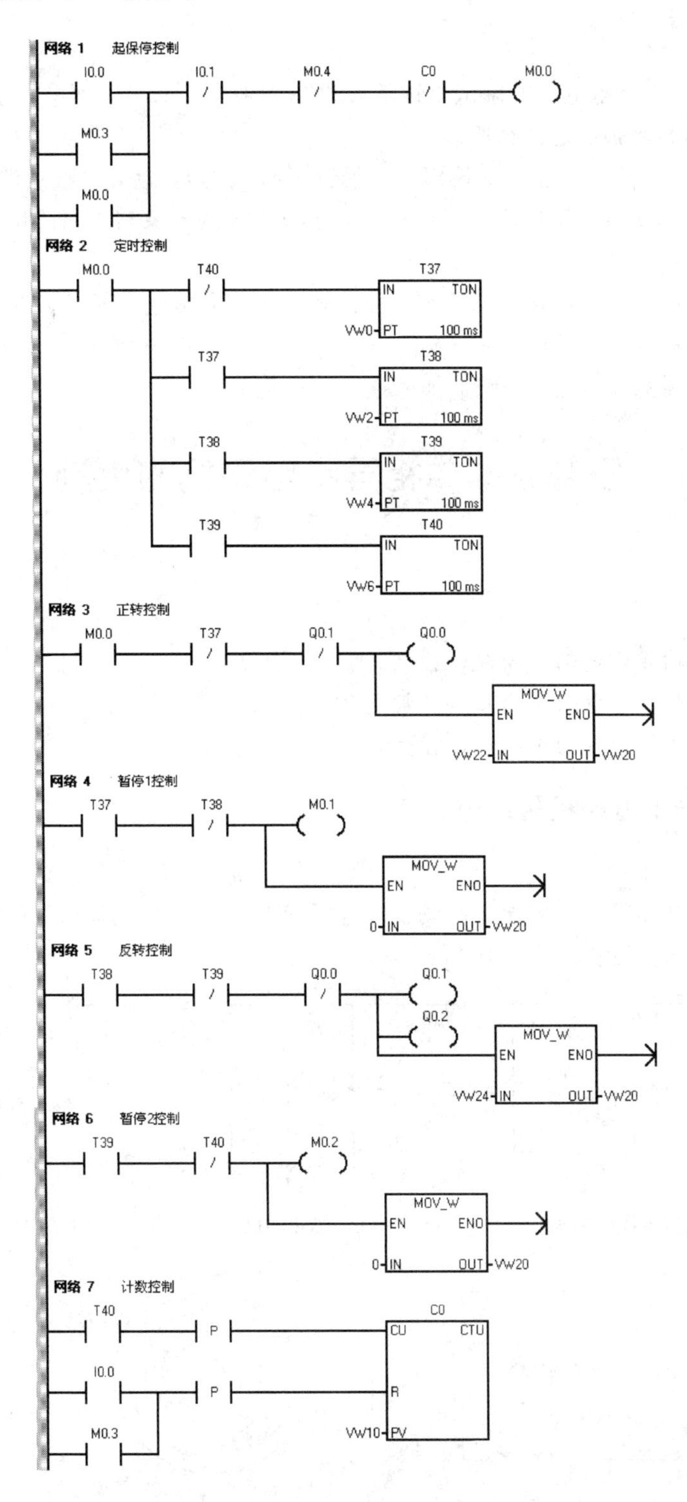

图 3.103　PLC、变频器和触摸屏控制程序

思考与练习

一、在图 3.62 所示电路的调试中按下 SB2 或 SB3 时，KM1、KM2 均能正常动作，但松开按钮时接触器释放，是什么原因?

二、在图 3.62 所示电路中按下 SB2 接触器 KM1 剧烈振动，主触点严重起弧，电动机时转时停；松开 SB2 则 KM1 释放。按下 SB3 时，KM3 的现象与 KM1 相同。分析原因，并找出解决办法。

三、请设计一个三段调速控制系统。控制要求如下：按起动按钮，变频器以 30 Hz 运行 5 s→停止 2 s→40 Hz 运行 5 s→停止 3 s→50 Hz 运行 4 s→停止 4 s，如此不断循环；按停止按钮，变频器减速停止；变频器加减速时间设定为 2 s。

任务五　单相异步电动机的控制

任务要求

(1) 掌握单相异步电动机的起动控制。

(2) 熟悉单相异步电动机的正反转控制。

(3) 了解单相异步电动机的调速控制。

3.5.1　单相异步电动机起动控制

根据单相异步电动机获得起动转矩方法的不同，单相交流异步电动机分为电容运行单相异步电动机、电容起动单相异步电动机、电阻起动单相异步电动机、罩极式电动机。各起动方式的控制电路如图 3.104 所示。

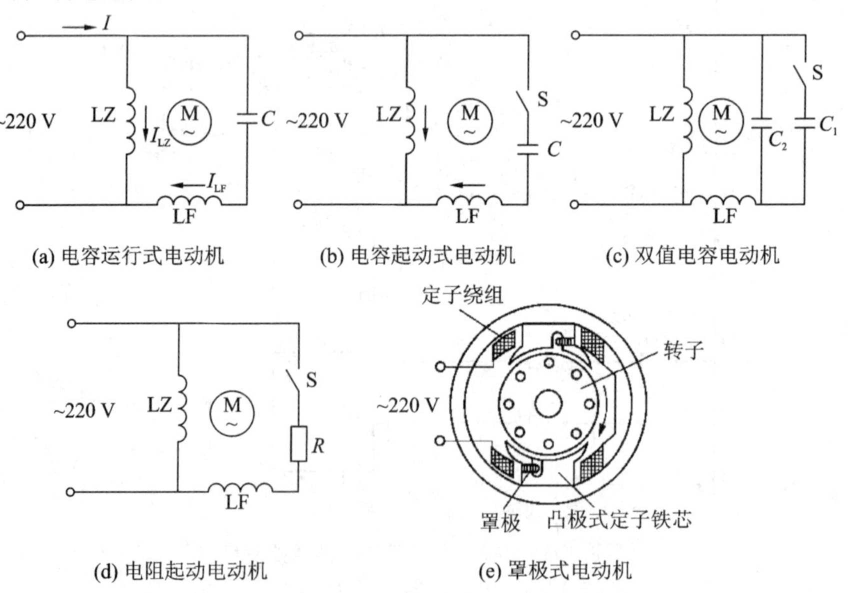

图 3.104　单相异步电动机起动控制电路

单相异步电动机起动线路中的常用器件有电容器和起动开关。现分别介绍如下。

1. 电容器

电容器在单相电动机中比较常用，一般选用金属箔电容或金属化薄膜电容，交流耐压值为250～600 V。

2. 起动开关

单相异步电动机的起动开关主要有以下3种。

1）离心开关

当电动机转子静止或转速较低时，离心开关的触点在弹簧的压力下处于接通位置，当电动机转速达到一定值后，离心开关的重球产生的离心力大于弹簧的弹力，则重球带动触点向右移动，触点断开。

离心开关如图3.105所示。

图3.105　离心开关

2）电磁起动继电器

电磁起动继电器主要用于专业电动机，如冰箱压缩电动机，有电流起动型和电压起动型两种。

电流起动型电磁起动继电器的工作原理：继电器的线圈与工作绕组串联，电动机起动时工作绕组电流较大，继电器动作，触点闭合，接通起动绕组。随着转速上升，工作绕组电流减小，当电磁起动继电器电磁引力小于继电器铁芯的重力及弹簧反作用力时，继电器复位，触点断开，切断起动绕组。电路原理如图3.106所示。

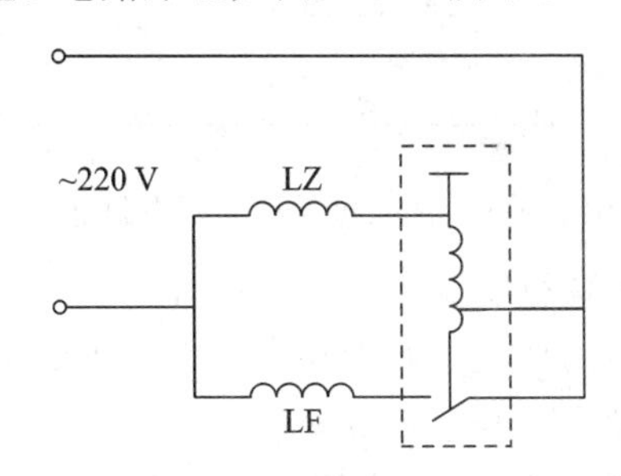

图3.106　电流起动型电磁起动继电器

3）PTC元件

PTC元件是具有正温度系数的半导体材料，它的阻值随着温度的升高而急剧增大。使用时，将PTC元件串联在电动机的起动绕组上，室温时PTC元件的阻值较低，起动绕组接通，起动绕组的电流也流过 PTC 元件，使 PTC 元件发热升温，其阻值也迅速增大，近似于切断了起动绕组。在运行时，起动绕组仍有 15 mA 左右的电流流过，以维持 PTC 元件的高阻状态。停机时要间隔 3 min 才能再次起动，以便 PTC 元件降温，降低电阻值。

图 3.107 所示为 PTC 元件的温度—电阻特性曲线。

图 3.108 所示为 PTC 元件的起动电路图。

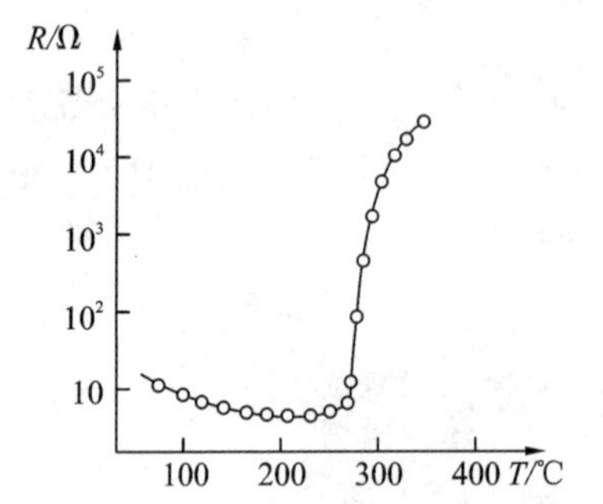

图 3.107　PTC 元件的温度—电阻特性曲线

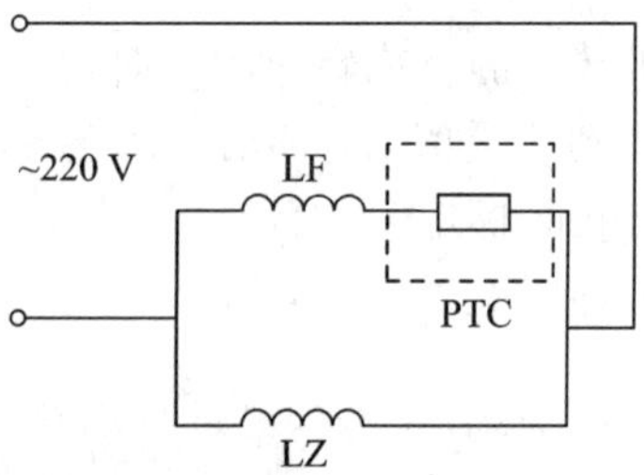

图 3.108　PTC 元件的起动电路图

3.5.2　单相异步电动机正反转控制

在实际生产、生活中，单相异步电动机的正反转控制线路应用十分广泛。例如机床进退、洗衣机运转、起重机升降等。

单相异步电动机的转向是从电流相位超前的绕组向电流相位滞后的绕组旋转。如果把其中一个绕组反接，等于把这个绕组的电流相位改变了 180°，假若原来这个绕组是超前 90°，则反接后就变为滞后 90°，旋转磁场的方向也随之改变。图 3.109 所示为洗衣机电动机的控制电路，在该电路中可以通过改变电容器的接法来改变电动机的转向。

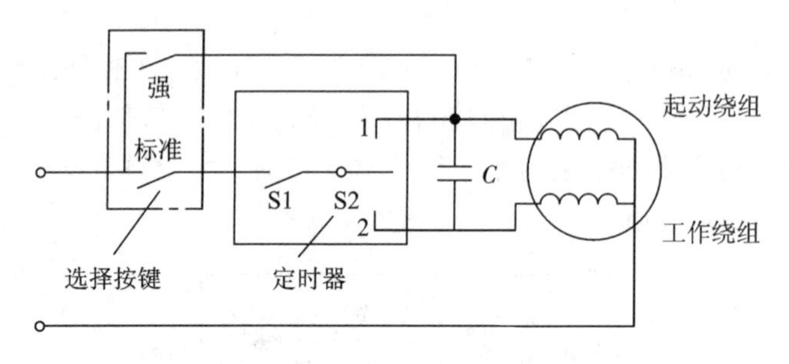

图 3.109　洗衣机电动机的控制电路

图 3.109 所示电路的工作原理如下。

当选择“标准”时，S1 接通的情况下，若 S2 与“1”接通，电容器与工作绕组串联，则工作绕组中的电流相位超前于起动绕组电流相位 90°。

经过一段定时时间后 S2 与“2”相接，电容器与起动绕组串联，则起动绕组中的电流相位超前于工作绕组中的电流相位 90°，从而实现了电动机的反转。

这种单相异步电动机的工作绕组与起动绕组可以互换，所以两套绕组的线圈匝数、粗细、占槽数等都应相同。

3.5.3 单相异步电动机的调速控制

在实际生产、生活中，常常要求单相电动机具有调速功能。例如，为了实现吊扇风量和风速的控制，需要对电动机进行调速。单相异步电动机可以通过串联电抗调速、电动机绕组内部抽头调速、晶闸管调速等几种方式来实现调速控制。

1. 串联电抗调速电路

图 3.110 所示为吊扇电动机串联电抗调速电路图。

利用电抗器上产生的电压降，使加到电动机定子绕组上的电压下降，从而将电动机转速由额定转速往下调节。

这种调速方法简单方便，但属于有级调速。

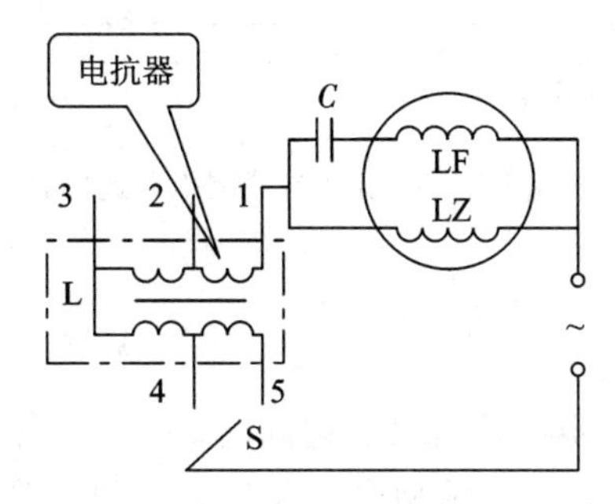

图 3.110　吊扇电动机串联电抗调速电路图

2. 电动机绕组内部抽头调速电路

电动机定子铁芯除了有起动绕组和工作绕组外，还嵌放中间绕组，可以通过改变中间绕组与工作绕组和起动绕组的接法，从而改变电动机内部气隙磁场的大小，使电动机的输出转矩随之改变，在一定负载转矩下，电动机的转速也随之变化，绕组的接线方式通常有两种，即 L 型和 T 型。图 3.111 所示为电动机绕组内部抽头调速电路图。

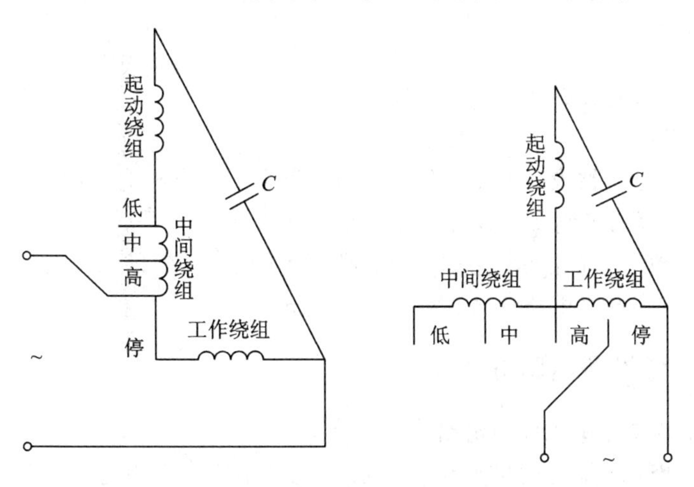

图 3.111　电动机绕组内部抽头调速电路图

这种调速方法绕组嵌线和接线复杂，电动机和调速开关接线多，并且是有级调速。

3. 晶闸管调速电路

通过改变晶闸管的导通角，来改变加在单相异步电动机上的交流电压，从而调节电动机的转速。如图 3.112 所示，这种调速方法可以做到无级调速，节能效果好，但会产生一些电磁干扰，广泛用于吊扇调速。

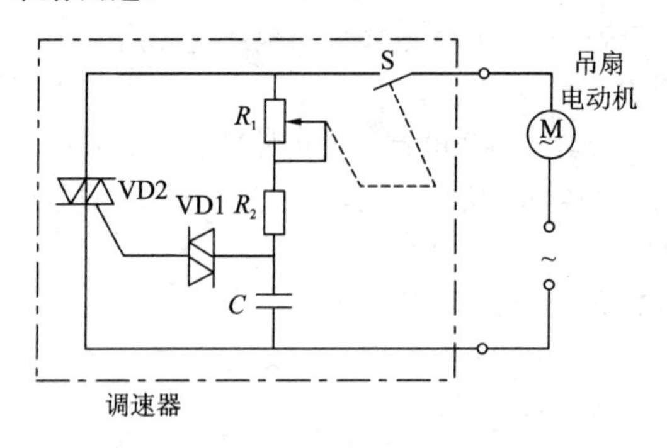

图 3.112　吊扇晶闸管调压调速电路

思考与练习

一、为什么单相单绕组异步电动机没有起动转矩？单相异步电动机有哪些起动方法？

二、比较单相电阻起动电动机、单相电容起动电动机、单相电容运转电动机的运行特点及各自的使用场合。

三、怎样改变单相电容运转电动机的旋转方向？

任务六　机械设备电路分析

任务要求

(1) 掌握通用机械设备电路分析方法。

(2) 掌握专用机械设备电路分析方法。

电气控制系统是机械设备的重要组成部分，学会如何分析电气控制电路、提高读图能力，可进一步为掌握按控制要求设计控制电路打下基础。

任何一个复杂的电气控制电路都是由一些基本的电气控制环节组成的，因此分析电路时要首先将其分解为基本电路环节，然后逐一分析。

3.6.1　通用机械设备电路分析

1. C650－2 型普通车床控制电路

车床在金属切削机床这类机械设备中所占比例最大，应用也最广泛，它能够车削外圆、内孔、端面、螺纹，并可用钻头、铰刀等刀具进行钻孔、铰孔等加工。

C650－2 型普通车床属中型车床，它的控制电路如图 3.113 所示，电气元件目录参见表 3.14。

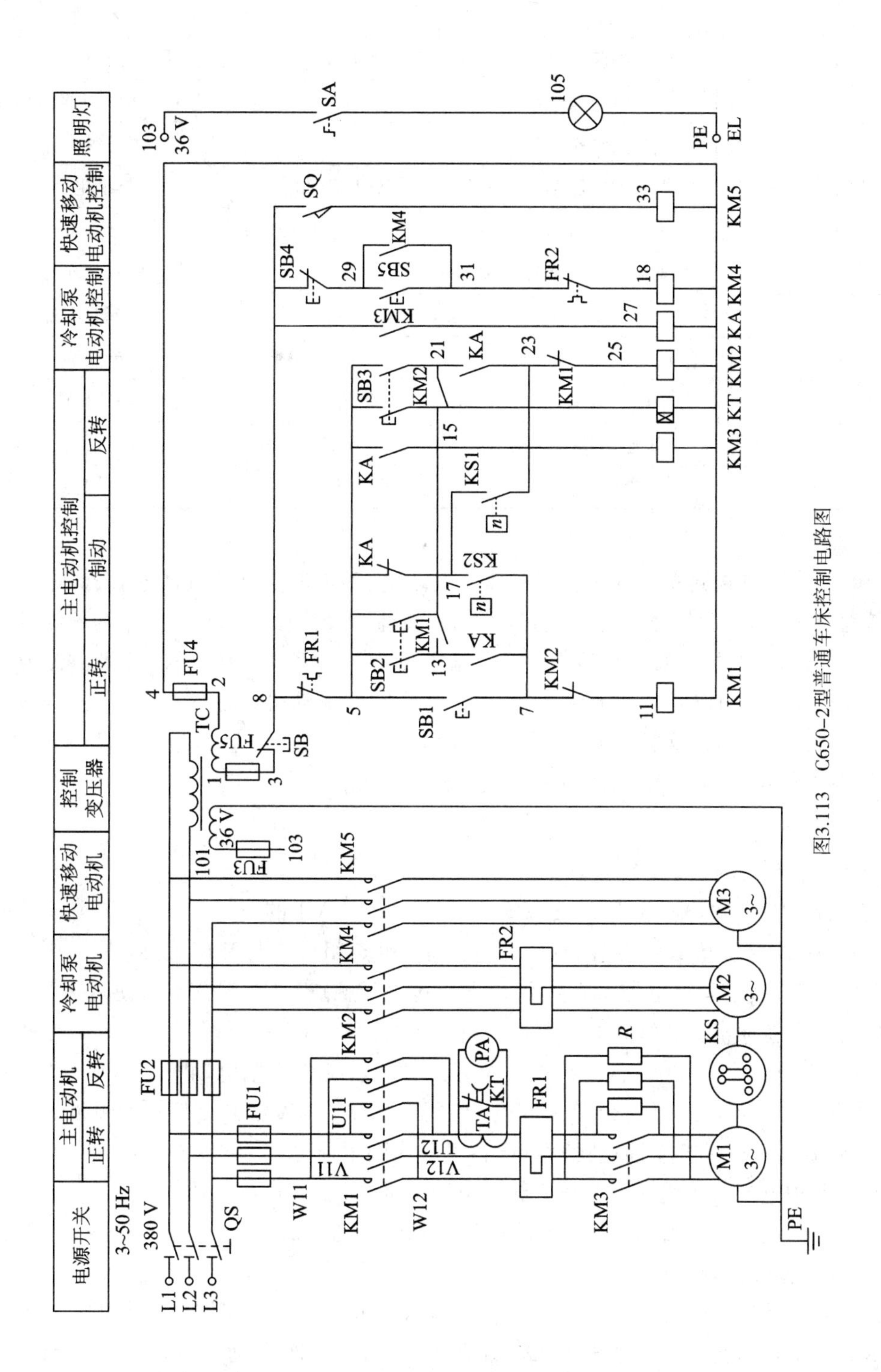

图3.113　C650-2型普通车床控制电路图

表 3.14　C650－2 型普通车床电气元件目录表

符　号	名　称	符　号	名　称
QS	三相隔离开关	KA	中间继电器
SB、SB4	停止按钮	KT	通电延时式时间继电器
SB1	点动按钮	KS	速度继电器
SB2、SB3	主电动机起动按钮	FR1、FR2	热继电器
SB5	冷却泵电动机起动按钮	FU1～FU5	熔断器
SQ	刀架快速移动行程开关	TC	控制变压器
SA	转换开关	TA	电流互感器
M1	主电动机	PA	电流表
M2	冷却泵电动机	*R*	限流电阻
M3	快速移动电动机	EL	照明灯
KM1～KM5	交流接触器	PE	保护地线

1）主电路

C650－2 型车床共有 3 台笼型三相异步电动机。M1 为主电动机，功率 20 kW。M1 可以由接触器 KM1、KM2 实现正、反转，并能停车制动。为限制制动电流，定子绕组中串有电阻 *R*，并由 KM3 控制其是否接入。FU1 熔断器为 M1 短路保护，FR1 热继电器为其过载保护、电流表 PA 用以监视其工作电流。M2 为冷却泵电动机，功率 120 W，由 KM4 接触器起动，FR2 为其过载保护。M3 为快速移动电动机，功率 1.7 kW，拖动溜板箱快速移动，KM5 为其起动接触器，M3 因短时工作故不设过载保护。

2）控制电路

(1) 主电动机的正、反转控制。

由图 3.113 可知，按钮 SB2、SB3 分别为主电动机 M1 的正、反转控制按钮。按下正向起动按钮 SB2，接触器 KM3 线圈首先得电，其主触点闭合将电阻 *R* 短接，另一常开辅助触点(8～27)闭合使中间继电器 KA 线圈得电，其常开触点(15～5)闭合，使得 KM3 在 SB2 松开后仍能保持通电，进而 KA 也保持通电。又当 SB2 尚未松开时，由于 KA 的另一动合触点(13～7)已闭合，故使 KM1 线圈得电，其主触点闭合使主电动机 M1 在全压下起动。KM1 的辅助触点(13～15)闭合形成自锁，使得 KM1 在 SB2 松开后保持通电。

在 KM3 通电的同时，通电延时继电器 KT 线圈也通电，其并联在电流表 PA 的触点延时断开以保护电流表不受 M1 电动机起动电流的冲击。

按下反向起动按钮 SB3，反向起动过程与正向起动类似。

(2) 主电动机的点动控制。

按下点动按钮 SB1 不松开，KM1 线圈得电，主触点闭合，M1 主电动机定子绕组串入电阻 *R* 起动。此时由于中间继电器 KA 未通电，尽管 KM1 辅助触点(13～15)闭合，但并不能实现自锁，故当松开 SB1 后 KM1 线圈随即断电，主电动机 M1 停转。

(3) 主电动机的反接制动控制。

该车床当主电动机正转或反转按下停止按钮时都能反接制动。若正转时停车，按下停止按钮 SB，所有控制电器线圈断电。KM1、KM3 的主触点断开，这时电阻 *R* 接入，限制了制动电流。中间继电器 KA 的动断触点(5～17)闭合，由于此时速度继电器正转动合触点 KS1(17～23)闭合，当松开停止按钮 SB 时，KM1 的常闭触点(23～25)已闭合，KM2 线圈通电吸合，将主电动机 M1 的电源反接，实现反接制动。当转速接近零(小于 40 r/min)时，KS1 的动合触点(17～23)断开，KM2 线圈断电制动结束。

反转停车时的反接制动过程类似，读者可自行分析。

(4) 刀架快速移动和冷却泵控制。

转动刀架手柄，按下行程开关 SQ，其常开触点(8～33)闭合，接触器 KM5 线圈通电吸合，电动机 M3 起动运转，刀架快速移动。

冷却泵电动机 M2 的起停分别由按钮 SB5 和 SB4 实现。

2. X5032 型万能铣床控制电路

铣床是仅次于车床的、广泛应用于机械加工及维修的生产设备，常用来加工平面、斜面及沟槽，装上分度头可铣直齿轮和螺旋面，装上圆工作台还可铣切凸轮和弧形槽。铣床的种类很多，按结构和加工性能可分为立式铣床、卧式铣床、龙门铣床、仿型铣床等。

X5032 型万能铣床属中型铣床，主运动和进给运动之间无内联系传动链要求，故分别用电动机拖动。主轴旋向的改变由主电动机正、反转实现，由于工作过程中不需改变主轴转向，故主电动机采用转换开关实现正、反转控制。工作台能上下、前后、左右 6 个方向移动，故要求进给电动机能正、反转且 3 个方向都可以实现空程快速移动。加工时，同一时间只允许一个方向运动，因而采用机械手柄和行程开关相配合的方法实现互锁，而且也能实现圆工作台的运动与工作台运动的互锁。为克服滑移齿轮变速时顶齿，主电动机和进给电动机都能点动控制。为缩短停车时间和加工前对刀，主轴还采用电磁离合器制动。

图 3.114 所示为 X5032 型万能铣床的控制电路，表 3.15～表 3.19 是各种开关的位置说明，表 3.20 是铣床电气元件目录。

1) 主电路

X5032 型机床有三相异步电动机 3 台。主电动机 M1，功率 7.5 kW，由转换开关 SA5 控制其旋向，由接触器 KM1 控制起停。M2 为进给电动机，功率 1.5 kW，由 KM2、KM3 控制其正、反转以实现工作台上下、前后、左右 6 个方向的运动。M3 为冷却泵电动机，功率120 W，由转换开关 SA3 控制起停。

2) 控制电路

(1) 主电动机控制。

起动控制。按下 SB3(或 SB4)，接触器 KM1 线圈通电，主触点吸合，主电动机 M1 起动，KM1 的常开辅助触点(7～9)闭合自锁，另一常开辅助触点(10～17)闭合，为进给电动机 M2 起动做好准备。

制动控制。按下停止按钮 SB1(或 SB2)，接触器 KM1 线圈断电，主电动机停止供电，且使电磁离合器 YB 线圈与直流电源接通，主轴制动停转。

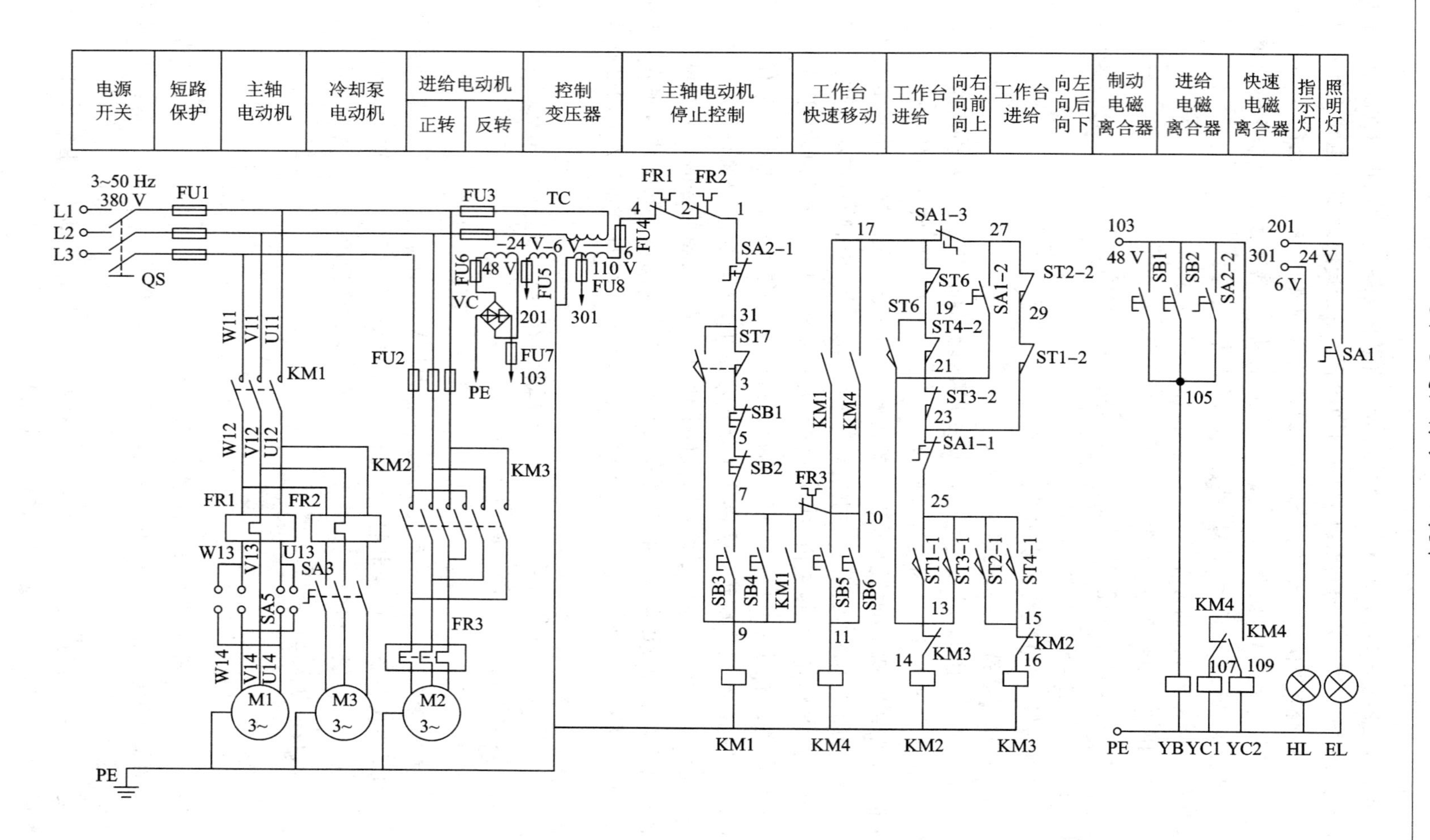

电源开关
短路保护
主轴电动机
冷却泵电动机
进给电动机
正转
反转
控制变压器
主轴电动机停止控制
工作台快速移动
工作台进给 向右向前向上
工作台进给 向左向后向下
制动电磁离合器
进给电磁离合器
快速电磁离合器
指示灯
照明灯
3~50 Hz 380 V
L1
L2
L3
QS
FU1
FU2
FU3
TC
KM1
KM2
KM3
KM4
FR1
FR2
FR3
M1 3~
M2 3~
M3 3~
PE
YB
YC1
YC2
HL
EL

表 3.15　工作台向左、向右行程开关位置说明

位置 触点	向　左	停　止	向　右
ST1-1(25～13)	－	－	＋
ST1-2(29～23)	＋	＋	－
ST2-1(25～15)	＋	－	－
ST2-2(29～27)	－	＋	＋

表 3.16　工作台向前后、向上下行程开关位置说明

位置 触点	向前向下	停　止	向后向上
ST3-1(25～13)	＋	－	－
ST3-2(23～21)	－	＋	＋
ST4-1(25～15)	－	－	＋
ST4-2(21～19)	＋	＋	－

表 3.17　圆工作台转换开关位置说明

位置 触点	接　通	断　开
SA1-1(25～23)	－	＋
SA1-2(27～13)	＋	－
SA1-3(27～17)	－	＋

表 3.18　主轴换向开关位置说明

位置 触点	左　转	停　止	右　转
SA5-1(W13～U14)	＋	－	－
SA5-2(W13～W14)	－	－	＋
SA5-3(U13～U14)	－	－	＋
SA5-4(U13～W14)	＋	－	－

表 3.19　主轴换刀制动开关位置说明

位置 触点	接　通	断　开
SA2-1(31～1)	－	＋
SA2-2(105～103)	＋	－

表 3.20　X5032 型万能升降台铣床电气元件目录

符　号	名称及用途	符　号	名称及用途
QS	电源开关	M1	主轴电动机
SA1	圆工作台转换开关	M2	进给电动机
SA2	主轴换刀制动转换开关	M3	冷却泵电动机
SA3	M3 用转换开关	KM1	M1 起停接触器
SA4	照明用转换开关	KM2、KM3	M2 正、反转换接触器
SA5	M1 用转换开关	KM4	快速移动接触器
SB1、SB2	主电动机停止按钮	FU1～FU6	熔断器
SB3、SB4	主电动机起动按钮	FR1～FR3	热继电器
SB5、SB6	工作台快速移动按钮	TC	控制变压器
ST1	工作台向右进给行程开关	VC	整流桥
ST2	工作台向左进给行程开关	YB	电磁制动器
ST3	工作台向前、下进给行程开关	YC1、YC2	进给、快速进给离合器
ST4	工作台向后、上进给行程开关	HL	指示灯
ST6	进给变速点动开关	EL	照明灯
ST7	主轴变速点动开关	PE	保护地线

点动控制。变速手柄复位过程中压动一次行程开关 ST7，其动断触点(3～31)断开 KM1 的自锁触点(7～9)，动合触点(9～31)接通 KM1 接触器线圈，使主电动机瞬时转动，克服顶齿。

主轴换刀制动控制。为保证操作者的安全，换刀前将转换开关 SA2 的 SA2 - 1(1～31)处断开而 SA2 - 2(103～105)处接通，同样使 YB 线圈通电制动主轴。

(2) 进给电动机控制。

工作台纵向(左右)、横向(前后)、垂直(上下)运动时，转换开关 SA1 的 SA1 - 3(17～27)、SA1 - 1(23～25)两处接通，SA1 - 2(27～13)处断开，而圆形工作台工作时反之。

工作台纵向进给控制。工作台纵向进给由纵向手柄(左、中、右 3 个位置)操纵纵向离合器和行程开关 ST1、ST2 实现。当手柄向右扳动，压下 ST1，使 ST1 - 1(13～25)处接通，ST1 - 2(23～29)处断开，经 17—19—21—23—25—13—14 使 KM2 接触器线圈通电，M2 正转，工作台右向进给。当手柄向左扳动，压下 ST2，ST2 - 1(15～25)处接通，ST2 - 2(27～29)处断开，经 17—19—21—23—25—15—16，使 M3 接触器线圈通电，M2 反转，工作台左向进给。

工作台横向及垂直进给控制。工作台横向和垂直升降进给由升降台上具有上、下、前、后、中间 5 个位置的“十”字手柄操纵。手柄向前、向后扳动时横向进给离合器接合，向上、向下扳动时垂直进给离合器接合，与行程开关 ST3、ST4 一起实现横向和垂直进给。手柄扳到前或下位置时压下行程开关 ST3，使 ST3 - 1(13～25)处接通，ST3 - 2 处断开，经 17—27—29—23—25—13—14，使 KM2 接触器线圈通电，M2 正转，工作台向前或向下进给。当手柄扳到后或上位置时，压下行程开关 ST4，使 ST4 - 1(15～25)处接通，ST4 - 2

(19～21)处断开，经 17—27—29—23—25—15—16，使 KM3 接触器线圈通电 M2 反转，工作台向后或向上进给。

点动控制。与主电动机点动控制类似，变速手柄复位过程中，压下点动行程开关 ST6 一次，其动合触点(13～19)闭合，动断触点(17～19)断开，经 17—27—29—23—21—19—13—14，使 KM2 接触器线圈通电，M2 电动机瞬时正转，以消除进给变速顶齿。

快移控制。在任何一个方向有进给时，按下 SB5(或 SB6)使 KM4 接触器线圈通电，其动断触点(103～107)断开，动合触点(103～109)闭合，于是断开进给离合器 YC1，接通快移离合器 YC2，则工作台在原进给方向上实现快速移动，松开则恢复进给运动。

(3) 圆工作台控制。

先将两个操纵手柄扳到中间位置，然后将转换开关 SA1 的 SA1－3(17～27)、SA1－1(23～25)两处断开，而将 SA1－2(27～13)处接通。这时按下 SB3(或 SB4)主电动机起动，且经 17—19—21—23—29—27—13—14，使 KM2 接触器线圈通电，M2 正转，圆工作台回转。此时不论扳动哪个操纵手柄都会由 ST1～ST4 行程开关的一个动断触点断开 KM2 的电路使 M2 停转，以实现联锁保护。

3.6.2　专用机械设备电路分析

专用机械设备中较典型的是组合机床。组合机床一般采用多轴、多刀、多工序同时加工，以完成钻、扩、铰、镗、铣及攻丝等工序。其主要通用部件是单轴或多轴头和动力滑台。单轴或多轴头完成切削主运动，而进给运动则由动力滑台来完成，以实现不同的工作循环。

1. 机械动力滑台控制电路

机械滑台的传动系统如图 3.115 所示。它由滑台、滑座和双电动机传动装置 3 部分组成。

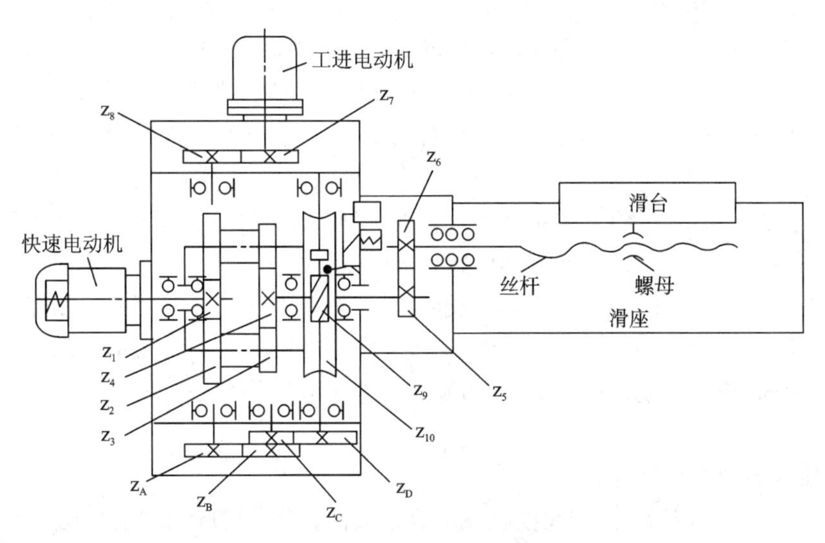

图 3.115　机械滑台传动系统

滑台的快进是由快速电动机经齿轮(z_1～z_6)使丝杠快速旋转实现的。滑台快退时传动路线不变，靠快速电动机反转来实现。滑台快进或快退时，工进电动机可以转动，也可以不转动，两者的区别在于滑台的快进与快退速度不一。

滑台的工作进给是由工进电动机经齿轮（$z_7 \sim z_8$）、交换齿轮（$z_A \sim z_D$）、蜗杆蜗轮（z_9、z_{10}）和行星齿轮（$z_1 \sim z_4$），使丝杠慢速旋转来实现的。此时快速电动机的转子由电磁制动器制动。

图 3.116 所示为机械滑台具有一次工作进给的控制电路及工作循环图。图中的 ST1、ST2 和 ST3 分别为原位、快进转工进和终点行程开关，ST4 为超行程保护行程开关。

图中的 KM 为滑台上切削头主轴电动机控制用接触器，SA 为单独调整开关，置 1 位时闭合，置 0 位时断开。YB 为快速电动机 M2 的断电制动型电磁制动器线圈。

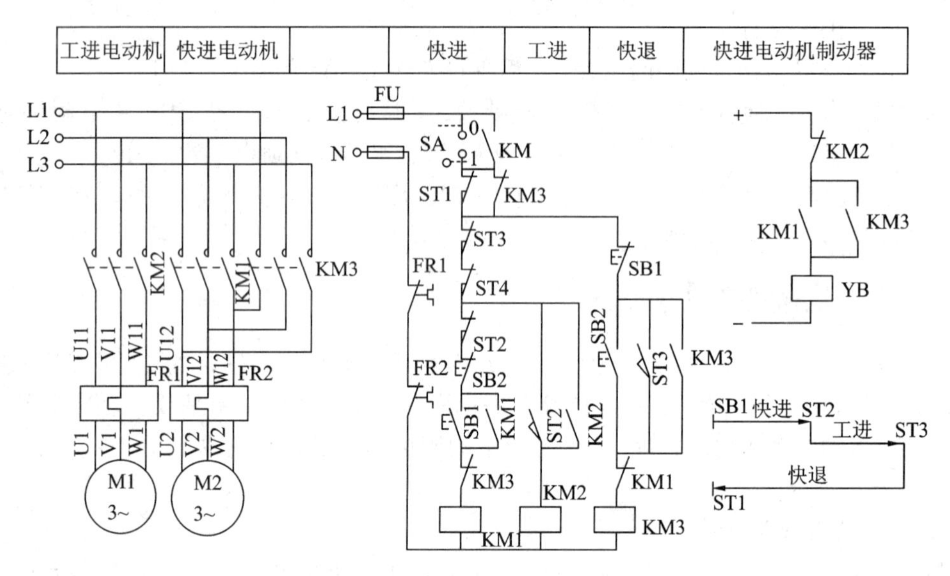

图 3.116　机械滑台具有一次工进的电气控制电路

正常工作时，调整开关 SA 置于 0 位。当主轴起动后，KM 动合触点闭合，此时按下 SB1，KM1 通电并自锁，YB 随即通电使制动器松开，则 M2 正转，工作台快进。当工作台上的挡铁（撞块）压下 ST2 时，KM1 断电，YB 断电，使 M2 断电并迅速制动，而 KM2 因 ST2 受压而通电自锁，M1 起动运转，工作台由快进转向工进。当终点行程开关 ST3 受压时，KM2 断电，M1 停转，KM3 通电，YB 通电，M2 反转，工作台快退。当快退至原位时，ST1 受压，因在快退时与 ST1 动断触点并联的 KM3 动断触点已断开，故当 ST1 受压后，KM3 立即断开，YB 断电，M2 被制动停转，一个自动循环完成。

在工进时，若行程开关 ST3 失灵，就会越位，至行程开关 ST4 处时，由于 ST4 受压，使得 M1 停车。故行程开关 ST4 起着超行程保护的作用。此时，若要退至原位，按动 SB2 即可，故 SB2 称作手动调整快退按钮。当随机停电时，工作台停在中途，来电后可用 SB2 调至原位。

2. 液压动力滑台控制电路

液压动力滑台由滑台、滑座及油缸 3 部分组成。滑台在滑座上向前或向后运动是借助于压力油通入油缸的前腔或后腔来实现的。电气控制液压系统完成滑台的自动循环。

1）一次工作进给控制

图 3.117 所示为具有一次工作进给的液压动力滑台的液压系统和电气控制电路。工作

循环程序是：滑台快进→工作进给→快退回至原位停止。工作程序如下：

(1) 滑台原位停止。滑台由油缸 YG 拖动可以前后运动，当电磁铁 YA1、YA2、YA3 均为断电状态时，滑台停在原位，此时电磁换向阀 HF1 处于中位，挡铁压下行程开关 ST1，其动合触点闭合，动断触点断开。

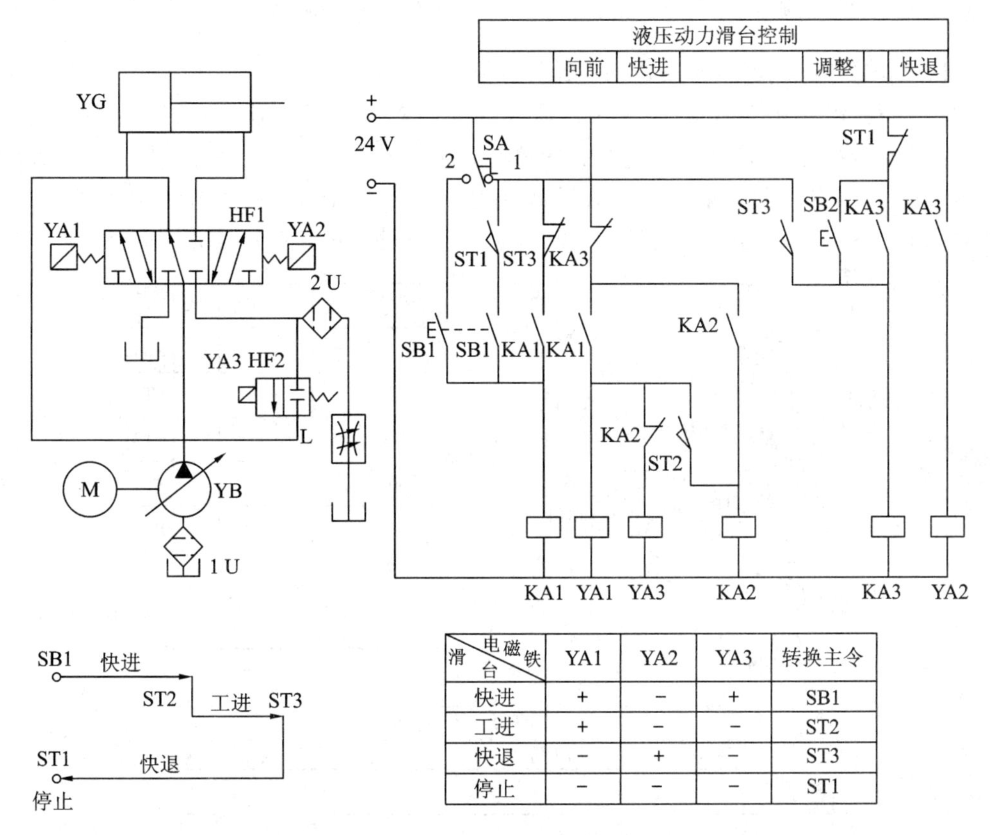

滑台＼电磁铁	YA1	YA2	YA3	转换主令
快进	+	−	+	SB1
工进	+	−	−	ST2
快退	−	+	−	ST3
停止	−	−	−	ST1

图 3.117　一次工作进给液压系统和控制电路

(2) 滑台快进。把转换开关 SA 扳到“1”位置，按下按钮 SB1，中间继电器 KA1 得电并自锁，其动合触点闭合，使电磁铁 YA1、YA3 得电。YA1 通电使电磁阀 HF1 推向右端，滑台前进。由于 YA1、YA3 同时得电，除工进油路接通外，经 HF2 将油缸前腔的回油也送入后腔，故滑台为快进。

(3) 滑台工进。在滑台快进到挡铁压下行程开关 ST2 后，其动合触点闭合，使继电器 KA2 通电并自锁。其动断触点断开，使电磁阀 YA3 断电，HF2 换向阀复位，滑台自动转换为工进。由于 KA2 自锁，故当挡铁由于滑台前进而离开 ST2 后，KA2 仍保持通电状态。

(4) 滑台快退。当滑台工进到终点，挡铁压下 ST3，其动合触点闭合，使继电器 KA3 通电并自锁。因其动断触点断开，使 YA1 断电，滑台停止工进。KA3 动合触点闭合，使电磁铁 YA2 通电，电磁阀 HF1 左移，滑台快退。滑台退到原位，压下行程开关 ST1，其动断触点断开，使继电器 KA3 断电，于是电磁阀 YA2 也断电，换向阀 HF1 复位，滑台原位停止。

(5) 滑台的点动调整。将转换开关扳到“2”位置后，按下按钮 SB1 接通 KA1，使电磁阀 YA1、YA3 通电，滑台可向前快进。由于 KA1 电路不能自锁，故当 SB1 放松后，滑台即可停止。

当滑台不在原位，即 ST1 未被压下需要快退时，可按下 SB2 按钮使 KA3 通电动作，YA2 得电，滑台快退，直到退到原位压下 ST1 行程开关，使 KA3 断电，滑台停止。

如要得到以下工作循环：快进→工进→延时停留→快退，只需在上述控制电路基础上加上延时线路即可。

2）二次工作进给控制

二次工作进给控制电路如图 3.118 所示。该电路可实现“快进→一次工进→二次工进→快退”的工作循环。在控制电路中 ST2 接通继电器 KA2 实现第一次工进，这时只有电磁铁 YA1 通电。ST3 接通 KA3 实现第二次工进时电磁铁 YA1、YA4 同时得电，但是进给速度要低于第一次工进。ST4 接通继电器 KA4 实现快退，这时 KA4 得电接通电磁铁 YA2，滑台快退到原位压下 ST1，使 ST1 动合触点闭合，动断触点断开，继而 KA4 断电，滑台停止。

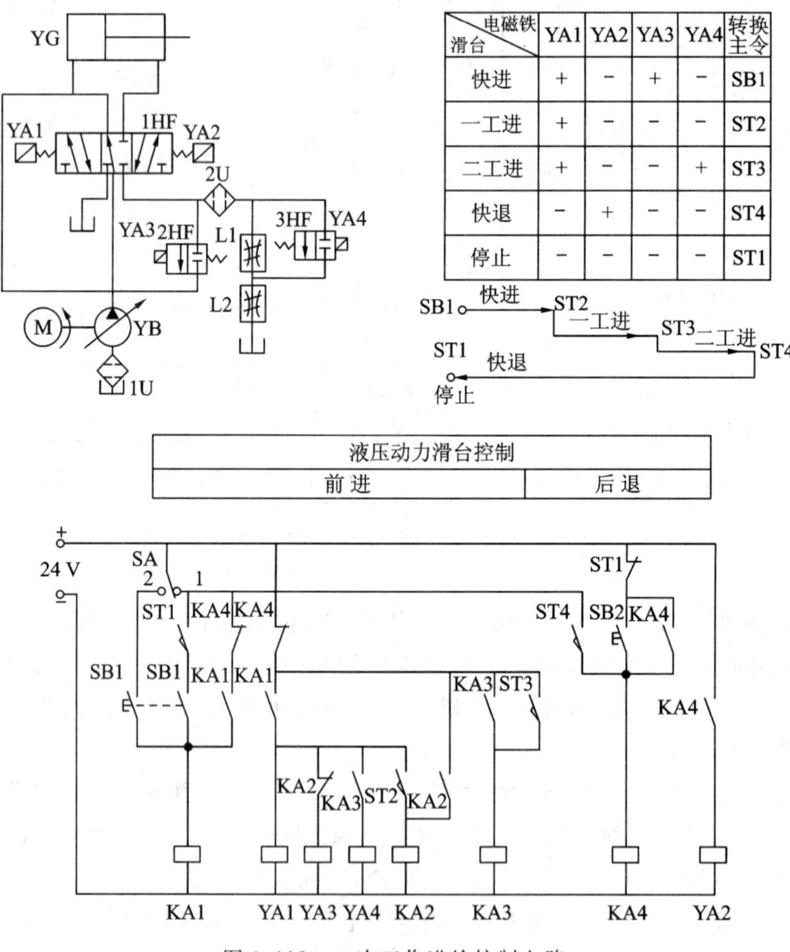

滑台＼电磁铁	YA1	YA2	YA3	YA4	转换主令
快进	+	−	+	−	SB1
一工进	+	−	−	−	ST2
二工进	+	−	−	+	ST3
快退	−	+	−	−	ST4
停止	−	−	−	−	ST1

图 3.118 二次工作进给控制电路

思考与练习

一、归纳分析通用和专用设备电气控制电路的方法。

二、寻找一种通用机械设备（如钻床或磨床）的电气控制电路进行分析。

单元四　控制电动机的控制

随着PLC技术、变频技术和伺服控制技术的迅猛普及和推广，以步进电动机和伺服电动机为执行元件的定位控制技术在工业生产中，特别是在非标专用生产设备和通用设备的改造中得到了越来越广泛的应用。本单元先介绍步进电动机、步进驱动器和步进系统应用实例，然后介绍交流伺服系统的组成与原理及三菱通用伺服驱动器，最后介绍交流伺服系统应用实例。

任务一　步进电动机及其控制

任务要求

(1) 熟悉步进电动机工作原理。

(2) 掌握步进驱动器的设置。

(3) 掌握步进电动机的PLC控制。

本节先介绍步进电动机工作原理、结构及其运行参数，然后介绍步进驱动器内部组成与原理、外部接线与说明、细分设置、工作电流设置、静态电流设置等，最后介绍步进电动机控制实例。

4.1.1　步进电动机

步进电动机是一种用电脉冲控制运转的电动机，每输入一个电脉冲，电动机就会旋转一定的角度，因此步进电动机又称为脉冲电动机。步进电动机的转速与脉冲频率成正比，脉冲频率越高，单位时间内输入电动机的脉冲个数越多，转速就越快，旋转角度也越大。

步进电动机广泛用在雕刻机、激光制版机、贴标机、激光切割机、喷绘机、数控机床、机器手等各种中大型自动化设备和仪器中。

1. 外形

步进电动机的外形如图4.1所示。

图4.1　步进电动机的外形

2. 结构与工作原理

1）与步进电动机有关的实验

在说明步进电动机的工作原理之前，先来分析图4.2所示的实验现象。

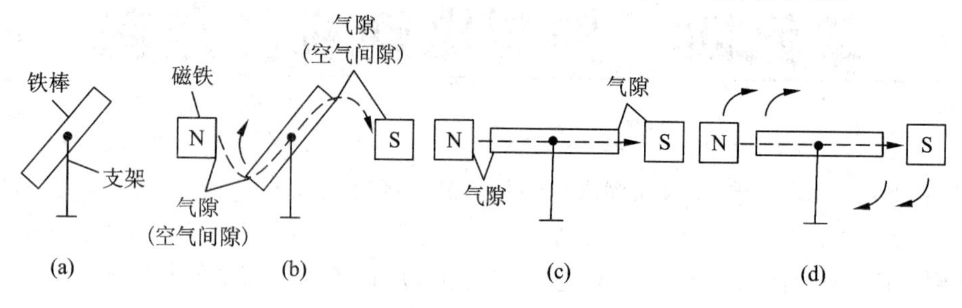

图4.2　与步进电动机有关的实验现象

在图4.2所示的实验中，一根铁棒斜放在支架上，如图4-2(a)所示，若将一对磁铁靠近铁棒，磁铁N极产生的磁感线会通过气隙、铁棒和气隙到达磁铁S极，如图4-2(b)所示。由于磁感线总是力图通过磁阻最小的途径，它对铁棒产生作用力，使铁棒旋转到水平位置，如图4.2(c)所示，此时磁感线所经磁路的磁阻最小(磁阻主要由N极与铁棒间的气隙和S极与铁棒间的气隙大小决定，气隙越大，磁阻越大，铁棒处于图示位置时的气隙最小，因此磁阻也最小)。这时若顺时针旋转磁铁，为了保持磁路的磁阻最小，磁感线对铁棒产生作用力，使之也顺时针旋转，如图4.2(d)所示。

2）工作原理

步进电动机的种类很多，根据运转方式可分为旋转式、直线式和平面式，其中旋转式应用最为广泛。旋转式步进电动机又分为永磁式和反应式，永磁式步进电动机的转子采用永久磁铁制成，反应式步进电动机的转子采用软磁性材料制成。由于反应式步进电动机具有反应快、惯性小和速度高等优点，因此应用很广泛。

(1) 反应式步进电动机。

图4.3所示是一个三相六极反应式步进电动机，它主要由凸极式定子、定子绕组和带有4个齿的转子组成。

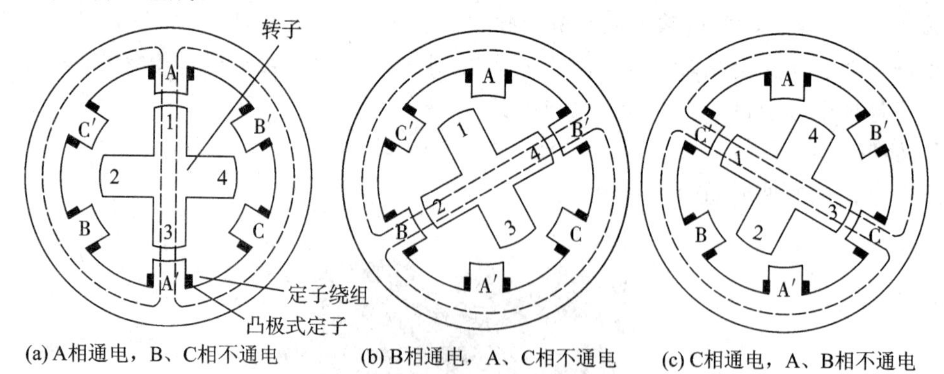

图4.3　三相六极反应式步进电动机结构示意图

反应式步进电动机工作原理分析如下：

第一，当A相定子绕组通电时，如图4.3(a)所示，绕组产生磁场，由于磁场磁感线力图通过磁阻最小的路径，在磁场的作用下，转子旋转使齿 1、3 分别正对 A、A′极。

第二，当 B 相定子绕组通电时，如图 4.3(b)所示，绕组产生磁场，在绕组磁场的作用下，转子旋转使齿 2、4 分别正对 B、B′极。

第三，当 C 相定子绕组通电时，如图 4.3(c)所示，绕组产生磁场，在绕组磁场的作用下，转子旋转使齿 3、1 分别正对 C、C′极。

从图 4.3 中可以看出，当 A、B、C 相按 A→B→C 顺序依次通电时，转子逆时针旋转，并且转子齿 1 由正对 A 极运动到正对 C′；若按 A→C→B 顺序通电，转子则会顺时针旋转。给某定子绕组通电时，步进电动机会旋转一个角度；若按 A→B→C→A→B→C→…顺序依次不断地给定子绕组通电，转子就会连续不断地旋转。

图 4.3 中的步进电动机为三相单三拍反应式步进电动机，其中“三相”是指定子绕组为 3 组，“单”是指每次只有一相绕组通电，“三拍”是指在一个通电循环周期内绕组有 3 次供电切换。

步进电动机的定子绕组每切换一相电源，转子就会旋转一定的角度，该角度称为步距角。在图 4.3 中，步进电动机定子圆周上平均分布着 6 个凸极，任意 2 个凸极之间的角度为 60°，转子每个齿由一个凸极移到相邻的凸极需要前进 2 步，因此该转子的步距角为 30°。步进电动机的步距角可用下面的公式计算：

$$\theta = \frac{360^\circ}{ZN} \tag{4.1}$$

式中，Z 为转子的齿数、N 为一个通电循环周期的拍数。

图 4.3 中的步进电动机的转子齿数 $Z=4$，一个通电循环周期的拍数 $N=3$，则步距角 $\theta = 30^\circ$。

(2) 三相单双六拍反应式步进电动机。

三相单三拍反应式步进电动机的步距角较大，稳定性较差；而三相单双六拍反应式步进电动机的步距角较小，稳定性更好。三相单双六拍反应式步进电动机结构示意图如图4.4 所示。

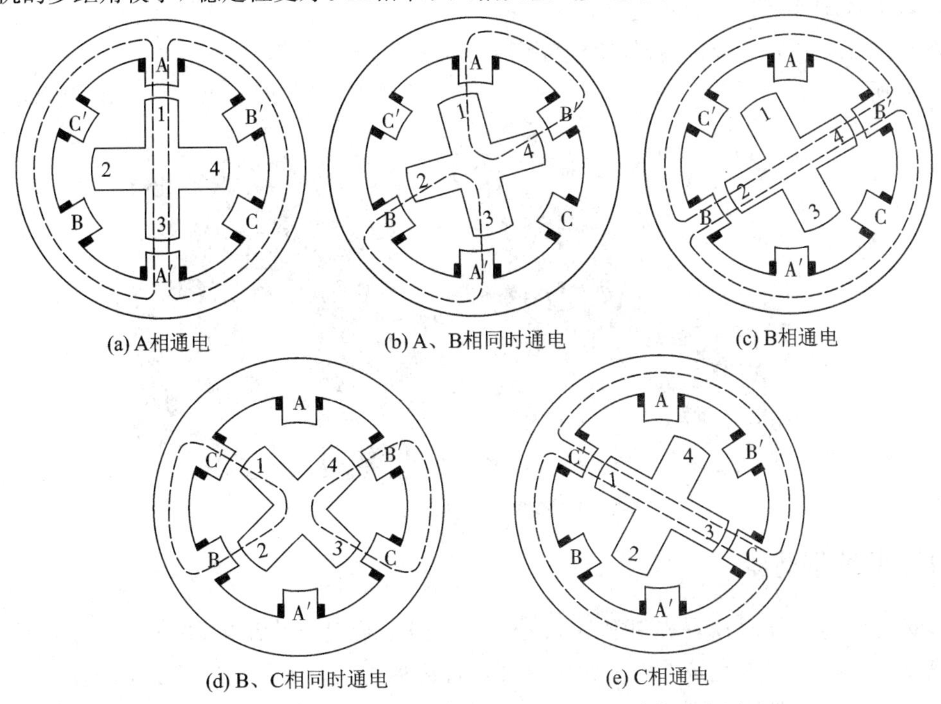

图 4.4　三相单双六拍反应式步进电动机结构示意图

三相单双六拍反应式步进电动机工作原理分析如下：

第一，当A相定子绕组通电时，如图4.4(a)所示，绕组产生磁场，由于磁场磁感线力图通过磁阻最小的路径，因此在磁场的作用下，转子旋转使齿1、3分别正对A、A′极。

第二，当A、B相定子绕组同时通电时，绕组产生如图4.4(b)所示的磁场，在绕组磁场的作用下，转子旋转使齿2、4分别向B、B′极靠近。

第三，当B相定子绕组通电时，如图4.4(c)所示，绕组产生磁场，在绕组磁场的作用下，转子旋转使齿2、4分别正对B、B′极。

第四，当B、C相定子绕组同时通电时，如图4.4(d)所示，绕组产生磁场，在绕组磁场的作用下，转子旋转使齿3、1分别向C、C′极靠近。

第五，当C相定子绕组通电时，如图4.4(e)所示，绕组产生磁场，在绕组磁场的作用下，转子旋转使齿3、1分别正对C、C′极。

从图4.4中可以看出，当A、B、C相按A→AB→B→BC→C→CA→A…顺序依次通电时，转子逆时针旋转，每一个通电循环分6拍，其中3个单拍通电，3个双拍通电，因此这种反应式步进电动机称为三相单双六拍反应式步进电动机。三相单双六拍反应式步进电动机的步距角为15°。

3）结构

无论是三相单三拍步进电动机还是三相单双六拍步进电动机，它们的步距角都比较大，若用它们作为传动设备动力源时往往不能满足精度要求。为了减小步距角，实际的步进电动机通常在定子凸极和转子上开很多小齿，这样可以大大减小步距角。步进电动机的结构示意图如图4.5所示。步进电动机的实际结构如图4.6所示。

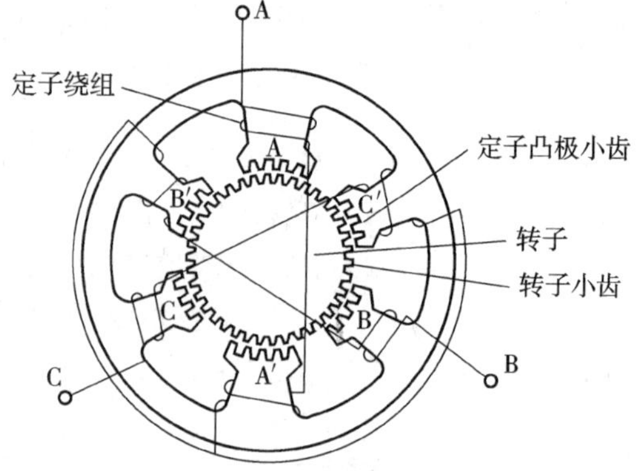

图4.5　三相步进电动机的结构示意图

图4.6　步进电动机的实际结构

4.1.2　步进驱动器

步进电动机工作时需要提供脉冲信号，并且提供给定子绕组的脉冲信号要不断切换，这些需要专门的电路来完成。为了使用方便，通常将这些电路做成一个成品设备——步进驱动器。步进驱动器的功能就是在控制设备(如PLC或单片机)的控制下，为步进电动机提供工作所需的幅度足够的脉冲信号。

步进驱动器种类很多，使用方法大同小异，下面以 HM275D 型步进驱动器为例进行说明。

1. 外形

图 4.7 所示为常见的步进驱动器及内部电路图，其中左方为 HM275D 型步进驱动器。

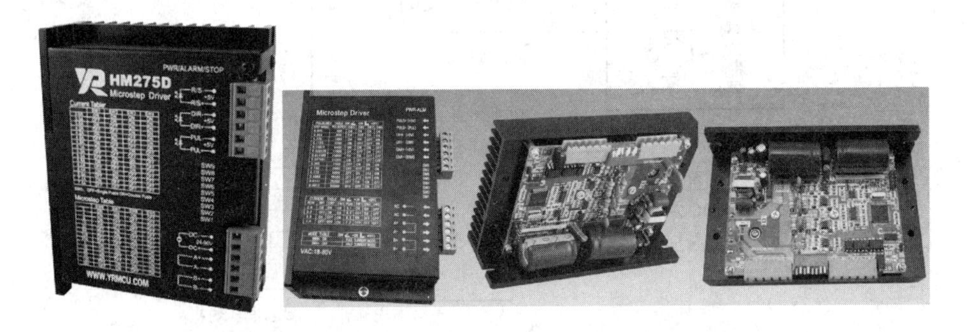

图 4.7　常见的步进驱动器及内部电路图

2. 内部组成与原理

图 4.8 所示虚线框内部分为步进驱动器，其内部主要由环形分配器和功率放大器组成。

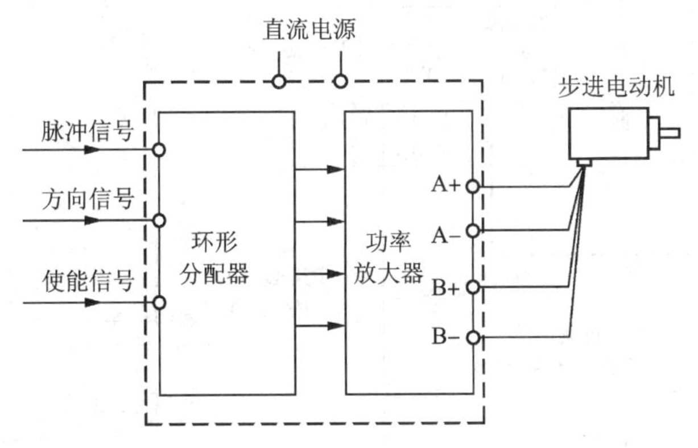

图 4.8　步进驱动器的组成框图

步进驱动器有 3 种输入信号，分别是脉冲信号、方向信号和使能信号，这些信号来自控制器(如 PLC、单片机等)。在工作时，步进驱动器的环形分配器将输入的脉冲信号分成多路脉冲，再送到功率放大器进行功率放大，然后输出大幅度脉冲去驱动步进电动机；方向信号的功能是控制环形分配器分配脉冲的顺序，比如先送 A 相脉冲再送 B 相脉冲会使步进电动机逆时针旋转，那么先送 B 相脉冲再送 A 相脉冲则会使步进电动机顺时针旋转；使能信号的功能是允许或禁止步进驱动器工作，当使能信号为禁止时，即使输入脉冲信号和方向信号，步进驱动器也不会工作。

3. 步进驱动器的接线及说明

步进驱动器的接线包括输入信号接线、电源接线和电动机接线。HM275D 型步进驱动器的典型接线如图 4.9 所示，图 4.9(a)为 HM275D 与 NPN 三极管输出型控制器的接线图，图 4.9(b)为 HM275D 与 PNP 三极管输出型控制器的接线图。

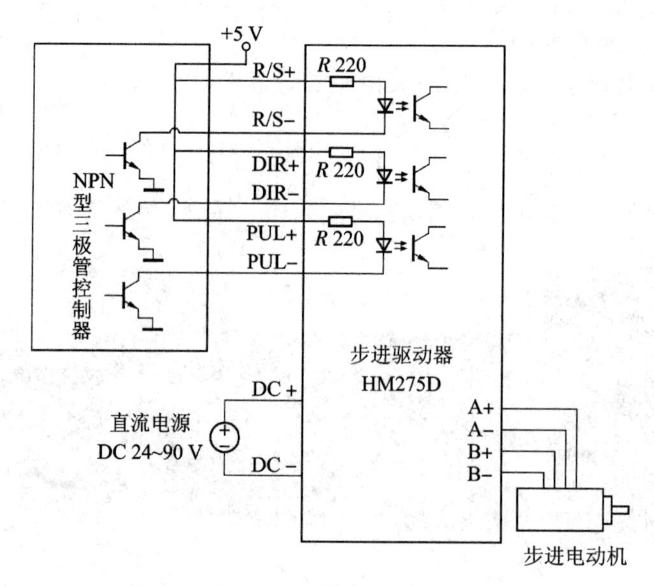

(a) HM275D与NPN三极管输出型控制器的接线图

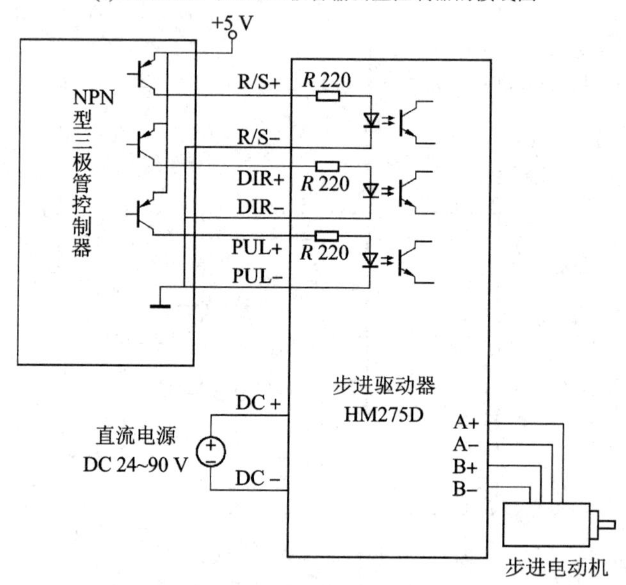

(b) HM275D与PNP三极管输出型控制器的接线图

图 4.9　HM275D 型步进驱动器的典型接线

1）输入信号接线

HM275D 型步进驱动器的输入信号有 6 个接线端子，如图 4.10 所示。这 6 个端子分别是 R/S＋、R/S－、DIR＋、DIR－、PUL＋和 PUL－。

(1) R/S＋(＋5 V)、R/S－(R/S)端子：使能信号。此信号用于使能和禁止，R/S＋接＋5 V、R/S－接低电平时，驱动器切断电动机各相电流使电动机处于自由状态，此时步进脉冲不被响应。如不需要这项功能，悬空此信号输入端子即可。

(2) DIR＋(＋5 V)、DIR－(DIR)端子：单脉冲控制方式时为方向信号，用于改变电动机的转向；双脉冲控制方式时为反转脉冲信号。单、双脉冲控制方式由步进驱动器面板上的开关 SW5 控制，为了保证电动机可靠响应，方向信号应先于脉冲信号至少 5 μs 建立。关于脉冲控制方式介绍见本小节后面“脉冲输入模式的设置”部分。

(3) PUL＋(＋5 V)、PUL－(PUL)端子：单脉冲控制时为步进脉冲信号，此脉冲上升沿有效；双脉冲控制时为正转脉冲信号，此脉冲上升沿有效。脉冲信号的低电平时间应大于3 μs，以保证电动机可靠响应。

2) 电源与输出信号接线

HM275D 型步进驱动器的电源与输出信号有 6 个接线端子，如图 4.11 所示，这 6 个端子分别是 DC＋、DC－、A＋、A－、B＋和 B－。

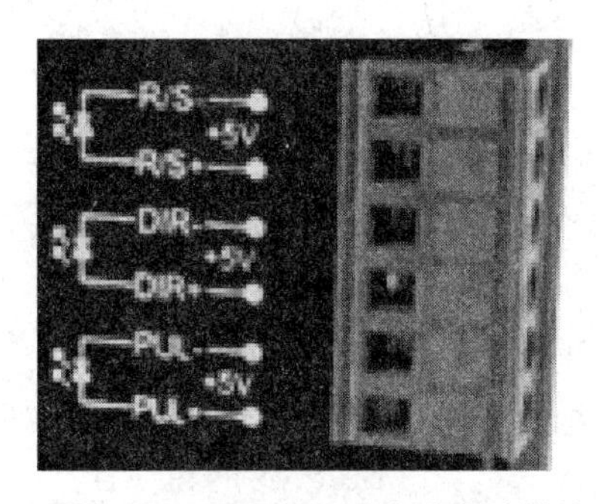

图 4.10　HM275D 型步进驱动器的输入接线端子

图 4.11　HM275D 型步进驱动器的电源与输出接线端子

(1) DC－端子：直流电源负极，也即电源地。

(2) DC＋端子：直流电源正极，电压范围 DC 24～90 V，推荐理论值 DC 70 V 左右。电源电压在 DC 24～90 V 之间都可以正常工作。本驱动器最好采用无稳压功能的直流电源供电，也可以采用变压器降压＋桥式整流＋电容滤波，电容可取大于 2200 μF。但注意应使整流后电压纹波峰值不超过 95 V，以避免电网波动超过驱动器电压工作范围。

(3) A＋、A－端子：A 相脉冲输出。

(4) B＋、B－端子：B 相脉冲输出。

4. 步进电动机的接线及说明

HM275D 型步进驱动器可驱动所有相电流为 7.5 A 以下的四线、六线和八线的两相、四相步进电动机。由于 HM275D 型步进驱动器只有 A＋、A－、B＋和 B－4 个脉冲输出端子，故连接四线以上的步进电动机时需要先对步进电动机进行必要的接线。步进电动机的接线如图 4.12 所示，图中的 NC 表示该接线端悬空不用。

为了达到最佳的电动机驱动效果，需要给步进驱动器选取合理的供电电压并设定合适的输出电流值。

(1) 供电电压的选择。一般来说，供电电压越高，电动机高速时力矩越大，越能避免高速时掉步。但电压太高也会导致过电压保护，甚至可能损害驱动器，而且在高压下工作时，低速运动震动较大。

(2) 输出电流的设定。对于同一电动机，电流设定值越大，电动机输出的力矩越大，同时电动机和驱动器的发热也比较严重。因此一般情况下应把电流设定成保证电动机长时间工作出现温热但不过热的数值。

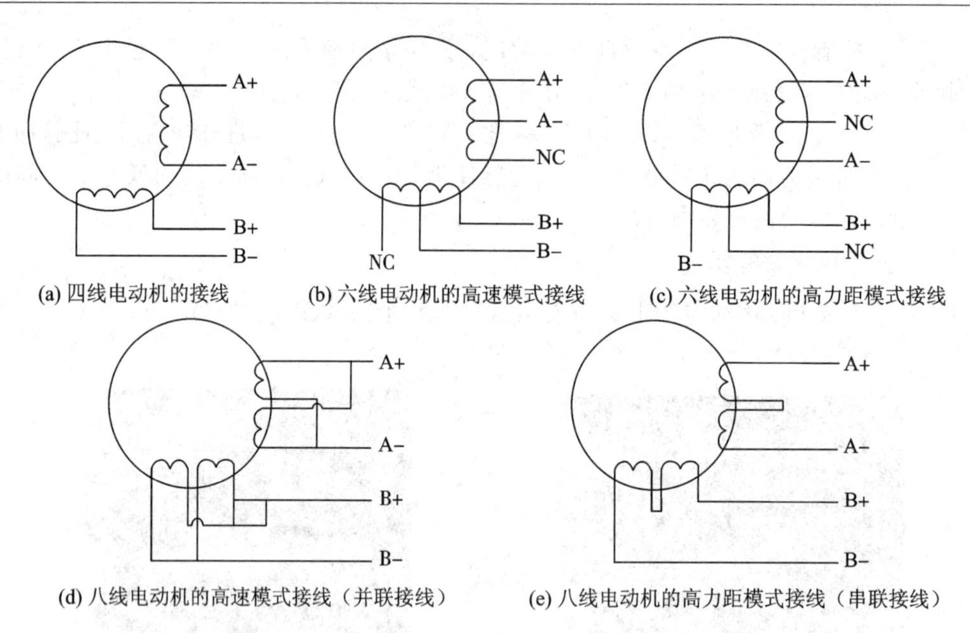

图 4.12　步进电动机的接线

输出电流的具体设置如下：

① 四线电动机和六线电动机高速度模式：输出电流设成等于或略小于电动机额定电流值。

② 六线电动机高力矩模式：输出电流设成电动机额定电流的70%。

③ 八线电动机串联接法：由于串联时电阻增大，输出电流应设成电动机额定电流的70%。

④ 八线电动机并联接法：输出电流可设成电动机额定电流的1.4倍。

注意：电流设定后应让电动机运转15～30 min，如果电动机温升太高，应降低电流设定值。

5. 细分设置

为了提高步进电动机的控制精度，现在的步进驱动器都具备了细分设置功能。所谓细分是指通过设置驱动器来减小步距角。例如若步进电动机的步距角为1.8°，旋转一周需要200步，若将细分设为10，则步距角被调整为0.18°，旋转一周需要2000步。

HM275D型步进驱动器面板上有SW1～SW9共9个开关，如图4.13所示。SW1～SW4用于设置驱动器的工作电流，SW5用于设置驱动器的脉冲输入模式，SW6～SW9用于设置细分。SW6～SW9开关的位置与细分关系参见表4.1。例如当SW6～SW9分别在ON、ON、OFF、OFF位置时，将细分数设为4，步进电动机旋转一周需要800步。

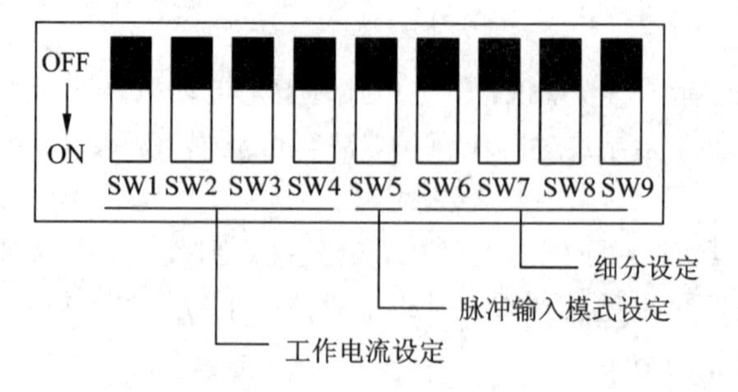

图 4.13　面板上的SW1～SW9开关及功能

表 4.1　SW6～SW9 开关的位置与细分关系

SW6	SW7	SW8	SW9	细分数	步数/圈(1.8°/整步)
ON	ON	ON	OFF	2	400
ON	ON	OFF	OFF	4	800
ON	OFF	ON	OFF	8	1600
ON	OFF	OFF	OFF	16	3200
OFF	ON	ON	OFF	32	6400
OFF	ON	OFF	OFF	64	12 800
OFF	OFF	ON	OFF	128	25 600
OFF	OFF	OFF	OFF	256	51 200
ON	ON	ON	ON	5	1000
ON	ON	OFF	ON	10	2000
ON	OFF	ON	ON	25	5000
ON	OFF	OFF	ON	50	10 000
OFF	ON	ON	ON	125	25 000
OFF	ON	OFF	ON	250	50 000

在设置细分时要注意以下事项：

(1) 一般情况下，细分不能设置过大，因为在步进驱动器输入脉冲不变的情况下，细分设置越大，电动机转速越慢，电动机的输出力矩会变小。

(2) 步进电动机的驱动脉冲频率不能太高，否则电动机输出力矩会迅速减小，而细分设置过大会使步进驱动器输出的驱动脉冲频率过高。

6. 工作电流的设置

为了能驱动多种功率的步进电动机，大多数步进驱动器具有工作电流(也称动态电流)设置功能。当连接功率较大的步进电动机时，应将步进驱动器的输出工作电流设大一些。对于同一电动机，工作电流设置越大，电动机输出力矩越大，但发热越严重，因此通常将工作电流设定在保证电动机长时间工作出现温热但不过热的数值。

HM275D 型步进驱动器面板上有 SW1～SW4 共 4 个开关，用来设置工作电流大小，SW1～SW4 开关的位置与工作电流值关系参见表 4.2。

表 4.2　SW1～SW4 开关的位置与工作电流值关系

SW1	SW2	SW3	SW4	电流值
ON	ON	ON	ON	3.0 A
OFF	ON	ON	ON	3.3 A
ON	OFF	ON	ON	3.6 A
OFF	OFF	ON	ON	4.0 A
ON	ON	OFF	ON	4.2 A
OFF	ON	OFF	ON	4.6 A
ON	OFF	OFF	ON	4.9 A
ON	ON	ON	OFF	5.1 A
OFF	OFF	OFF	ON	5.3 A
OFF	ON	ON	OFF	5.5 A

续表

SW1	SW2	SW3	SW4	电流值
ON	OFF	ON	OFF	5.8 A
OFF	OFF	ON	OFF	6.2 A
ON	ON	OFF	OFF	6.4 A
OFF	ON	OFF	OFF	6.8 A
ON	OFF	OFF	OFF	7.1 A
OFF	OFF	OFF	OFF	7.5 A

7. 静态电流的设置

在停止时，为了锁住步进电动机，步进驱动器仍会输出一路电流给电动机的某相定子绕组，该相定子凸极产生的磁场吸引住转子，使转子无法旋转。步进驱动器在停止时提供给步进电动机的单相锁定电流称为静态电流。

HM275D型步进驱动器的静态电流由内部S3跳线来设置，如图4.14所示。当S3接通时，静态电流与设定的工作电流相同，即静态电流为全流；当S3断开(出厂设定)时，静态电流为待机自动半电流，即静态电流为半流。一般情况下，如果步进电动机负载为提升类负载(如升降机)，静态电流应设为全流；对于水平移动类负载，静态电流可设为半流。

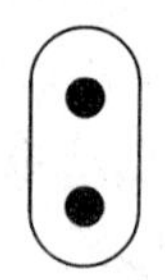

S3开路时静态电流为半流
(出厂设定)

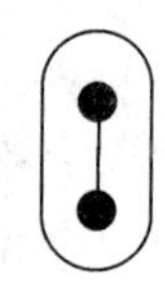

S3短路时静态电流为全流

图4.14 S3跳线设置静态电流

8. 脉冲输入模式的设置

HM275D型步进驱动器的脉冲输入模式有单脉冲和双脉冲两种。脉冲输入模式由开关SW5来设置。当SW5＝OFF时为单脉冲输入模式，即脉冲＋方向模式，PUL端定义为脉冲输入端，DIR端定义为方向控制端；当SW5＝ON时为双脉冲输入模式，即脉冲＋脉冲模式，PUL端定义为正向(CW)脉冲输入端，DIR端定义为反向(CCW)脉冲输入端。

单脉冲输入模式和双脉冲输入模式的输入信号波形如图4.15所示，下面对照图4.9(a)来说明两种模式的工作过程。

当步进驱动器工作在单脉冲输入模式时，控制器首先送高电平(控制器内的三极管截止)到驱动器的R/S－端，R/S＋、R/S－端之间的内部光电耦合器不导通。驱动器内部电路被允许工作后，控制器送低电平(控制器内的三极管导通)到驱动器的DIR－端，DIR＋、DIR－端之间的内部光电耦合器导通，让驱动器内部电路控制步进电动机正转，接着控制器输出脉冲信号送到驱动器的PUL－端。当脉冲信号为低电平时，PUL＋、PUL－端之间的光电耦合器导通；当脉冲信号为高电平时，PUL＋、PUL－端之间的光电耦合器截止。光电耦合器不断导通和截止，为内部电路提供脉冲信号，在R/S、DIR、PUL端输入信号的控制下，驱动器控制电动机正向旋转。

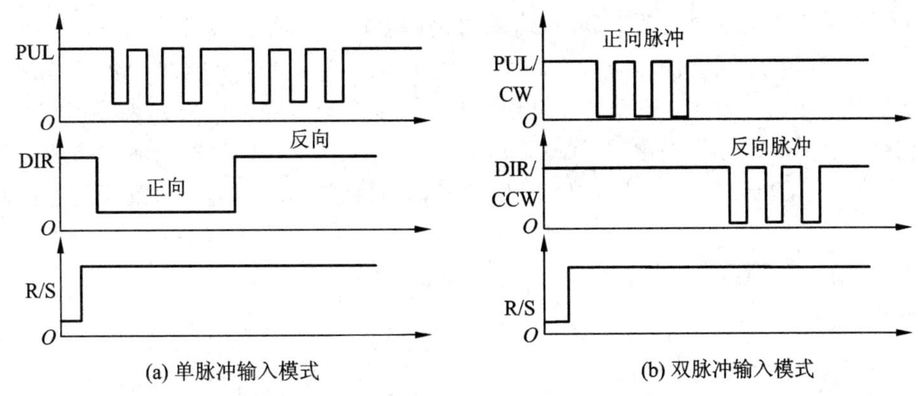

(a) 单脉冲输入模式　　(b) 双脉冲输入模式

图 4.15 两种脉冲输入模式的信号波形

当步进驱动器工作在双脉冲输入模式时，控制器先送高电平到驱动器的 R/S－端，驱动器内部电路被允许工作后，控制器输出脉冲信号送到驱动器的 PUL－端，同时控制器送高电平到驱动器的 DIR－端，驱动器控制步进电动机正向旋转，如果驱动器 PUL－端变为高电平、DIR－端输入脉冲信号，驱动器则控制电动机反向旋转。

为了让步进驱动器和步进电动机均能可靠运行，应注意以下要点：

(1) R/S 要提前 DIR 至少 5 μs 为高电平，通常建议 R/S 端悬空。

(2) DIR 要提前 PUL 下降沿至少 5 μs 确定其状态高或低。

(3) 输入脉冲的高、低电平宽度均不能小于 2.5 μs。

(4) 输入信号的低电平要低于 0.5 V，高电平要高于 3.5 V。

4.1.3 步进电动机的 PLC 控制

1. 步进电动机正反向定角循环运行控制实例

1) 控制要求

采用 PLC 作为上位机来控制步进驱动器，使之驱动步进电动机定角循环运行。具体控制要求如下：

(1) 按下起动按钮，控制步进电动机顺时针旋转 2 周(720°)，停 5 s，再逆时针旋转 1 周(360°)，停 2 s，如此反复运行。按下停止按钮，步进电动机停转，同时电动机转轴被锁住。

(2) 按下脱机按钮，松开电动机转轴。

2) 控制线路

步进电动机正反向定角循环运行控制的线路如图 4.16 所示。

电路工作过程说明如下。

(1) 起动控制。

按下起动按钮 SB1，PLC 的 I0.0 端子输入为 ON，内部程序运行，从 Q0.2 端输出高电平(Q0.2 端子内部三极管处于截止状态)，从 Q0.1 端输出低电平(Q0.1 端子内部三极管处于导通状态)，从 Q0.0 端子输出脉冲信号(Q0.0 端子内部三极管导通、截止状态不断切换)，结果驱动器的 R/S－端得到高电平，DIR－端得到低电平，PUL－端输入脉冲信号，驱动器输出脉冲信号驱动步进电动机顺时针旋转 2 周，然后 PLC 的 Q0.0 端停止输出脉冲，Q0.1 端输出变为高电平，Q0.2 端输出仍为高电平，驱动器只输出一相电流到电动机，锁住电动机转轴，电动机停转；5 s 后，PLC 的 Q0.0 端又输出脉冲，Q0.1 端输出高电平，Q0.2 端仍输出高电平，驱动器驱动电动机逆时针旋转 1 周，接着 PLC 的 Q0.0 端又停止输出脉冲，Q0.1 端输出高电平，Q0.2 端输出仍为高电平，驱动器只输出一相电流锁住电动机转轴，电动机停转；2 s 后，电动机又开始顺时针旋转 2 周，以后重复上述过程。

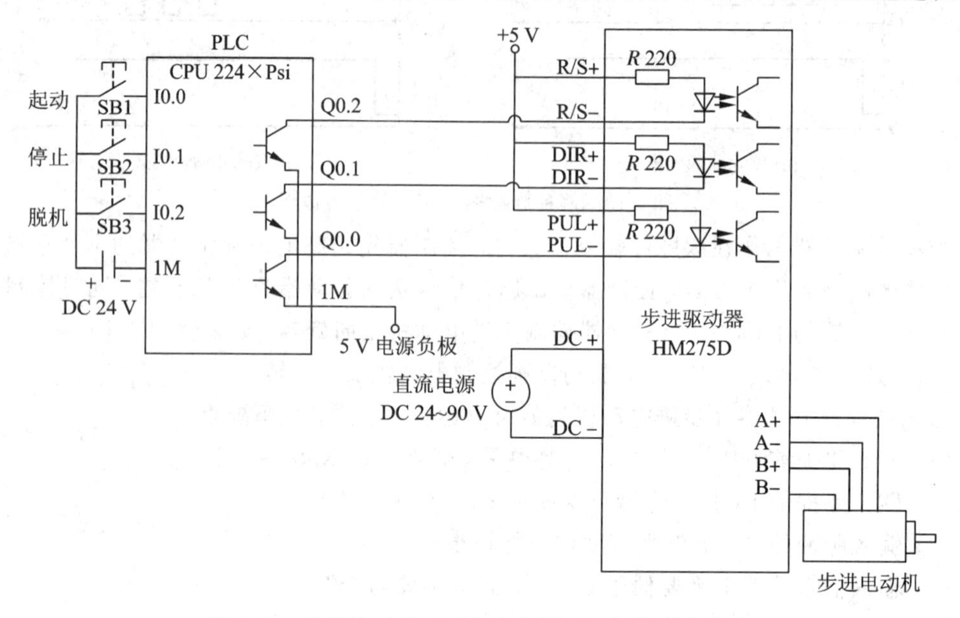

图 4.16 步进电动机正反向定角循环运行控制线路图

（2）停止控制。

在步进电动机运行过程中，如果按下停止按钮 SB2，PLC 的 Q0.0 端停止输出脉冲(输出为高电平)，Q0.1 端输出高电平，Q0.2 端输出为高电平，驱动器只输出一相电流到电动机，锁住电动机转轴，电动机停转，此时无法手动转动电动机转轴。

（3）脱机控制。

在步进电动机运行或停止时，按下脱机按钮 SB3，PLC 的 Q0.2 端输出低电平，R/S− 端得到低电平。如果步进电动机先前处于运行状态，R/S− 端得到低电平后驱动器马上停止输出两相电流，电动机处于惯性运转；如果步进电动机先前处于停止状态，R/S− 端得到低电平后驱动器马上停止输出一相锁定电流，这时可手动转动电动机转轴。松开脱机按钮 SB3，步进电动机又开始运行或进入自锁停止状态。

3）细分、工作电流和脉冲输入模式的设置

驱动器配接的步进电动机的步距角为 1.8°，工作电流为 3.6A，驱动器的脉冲输入模式为单脉冲输入模式，可将驱动器面板上的 SW1～SW9 开关按图 4.17 所示进行设置，其中将细分设为 4。

4）编写 PLC 控制程序

根据控制要求，PLC 程序可采用顺控指令编写。为了更容易编写梯形图，通常先绘出状态转移图，然后依据状态转移图编写梯形图。

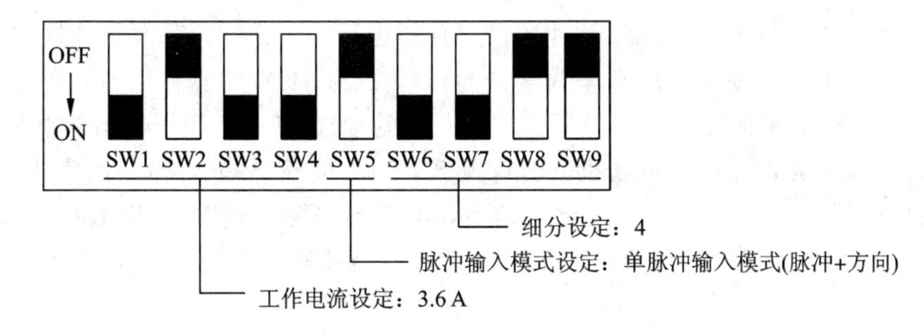

图 4.17　细分、工作电流和脉冲输入模式的设置

(1) 绘制状态转移图。图 4.18 所示为步进电动机正反向定角循环运行控制的状态转移图。

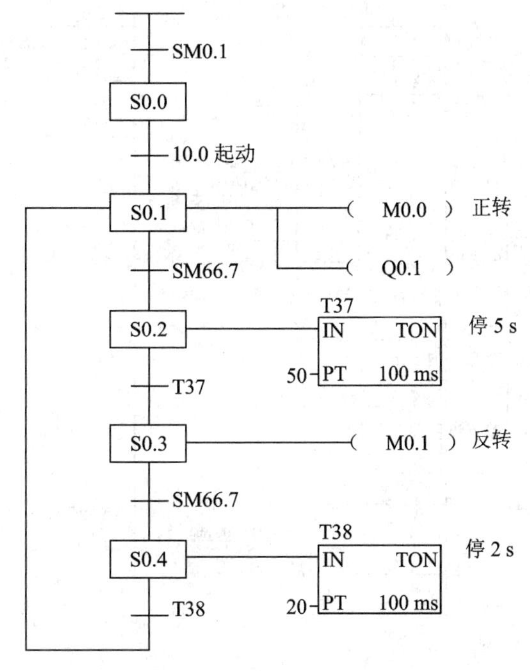

图 4.18　正反向定角循环运行控制的状态转移图

(2) 绘制梯形图。打开编程软件，按照图 4.18 所示的状态转移图编写梯形图。步进电动机正反向定角循环运行控制的梯形图如图 4.19 所示。

下面对照图 4.16 来说明图 4.19 所示梯形图的工作原理。

步进电动机的步距角为 1.8°，如果不设置细分，电动机旋转 1 周需要走 200 步(360°/1.8° = 200)，步进驱动器相应要求需要输入 200 个脉冲，当步进驱动器细分设为 4 时，需要输入 800 个脉冲才能让电动机旋转 1 周，旋转 2 周则要输入 1600 个脉冲。

PLC 上电时，SM0.1 触点接通一个扫描周期，“S S0.0，1”指令执行，状态继电器 S0.0 置位，进入 S0.0 段，为起动做准备。

第一，起动控制。

按下起动按钮 SB1，梯形图中的 I0.0 常开触点闭合，“SCRT S0.1”指令执行，状态继电器 S0.1 置位，进入 S0.1 段，M0.0 线圈得电，另外“MOVB 16＃85，SMB67”、“MOVD 1600，SMD72”、“MOVW 1250，SMW68”指令执行，将脉冲输出特殊寄存器 SMB67、输出脉冲的周期寄存器 SMW68 及输出脉冲数量寄存器进行了赋值，为后面脉冲输出指令执行提供了基础。从 Q0.0 端子输出频率为 800 Hz、个数为 1600 的脉冲信号，送到驱动器的 PUL－端，Q0.1 线圈得电，Q0.1 端子内部的三极管导通，Q0.1 端子输出低电平，送到驱动器的 DIR－端，驱动器驱动电动机顺时针旋转，当脉冲输出指令 PLS 送完 1600 个脉冲后，电动机正好旋转 2 周，完成标志继电器 SM66.7 常开触点闭合，“SCRT S0.2”指令执行，状态继电器 S0.2 置位，进入 S0.2 段，T37 定时器开始 5 s 计时，计时期间电动机处于停止状态。

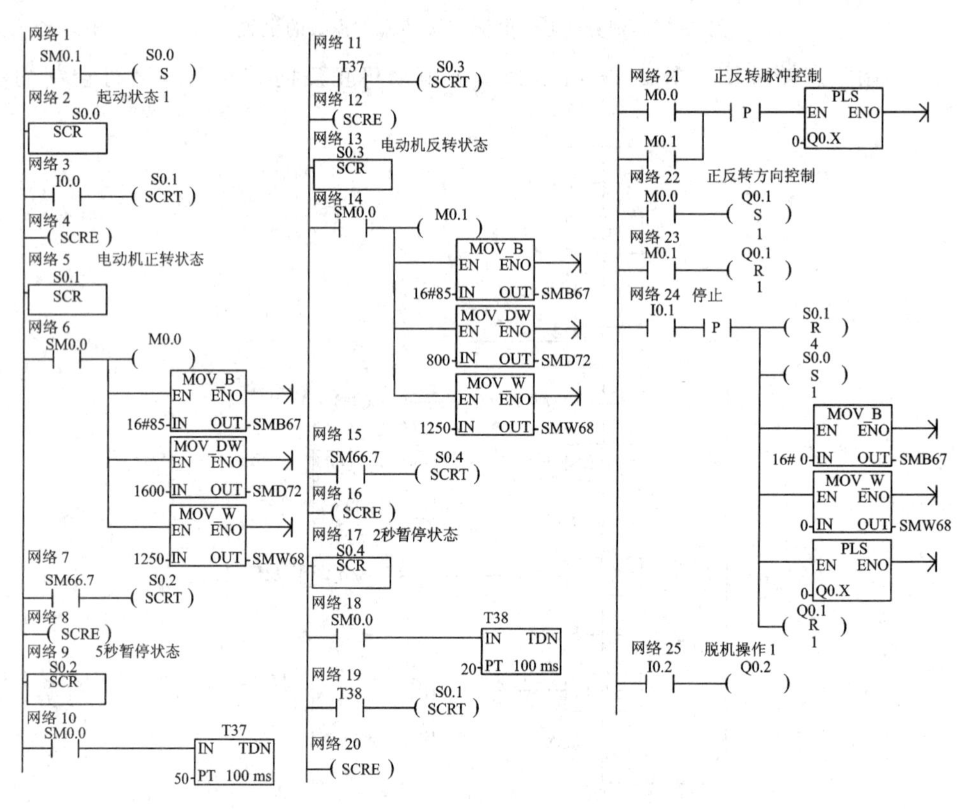

图 4.19　步进电动机正反向定角循环运行控制的梯形图

5 s 后，T37 定时器动作，T37 常开触点闭合，“SCRT S0.3”指令执行，状态继电器 S0.3 置位，进入 S0.3 程序段，M1 线圈得电，“MOVB 16＃85，SMB67”、“MOVD 800，SMD72”、“MOVW 1250，SMW68”指令执行，为后面脉冲输出指令执行提供了基础。从 Q0.0 端子输出频率为 800 Hz、脉冲个数为 800 的脉冲信号，送到驱动器的 PUL－端，由于此时 Q0.1 线圈已失电，Q0.1 端子内部的三极管截止，Q0.1 端子输出高电平，送到驱动器的 DIR－端，驱动器驱动电动机逆时针旋转，当 PLS 送完 800 个脉冲后，电动机正好旋转 1 周，完成标志继电器 SM66.7 常开触点闭合，“SCRT S0.4”指令执行，状态继电器 S0.4 置位，进入 S0.4 程序段，T38 定时器开始 2 s 计时，计时期间电动机处于停止状态。

2 s 后，T38 定时器动作，T38 常开触点闭合，“SCRT S0.1”指令执行，状态继电器 S0.1 置位，回到 S0.1 程序段，开始下一个周期的步进电动机正反向定角循环运行控制。

第二，停止控制。

在步进电动机正反向定角循环运行时，如果按下停止按钮 SB2，I0.1 常开触点闭合，复位指令执行，将 S0.1～S0.4 状态继电器复位，S0.1～S0.4 程序段均断开，这些程序无法执行；置位指令"S S0.0，1"执行，回到初始状态，为重新起动电动机运行做准备；执行"MOVB 16#0，SMB67"、"MOVW 0，SMW68"、"PLS 0"指令，停止脉冲输出。PLC 的 Q0.0 端子停止输出脉冲，Q0.1 端输出高电平，驱动器仅输出一相电流给电动机绕组，锁住电动机转轴。如果按下起动按钮 SB1，I0.0 常开触点闭合，程序会重新开始电动机正反向定角循环运行控制。

第三，脱机控制。

在步进电动机运行或停止时，按下脱机按钮 SB3，I0.2 常开触点闭合，Q0.2 线圈得电，PLC 的 Q0.2 端子内部的三极管导通，Q0.2 端输出低电平，R/S－端得到低电平。如果步进电动机先前处于运行状态，R/S－端得到低电平后驱动器马上停止输出两相电流，PUL－端输入脉冲信号无效，电动机处于惯性运转状态；如果步进电动机先前处于停止状态，R/S－端得到低电平后驱动器马上停止输出一相锁定电流，这时可手动转动电动机转轴。松开脱机按钮 SB3，步进电动机又开始运行或进入自锁停止状态。

2. 步进电动机定长运行控制实例

1）控制要求

图 4.20 所示为一个自动切线装置。该装置采用 PLC 作为上位机来控制步进驱动器，使之驱动步进电动机运行，让步进电动机抽送线材，每抽送完指定长度的线材后切刀动作，将线材切断。具体控制要求如下：

(1) 按下起动按钮，步进电动机运转，开始抽送线材，当达到设定长度时电动机停转，切刀动作，切断线材，然后电动机又开始抽送线材，如此反复，直到切刀动作次数达到指定值时，步进电动机停转并停止剪切线材。在切线装置工作过程中，按下停止按钮，步进电动机停转自锁转轴并停止剪切线材。按下脱机按钮，步进电动机停转并松开转轴，可手动抽拉线材。

(2) 步进电动机抽送线材的压辊周长为 50 mm。剪切线材(即短线)的长度值通过两位 BCD 数字开关来输入。

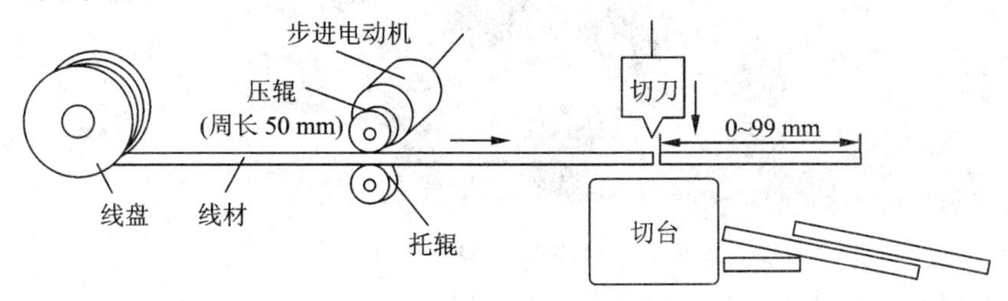

图 4.20　自动切线装置组成示意图

2）控制线路

步进电动机定长运行控制的线路如图 4.21 所示。

下面对照图 4.20 来说明图 4.21 所示线路的工作原理，具体如下。

(1) 设定移动的长度值。

步进电动机通过压辊抽拉线材，抽拉的线材长度达到设定值时切刀动作，切断线材。本系统采用 2 位 BCD 数字开关来设定切割线材的长度值。BCD 数字开关是一种将十进制

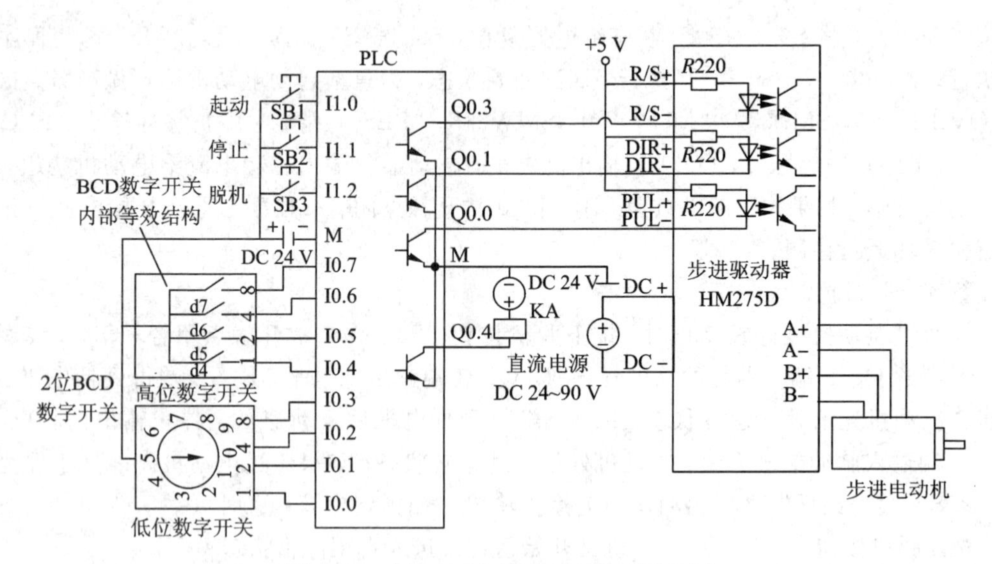

图 4.21　步进电动机定长运行控制线路图

数 0～9 转换成 BCD 数 0000～1001 的电子元件，常见的 BCD 数字开关外形如图 4.22 所示，其内部结构如图 4.21 所示。从图 4.21 中可以看出，1 位 BCD 数字开关内部由 4 个开关组成，当 BCD 数字开关拨到某个十进制数字时，如拨到数字 6 位置，内部 4 个开关通断情况分别为 d7 断、d6 通、d5 通、d4 断，I0.7～I0.4 端子输入分别为 OFF、ON、ON、OFF，也即给 I0.7～I0.4 端子输入 BCD 数 0110。如果高、低位 BCD 数字开关分别拨到 7、2 位置，则 I0.7～I0.4 输入为 0111，I0.3～I0.0 输入为 0010，即将 72 转换成 01110010 并通过 I0.7～I0.0 端子送入 PLC 内部的输入继电器 I0.7～I0.0(即 IB0)。

图 4.22　常见的 BCD 数字开关外形

(2) 起动控制。

按下起动按钮 SB1，PLC 的 I1.0 端子输入为 ON，内部程序运行，从 Q0.3 端输出高电平(Q0.3 端子内部三极管处于截止状态)，从 Q0.1 端输出低电平(Q0.1 端子内部三极管处于导通状态)，从 Q0.0 端子输出脉冲信号(Q0.0 端子内部三极管导通、截止状态不断切换)，结果驱动器的 R/S－端得到高电平、DIR－端得到低电平、PUL－端输入脉冲信号，驱动器驱动步进电动机顺时针旋转，通过压辊抽拉线材。当 Q0.0 端子发送完指定数量的脉冲信号后，线材会抽拉到设定长度值，电动机停转并自锁转轴，同时 Q0.4 端子内部三极管导通，有电流流过 KA 继电器线圈，控制切刀动作，切断线材，然后 PLC 的 Q0.0

端又开始输出脉冲，驱动器又驱动电动机抽拉线材，以后重复上述工作过程。当切刀动作次数达到指定值时，Q0.1 端输出低电平、Q0.3 端输出仍为高电平，驱动器只输出一相电流到电动机，锁住电动机转轴，电动机停转。更换新线盘后，按下起动按钮 SB1，又开始按上述过程切割线材。

(3) 停止控制。

在步进电动机运行过程中，如果按下停止按钮 SB2，PLC 的 I1.1 端子输入为 ON，PLC 的 Q0.0 端停止输出脉冲(输出为高电平)、Q0.1 端输出高电平、Q0.3 端输出为高电平，驱动器只输出一相电流到电动机，锁住电动机转轴，电动机停转，此时无法手动转动电动机转轴。

(4) 脱机控制。

在步进电动机运行或停止时，按下脱机按钮 SB3，PLC 的 I1.2 端子输入为 ON，Q0.3 端子输出低电平，R/S－端得到低电平。如果步进电动机先前处于运行状态，R/S－端得到低电平后驱动器马上停止输出两相电流，电动机处于惯性运转状态；如果步进电动机先前处于停止状态，R/S－端得到低电平后驱动器马上停止输出一相锁定电流，这时可手动转动电动机转轴来抽拉线材。松开脱机按钮 SB3，步进电动机又开始运行或进入自锁停止状态。

3) 细分、工作电流和脉冲输入模式的设置

驱动器配接的步进电动机的步距角为 1.8°，工作电流为 5.5 A，驱动器的脉冲输入模式为单脉冲输入模式，可将驱动器面板上的 SW1～SW9 开关按图 4.23 所示进行设置，其中细分设为 5。

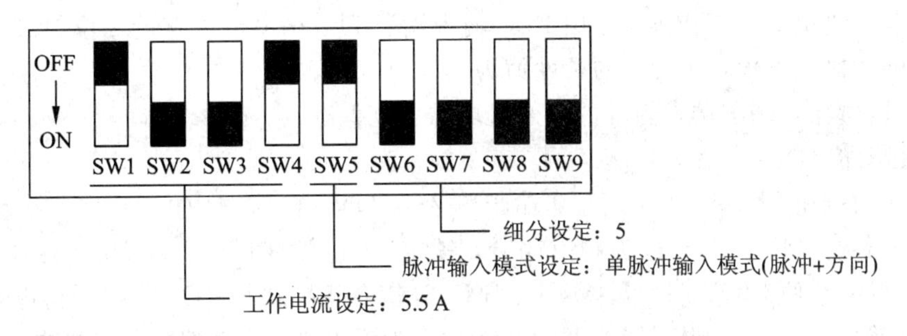

图 4.23　细分、工作电流和脉冲输入模式的设置

4) 编写 PLC 控制程序

步进电动机定长运行控制的梯形图如图 4.24 所示。

下面对照图 4.20 和图 4.21 来说明图 4.24 所示梯形图的工作原理。

步进电动机的步距角为 1.8°，如果不设置细分，电动机旋转 1 周需要走 200 步(360°/1.8° = 200)，步进驱动器相应要求输入 200 个脉冲，当步进驱动器细分设为 5 时，需要输入 1000 个脉冲才能让电动机旋转 1 周，与步进电动机同轴旋转的用来抽送线材的压辊周长为 50 mm，它旋转 1 周会抽送 50 mm 线材，如果设定线材的长度为 VW0 mm，则抽送 VW0 mm 长度的线材需旋转 VW0/50 周，需要给驱动器输入的脉冲数为 VW0/50×1000 = VW0×20。

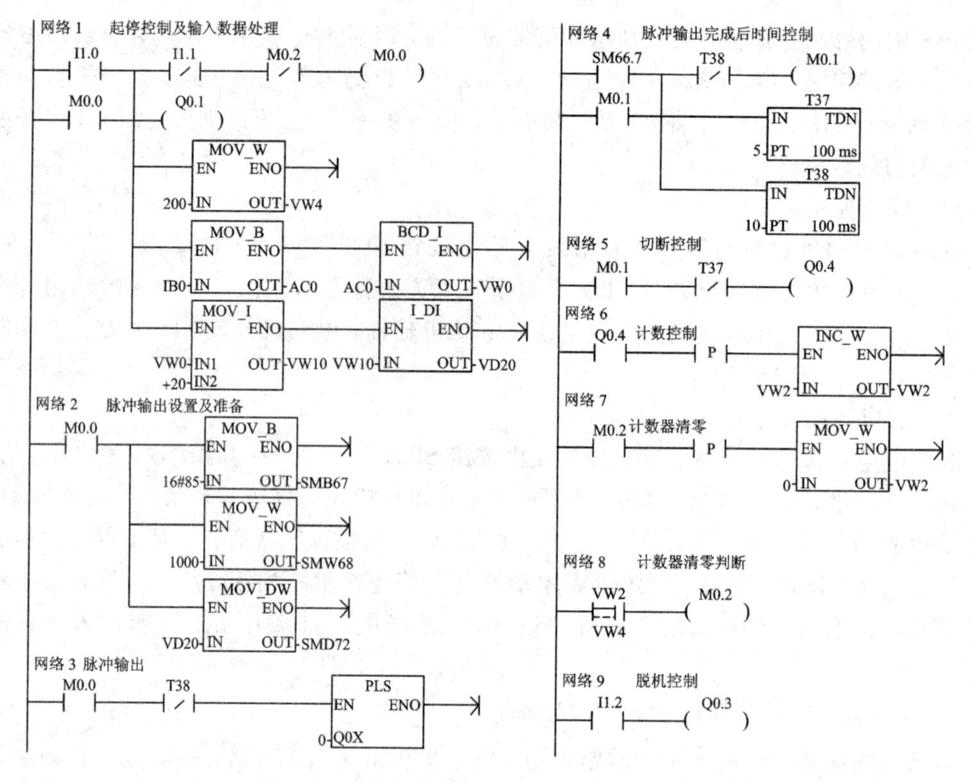

图 4.24 步进电动机定长运行控制的梯形图

（1）设定线材的切割长度值。

在控制步进电动机工作前，先用 PLC 输入端子 I0.7～I0.0 外接的 2 位 BCD 数字开关设定线材的切割长度值，如设定的长度值为 75 mm，则 I0.7～I0.0 端子输入为 01110101，该 BCD 数据由输入端子送入内部的输入继电器 IB0 保存。

（2）起动控制。

按下起动按钮 SB1，PLC 的 I1.0 端子输入为 ON，梯形图中的 I1.0 常开触点闭合，M0.0 线圈得电，M0.0 常开自锁触点闭合，锁定 M0.0 线圈供电，I1.0 触点闭合还会使 Q0.1 线圈得电和使 MOV、BIN、MUL、BCD 等指令相继执行。Q0.1 线圈得电，Q0.1 端子内部三极管导通，步进驱动器的 DIR－端输入为低电平，驱动器控制步进电动机顺时针旋转，如果电动机旋转方向不符合线材的抽拉方向，可删除梯形图中的 Q0.1 线圈，让 DIR－端输入高电平，使电动机逆时针旋转，另外将电动机的任意一相绕组的首尾端互换，也可以改变电动机的转向；MOV 指令执行，将 200 送入 VW4 中作为线材切割的段数值；BCD 指令执行，将输入继电器 IB0 中的 BCD 数长度值 01110101 转换成整型数长度值 01001011B，存入寄存器 VW0 中；MUL 指令执行，将 VW0 中的数据乘以 20，所得结果存入 VD20 中作为 PLC 输出脉冲的个数；PLS 指令执行，从 Q0.0 端输出频率为 1000 Hz、个数为 VD20 值的脉冲信号送入驱动器，驱动电动机旋转，通过压辊抽拉线材。

当 PLC 的 Q0.0 端发送脉冲完毕，电动机停转，压辊停止抽拉线材，同时完成标志继电器上升沿触点 SM66.7 闭合，M0.1 线圈得电，M0.1 的常开触点均闭合，线圈 M0.1 所在行的常开触点闭合，锁定 M0.1 线圈及定时器 T37、T38 通电，T37 定时器开始 0.5 s 计时，T38 定时器开始 1 s 计时，后续的 M0.1 常开触点闭合，Q0.4 线圈得电，Q0.4 端子内部三极管导通，继电器 KA 线圈通电，控制切刀动作，切断线材。0.5 s 后，T37 定时器动作，其 T37 常闭触点断开，Q0.4 线圈失电，切刀回位，1 s 后，T38 定时器动作，前面的 T38 常闭触点断开，M0.1 线圈失电，会使 T37、T38 定时器均失电，网络 3 中 T38 常开触点闭合驱动脉冲输出，重新抽拉下一段线材，网络 5 中 T37 常闭触点闭合，M0.1 常开触点断开，可保证 T37 常闭触点闭合后 Q0.4 线圈无法得电。

在工作时，Q0.4 线圈每得电一次，Q0.4 上升沿触点会闭合一次，自增 1 指令 INC 会执行一次，这样使 VW2 中的值与切刀动作的次数一致。当 VW2 值与 VW4 值(线材切断的段数值)相等时，网络 8 中的"=="指令使 M0.2 线圈得电，M0.2 常闭触点断开，M0.0 线圈失电，M0.0 常开自锁触点断开，网络 1 和 3 中的程序不会执行，即 Q0.1 线圈失电，Q0.1 端输出高电平，驱动器 DIR－端输入高电平，PLS 指令也不执行，Q0.0 端停止输出脉冲信号，电动机停转并自锁。M0.2 线圈得电还会使 M0.2 常开触点闭合，MOV 指令执行，将 VW2 中的切刀动作次数值清零，以便下一次起动时从零开始重新计算切刀动作次数。清零后，VW2、VW4 中的值不再相等，"=="指令使 M0.2 线圈失电，M0.2 常闭触点闭合，为下一次起动做准备，M0.2 常开触点断开，停止对 VW2 清零。

(3) 停止控制。

在自动切线装置工作过程中，若按下停止按钮 SB2，I1.1 常闭触点断开，M0.0 线圈失电，M0.0 常开自锁触点断开，网络 1～3 之间的程序都不会执行，即 Q0.1 线圈失电，Q0.1端输出高电平，驱动器 DIR－端输入高电平，PLS 指令也不执行，Q0.0 端停止输出脉冲信号，电动机停转并自锁。

(4) 脱机控制。

在自动切线装置工作或停止时，按下脱机按钮 SB3，I1.2 常开触点闭合，Q0.3 线圈得电，PLC 的 Q0.3 端子内部的三极管导通，Q0.3 端输出低电平，R/S－端得到低电平。如果步进电动机先前处于运行状态，R/S－端得到低电平后驱动器马上停止输出两相电流，PUL－端输入脉冲信号无效，电动机处于惯性运转状态；如果步进电动机先前处于停止状态，R/S－端得到低电平后驱动器马上停止输出一相锁定电流，这时可手动转动电动机转轴。松开脱机按钮 SB3，步进电动机又开始运行或进入自锁停止状态。

思考与练习

一、某步进电动机三相单三拍的步距角为 6°，则三相六拍的步距角为多少？

二、步进电动机的驱动器其输入信号通常有 PUL 和 DIR，简述如何利用这两个信号控制步进电动机的转速、方向和运动步数。

任务二　交流伺服系统的组成与原理

任务要求

(1) 了解交流伺服系统的组成与原理。

(2) 掌握伺服电动机与编码器的结构与工作原理。

(3) 熟悉伺服驱动器的结构与原理。

本节先介绍交流伺服系统的组成，然后介绍伺服电动机与编码器，最后介绍伺服驱动器的结构与原理，为深入学习与掌握交流伺服系统的应用奠定基础。

4.2.1 交流伺服系统的组成及说明

交流伺服系统是以交流伺服电动机为控制对象的自动控制系统，主要由伺服控制器、伺服驱动器和伺服电动机组成。交流伺服系统主要有 3 种控制模式，分别是位置控制模式、速度控制模式和转矩控制模式。在不同的模式下，系统工作原理略有不同。交流伺服系统的控制模式可通过设置伺服驱动器的参数来改变。

1. 工作在位置控制模式时的系统组成及说明

当交流伺服系统工作在位置控制模式时，能精确控制伺服电动机的转数，因此可以精确控制执行部件的移动距离，即可对执行部件进行运动定位控制。

交流伺服系统工作在位置控制模式的组成结构如图 4.25 所示。伺服控制器发出控制信号和脉冲信号给伺服驱动器，伺服驱动器输出 U、V、W 三相电源电压给伺服电动机，驱动电动机工作，与电动机同轴旋转的编码器会将电动机的旋转信息反馈给伺服驱动器，如电动机每旋转一周编码器会产生一定数量的脉冲送给驱动器。伺服控制器输出的脉冲信号用来确定伺服电动机的转数。在驱动器中，该脉冲信号与编码器送来的脉冲信号进行比较，若两者相等，表明电动机旋转的转数已达到要求，电动机驱动的执行部件已移动到指定的位置。控制器发出的脉冲个数越多，电动机旋转的转数越多。

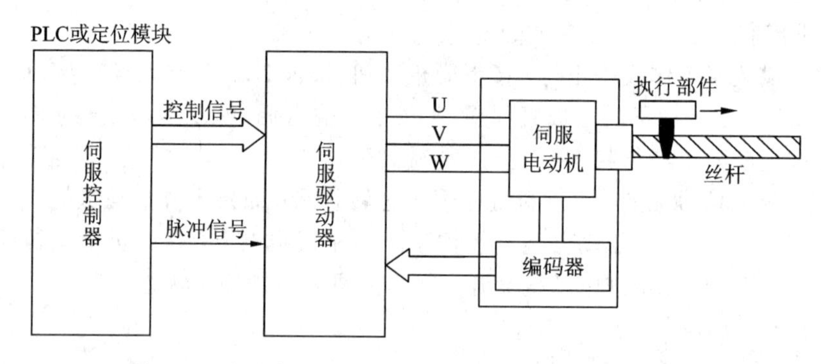

图 4.25 交流伺服系统工作在位置控制模式的组成结构

伺服控制器既可以是 PLC，也可以是定位模块。

2. 工作在速度控制模式时的系统组成及说明

当交流伺服系统工作在速度控制模式时，伺服驱动器无需输入脉冲信号也可正常工作，故可取消伺服控制器。此时的伺服驱动器类似于变频器，但由于驱动器能接收伺服电动机的编码器送来的转速信息，不但能调节电动机转速，还能让电动机转速保持稳定。

交流伺服系统工作在速度控制模式的组成结构如图 4.26 所示。伺服驱动器输出 U、V、W 三相电源电压给伺服电动机，驱动电动机工作，编码器会将伺服电动机的旋转信息反馈给伺服驱动器。电动机旋转速度越快，编码器反馈给伺服驱动器的脉冲频率就越高。操作伺服驱动器的有关输入开关，可以控制伺服电动机的起动、停止和旋转方向等。调节伺服驱动器的有关输入电位器，可以调节电动机的转速。伺服驱动器的输入开关、电位器等输入的控制信号也可以用 PLC 等控制设备来产生。

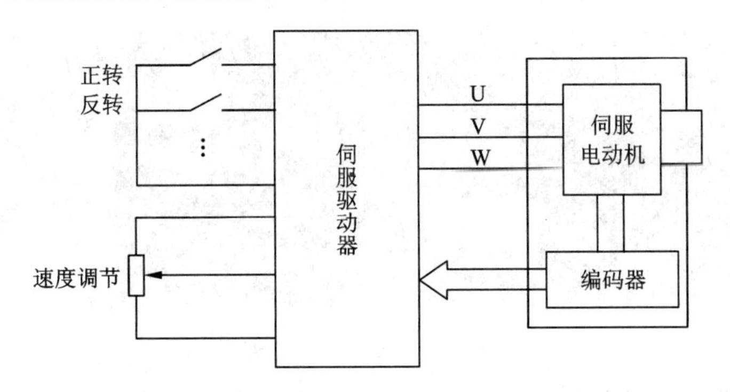

图 4.26　交流伺服系统工作在速度控制模式的组成结构

3. 工作在转矩控制模式时的系统组成及说明

当交流伺服系统工作在转矩控制模式时，伺服驱动器无需输入脉冲信号也可正常工作，故可取消伺服控制器，通过操作伺服驱动器的输入电位器，可以调节伺服电动机的输出转矩(又称扭矩，即转力)。

交流伺服系统工作在转矩控制模式的组成结构如图 4.27 所示。

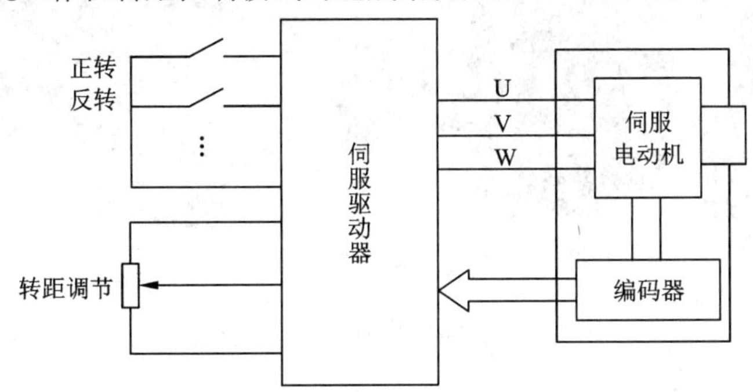

图 4.27　交流伺服系统工作在转矩控制模式的组成结构

4.2.2　伺服电动机与编码器

交流伺服系统的控制对象是伺服电动机，编码器通常安装在伺服电动机的转轴上，用来检测伺服电动机的转速、转向和位置等信息。

1. 伺服电动机

伺服电动机是指用在伺服系统中，能满足任务要求的控制精度、快速响应性和抗干扰性的电动机。为了达到控制要求，伺服电动机需要安装位置/速度检测部件(如编码器)。根据伺服电动机的定义不难看出，只要能满足控制要求的电动机均可作为伺服电动机，故伺服电动机可以是永磁同步电动机、直流电动机、步进电动机或直线电动机，但实际广泛使用的伺服电动机通常为永磁同步电动机。如无特别说明，本书介绍的伺服电动机均为永磁同步伺服电动机。

1) 外形与结构

伺服电动机的外形如图 4.28 所示，其内部通常引出两组电缆，一组电缆与电动机内部绕组连接，另一组电缆与编码器连接。

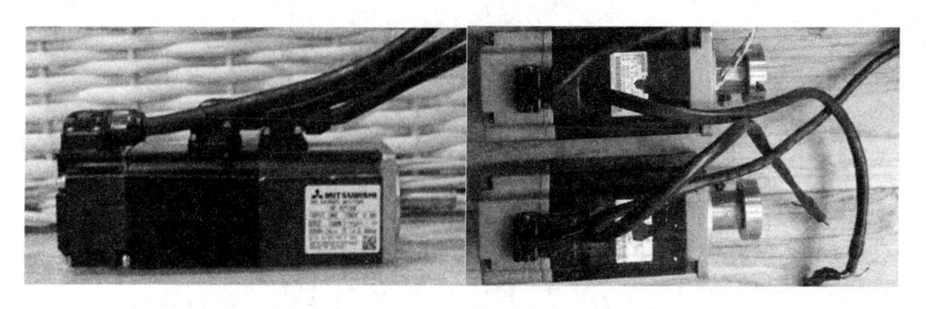

图 4.28　伺服电动机的外形

永磁同步伺服电动机的结构如图 4.29 所示，它主要由端盖、定子铁芯、定子绕组、轴承、永磁转子、机座、编码器和引出线组成。

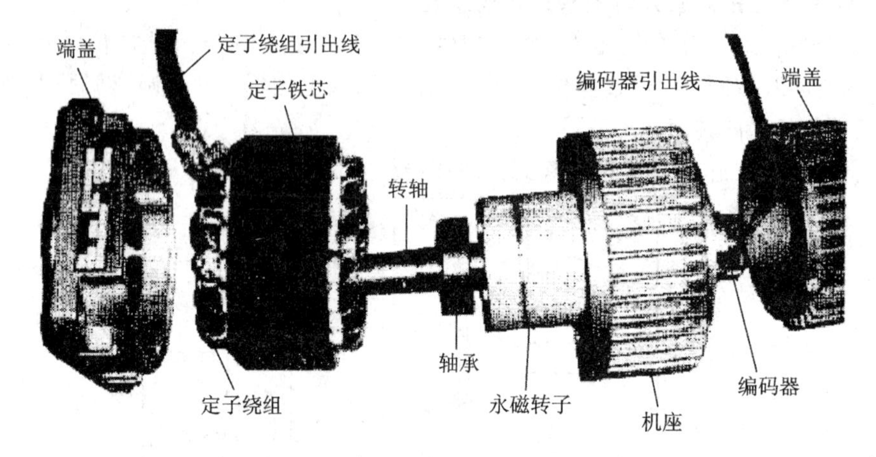

图 4.29　永磁同步伺服电动机的结构

2) 工作原理

永磁同步伺服电动机主要由定子和转子构成，其定子结构与一般的异步电动机相同，并且嵌有定子绕组。永磁同步伺服电动机的转子与异步电动机不同，异步电动机的转子一般为鼠笼式，转子本身不带磁性，而永磁同步伺服电动机的转子上嵌有永久磁铁。

永磁同步伺服电动机的工作原理如图 4.30 所示。

图 4.30(a)所示为永磁同步伺服电动机结构示意图，其定子铁芯上嵌有定子绕组，转子上安装一个两极磁铁(一对磁极)。当定子绕组通三相交流电时，定子绕组会产生旋转磁场，此时的定子就像是旋转的磁铁，如图 4.30(b)所示。根据磁极同性相斥、异性相吸可知，装有磁铁的转子会跟随旋转磁场方向同步转动，并且转速与磁场的旋转速度相同。

永磁同步伺服电动机在转子上安装永久磁铁来形成磁极，磁极的主要结构形式如图 4.31 所示。

在定子绕组电源频率不变的情况下，永磁同步伺服电动机在运行时转速是恒定的，其转速 n 与电动机的磁极对数 p、交流电源的频率 f 有关。永磁同步伺服电动机的转速可用下面的公式计算：

$$n = \frac{60f}{p} \tag{4.2}$$

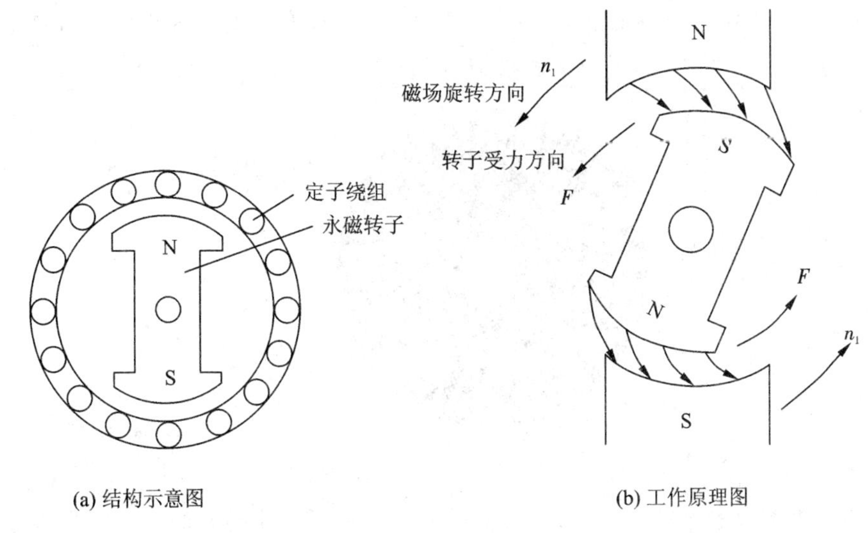

(a) 结构示意图 (b) 工作原理图

图 4.30 永磁同步伺服电动机的工作原理说明图

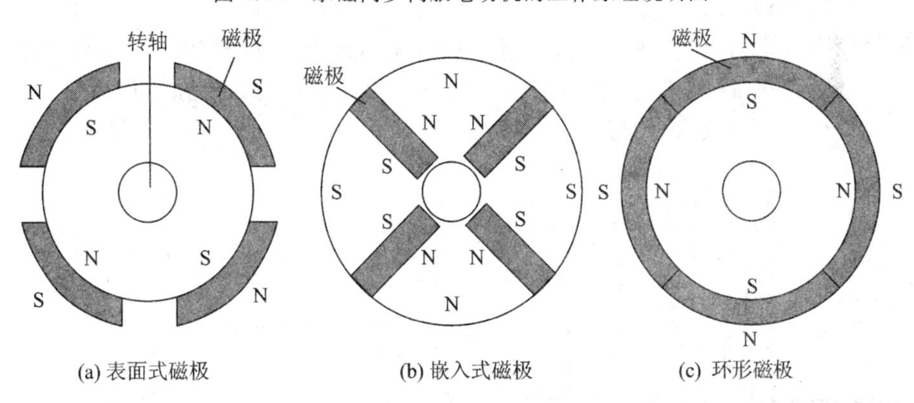

(a) 表面式磁极 (b) 嵌入式磁极 (c) 环形磁极

图 4.31 永磁同步伺服电动机转子磁极的主要结构形式

根据上述公式可知，改变转子的磁极对数或定子绕组电源的频率，均可改变电动机的转速。永磁同步伺服电动机是通过改变定子绕组的电源频率来调节转速的。

2. 编码器

伺服电动机通常使用编码器来检测转速和位置。编码器种类很多，主要可分为增量编码器和绝对值编码器。

1）增量编码器

增量编码器的特点是每旋转一定的角度或移动一定的距离会产生一个脉冲，即输出脉冲随位移增加而不断增多。

（1）外形。

增量编码器的外形如图 4.32 所示。

图 4.32 增量编码器的外形

（2）结构与工作原理。

增量型光电编码器是一种较常用的增量编码器，它主要由玻璃码盘、发光管、光电接收管和整形电路组成。玻璃码盘的结构如

图 4.33 所示，它从外往内分作 3 环，依次为 A 环、B 环和 Z 环，各环中的黑色部分不透明，白色部分透明可通过光线，玻璃码盘中间安装转轴，与伺服电动机同步旋转。

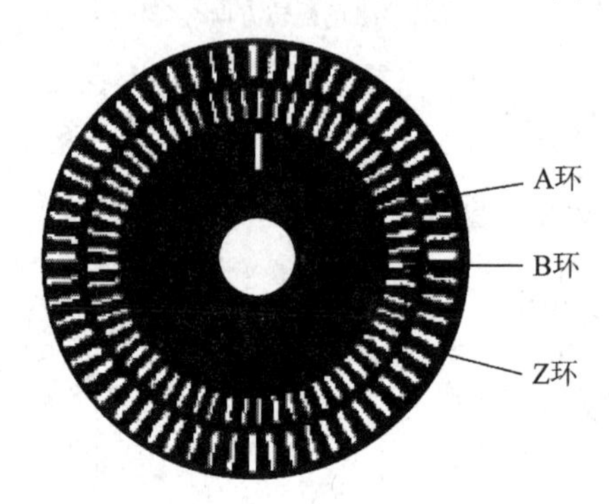

图 4.33　玻璃码盘的结构

增量型光电编码器的结构与工作原理如图 4.34 所示。编码器的发光管发出光线照射玻璃码盘，光线分别透过 A、B 环的透明孔照射 A、B 相光电接收管，从而得到 A、B 相脉冲，脉冲经放大整形后输出，由于 A、B 环透明孔交错排列，故得到的 A、B 相脉冲相位相差 90°。Z 环只有一个透明孔，码盘旋转一周时只产生一个脉冲，该脉冲称为 Z 脉冲(零位脉冲)，用来确定码盘的起始位置。

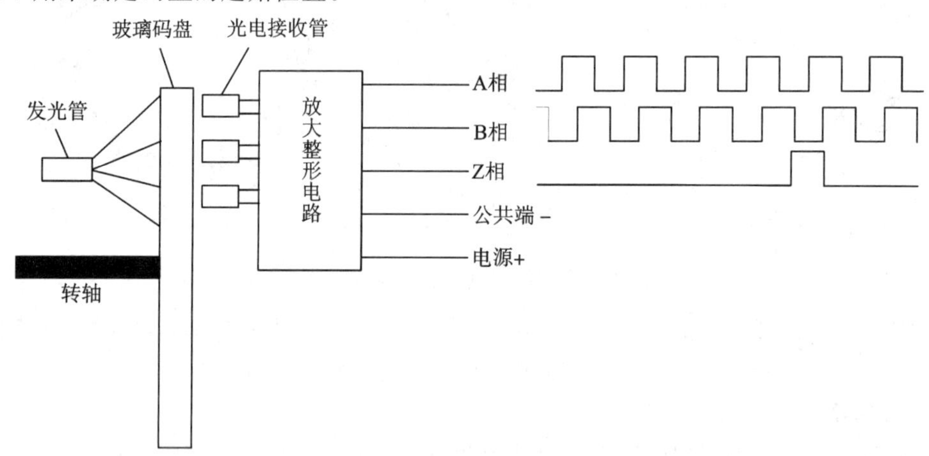

图 4.34　增量型光电编码器的结构与工作原理说明图

通过增量型光电编码器可以检测伺服电动机的转向、转速和位置。由于 A、B 环上的透明孔交错排列，如果码盘正转时 A 环的某孔超前 B 环的对应孔，编码器得到的 A 相脉冲相位较 B 相脉冲超前，码盘反转时 B 环孔就较 A 环孔超前，B 相脉冲就超前 A 相脉冲，因此了解 A、B 脉冲相位情况就能判断出码盘的转向(即伺服电动机的转向)。如果码盘 A 环上有 100 个透明孔，码盘旋转一周，编码器就会输出 100 个 A 相脉冲，如果码盘每秒转 10 转，编码器每秒会输出 1000 个脉冲，即输出脉冲的频率为 1 kHz；码盘每秒转 50 转，编码器每秒就会输出 5000 个脉冲，输出脉冲的频率为 5 kHz。因此了解编码器输出脉冲的频率就能知道电动机的转速。如果码盘旋转一周会产生 100 个脉冲，那么从第一个 Z 相脉冲产生开始计算，若编码器输出 25 个脉冲，表明码盘(电动机)已旋转到 1/4 周的位置，若编码器输出 1000 个脉冲，表明码盘(电动机)已旋转 10 周，电动机驱动执行部件移动了相应长度的距离。

编码器旋转一周产生的脉冲个数称为分辨率，它与码盘 A、B 环上的透光孔数目有关，透光孔数目越多，旋转一周产生的脉冲数越多，编码器分辨率越高。

2）绝对值编码器

增量编码器通过输出脉冲的频率反映电动机的转速，通过 A、B 相脉冲的相位关系反映电动机的转向，故检测电动机转速和转向非常方便。

增量编码器在检测电动机旋转位置时，通过第一个 Z 相脉冲之后出现的 A 相(或 B 相)脉冲的个数来反映电动机的旋转位移。由此可见，增量编码器检测电动机的旋转位移采用的是相对方式，当电动机驱动执行机构移到一定位置，增量编码器会输出 N 个相对脉冲来反映该位置。如果系统突然断电，若相对脉冲个数未存储，再次通电后系统将无法知道执行机构的当前位置，需要让电动机回到零位重新开始工作并检测位置。即使系统断电时相对脉冲个数已被存储，如果人为移动执行机构，通电后，系统会以为执行机构仍在断电前的位置，继续工作时会出现错误。

绝对值编码器可以解决增量编码器测位时存在的问题，它可分为单圈绝对值编码器和多圈绝对值编码器。

(1) 单圈绝对值编码器。

图 4.35(a)所示为 4 位二进制单圈绝对值编码器的码盘，该玻璃码盘分为 B3、B2、B1、B0 共 4 个环，每个环分成 16 等份，环中白色部分透光，灰色部分不透光。码盘的一侧有 4 个发光管照射，另一侧有 B3、B2、B1、B0 共 4 个光电接收管。当码盘处于图 4.35(a)所示位置时，B3、B2、B1、B0 接收管不受光，输出均为 0，即 B3B2B1B0＝0000。如果码盘顺时针旋转一周，B3、B2、B1、B0 接收管输出的脉冲如图 4.35(b)所示，B3B2B1B0 的值会从 0000 变化到 1111。

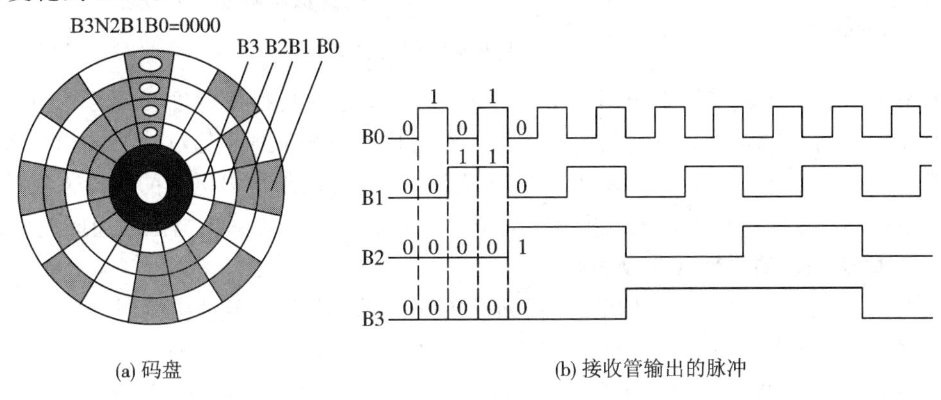

图 4.35　4 位二进制单圈绝对值编码器

4 位二进制单圈绝对值编码器将一个圆周分成 16 个位置点，每个位置点都有唯一的编码，通过编码器输出的代码就能确定电动机的当前位置，通过输出代码的变化方向可以确定电动机的转向，如由 0000 往 0001 变化为正转、1000 往 0111 变化为反转，通过检测某光电接收管(如 B0 接收管)产生的脉冲频率就能确定电动机的转速。单圈绝对值编码器定位不受断电影响，再次通电后，编码器当前位置的编码不变，例如当前位置编码为 0111，系统就知道电动机停电前处于 1/2 周位置。

（2）多圈绝对值编码器。

单圈绝对值编码器只能对一个圆周进行定位，超过一个圆周定位就会发生重复，而多圈绝对值编码器可以对多个圆周进行定位。

多圈绝对值编码器的工作原理类似机械钟表，当中心码盘旋转时，通过减速齿轮带动另一个圈数码盘，中心码盘每旋转一周，圈数码盘转动一格。如果中心码盘和圈数码盘都是 4 位，那么该编码器可进行 16 周定位，定位编码为 00000000～11111111；如果圈数码盘是 8 位，编码器可定位 256 周。

多圈绝对值编码器的优点是测量范围大，如果使用定位范围有富裕，在安装时不必要找零点，只要将某一位置作为起始点就可以了，这样能大大降低安装调试难度。

4.2.3　伺服驱动器的结构与原理

伺服驱动器又称伺服放大器，是交流伺服系统的核心设备。伺服驱动器的品牌很多，常见的有三菱、安川、松下和三洋等。图 4.36 列出了一些常见的伺服驱动器。本节以三菱 MR－J2S－A 系列通用伺服驱动器为例进行说明。

图 4.36　一些常见的伺服驱动器

伺服驱动器的功能是将工频（50 Hz 或 60 Hz）交流电源转换成幅度和频率均可变的交流电源提供给伺服电动机。当伺服驱动器工作在速度控制模式时，通过控制输出电源的频率来对电动机进行调速；当工作在转矩控制模式时，通过控制输出电源的幅度来对电动机进行转矩控制；当工作在位置控制模式时，根据输入脉冲来决定输出电源的通断时间。

1. 伺服驱动器的内部结构及说明

图 4.37 所示为三菱 MR－J2S－A 系列通用伺服驱动器的内部结构简图。

伺服驱动器工作原理说明如下。

三相交流电源（200～230 V）或单相交流电源（230 V）经断路器 NFB 和接触器触点 MC 送到伺服驱动器内部的整流电路，交流电源经整流电路、开关 S（S 断开时经 R_1）对电容 C 充电，在电容上得到上正下负的直流电压，接下来该直流电压被送到逆变电路，逆变电路将直流电压转换成 U、V、W 三相交流电压，输出至伺服电动机，驱动电动机运转。

R_1、S 起到浪涌保护作用，在开机时 S 断开，R_1 对输入电流进行限制，用于保护整流电路中的二极管不被开机冲击电流烧坏，正常工作时 S 闭合，R_1 不再限流；R_2、V_D 起到电源指示作用，当电容 C 上存在电压时，V_D 就会发光；T、R_3 起到再生制动作用，用于加快制动速度，同时避免制动时电动机产生的电压损坏有关电路；电流传感器用于检测伺服

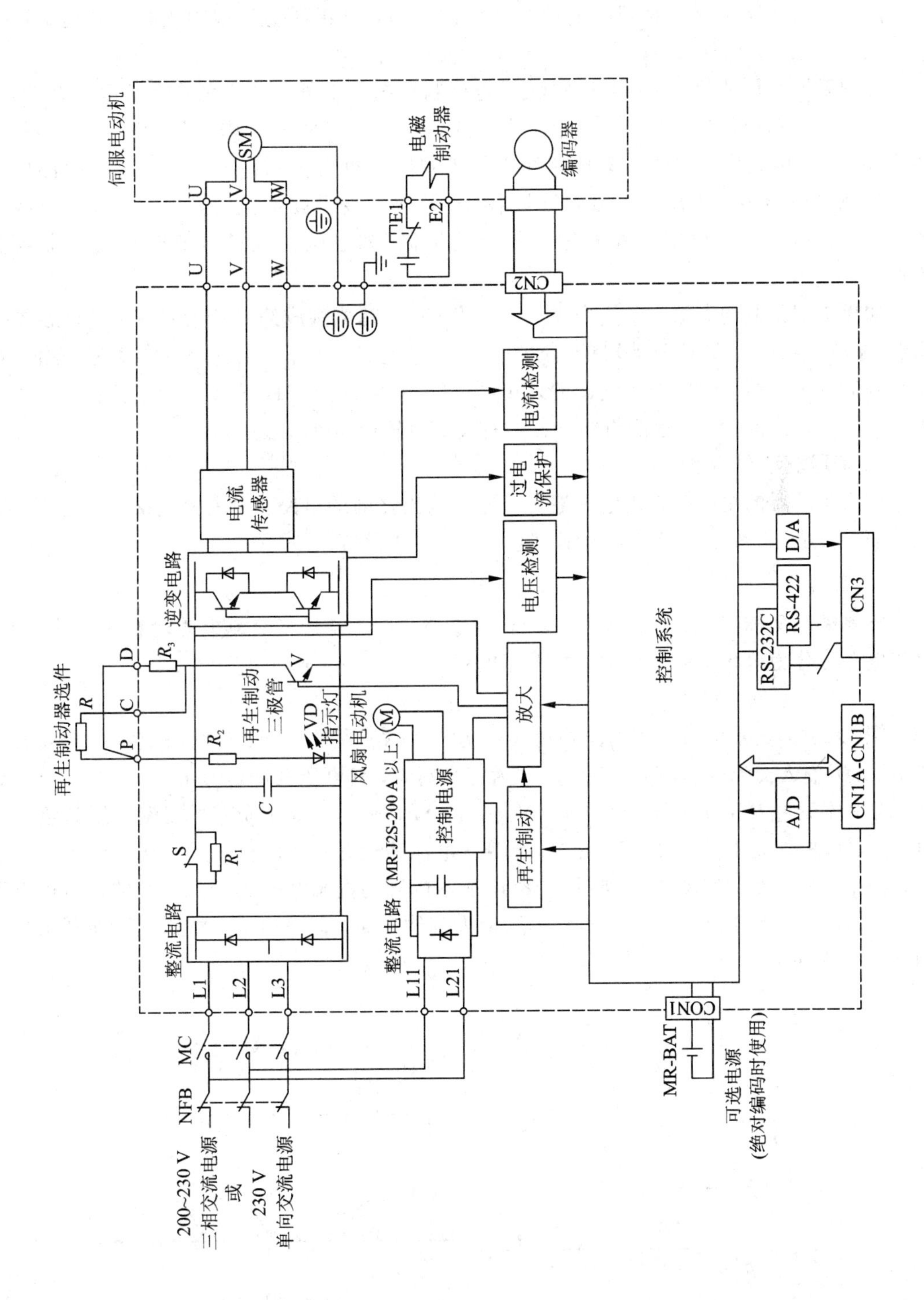
伺服电动机
SM
U
V
W
电磁
制动器
E1
E2
编码器
CN2
电流检测
过电
流保护
电压检测
电流
传感器
逆变电路
再生制动器选件
R
P
C
D
R_3
R_2
R_1
S
C
再生制动
三极管
V
VD
指示灯
风扇电动机
(MR-J2S-200 A 以上)
M
控制电源
放大
再生制动
控制系统
RS-232C
RS-422
D/A
CN3
CN1A-CN1B
A/D
整流电路
整流电路
L1
L2
L3
L11
L21
MC
NFB
200~230 V
三相交流电源
或
230 V
单向交流电源
CON1
MR-BAT
可选电源
(绝对编码时使用)

驱动器输出电流大小，并通过电流检测电路反馈给控制系统，以便控制系统能随时了解输出电流情况而做出相应控制。有些伺服电动机除了带有编码器外，还带有电磁制动器，在制动器线圈未通电时伺服电动机转轴被抱闸，线圈通电后抱闸松开，电动机可正常运行。

控制系统有单独的电源电路，它除了为控制系统供电外，对于大功率型号的驱动器，它还要为内置的散热风扇供电。主电路中的逆变电路工作时需要驱动脉冲信号，它由控制系统提供，主电路中的再生制动电路所需的控制脉冲也由控制系统提供。电压检测电路用于检测主电路中的电压，电流检测电路用于检测逆变电路的电流，它们都反馈给控制系统，控制系统根据设定的程序做出相应的控制(如过电压或过电流时让驱动器停止工作)。

如果给伺服驱动器接上备用电源(MR-BAT)，就能构成绝对位置系统，这样在首次原点(零位)设置后，即使驱动器断电或报警后重新运行，也不需要进行原点复位操作。控制系统通过一些接口电路与驱动器的外接端口(如 CN1A、CN1B 和 CN3 等)连接，以便接收外部设备送来的指令，也能将驱动器的有关信息输出给外部设备。

2. 伺服驱动器的主电路

伺服驱动器的主电路是指电源输入至逆变输出之间的电路，它主要包括整流电路、开机浪涌保护电路、滤波电路、再生制动电路和逆变电路等。

1) 整流电路

整流电路又称交流-直流(AC-DC)转换电路，其功能是将交流电源转换成直流电源。整流电路可分为单相整流电路和三相整流电路。

(1) 单相整流电路。

图 4.38(a)所示为最常用的单相桥式整流电路，它采用 4 个二极管将交流电转换成直流电。u 为输入交流电源，当交流电压 u 为正半周时，其电压极性是上正下负，V_{D1}、V_{D3} 导通，有电流流过 R_L，电流途径是：u 上正→V_{D1}→R_L→V_{D3}→u 下负；当交流电压为负半周时，其电压极性是上负下正，V_{D2}、V_{D4} 导通，电流途径是：u 下正→V_{D2}→R_L→V_{D4}→u 上负。如此反复工作，在 R_L 上得到图 4.38(b)所示的脉动直流电压 U_L。从上面的分析可以看出，单相桥式整流电路在交流电压整个周期内都能导通，即单相桥式整流电路能利用整个周期的交流电压。

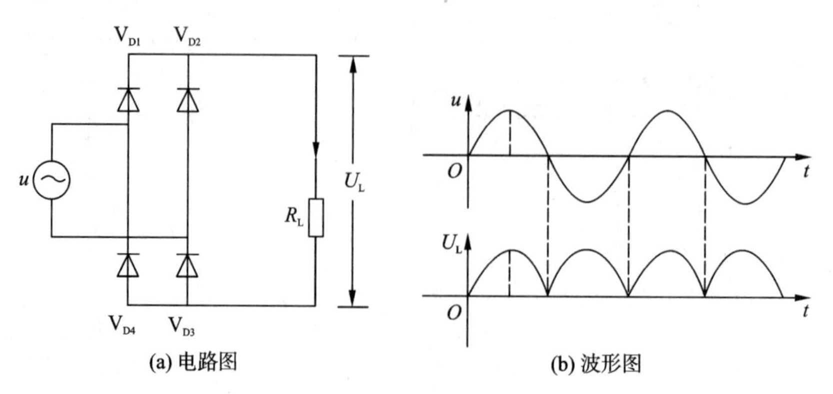

图 4.38　单相桥式整流电路

（2）三相整流电路。

三相整流电路可以将三相交流电转换成直流电压。三相桥式整流电路是一种应用很广泛的三相整流电路。三相桥式整流电路如图 4.39 所示。

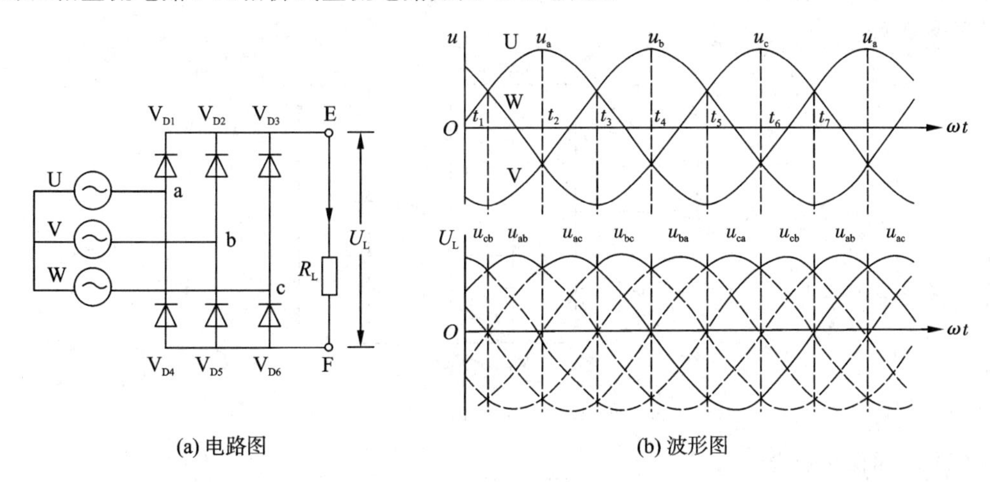

图 4.39　三相桥式整流电路

图 4.39(a)中的 6 个二极管 V_{D1}～V_{D6} 构成三相桥式整流电路。V_{D1}～V_{D3} 的 3 个阴极连接在一起，称为共阴极组二极管；VD4～VD6 的 3 个阳极连接在一起，称为共阳极组二极管。U、V、W 为三相交流电压。

将交流电压一个周期（t_1～t_7）分成 6 等份，每等份所占的相位角为 60°，在任意一个 60°相位角内，始终有两个二极管处于导通状态（一个共阴极组二极管，一个共阳极组二极管），并且任意一个二极管的导通角都是 120°。

如果三相桥式整流电路输入单相电压，如图 4.40 所示，只有 V_{D1}、V_{D2}、V_{D4}、V_{D5} 工作，V_{D3} 和 V_{D6} 始终处于截止状态，此时电路的整流效果与单相桥式整流电路相同。

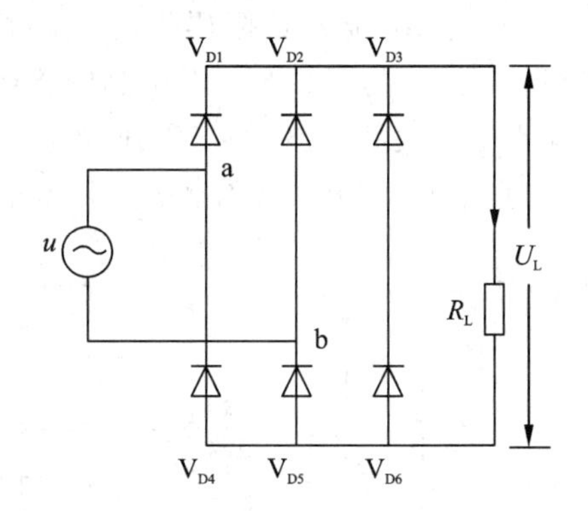

图 4.40　输入单相电压的三相桥式整流电路

2）滤波与浪涌保护电路

（1）滤波电路。

从前面介绍的整流电路可以看出，整流电路输出的直流电压波动很大，为了使整流电路输出电压平滑，需要在整流电路后面设置滤波电路。图 4.41 所示为伺服驱动器常采用的电容滤波电路。

电容滤波电路采用容量很大的电容作为滤波元件。工频电源经三相整流电路对滤波电容 C 充电，在 C 上得到上正下负的直流电压 U_d，同时电容也往后级电路放电，这样的充、放电同时进行，电容两端保持有一定的电压，电容容量越大，两端的 U_d 电压波动越小，即滤波效果越好。

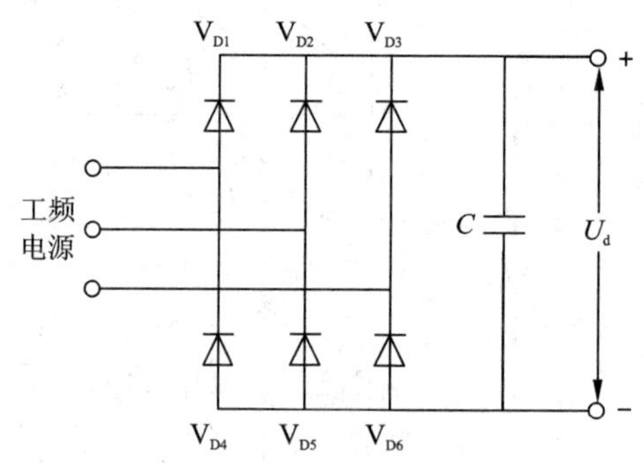

图 4.41　电容滤波电路

(2) 浪涌保护电路。

对于采用电容滤波的伺服驱动器，接通电源前电容两端电压为 0，在刚接通电源时，会有很大的开机冲击电流经整流器件对电容充电，这样易烧坏整流器件。为了保护整流器件不被开机浪涌电流烧坏，通常要采用浪涌保护电路。图 4.42 所示为两种常用的浪涌保护电路。

图 4.42(a)所示电路采用了电感进行浪涌保护。在接通电源时，流过电感 L 的电流突然增大，L 会产生左正右负的电动势阻碍电流，由于电感对电流的阻碍，流过二极管并经 L 对电容充电的电流不会很大，有效保护了整流二极管。当电容上充得较高电压后，流过 L 的电流减小，L 产生的电动势低，对电流阻碍减小，L 相当于导线。

图 4.42(b)所示电路采用限流电阻进行浪涌保护。在接通电源时，开关 S 断开，整流电路通过限流电阻 R 对电容 C 充电，由于 R 的阻碍作用，流过二极管并经 R 对电容充电的电流较小，保护了整流二极管。图中的开关 S 一般由晶闸管或继电器触点取代，在刚接通电源时，晶闸管或继电器触点处于关断状态(相当于开关断开)，待电容上充得较高的电压后让晶闸管或继电器触点导通，相当于开关闭合，电路开始正常工作。

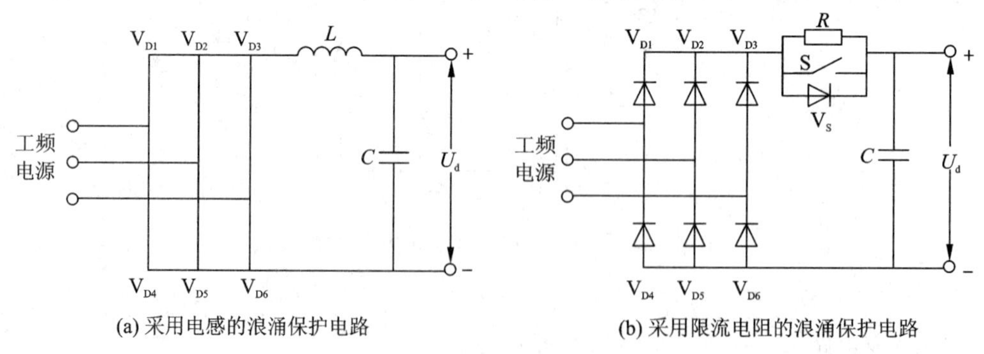

图 4.42　常用的浪涌保护电路

(3) 再生制动电路。

伺服驱动器是通过改变输出交流电源的频率来控制电动机的转速的。当需要电动机减速时，伺服驱动器的逆变器输出交流电频率下降，但由于惯性原因，电动机转子转速会短时高于定子绕组产生的旋转磁场转速(该磁场由伺服驱动器提供给定子绕组的交流电产生)，电动机处于再生发电制动状态，它会产生电动势并通过逆变电路对滤波电容反充电，使电容两端电压升高。为了防止电动机减速而进入再生发电时对电容充的电压过高，同时也为了提高减速制动速度，通常需要在伺服驱动器的主电路中设置制动电路。

图 4.43 中的三极管 V、电阻 R_3 和 R 构成再生制动电路。在对电动机进行减速控制过程中，由于电动机转子转速高于绕组产生的旋转磁场转速，电动机工作在再生发电制动状态，电动机绕组产生的电动势经逆变电路对电容 C 充电，C 上的电压 U_d 升高。为了避免过高的 U_d 电压损坏电路中的元器件，在制动或减速时，控制电路会送控制信号到三极管 V 的基极，V 导通，电容 C 通过伺服驱动器 P、D 端子之间外接短路片和内置制动电阻 R_3 及 V 放电，使 U_d 下降。同时，电动机通过逆变电路送来的反馈电流也经 R_3、V 形成回路，该电流在流回电动机绕组时，绕组会产生磁场，对转子有很大的制动力矩，从而使电动机迅速由高速转为低速。回路电流越大，绕组对转子产生的制动力矩越大。如果电动机功率较大或电动机需要频繁调速，可给伺服驱动器外接功率更大的再生制动电阻 R，这时需要去掉 P、D 端之间的短路片，使电容放电回路和电动机再生发电制动回路电阻更小，以提高电容 C 放电速度和增加电动机制动力矩。

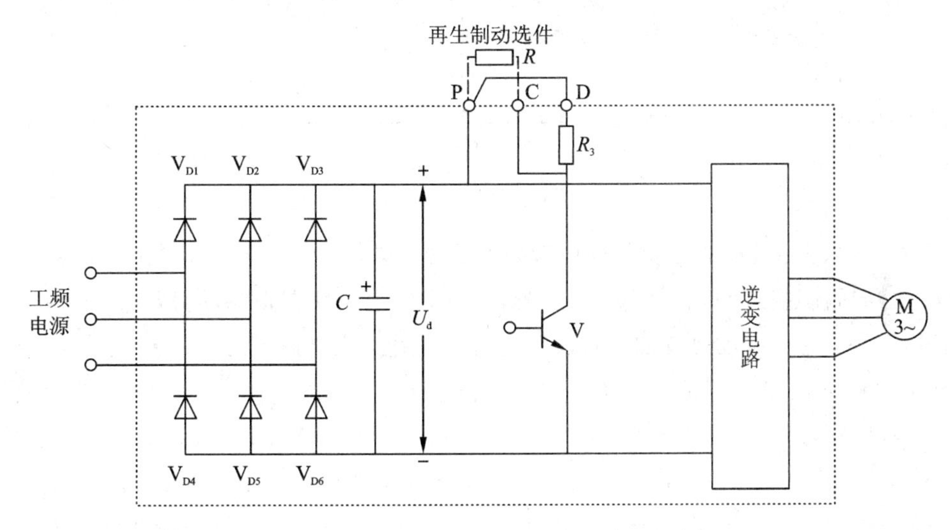

图 4.43　再生制动电路

(4) 逆变电路。

逆变电路又称直流—交流(DC—AC)转换电路，能将直流电源转换成交流电源。图 4.44 所示为一种典型的三相电压逆变电路，$L_1 \sim L_3$、$R_1 \sim R_3$ 为伺服电动机的三相绕组及绕组的直流电阻。在工作时，$V_1 \sim V_6$ 基极加有控制电路送来的控制脉冲。

该电路工作过程说明如下：

当 V_1、V_5、V_6 基极的控制脉冲均为高电平时，这 3 个三极管都导通，有电流流过三相负载，电流途径是：$U_d + \rightarrow V_1 \rightarrow R_1$、$L_1$，再分作两路，一路经 L_2、R_2、V_5 流到 $U_d -$，另一路经 L_3、R_3、V_6 流到 $U_d -$。

当 V_2、V_4、V_6 基极的控制脉冲均为高电平时，这 3 个三极管不能马上导通，因为 V_1、

V_5、V_6 关断后流过三相负载的电流突然减小，L_1 产生左负右正电动势，L_2、L_3 均产生左正右负电动势，这些电动势叠加对直流侧电容 C 充电，充电途径是：L_2 左正→V_{D2}→C，L_3 左正→V_{D3}→C，两路电流汇合对 C 充电后，再流经 V_{D4}、R_1→L_1 左负。V_{D2} 的导通使 V_2 集、射极电压相等，V_2 无法导通，V_4、V_6 也无法导通。当 L_1、L_2、L_3 叠加电动势下降到 U_d 大小，V_{D2}、V_{D3}、V_{D4} 截止，V_2、V_4、V_6 开始导通，有电流流过三相负载，电流途径是：U_d+→V_2→R_2、L_2，再分作两路，一路经 L_1、R_1、V_4 流到 U_d−，另一路经 L_3、R_3、V_6 流到 U_d−。

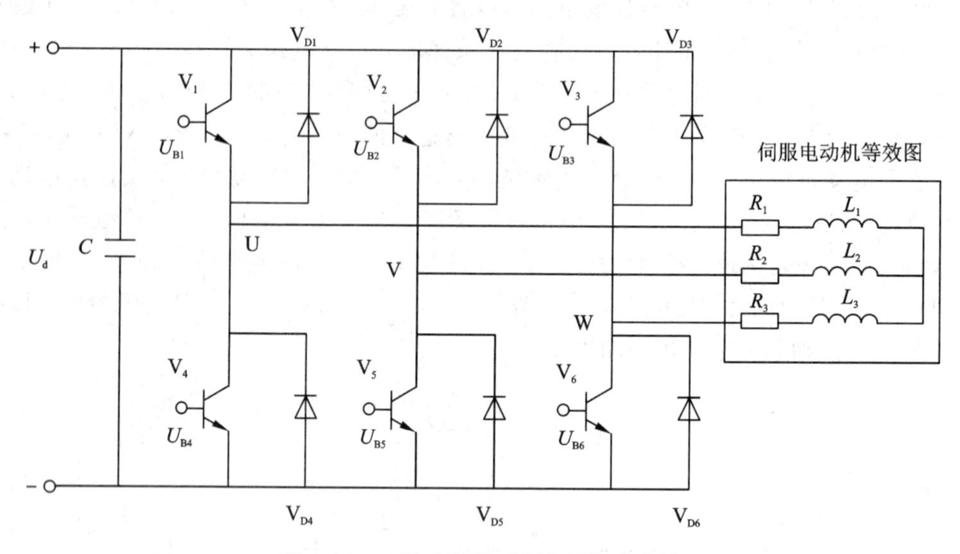

图 4.44　一种典型的三相电压逆变电路

当 V_3、V_4、V_5 基极的控制脉冲均为高电平时，这 3 个三极管不能马上导通，因为 V_2、V_4、V_6 关断后流过三相负载的电流突然减小，L_2 产生左负右正电动势，L_1、L_3 均产生左正右负电动势，这些电动势叠加对直流侧电容 C 充电，充电途径是：L_1 左正→V_{D1}→C，L_3 左正→V_{D3}→C，两路电流汇合对 C 充电后，再流经 V_{D5}、R_2→L_2 左负。V_{D3} 的导通使 V_3 集、射极电压相等，V_3 无法导通，V_4、V_5 也无法导通。当 L_1、L_2、L_3 叠加电动势下降到 U_d 大小，V_{D1}、V_{D3}、V_{D5} 截止，V_3、V_4、V_5 开始导通，有电流流过三相负载，电流途径是：U_d+→V_3→R_3、L_3，再分作两路，一路经 L_1、R_1、V_4 流到 U_d−，另一路经 L_2、R_2、V_5 流到 U_d−。

电路的后续工作过程与上述相同，这里不再叙述。通过控制开关器件的导通与关断，三相电压逆变电路实现了将直流电压转换成三相交流电压，从而驱动伺服电动机运转。

思考与练习

一、交流伺服系统主要有哪几种控制模式？请绘制这些控制模式的组成与结构框图。

二、请叙述永磁同步伺服电动机与交流异步电动机的异同点。

三、叙述脉冲编码器的分类及特点。

四、伺服驱动器的主电路主要包括哪几部分电路？

任务三　三菱通用伺服驱动器

任务要求

（1）了解三菱通用伺服驱动器的硬件系统。

（2）掌握伺服驱动器的接线。

（3）熟悉伺服驱动器显示操作。

（4）掌握伺服驱动器的参数设置。

本节先介绍三菱通用伺服驱动器的硬件系统，包括面板与型号、伺服驱动器与辅助设备的总接线、伺服驱动器的接头引脚功能及内部接口电路、伺服驱动器的接线；然后介绍伺服驱动器的显示操作与参数设置，包括状态、诊断、报警和参数模式的显示与操作及常用参数设置。

4.3.1　三菱通用伺服驱动器的面板与型号说明

伺服驱动器型号很多，但功能大同小异，本节以三菱 MR－J2S－A 系列通用伺服驱动器为例进行介绍。

1. 外形

图 4.45 所示为三菱 MR－J2S－100A 以下的伺服驱动器的外形，MR－J2S－200A 以上的伺服驱动器的功能与之基本相同，但输出功率更大，并带有冷却风扇，故体积较大。

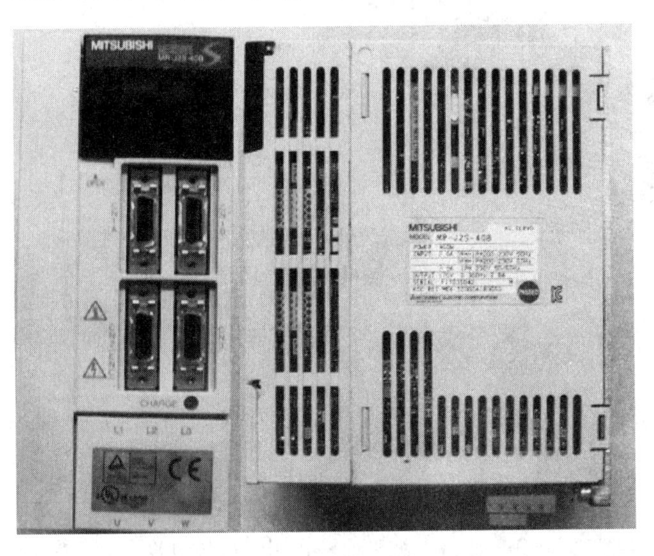

图 4.45　三菱 MR－J2S－100A 以下的伺服驱动器的外形

2. 面板说明

三菱 MR－J2S－100A 以下的伺服驱动器的面板说明如图 4.46 所示。

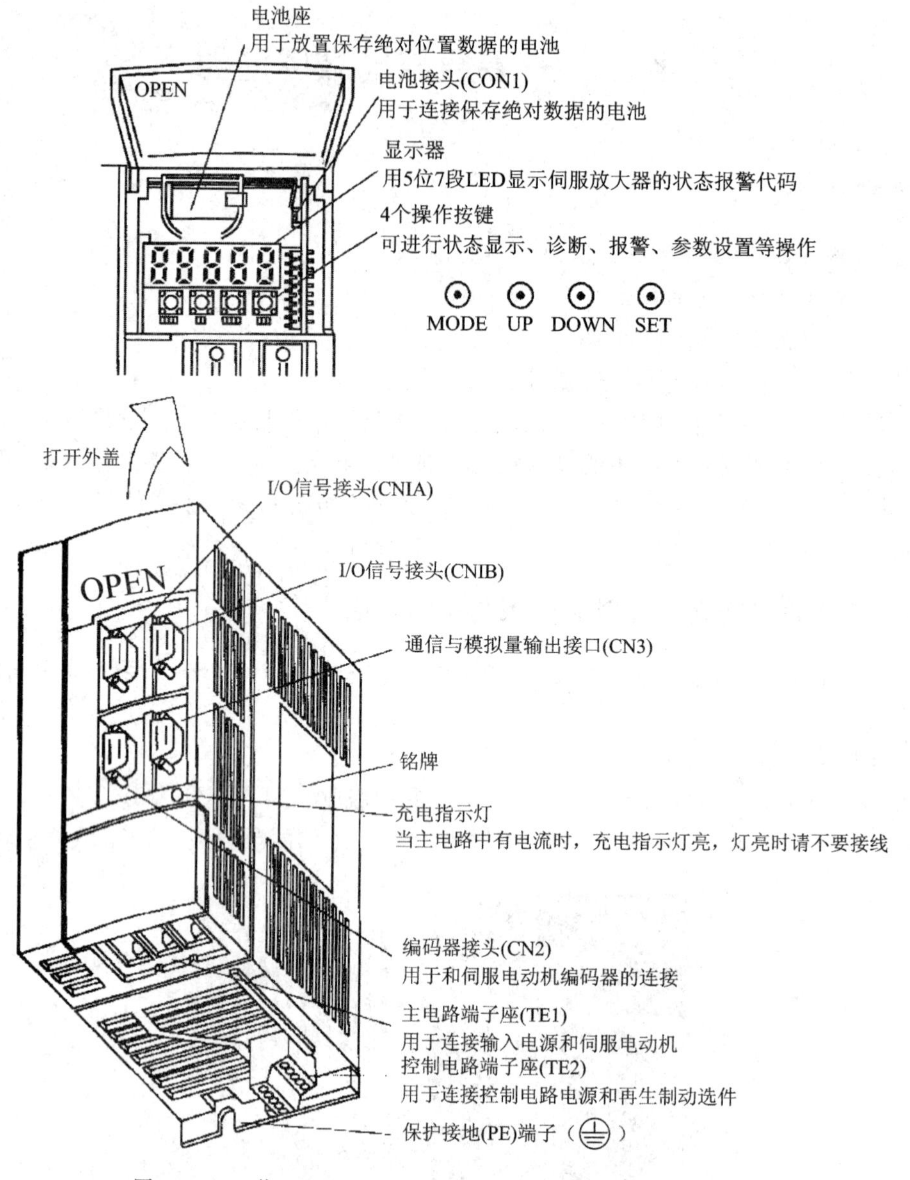

图 4.46　三菱 MR－J2S－100A 以下的伺服驱动器的面板说明

3. 型号说明

三菱 MR－J2S 系列伺服驱动器的型号构成及含义如图 4.47 所示。

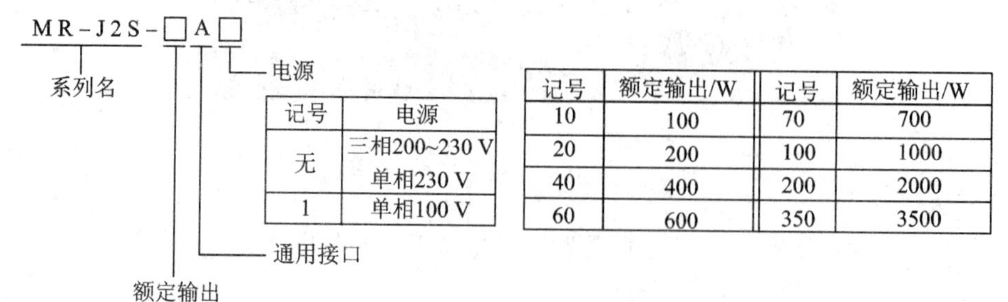

记号	电源
无	三相200~230 V
	单相230 V
1	单相100 V

记号	额定输出/W	记号	额定输出/W
10	100	70	700
20	200	100	1000
40	400	200	2000
60	600	350	3500

图 4.47　MR－J2S 系列伺服驱动器的型号构成及含义

4. 规格

三菱 MR－J2S 系列伺服驱动器的标准规格参见表 4.3。

表 4.3　三菱 MR－J2S 系列伺服驱动器的标准规格

伺服驱动器 MR－J2S－□参数		10 A	20 A	40 A	60 A	70 A	100 A	200 A	350 A	10 A1	20 A1	40 A1
电源	电压及频率	三相 AC 200～230 V，50/60 Hz 或单相 AC 230 V，50/60 Hz					三相 AC 200～230 V，50/60 Hz			单相 AC 100～120 V，50/60 Hz		
	容许电压波动范围	三相 AC 200～230 V 的场合：AC 170～253 V 单相 AC 230 V 的场合：AC 207～253 V					三相 AC 170～253 V			单相 AC 85～127 V		
	容许频率波动范围	±5%以内										
控制方式		正弦波 PWM 控制，电流控制方式										
动态制动		内置										
保护功能		过电流、再生制动过电压、过载(电子热继电器)、伺服电动机过热、编码器异常、再生制动异常、欠电压，瞬时停电、超速、误差过大										
速度频率响应		550 Hz 以上										
位置控制模式	最大输入脉冲频率	500 kPLS/s(差动输入的场合)，200 kPLS/s(集电极开路输入的场合)(PLS：指脉冲)										
	指令脉冲倍率(电子齿轮)	电子齿轮比(A/B)A：1～65535；B：1～65535；$1/50<A/B<500$										
	定位完毕范围设定	0～±10 000 脉冲(指令脉冲单位)										
	误差(过大)	±10 转										
	转矩限制	通过参数设定或模拟量输入指令设定(DC 0～10 V/最大转矩)										
速度控制模式	速度控制范围	模拟量速度指令 1∶2000，内部速度指令 1∶5000										
	模拟量速度指令输入	DC 0～10 V/额定速度										
	速度波动范围	+0.01%以下(负载变动 0～100%) 0(电源变动±10%) +0.2%以下(环境温度 25 ℃±10 ℃)，仅在使用模拟量速度指令时										
	转矩限制	通过参数设定或模拟量输入指令设定(DC 0～10 V/最大转矩)										
转矩控制模式	模拟量速度指令输入	DC 0～±8 V/最大转矩(输入阻抗 10～12 kΩ)										
	速度限制	通过参数设定或模拟量输入指令设定(DC 0～10 V/最大额定速度)										
方式		自冷，开放(IP00)					强冷，开放(IP00)			自冷，开放(IP00)		
环境	环境温度	0 ℃～55 ℃(不冻结)；保存：－20 ℃～65 ℃(不冻结)										
	温度	90%RH 以下(不凝结)；保存：90%RH(不凝结)										
	周围环境	室内(无日晒)、无腐蚀气体、无可燃性气体、无油气、无尘埃										
	海拔高度	海拔 1000 m 以下										
	振动	5.9 m/s^2 以下										
质量/kg		0.7	0.7	1.1	1.1	1.7	1.7	2.0	2.0	0.7	0.7	1.1

4.3.2 伺服驱动器与辅助设备的接线

伺服驱动器工作时需要连接伺服电动机、编码器、伺服控制器(或控制部件)和电源等设备，如果使用软件来设置参数，则还需要连接计算机。三菱 MR－J2S 系列伺服驱动器有大功率和中小功率之分，它们的接线端子略有不同。

1. 100 A 以下的伺服驱动器与辅助设备的连接

三菱 MR－J2S－100 A 以下伺服驱动器与辅助设备的连接如图 4.48 所示。这种小功率的伺服驱动器可以使用 200～230 V 的三相交流电压供电，也可以使用 230 V 的单相交流电压供电。由于我国三相交流电压通常为 380 V，故使用 380 V 三相交流电压供电时需要使用三相降压变压器，将 380 V 降到 220 V 再供给伺服驱动器。如果使用 220 V 单相交流电压供电，只需将 220 V 电压接到伺服驱动器的 L1、L2 端即可。

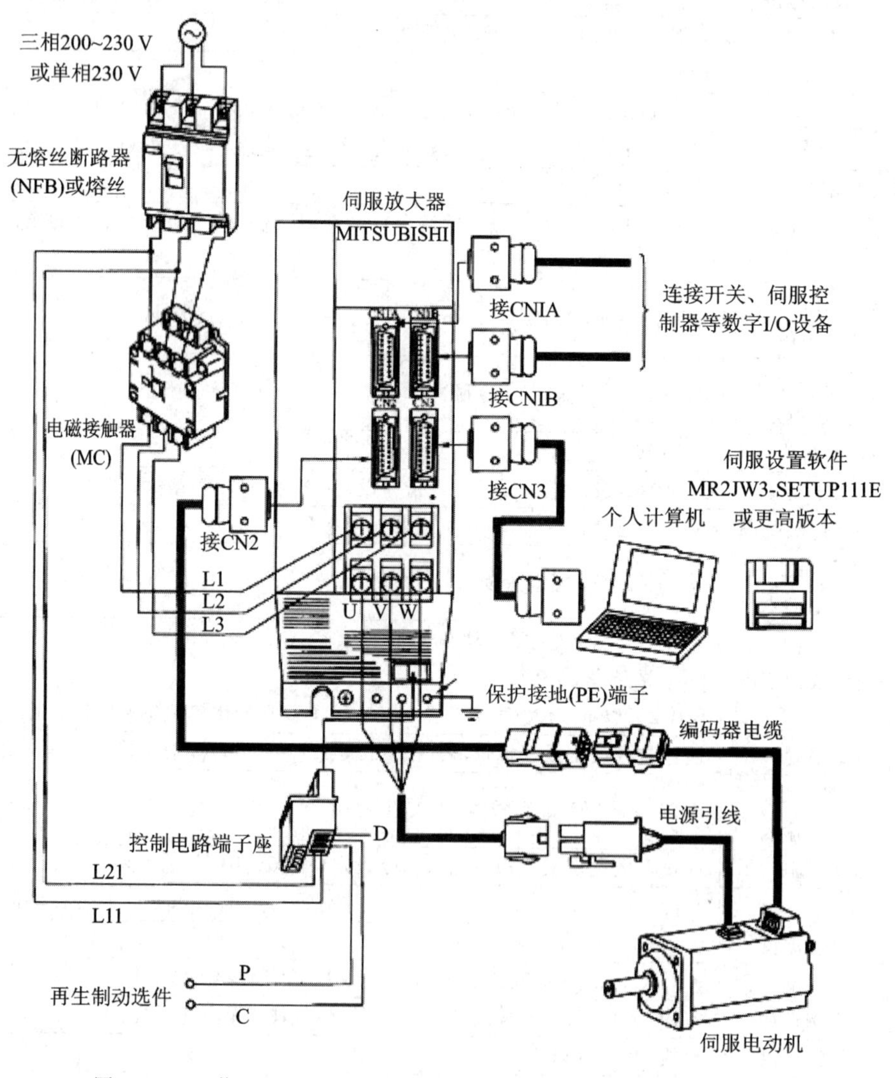

图 4.48 三菱 MR－J2S－100A 以下伺服驱动器与辅助设备的连接

2. 100 A 以上的伺服驱动器与辅助设备的连接

三菱 MR－J2S－100 A 以上伺服驱动器与辅助设备的连接如图 4.49 所示。这类中大功率的伺服驱动器只能使用 200～230 V 的三相交流电压供电，可采用三相降压变压器将 380 V 降到 220 V 再供给伺服驱动器。

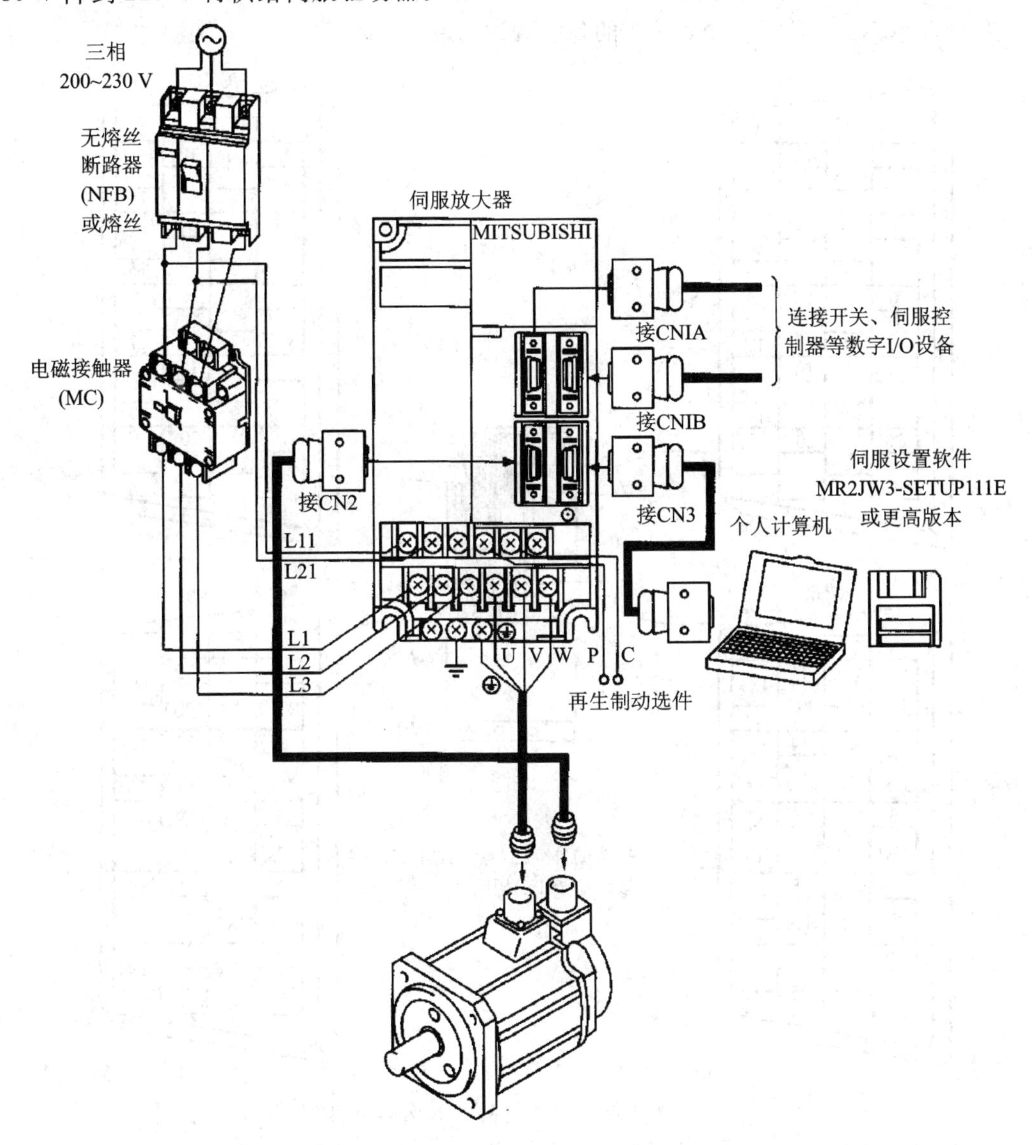

图 4.49　三菱 MR－J2S－100A 以上伺服驱动器与辅助设备的连接

3. 伺服驱动器的接头引脚功能及内部接口电路

三菱 MR－J2S 伺服驱动器有 CN1A、CN1B、CN2、CN3 共 4 个接头与外部设备连接，每个接头都由 20 个引脚组成，它们不但外形相同，引脚排列规律也相同。引脚排列顺序如图 4.50 所示，图中 CN2、CN3 接头有些引脚下方标有英文字母，用于说明该引脚的功能，引脚下方的斜线表示该脚无功能(即空脚)。

三菱 MR－J2S 伺服驱动器有位置、速度和转矩 3 种控制模式。在这 3 种模式下，CN2、CN3 接头各引脚功能定义相同，具体如图 4.50 所示；而 CN1A、CN1B 接头中有些引脚在不同模式下功能定义有所不同，如图4.51所示，P表示位置模式，S表示速度模式，T表示转矩模式。例如CN1B接头的2号引脚在位置模式时无功能（不使用），在速度模式时功能为VC（模拟量速度指令输入），在转矩模式时的功能为VLA（模拟量速度限制输入）。在图4.51中，左边引脚为输入引脚，右边引脚为输出引脚。

CN1A、CN1B、CN2、CN3接头的各引脚详细说明见附录C。

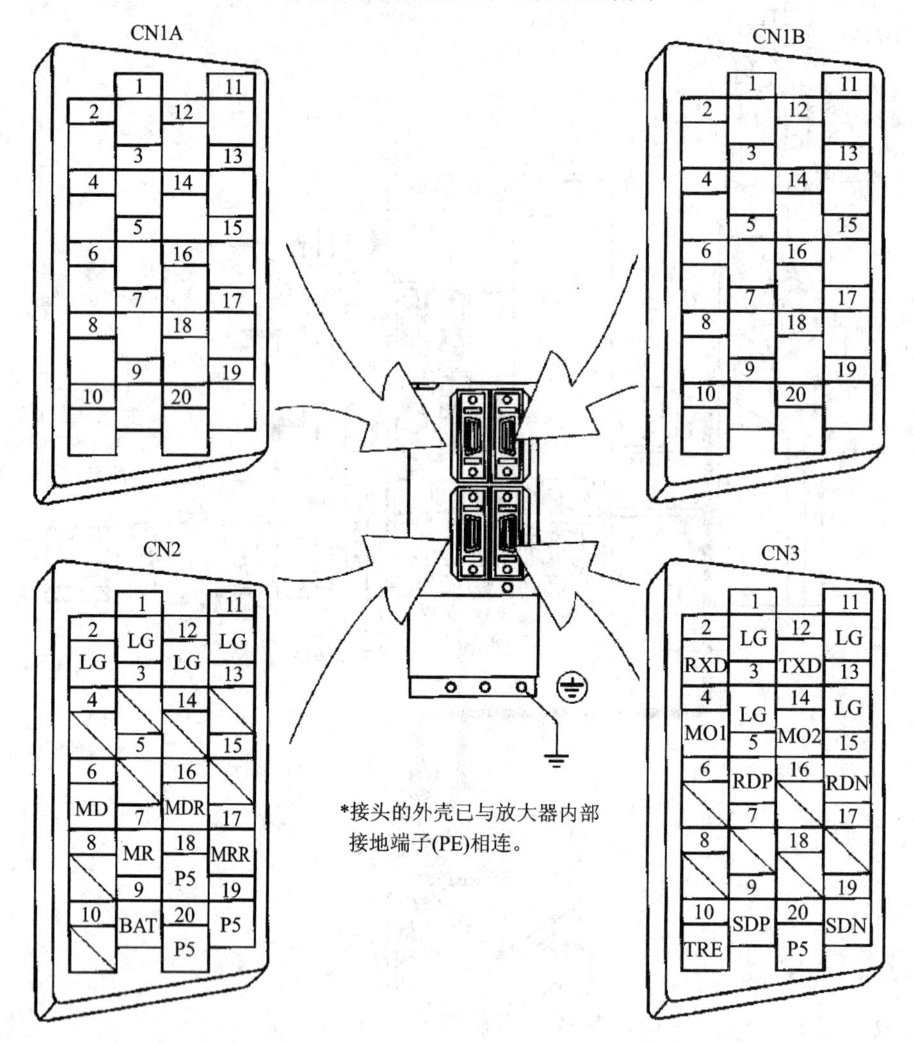

图4.50　CN1A、CN1B、CN2、CN3接头的引脚排列顺序

4. 伺服驱动器的接线实例

伺服驱动器的接线主要包括数字量输入引脚的接线、数字量输出引脚的接线、脉冲输入引脚的接线、编码器脉冲输出引脚的接线、模拟量输入引脚的接线、模拟量输出引脚的接线、电源接线、再生制动器接线、伺服电动机接线和接地。

1）引脚功能说明

伺服驱动器的数字量输入引脚用于输入开关信号，如起动、正转、反转和停止信号等。根据开关闭合时输入引脚的电流方向不同，可分为漏型输入方式和源型输入方式。不管采用哪种输入方式，伺服驱动器都能接受，这是因为数字量输入引脚的内部采用双向光电耦

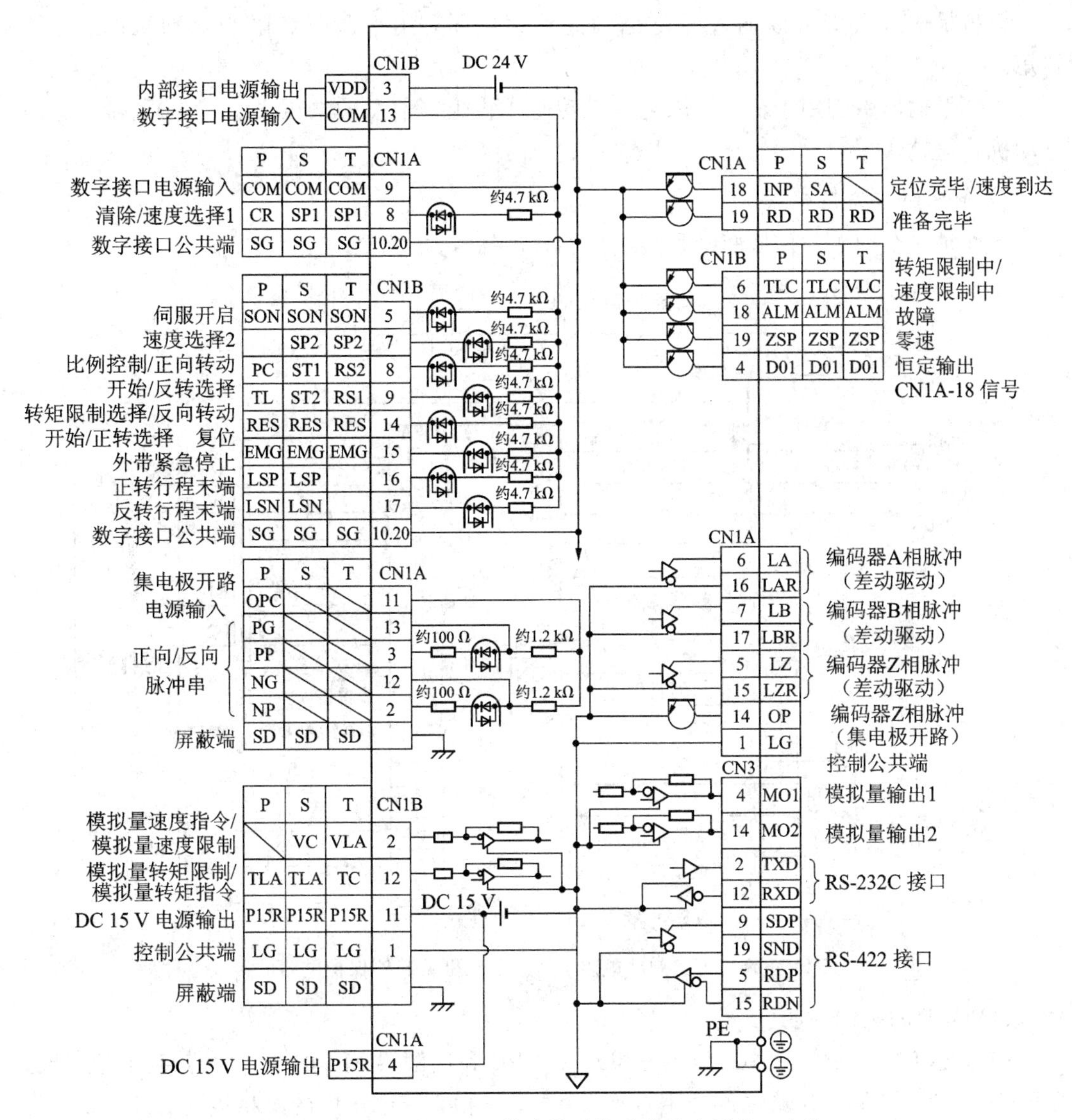

图 4.51　CN1A、CN1B 接头的引脚功能及内部接口电路

合器。

伺服驱动器的数字量输出引脚通过内部三极管的导通与截止来输出 0、1 信号，数字量输出引脚可以连接灯泡和感性负载(线圈)。

当伺服驱动器工作在位置控制模式时，根据脉冲输入引脚输入的脉冲信号来控制伺服电动机移动的位移和旋转的方向。脉冲输入引脚包括正转脉冲(PP)输入引脚和反转脉冲(NP)输入引脚。脉冲输入有两种方式：集电极(C 极)开路输入方式和差动输入方式。脉冲可分为正逻辑脉冲和负逻辑脉冲，正逻辑脉冲是以高电平作为脉冲，负逻辑脉冲是以低电平作为脉冲。

伺服驱动器在工作时，可通过编码器脉冲输出引脚送出反映本伺服电动机当前转速和位置的脉冲信号，用于其他电动机控制器作同步和跟踪用，单机控制时不使用该引脚。编码器脉冲输出有两种方式：集电极开路输出方式和差动输出方式。

模拟量输入引脚可以输入一定范围的连续电压，用来调节和限制电动机的转速和转矩。

模拟量输出引脚用于输出反映电动机转速或转矩等信息的电压，输出电压越高，表明电动机转速越快。

2）伺服驱动器接线实例

下面是一个简单的伺服驱动器接线实例，如图 4.52 所示。

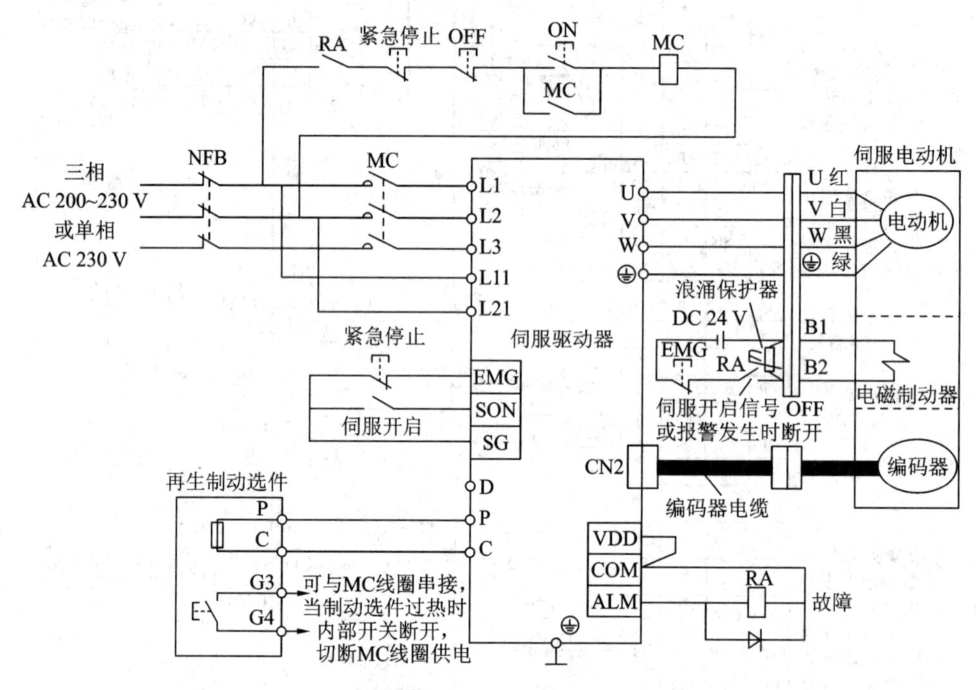

图 4.52 电源、再生制动电阻、伺服电动机及起停保护电路的接线

（1）电源的接线说明。

三相交流电压(200～230 V)经三相开关 NFB 和接触器 MC 的 3 个触点接到伺服驱动器的 L1、L2、L3 端，送给内部的主电路。另外，三相交流电压中的两相接到 L11、L21 端，送给内部的控制电路作为电源。伺服驱动器也可使用单相 AC 230 V 电源供电，此时 L3 端不用接电源线。

（2）伺服电动机与驱动器的接线说明。

伺服电动机通常包括电动机、电磁制动器和编码器。为电动机接线时，将电动机的红、白、黑、绿 4 根线分别与驱动器的 U、V、W 相输出端子和接地端子连接起来；为电磁制动器接线时，应外接 DC 24V 电源、控制开关和浪涌保护器(如压敏电阻)，若要让电动机运转，应给电磁制动器线圈通电，让抱闸松开，在电动机停转时，可让外部控制开关断开，切断电磁制动器线圈供电，让抱闸对电动机制动；为编码器接线时，应用配套的电缆将编码器与驱动器的 CN2 接头连接起来。

（3）再生制动选件的接线说明。

如果伺服驱动器连接的伺服电动机功率较大，或者电动机需要频繁制动调速，可给伺服驱动器外接功率更大的再生制动选件。在外接再生制动选件时，要去掉 P、D 端之间的短路片，将再生制动选件的 P、C 端(内接制动电阻)与驱动器的 P、C 端连接。

(4) 起停及保护电路的接线说明。

在工作时，伺服驱动器要先接通控制电路的电源，然后再接通主电路电源；在停机或出现故障时，要求能断开主电路电源。

3) 伺服驱动器工作过程

起动控制过程：伺服驱动器控制电路由 L11、L21 端获得供电后，会使 ALM 与 SG 端之间内部接通，继电器 RA 线圈由 VDD 端得到供电，RA 常开触点闭合，如果这时按下 ON 按钮，接触器 MC 线圈得电，MC 自锁触点闭合，锁定线圈供电，同时 MC 主触点闭合，三相交流电源送到 L1、L2、L3 端，为主电路供电，当 SON 端的伺服开启开关闭合时，伺服驱动器开始工作。

紧急停止控制过程：按下紧急停止按钮，接触器 MC 线圈失电，MC 自锁触点断开，MC 主触点断开，切断 L1、L2、L3 端内部主电路的供电，与此同时，EMG 端子和电磁制动器连接的联轴紧急停止开关均断开，这样一方面使伺服驱动器停止输出，另一方面使电磁制动器线圈失电，对电动机进行抱闸。

故障保护控制过程：如果伺服驱动器内部出现故障，ALM 与 SG 端之间内部断开，RA 继电器线圈失电，RA 常开触点断开，MC 接触器线圈失电，MC 主触点断开，伺服驱动器主电路供电切断，主电路停止输出，同时电磁制动器外接控制开关也断开，其线圈失电，抱闸对电动机制动。

4.3.3 伺服驱动器的显示操作

伺服驱动器面板上有“MODE、UP、DOWN、SET”4 个按键和一个 5 位 7 段发光二极管(LED)显示器，如图 4.53 所示。利用它们可以对伺服驱动器进行状态显示、诊断、报警和参数设置等操作。

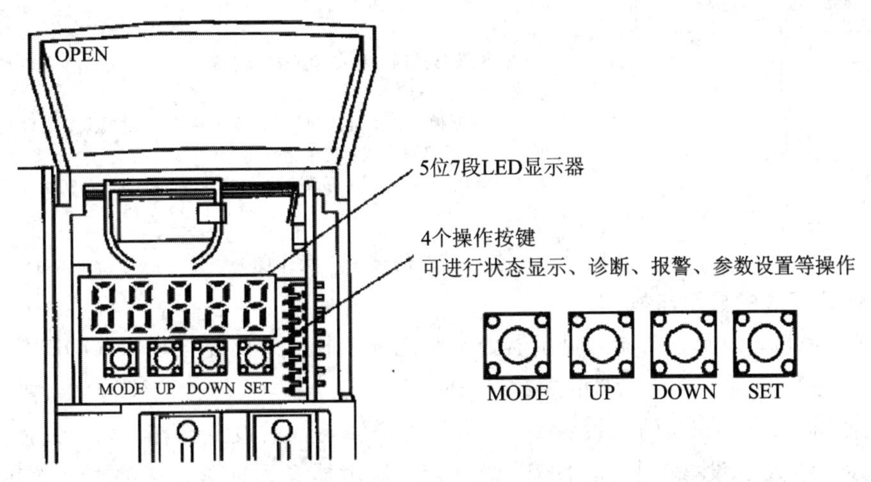

图 4.53　伺服驱动器的操作显示面板

1. 各种模式的显示与切换

伺服驱动器通电后，LED 显示器处于状态显示模式，此时显示为“C”。反复按压“MODE”键，可让伺服驱动器的显示模式在“状态显示→诊断→报警→基本参数→扩展参数1→扩展参数2→状态显示”之间切换。当显示器处于某种模式时，按压“DOWN”或“UP”键即可在该模式中选择不同的项进行详细的设置操作，如图4.54所示。

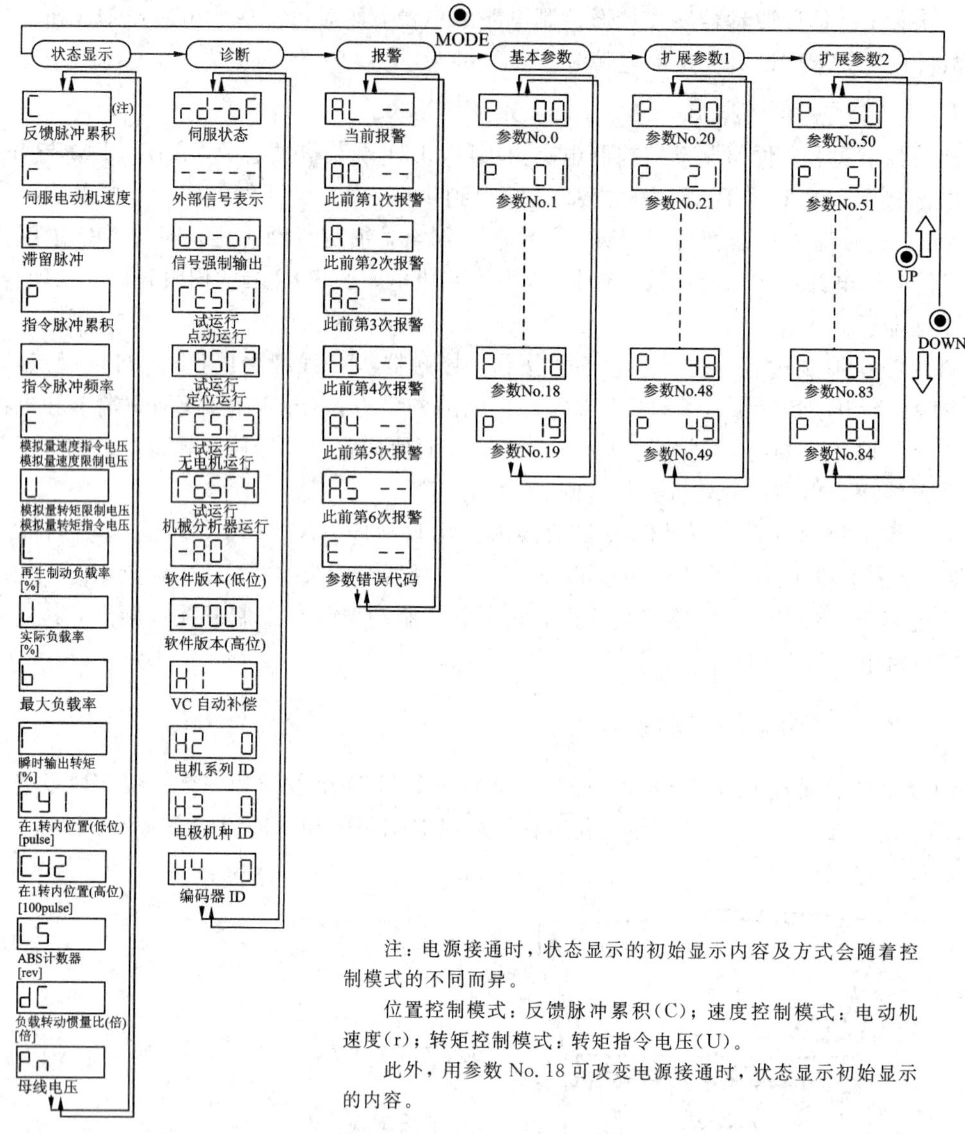

图4.54　各种模式的显示与操作图

2. 参数模式的显示与操作

接通电源后，伺服驱动器的显示器处于状态显示模式。反复按压“MODE”键，切换到基本参数模式，此时显示No.0的参数号“P 00”。

下面以将参数No.0的值设为0002为例来说明参数的设置操作方法，具体过程如图4.55所示。参数值设好后按压“SET”键确定，显示器又返回显示参数号，按压“UP”或“DOWN”键可切换到其他的参数号，再用同样的方法给该参数号设置参数值。对于带“＊”号的参数，参数值设定后，需断开驱动器的电源再重新接通电源，参数的设定值才能生效。

在设置扩展参数1和扩展参数2时，需先设置基本参数No.19的值，以确定扩展参数的读写性，如果No.19的值为0000，将无法设置扩展参数1和扩展参数2。参数No.19的值设为 000E 时，可读可写所有参数值。

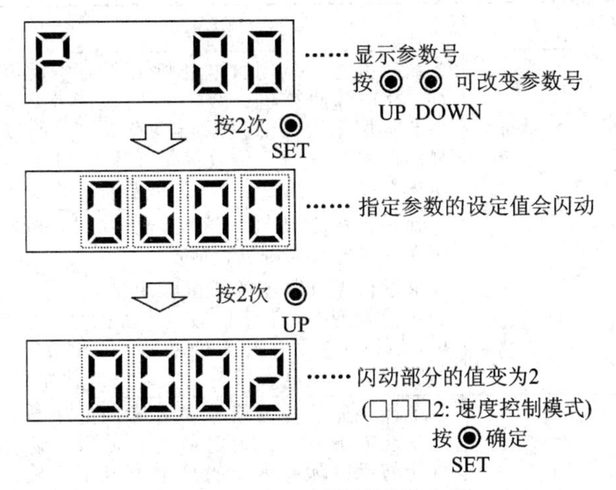

图 4.55　设置参数的操作方法

3. 状态模式的显示与操作

在伺服驱动器工作时，可通过 5 位 LED 显示器查看其运行状态。

1) 状态项的查看

伺服驱动器运行时，显示器通常处于状态显示模式，此时显示器会显示状态项的符号，如显示“r”表示当前项为伺服电动机的转速。按压“SET”键可将伺服电动机的转速值显示出来，要切换其他状态项，可操作“UP”或“DOWN”键。表 4.4 列出了一些状态项的符号、显示值和含义。例如，当显示器显示“dC”符号表示当前项为负载转动惯量比，按压“SET”键，当前显示变为“15.5”，其含义是伺服驱动器当前的负载转动惯量比为 15.5 倍。

表 4.4　一些状态项的符号和显示值的含义

状态项符号	状态项名称	显示值	显示值含义
r	伺服电动机速度	2500	以 2500 r/min 的速度正转
		-3000 反转时用“-”显示	以 3000 r/min 的速度反转
dC	负载转动惯量比	15.5	15.5 倍
LS	ABC 计数器	11252	11 252rev
		1.2.5.6.6 变亮 负数时，高 4 位数字下方的小数点变亮	12 566rev

2) 各状态项的代表符号及说明

伺服驱动器各状态项的代表符号及说明参见表 4.5。

表 4.5 伺服驱动器各状态项的代表符号及说明

状态项	符号	单位	说 明	显示范围
反馈脉冲累积	C	脉冲	统计并显示从伺服电动机编码器中反馈的脉冲。反馈脉冲数超过 99 999 时也能计数，但是由于伺服放大器的显示器只有 5 位，所以实际显示的将是最后 5 位数字。如果按“SET”，则显示内容变成 0。反转时，高 4 位的小数点变亮	−99 999～99 999
伺服电动机的速度	r	r/min	显示伺服电动机的速度。以 0.1 r/min 为单位，经四舍五入后进行显示	−5400～5400
滞留脉冲	E	脉冲	显示偏差计数器的滞留脉冲。反转时，高 4 位的小数点变亮，由于伺服放大器的显示器只有 5 位，所以实际显示出来的是最后 5 位数字。显示的脉冲数为经电子齿轮放大之前的脉冲数	−99 999～99 999
指令脉冲累积	P	脉冲	统计并显示位置指令输入脉冲的个数。显示的是经电子齿轮放大之前的脉冲数，显示内容可能与反馈脉冲累积的显示内容不一致。位置指令输入脉冲超过±99 999 时也能计数，但是由于伺服放大显示器只有 5 位，所以实际显示出来的是最后 5 位数字。如果按了“SET”，则显示内容变成 0。反转时，高 4 位的小数点变亮	−99 999～99 999
指令脉冲频率	n	k/s	显示位置指令脉冲的频率。显示的脉冲频率为经电子齿转放大之前的值	800～800
模拟量速度指令电压/模拟量速度限制电压	F	V	(1) 转矩控制模式：显示模拟量速度限制(VLA)的输入电压； (2) 速度控制模式：显示模拟量速度指令(VC)的输入电压	−10.00～+10.00
模拟量转矩指令电压/模拟量转矩限制电压	U	V	(1)位置控制模式/速度控制模式：显示模拟量转矩限制(TLA)的输入电压； (2) 转矩控制模式：显示模拟量转矩指令(TC)的输入电压	0～+10.00 −10.00～+10.00
再生制动负载率	L	%	显示再生制动功率相对于最大再生功率的百分比	0～100
实际负载率	J	%	显示连续实际负载转矩。以额定转矩作为100%，将实际值换算成百分比显示	0～300
最大负载率	b	%	显示最大输出转矩。以额定转矩作为 100%，将过去 15 s 内的最大输出转矩换算成百分比显示	0～400
瞬时输出转矩	T	%	显示瞬时输出转矩。以额定转矩作为 100%，将实际值换算成百分比显示	0～400
在 1 转内的位置(低位)	Cy1	脉冲	显示在 1 转内的位置，以脉冲为单位显示。如果超过最大脉冲数，则显示数回到 0。逆时针方向旋转时用加法计算	0～99 999
在 1 转内的位置(高位)	Cy2	100 脉冲	显示在 1 转内的位置，以 100 脉冲为单位。如果超过最大脉冲数，则显示数回到 0。逆时针方向旋转时用加法计算	0～1310
ABS 计数器	LS	rev	显示离开编码器系统原点的移动量。显示值为绝对位置编码器累积旋转周数计数器的内容	−32 768～32 767
负载转动惯量比	dC	倍	实时地显示伺服电动机和折算到伺服电动机轴上的负载的转动惯量之比的推断值	0.0～300.0
母线电压	Pn	V	显示主电路直流母线(P－N 间)的电压	0～450

利用报警模式可查看伺服驱动器当前的报警、报警履历(历史记录)和参数出错代码。

利用诊断模式可查看伺服驱动器当前的伺服状态、外部 I/O 端口的 ON/OFF 状态、软件版本信息、电动机及编码器信息等。在该模式下，也可对伺服驱动器进行试运行操作和强制某端口输出信号。当伺服驱动器处于诊断模式时，可以通过查看显示器来了解数字量 I/O 引脚的状态。当伺服驱动器处于诊断模式时，可以强制某输出引脚产生输出信号，常用于检查输出引脚接线是否正常。在使用该功能时，伺服驱动器应处于停止状态(即 SON 信号为 OFF)。

4.3.4 伺服驱动器的参数设置

在使用伺服驱动器时，需要设置有关的参数。根据参数的安全性和设置频度，可将参数分为基本参数(No. 0～No. 19)、扩展参数 1(No. 20～No. 49)和扩展参数 2(No. 50～No. 84)。在设置参数时，既可以直接操作伺服驱动器面板上的按键来设置，也可在计算机中使用专用的伺服参数设置软件来设置，再通过通信电缆将设置好的各参数值传送到伺服驱动器中。

1. 参数操作范围的设定

为了防止参数被误设置，伺服驱动器使用参数 No. 19 来设定各参数的读写性。当 No. 19的值设为 000A 时，除参数 No. 19 外，其他所有参数均被锁定，无法设置；当 No. 19 的值设为 0000(出厂值)时，可设置基本参数(No. 0～No. 19)；当 No. 19 的值设为 000C 时，可设置基本参数(No. 0～No. 19)和扩展参数 1(No. 20～No. 49)；当 No. 19 的值设为 000E 时，所有的参数(No. 0～No. 84)均可设置。

2. 基本参数

基本参数参见表 4.6。

表 4.6　基本参数表

类型	No	符号	名　称	控制模式	初始值	单位	用户设定值
基本参数	0	* STY	控制模式、再生制动选件选择	P/S/T	0000		
	1	* OP1	功能选择 1	P/S/T	0002		
	2	AUT	自动调整	P/S	0105		
	3	CMX	电子齿轮(指令脉冲倍率分子)	P	1		
	4	CDV	电子齿轮(指令脉冲倍率分母)	P	1		
	5	INP	定位范围	P	100	脉冲	
	6	PG1	位置环增益 1	P	35	rad/s	
	7	PST	位置指令加/减速时间常数(位置斜坡功能)	P	3	ms	
	8	SC1	内部速度指令 1	S	100	r/min	
			内部速度限制 1	T	100	r/min	
	9	SC2	内部速度指令 2	S	500	r/min	
			内部速度限制 2	T	500	r/min	
	10	SC3	内部速度指令 3	S	1000	r/min	
			内部速度限制 3	T	1000	r/min	
	11	STA	加速时间常数	S/T	0	ms	
	12	STB	减速时间常数	S/T	0	ms	
	13	STC	S 字加/减速时间常数	S/T	0	ms	
	14	TQC	转矩指令时间常数	T	0	ms	
	15	* SNO	站号设定	P/S/T	0		
	16	* BPS	通信设置及报警履历清除	P/S/T	0000		
	17	MOD	模拟量输出选择	P/S/T	0000		
	18	* DMD	状态显示选择	P/S/T	0000		
	19	* BLK	参数范围选择	P/S/T	0000		

注：表中的*表示该参数设置后，需要断开伺服驱动器的电源再接通电源才能生效；P、S、T 分别表示位置、速度和转矩控制模式。

基本参数的详细说明如表 4.7～表 4.13 所示。

表 4.7　参数 No.0、No.1 说明表

<table>
<tr><th>参数号、符号与名称</th><th>功能说明</th><th>初始值</th><th>设定范围</th><th>单位</th><th>控制模式</th></tr>
<tr><td>No.0
* STY
控制模式、再生制动选件选择</td><td>用于设置控制模式和再生制动选件类型
0 □ 0 □
控制模式的选择
0：位置
1：位置和速度
2：速度
3：速度和转矩
4：转矩
5：转矩和位置
选择再生制动选件
0：不用
1：备用（请不要设定）
2：MR-RB032
3：MR-RB12
4：MR-RB32
5：MR-RB30
6：MR-RB50
如果再生制动选件设定错误，可能会损坏选件</td><td>0000</td><td>0000
～
0605</td><td>无</td><td>P/S/T</td></tr>
<tr><td>No.1
* OP1
功能选择 1</td><td>用于设置输入滤波器、CN1B－19 引脚功能和绝对位置系统
□ 0 □ □
输入滤波器
输入信号受到噪声干扰时
用输入滤波器抑制干扰
0：不用
1：1.777(ms)
2：3.555(ms)
3：5.333(ms)
CN1B-19引脚功能选择
0：零速信号
1：电磁制动器连锁信号
绝对位置系统的选择
0：使用增量位置系统
1：使用绝对位置系统</td><td>0002</td><td>0000
～
1013</td><td>无</td><td>P/S/T</td></tr>
</table>

表 4.8　参数 No.2～No.5 说明表

<table>
<tr><th>参数号、符号与名称</th><th>功能说明</th><th>初始值</th><th>设定范围</th><th>单位</th><th>控制模式</th></tr>
<tr><td>No.2
AUT
自动调整</td><td>用于设置自动调整的响应速度
0 □ 0 □
自动调整响应速度设定
<table>
<tr><th>设定值</th><th>响应速度</th><th>机械共振频率</th></tr>
<tr><td>1</td><td>低响应</td><td>15 Hz</td></tr>
<tr><td>2</td><td></td><td>20 Hz</td></tr>
<tr><td>3</td><td></td><td>25 Hz</td></tr>
<tr><td>4</td><td></td><td>30 Hz</td></tr>
<tr><td>5</td><td></td><td>35 Hz</td></tr>
<tr><td>6</td><td></td><td>45 Hz</td></tr>
<tr><td>7</td><td></td><td>55 Hz</td></tr>
<tr><td>8</td><td>中响应</td><td>70 Hz</td></tr>
<tr><td>9</td><td></td><td>80 Hz</td></tr>
<tr><td>A</td><td></td><td>105 Hz</td></tr>
<tr><td>B</td><td></td><td>130 Hz</td></tr>
<tr><td>C</td><td></td><td>160 Hz</td></tr>
<tr><td>D</td><td></td><td>200 Hz</td></tr>
<tr><td>E</td><td></td><td>240 Hz</td></tr>
<tr><td>F</td><td>高响应</td><td>300 Hz</td></tr>
</table>
·发生机械振荡或齿轮噪音过大时，应将设定值减小。
·为了提高性能，如缩短定位调整时间等场合，应增大设定值。
自动调整选择
<table>
<tr><th>设定值</th><th>增益调整</th><th>调整内容</th></tr>
<tr><td>0</td><td>插补模式</td><td>固定位置环增益(参数No.6)</td></tr>
<tr><td>1</td><td>自动调整模式1</td><td>通常的自动调整模式</td></tr>
<tr><td>2</td><td>自动调整模式2</td><td>在参数No.34中设定固定的转动惯量比。
响应速度可以手动调整</td></tr>
<tr><td>3</td><td>手动模式1</td><td>用简易的手动模式进行调整</td></tr>
<tr><td>4</td><td>手动模式2</td><td>用手动模式调整全部的增益</td></tr>
</table>
</td><td>0105</td><td>0001
～
040F</td><td>无</td><td>P/S</td></tr>
</table>

续表

参数号、符号与名称	功能说明	初始值	设定范围	单位	控制模式
No. 3 CMX 电子齿轮分子	用于设置电子齿轮比的分子	1	1～65 535	无	P
No. 4 CDV 电子齿轮分母	用于设置电子齿轮比的分母	1	1～65 535	无	P
No. 5 INP 定位范围	用于设置输出定位完毕信号的范围，用电子齿轮计算前的指令脉冲为单位设定	100	0～10 000	脉冲	P

表 4.9　参数 No. 6 和 No. 7 说明表

参数号、符号与名称	功能说明	初始值	设定范围	单位	控制模式
No. 6 PG1 位置环增益 1	用于设置位置环 1 的增益，如果增益大，对位置指令的跟踪能力会增强。在自动调整时，该参数值会被自动设定	35	4 ～ 2000	rad/s	P
No. 7 PST 位置指令的加/减速时间常数	用于设置位置指令的低通滤波器的时间常数。该参数值设置越大，伺服电动机由起动加速到指令脉冲速度所需的时间越长。 通过设置参数 No. 55 可将 No. 7 定义为起调时间或线性加/减速时间，当定义为线性加/减速时间时，No. 7 设定范围为 0～10 ms，若设置值超过 10 ms，也认为是 10 ms	3	0～ 20 000	ms	P

表 4.10　参数 No. 8～No. 10 说明表

参数号与符号	名称与功能说明	初始值	设定范围	单位	控制模式
No. 8 SC1	内部速度指令 1： 用于设置内部速度 1	100	0～瞬时允许速度	r/min	S
	内部速度限制 1： 用于设置内部速度限制 1				T
No. 9 SC2	内部速度指令 2： 用于设置内部速度 2	500	0～瞬时允许速度	r/min	S
	内部速度限制 2： 用于设置内部速度限制 2				T
No. 10 SC3	内部速度指令 3： 用于设置内部速度 3	1000	0～瞬时允许速度	r/min	S
	内部速度限制 3： 用于设置内部速度限制 3				T

表 4.11　参数 No. 11～No. 14 说明表

参数号、符号与名称	功能说明	初始值	设定范围	单位	控制模式
No. 11 STA 加速时间常数	用于设置从零速加速到额定速度(由模拟量速度指令或内部速度指令 1～3 决定)所需的时间。 例如伺服电动机的额定速度为 3000 r/min，设定的加速时间为 3 s，电动机从零速加速到 3000 r/min 需 3 s，而从零速加速到 1000 r/min 则需 1 s	0	0 ～ 20 000	ms	S/T
No. 12 STB 减速时间常数	用于设置从额定速度减速到零速所需的时间				
No. 13 STC S 字加/减速时间常数	用于设置 S 字加/减速时间曲线部分的时间，使伺服电动机能平稳起动和停止。 STC(No. 13)、STA(No. 11)、STB(No. 12)的关系如下图所示。 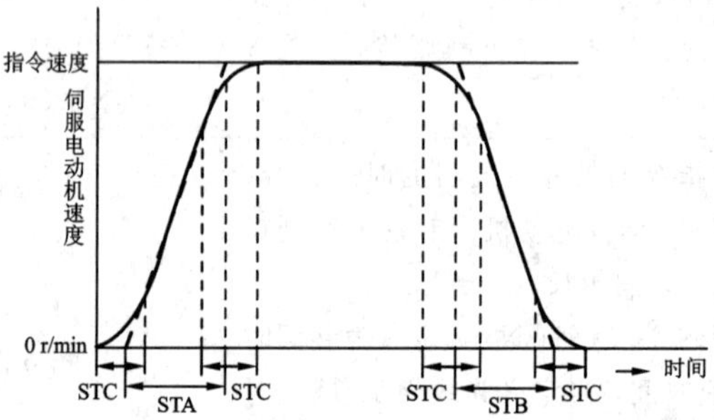 如果 STA 或 STB 的值设置较大，曲线部分的实际时间值与 STC 的值可能会不一致。曲线的实际时间可用下面两个值来限制：加速曲线时间＝2 000 000/STA，减速曲线时间＝2 000 000/STB。 例如 STA＝20 000，STB＝5000，STC＝200，由于 $\frac{2\ 000\ 000}{2000}=100$ ms，该值小于 STC 值(200)，则实际加速曲线时间为 2 000 000/STA＝100 ms，而 $\frac{2\ 000\ 000}{5000}=400$ ms，该值大于 STC 值(200)，则实际减速曲线时间被限制为 200 ms	0	0～ 1000	ms	S/T
No. 14 TQC 转矩指令时间常数	用于设置转矩指令的低通滤波器的时间常数。该参数的功能如下图所示。 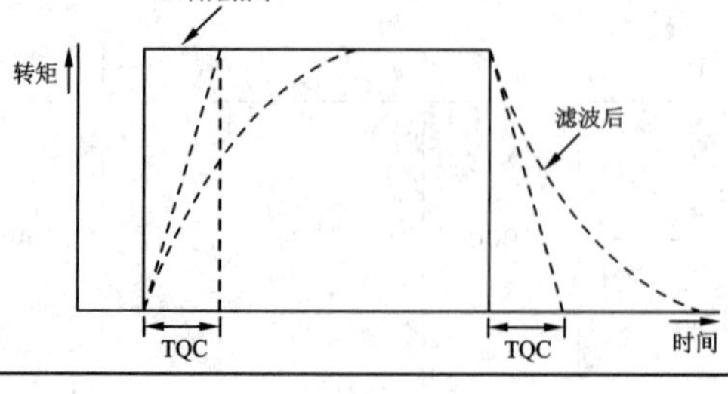	0	0～ 20 000	ms	T

表 4.12　参数 No. 15～No. 16 说明表

参数号、符号与名称	功能说明	初始值	设定范围	单位	控制模式
No. 15 * SNO 站号设定	用于设置串行通信时本机的站号。每台伺服驱动器应设置一个唯一的站号，如果多台伺服驱动器站号相同，将无法通信	0	0～31	无	P/S/T
No. 16 * BPS 通信设置及报警履历清除	用于设置通信和报警履历清除，具体说明如下： 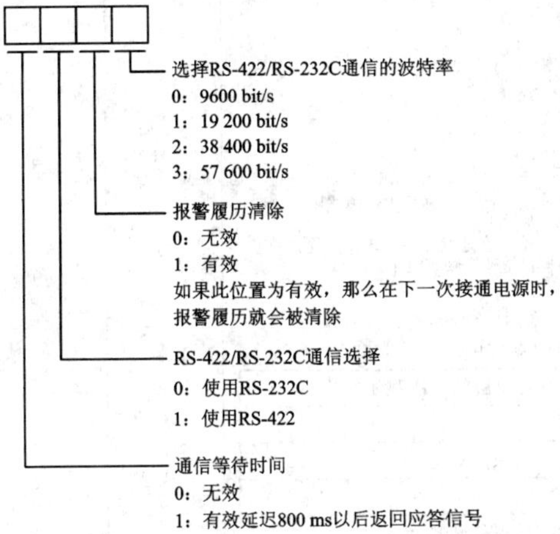 □□□□ 选择RS-422/RS-232C通信的波特率 0：9600 bit/s 1：19 200 bit/s 2：38 400 bit/s 3：57 600 bit/s 报警履历清除 0：无效 1：有效 如果此位置为有效，那么在下一次接通电源时，报警履历就会被清除 RS-422/RS-232C通信选择 0：使用RS-232C 1：使用RS-422 通信等待时间 0：无效 1：有效延迟800 ms以后返回应答信号	0000	0000 ～ 1113	无	P/S/T

表 4.13　参数 No. 17～No. 19 说明表

参数号、符号与名称	功能说明	初始值	设定范围	单位	控制模式
No. 17 MOD 模拟量输出选择	用于设置模拟量输出引脚的输出信号内容，具体说明如下： 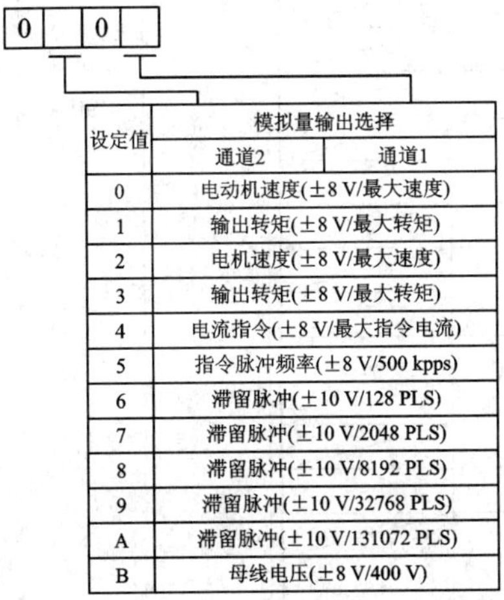 0□0□ （见下表） 注：PLS 指脉冲	0000	0000 ～ 0B0B	无	P/S/T

设定值	模拟量输出选择	
	通道2	通道1
0	电动机速度(±8 V/最大速度)	
1	输出转矩(±8 V/最大转矩)	
2	电机速度(±8 V/最大速度)	
3	输出转矩(±8 V/最大转矩)	
4	电流指令(±8 V/最大指令电流)	
5	指令脉冲频率(±8 V/500 kpps)	
6	滞留脉冲(±10 V/128 PLS)	
7	滞留脉冲(±10 V/2048 PLS)	
8	滞留脉冲(±10 V/8192 PLS)	
9	滞留脉冲(±10 V/32768 PLS)	
A	滞留脉冲(±10 V/131072 PLS)	
B	母线电压(±8 V/400 V)	

续表

<table>
<tr><th>参数号、符号与名称</th><th>功能说明</th><th>初始值</th><th>设定范围</th><th>单位</th><th>控制模式</th></tr>
<tr><td>No. 18
* DMD
状态显示
选择</td><td>用于设置接通电源时显示器的状态显示内容，具体说明如下：

0 0 □ □

用于选择电源接通时状态显示的内容。
0：反馈脉冲累积
1：伺服电机速度
2：滞留脉冲
3：指令脉冲累积
4：指令脉冲频率
5：模拟量速度指令电压(注1)
6：模拟量转矩指令电压(注2)
7：再生制动负载率
8：实际负载率
9：峰值负载率
A：瞬时转矩
B：在1转内的位置(低位)
C：在1转内的位置(高位)
D：ABS计数器
E：负载转动惯量比
F：母线电压
注：1. 用于速度控制模式。在转矩控制模式中为模拟量速度限制电压。
2. 用于转矩控制模式。在速度控制模式和位置控制模式中为模拟量转矩限制电压。

各控制模式下电源接通后的状态显示
0：各控制模式的状态显示
<table>
<tr><th>控制模式</th><th>电源接通后的状态显示</th></tr>
<tr><td>位置</td><td>反馈脉冲累积</td></tr>
<tr><td>位置/速度</td><td>反馈脉冲累积/伺服电机速度</td></tr>
<tr><td>速度</td><td>伺服电机速度</td></tr>
<tr><td>速度/转矩</td><td>伺服电机速度/模拟量转矩指令电压</td></tr>
<tr><td>转矩</td><td>模拟量指令电压</td></tr>
<tr><td>转矩/位置</td><td>模拟量转矩指令电压/反馈脉冲累积</td></tr>
</table>
1：根据此参数第一位的设定值决定状态显示的内容</td><td>0000</td><td>0000～
001F</td><td>无</td><td>P/S/T</td></tr>
<tr><td>No. 19
* BLK
参数范围
选择</td><td>用于设置参数的可读写范围
<table>
<tr><th>设定值</th><th>设定值的操作</th><th>基本参数
No. 0～No. 19</th><th>扩展参数 1
No. 20～No. 49</th><th>扩展参数 2
No. 50～No. 84</th></tr>
<tr><td rowspan="2">0000
(初始值)</td><td>可读</td><td>○</td><td></td><td></td></tr>
<tr><td>可写</td><td>○</td><td></td><td></td></tr>
<tr><td rowspan="2">000A</td><td>可读</td><td>仅 No. 19</td><td></td><td></td></tr>
<tr><td>可写</td><td>仅 No. 19</td><td></td><td></td></tr>
<tr><td rowspan="2">000B</td><td>可读</td><td>○</td><td>○</td><td></td></tr>
<tr><td>可写</td><td>○</td><td></td><td></td></tr>
<tr><td rowspan="2">000C</td><td>可读</td><td>○</td><td>○</td><td></td></tr>
<tr><td>可写</td><td>○</td><td>○</td><td></td></tr>
<tr><td rowspan="2">000E</td><td>可读</td><td>○</td><td>○</td><td>○</td></tr>
<tr><td>可写</td><td>○</td><td>○</td><td>○</td></tr>
<tr><td rowspan="2">100B</td><td>可读</td><td>○</td><td></td><td></td></tr>
<tr><td>可写</td><td>仅 No. 9</td><td></td><td></td></tr>
<tr><td rowspan="2">100C</td><td>可读</td><td>○</td><td>○</td><td></td></tr>
<tr><td>可写</td><td>仅 No. 9</td><td></td><td></td></tr>
<tr><td rowspan="2">100E</td><td>可读</td><td>○</td><td>○</td><td>○</td></tr>
<tr><td>可写</td><td>仅 No. 9</td><td></td><td></td></tr>
</table></td><td>0000</td><td>0000
000A
000B
000C
000E
100B
100C
100E</td><td>无</td><td>P/S/T</td></tr>
</table>

3. 电子齿轮的设置

1）关于电子齿轮

在位置控制模式时，通过上位机(如 PLC)给伺服驱动器输入脉冲来控制伺服电动机的转数，进而控制执行部件移动的位移。输入脉冲个数越多，电动机旋转的转数越多。

伺服驱动器的位置控制示意图如图 4.56 所示。当输入脉冲串的第 1 个脉冲送到比较器时，由于电动机还未旋转，故编码器无反馈脉冲到比较器，两者比较偏差为 1，偏差计数器输出控制信号让驱动电路驱动电动机旋转一个微小的角度，同轴旋转的编码器产生 1 个反馈脉冲到比较器，比较器偏差变为 0，计数器停止输出控制信号，电动机停转。当输入脉冲串的第 2 个脉冲来时，电动机又会旋转一定角度。随着脉冲串的不断输入，电动机不断旋转。

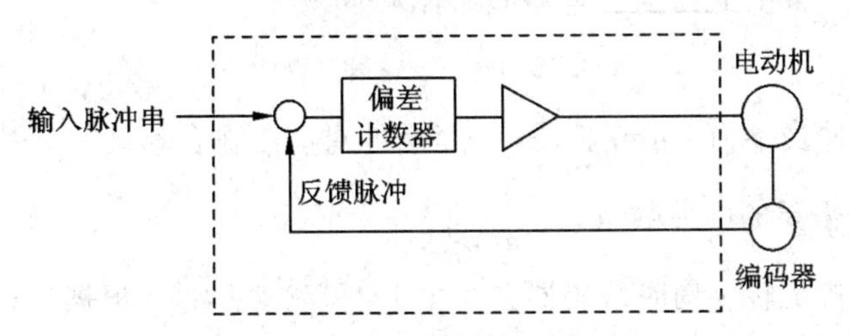

图 4.56　伺服驱动器的位置控制示意图

伺服电动机的编码器旋转 1 周通常会产生很多脉冲，三菱伺服电动机的编码器每旋转 1 周会产生 131 072 个脉冲。如果采用图 4.56 所示的控制方式，要让电动机旋转 1 周，需输入 131 072 个脉冲，旋转 10 周则需输入 1 310 720 个脉冲，脉冲数量非常多。为了解决这个问题，伺服驱动器通常内部设有电子齿轮来减少或增加输入脉冲的数量。电子齿轮实际上是一个倍率器，其大小可通过参数 No. 3(CMX)、No. 4(CDV)来设置，即

$$\text{电子齿轮值}=\frac{\text{CMX}}{\text{CDV}}=\frac{\text{No. 3}}{\text{No. 4}} \tag{4.3}$$

电子齿轮值的设定范围为

$$\frac{1}{50}<\frac{\text{CMX}}{\text{CDV}}<500$$

带有电子齿轮的位置控制示意图如图 4.57 所示。如果编码器旋转 1 周产生脉冲个数为 131 072，若将电子齿轮的值设为 16，那么只要输入 8196 个脉冲就可以让电动机旋转 1 周。也就是说，在设置电子齿轮值时需满足下式

$$\text{输入脉冲数}\times\text{电子齿轮值}=\text{编码器产生的脉冲数} \tag{4.4}$$

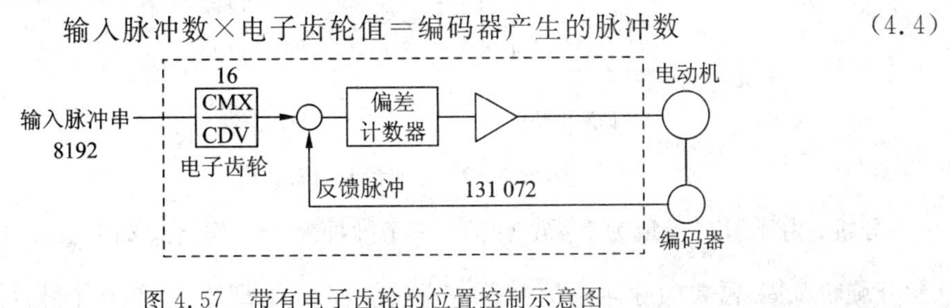

图 4.57　带有电子齿轮的位置控制示意图

2）电子齿轮设置举例

[**例 4.1**]　如图 4.58 所示，伺服电动机通过联轴器带动丝杆旋转，而丝杆旋转时会驱动工作台左右移动，丝杆的螺距为 5 mm。当丝杆旋转 1 周时工作台会移动 5 mm，如果要

求脉冲当量为 1 μm/脉冲(即伺服驱动器每输入 1 个脉冲时会使工作台移动 1 μm)，需给伺服驱动器输入多少个脉冲才能使工作台移动 5 mm(电动机旋转 1 周)？如果编码器分辨率为 131 072 脉冲/转，应如何设置电子齿轮值？

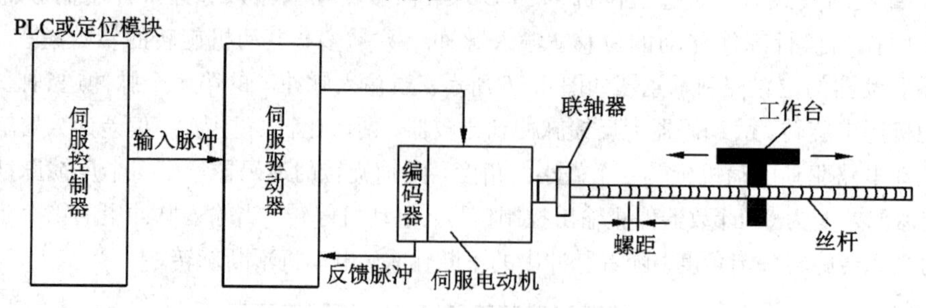

图 4.58　电子齿轮设置例图一

分析：由于脉冲当量为 1 μm/脉冲，一个脉冲对应工作台移动 1 μm，工作台移动5 mm(电动机旋转 1 周)需要的脉冲数量为$\frac{5\ \text{mm}}{1\ \mu\text{m}/\text{脉冲}}=5000$。输入 5000 个脉冲会让伺服电动机旋转 1 周，而电动机旋转 1 周时编码器会产生 131 072 个脉冲，根据“输入脉冲数×电子齿轮值＝编码器产生的脉冲数”可得

$$\text{电子齿轮值}=\frac{\text{编码器产生的脉冲数}}{\text{输入脉冲数}}=\frac{131\ 072}{5000}=\frac{16\ 384}{625}$$

电子齿轮分子(No. 3)＝16 384

电子齿轮分母(No. 4)＝625

[例 4.2]　如图 4.59 所示，伺服电动机通过变速机构带动丝杆旋转，与丝杆同轴的齿轮直径为3 cm，与电动机同轴的齿轮直径为 2 cm，丝杆的螺距为 5 mm。如果要求脉冲当量为 1 μm/脉冲，需给伺服驱动器输入多少个脉冲才能使工作台移动 5 mm，电动机旋转多少周？如果编码器分辨率为 131 072 脉冲/转，应如何设置电子齿轮值？

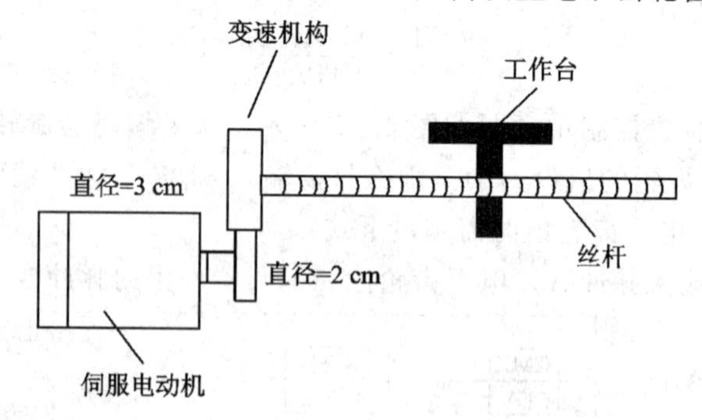

图 4.59　电子齿轮设置例图二

分析：由于脉冲当量为 1 μm/脉冲，一个脉冲对应工作台移动 1 μm，工作台移动5 mm(丝杆旋转 1 周)需要的脉冲数量为$\frac{5\ \text{mm}}{1\ \mu\text{m}/\text{脉冲}}=5000$，即输入 5000 个脉冲会让丝杆旋转 1 周。由于丝杆与电动机之间有变速机构，丝杆旋转 1 周需要电动机旋转 3/2 周，而电动机旋转 3/2 周时编码器会产生 131 072×3/2＝196 608 个脉冲，根据“输入脉冲数×电子齿轮值＝编码器产生的脉冲数”可得

$$电子齿轮值=\frac{编码器产生的脉冲数}{输入脉冲数}=\frac{131\ 072\times 3/2}{5000}=\frac{196\ 608}{5000}=\frac{24\ 576}{625}$$

电子齿轮分子(No. 3)＝24 576

电子齿轮分母(No. 4)＝625

[例 4. 3]　如图 4.60 所示，伺服电动机通过传动皮带驱动转盘旋转，与转盘同轴的传动轮直径为 10 cm，与电动机同轴的传动轮直径为 5 cm，如果要求脉冲当量为 0.01°/脉冲，需给伺服驱动器输入多少个脉冲才能使转盘旋转 1 周，电动机旋转多少周？如果编码器分辨率为 131 072 脉冲/转，应如何设置电子齿轮值？

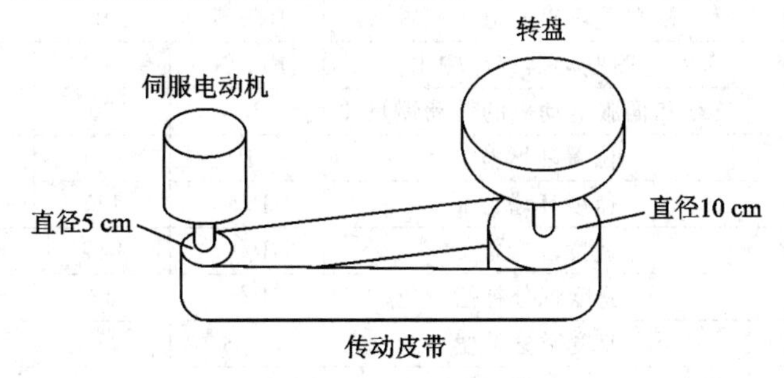

图 4.60　电子齿轮设置例图三

分析：由于脉冲当量为 0.01°/脉冲，一个脉冲对应转盘旋转 0.01°，工作台转盘旋转 1 周需要的脉冲数量为 $\frac{360°}{0.01°/脉冲}=36\ 000$。因为电动机传动轮与转盘传动轮直径比为 5/10 =1/2，故电动机旋转 2 周才能使转盘旋转 1 周，而电动机旋转 2 周时编码器会产生131 072×2＝262 144 个脉冲，根据“输入脉冲数×电子齿轮值＝编码器产生的脉冲数”可得

$$电子齿轮值=\frac{编码器产生的脉冲数}{输入脉冲数}=\frac{131\ 072\times 2}{36\ 000}=\frac{262\ 144}{36\ 000}=\frac{8192}{1125}$$

电子齿轮分子(No. 3)＝8192

电子齿轮分母(No. 4)＝1125

4. 扩展参数

扩展参数分为扩展参数 1(No. 20～No. 49)和扩展参数 2(No. 50～No. 89)。

扩展参数 1(No. 20～No. 49)简要说明参见表 4.14，详细说明见附录 D。

扩展参数 2(No. 50～No. 84)简要说明参见表 4.15，详细说明见附录 D。

表 4. 14　扩展参数 1 简要说明

类型	No	符号	名　称	控制模式	初始值	单位	用户设定值
扩展参数 1	20	* OP2	功能选择 2	P/S/T	0000		
	21	* OP3	功能选择 3(指令脉冲选择)	P	0000		
	22	* OP4	功能选择 4	P/S/T	0000		
	23	FFC	前馈增益	P	0	%	
	24	ZSP	零速	P/S/T	50	r/min	
	25	VCM	模拟量速度指令最大速度	S	(注 1)0	r/min	
			模拟量速度限制最大速度	T	(注 1)0	r/min	
	26	TLC	模拟量转矩指令最大输出	T	100	%	
	27	* ENR	编码器输出脉冲	P/S/T	4000	脉冲	

续表

类型	No	符号	名　称	控制模式	初始值	单位	用户设定值
扩展参数1	28	TL1	内部转矩限制1	P/S/T	100	%	
	29	VCO	模拟量速度指令偏置	S	(注2)	mV	
			模拟量速度限制偏置	T	(注2)	mV	
	30	TLO	模拟量速度指令偏置	T	0	mV	
			模拟量速度限制偏置	S	0	mV	
	31	M11	模拟量输出通道1偏置	P/S/T	0	mV	
	32	M12	模拟量输出通道2偏置	P/S/T	0	mV	
	33	MBR	电磁制动器程序输出	P/S/T	100	ms	
	34	GD2	负载和伺服电动机的转动惯量比	P/S	70	0.1倍	
	35	PG2	位置环增益2	P	35	rad/s	
	36	VG1	速度环增益1	P/S	177	rad/s	
	37	VG2	速度环增益2	P/S	817	rad/s	
	38	VIC	速度积分补偿	P/S	48	ms	
	39	VDC	速度微分补偿	P/S	980		
	40		备用		0		
	41	* DIA	输入信号自动ON选择	P/S/T	0000		
	42	* DI1	输入信号选择1	P/S/T	0003		
	43	* DI2	输入信号选择2(CN1B-5引脚)	P/S/T	0111		
	44	* DI3	输入信号选择3(CN1B-14引脚)	P/S/T	0222		
	45	* DI4	输入信号选择4(CN1A-8引脚)	P/S/T	0665		
	46	* DI5	输入信号选择5(CN1B-7引脚)	P/S/T	0770		
	47	* DI6	输入信号选择6(CN1B-8引脚)	P/S/T	0883		
	48	* DI7	输入信号选择7(CN1B-9引脚)	P/S/T	0994		
	49	* DO1	输出信号选择1	P/S/T	0000		

注1：设定值“0”对应伺服电动机的额定速度。

注2：伺服驱动器不同时初始值也不同。

表4.15　扩展参数2简要说明

类型	No	符号	名　称	控制模式	初始值	单位	用户设定值
扩展参数2	50		备用		0000		
	51	* OP6	功能选择6	P/S/T	0000		
	52		备用		0000		
	53	* OP8	功能选择8	P/S/T	0000		
	54	* OP9	功能选择9	P/S/T	0000		
	55	* OPA	功能选择A	P	0000		
	56	SIC	串行通信超时选择	P/S/T	0	s	
	57		备用		10		
	58	NH1	机械共振抑制滤波器1	P/S/T	0000		
	59	NH2	机械共振抑制滤波器2	P/S/T	0000		
	60	LPF	低通滤波器，自适应共振抑制控制	P/S/T	0000		
	61	GD2B	负载和伺服电动机的转动惯量比2	P/S	70	0.1倍	

续表

类型	No	符号	名称	控制模式	初始值	单位	用户设定值
扩展参数2	62	PG2B	位置环增益 2 改变比率	P	100	%	
	63	VG2B	速度环增益 2 改变比率	P/S	100	%	
	64	VICB	速度积分补偿 2 改变比率	P/S	100	%	
	65	* CDP	增益切换选择	P/S	0000		
	66	CDS	增益切换阈值	P/S	10	(注)	
	67	CDT	增益切换时间常数	P/S	1	ms	
	68		备用		0		
	69	CMX2	指令脉冲倍率分子 2	P	1		
	70	CMX3	指令脉冲倍率分子 3	P	1		
	71	CMX4	指令脉冲倍率分子 4	P	1		
	72	SC4	内部速度指令 4	S	200	r/min	
			内部速度限制 4	T			
	73	SC5	内部速度指令 5	S	300	r/min	
			内部速度限制 5	T			
	74	SC6	内部速度指令 6	S	500	r/min	
			内部速度限制 6	T			
	75	SC7	内部速度指令 7	S	800	r/min	
			内部速度限制 7	T			
	76	TL2	内部转矩限制 2	P/S/T	100	%	
	77		备用		100		
	78				1000		
	79				10		
	80				10		
	81				100		
	82				100		
	83				100		
	84				0		

注：由参数 No. 65 的设定值决定。

思考与练习

一、三菱伺服驱动器的接线主要包括哪些内容？

二、三菱伺服驱动器面板上有哪些按键？各起什么作用？三菱伺服驱动器的显示模式有哪几种？如何进行操作？

三、三菱伺服驱动器的参数设置分几类？如何进行电子齿轮的设置？

任务四 交流伺服系统应用实例

任务要求

(1) 熟悉三菱伺服驱动器用于速度控制模式的实例。

(2) 熟悉三菱伺服驱动器用于转矩控制模式的实例。

(3) 掌握伺服驱动器用于位置控制模式的实例。

本节介绍速度控制模式、转矩控制模式和位置控制模式的应用实例及标准接线。

4.4.1 速度控制模式的应用实例及标准接线

1. 伺服电动机多段速运行控制实例

1) 控制要求

采用PLC控制伺服驱动器，使之驱动伺服电动机按图4.61所示的速度曲线运行。

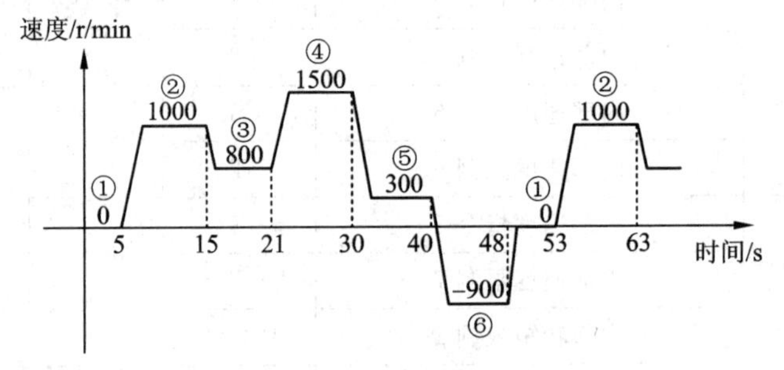

图4.61 伺服电动机多段速运行的速度曲线

主要运行要求如下：

(1) 按下起动按钮后，伺服电动机在0～5 s内停转，在5～15 s内以1000 r/min(转/分)的速度运转，在15～21 s内以800 r/min的速度运转，在21～30 s内以1500 r/min的速度运转，在30～40 s内以300 r/min的速度运转，在40～48 s内以900 r/min的速度反向运转，48 s后重复上述运行过程。

(2) 在运行过程中，若按下停止按钮，要求运行完当前周期后再停止。

(3) 由一种速度转为下一种速度运行的加、减速时间均为1 s。

2) 控制线路图

伺服电动机多段速运行控制的线路图如图4.62所示。

电路工作过程说明如下。

(1) 电路的工作准备。

220 V的单相交流电源电压经开关NFB送到伺服驱动器的L11、L21端，伺服驱动器内部的控制电路开始工作，ALM端内部变为ON，VDD端输出电流经继电器RA线圈进入ALM端，电磁制动器外接RA触点闭合，制动器线圈得电而使抱闸松开，停止对伺服电动机制动，同时驱动器起停保护电路中的RA触点也闭合，如果这时按下起动按钮ON

触点，接触器 MC 线圈得电，MC 自锁触点闭合，锁定 MC 线圈供电，另外，MC 主触点也闭合，220 V 电源送到伺服驱动器的 L1、L2 端，为内部的主电路供电。

(2) 多段速运行控制。

按下启动按钮 SB1，PLC 中的程序运行，按设定的时间从 Q0.3～Q0.1 端输出速度选择信号到伺服驱动器的 SP3～SP1 端，从 Q0.4、Q0.5 端输出正/反转控制信号到伺服驱动器的 ST1、ST2 端，选择伺服驱动器中已设置好的 6 种速度。ST1、ST2 端和 SP3～SP1 端控制信号与伺服驱动器速度的对应关系参见表 4.16。例如当 ST1=1、ST2=0、SP3～SP1 为 011 时，选择伺服驱动器的速度 3 输出(速度 3 的值由参数 No.10 设定)，伺服电动机按速度 3 设定的值运行。

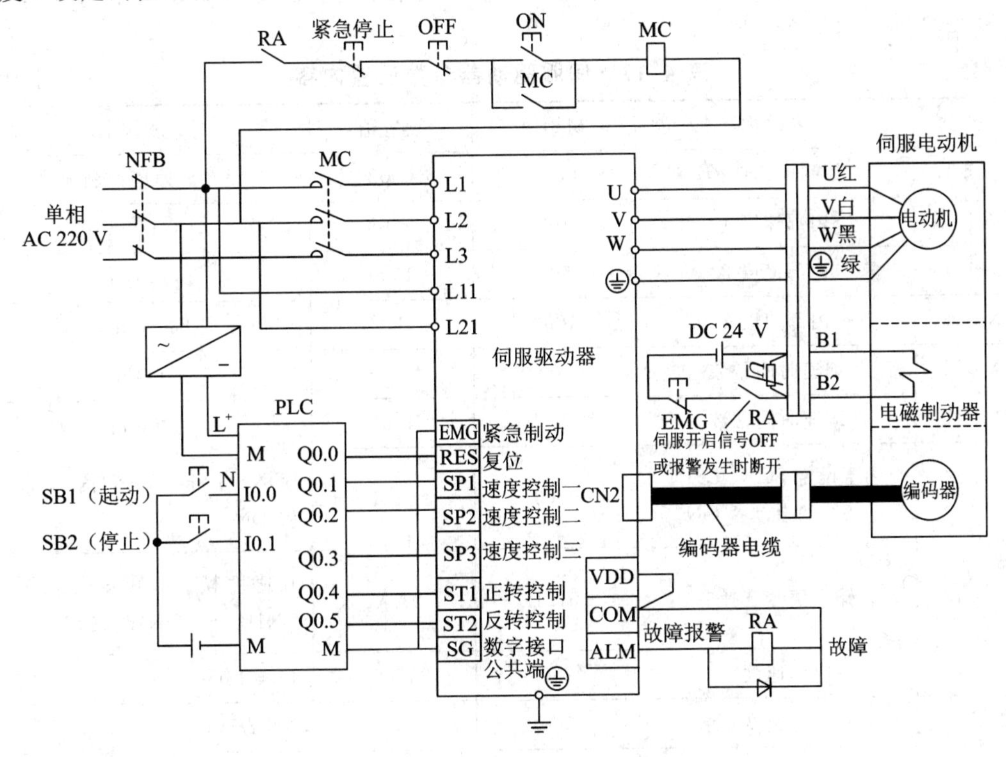

图 4.62　伺服电动机多段速运行控制的线路图

表 4.16　ST1、ST2、SP3～SP1 端控制信号与伺服驱动器速度的对应关系

ST1(Q0.4)	ST2(Q0.5)	SP3(Q0.3)	SP2(Q0.2)	SP1(Q0.1)	对应速度
0	0	0	0	0	电动机停止
1	0	0	0	1	速度 1(No.8=0)
1	0	0	1	0	速度 2(No.9=1000)
1	0	0	1	1	速度 3(No.10=800)
1	0	1	0	0	速度 4(No.72=1500)
1	0	1	0	1	速度 5(No.73=300)
0	1	1	1	0	速度 6(No.74=900)

注：0——OFF，该端子与 SG 端断开；1——ON，该端子与 SG 端接通。

3）参数设置

由于伺服电动机运行速度有6种，故需要给伺服驱动器设置6种速度值，另外还要对相关参数进行设置。伺服驱动器参数设置内容参见表4.17。

在表4.17中，将No.0参数设为0002，让伺服驱动器工作在速度控制模式；No.8～No.10和No.72～No.74用来设置伺服驱动器的6种输出速度；将No.11、No.12参数均设为1000，让速度转换的加、减速度时间均为1 s(1000 ms)；由于伺服驱动器默认无SP3端子，这里将No.43参数设为0AA1，这样在速度和转矩模式下SON端(CN1B－5脚)自动变成SP3端；因为SON端已更改成SP3端，无法通过外接开关给伺服驱动器输入伺服开启SON信号，为此将No.41参数设为0111，让伺服驱动器在内部自动产生SON、LSP、LSN信号。

表4.17　伺服驱动器参数设置内容

参　数	名　称	初始值	设置值	说　明
No.0	控制模式选择	0000	0002	设置成速度控制模式
No.8	内部速度1	100	0	0 r/min
No.9	内部速度2	500	1000	1000 r/min
No.10	内部速度3	1000	800	800 r/min
No.11	加速时间常数	0	1000	1000 ms
No.12	减速时间常数	0	1000	1000 ms
No.41	用于设定SON、LSP、LSN的自动置ON	0000	0111	SON、LSP、LSN内部自动置ON
No.43	输入信号选择2	0111	0AA1	在速度模式、转矩模式下把CN1B－5(SON)改成SP3
No.72	内部速度4	200	1500	1500 r/min
No.73	内部速度5	300	300	300 r/min
No.74	内部速度6	500	900	900 r/min

4）编写PLC控制程序

根据控制要求，PLC程序可采用顺控指令编写。为了便于绘制梯形图，通常先绘出状态转移图，再依据状态转移图绘制梯形图。

(1) 绘制状态转移图。

图4.63所示为伺服电动机多段速运行控制的状态转移图。

(2) 绘制梯形图。

运行编程软件，按照图4.63所示的状态转移图绘制梯形图。伺服电动机多段速运行控制的梯形图如图4.64所示。

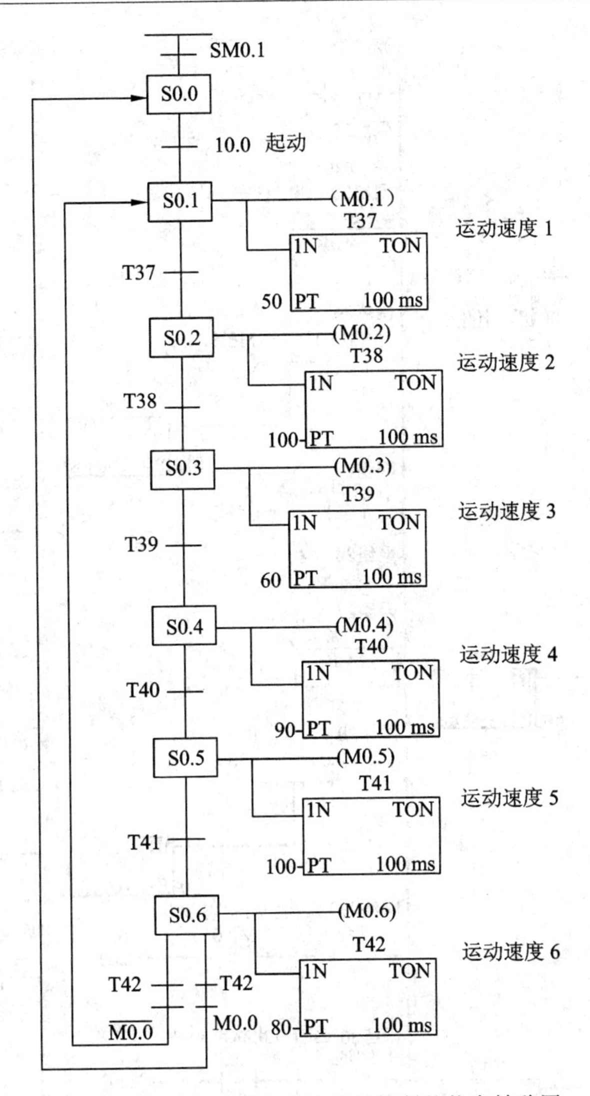

图 4.63　伺服电动机多段速运行控制的状态转移图

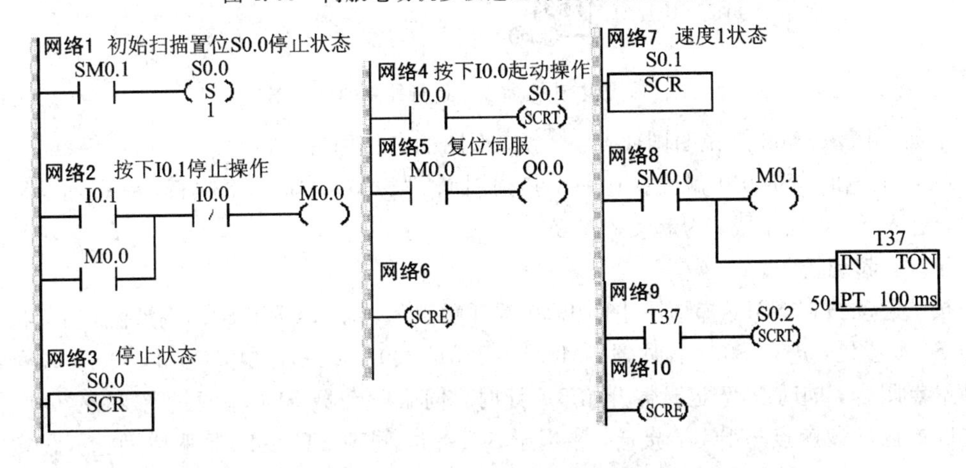

图 4.64　伺服电动机多段速运行控制的梯形图

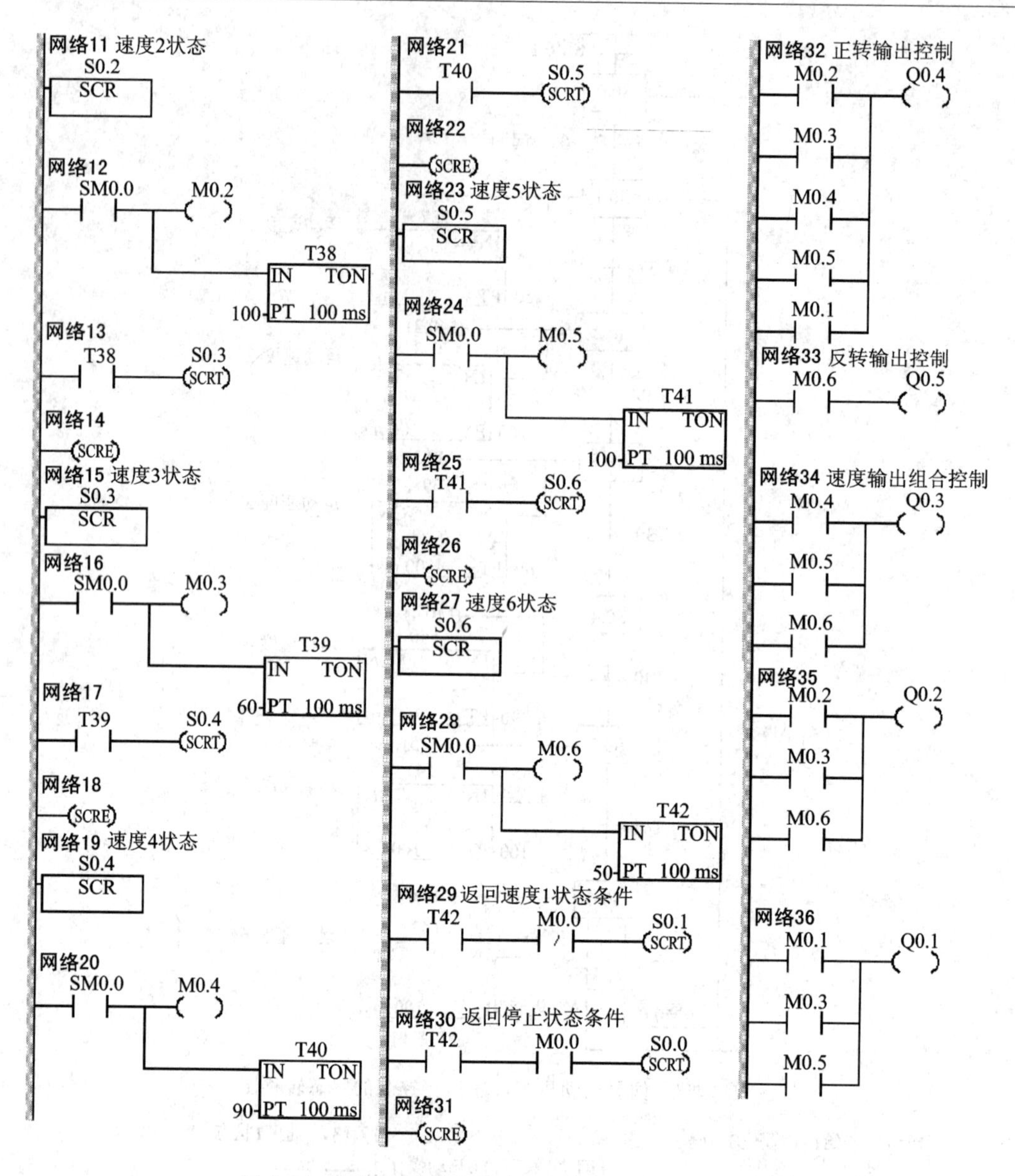

图 4.64 伺服电动机多段速运行控制的梯形图(续)

下面对照图 4.62 来说明图 4.64 所示梯形图的工作原理。

PLC 上电时，SM0.1 触点接通一个扫描周期，“S S0.0，1”指令执行，状态继电器S0.0置位，进入 S0.0 程序段，为起动做准备。

第一，起动控制。

按下起动按钮 SB1，梯形图中的 I0.0 常开触点闭合，“SCRT S0.1”指令执行，状态继电器 S0.1 置位，进入 S0.1 程序段，M0.1、Q0.1、Q0.4 线圈得电，Q0.1、Q0.4 端子的内部硬触点闭合，同时 T37 定时器开始 5 s 计时，伺服驱动器 SP1 端通过 PLC 的 Q0.1、M 端之间的内部硬触点与 SG 端接通，相当于 SP1=1，同理 ST1=1，伺服驱动选择设定好的速度 1(0 r/min)驱动电动机。

5 s 后，T37 定时器动作，T37 常开触点闭合，“SCRT S0.2”指令执行，状态继电器

S0.2 置位，进入 S0.2 程序段，M0.2、Q0.2、Q0.4 线圈得电，Q0.2、Q0.4 端子的内部硬触点闭合，同时 T38 定时器开始 10 s 计时，伺服驱动器 SP2 端通过 PLC 的 Q0.2、M 端之间的内部硬触点与 SG 端接通，相当于 SP2=1，同理 ST1=1，伺服驱动选择设定好的速度 2(1000 r/min)驱动伺服电动机运行。

10 s 后，T38 定时器动作，T38 常开触点闭合，"SCRT S0.3"指令执行，状态继电器 S0.3 置位，进入 S0.3 程序段，M0.3、Q0.1、Q0.2、Q0.4 线圈得电，Q0.1、Q0.2、Q0.4 端子的内部硬触点闭合，同时 T39 定时器开始 6 s 计时，伺服驱动器的 SP1=1、SP2=1、ST1=1，伺服驱动选择设定好的速度 3(800 r/min)驱动伺服电动机运行。

6 s 后，T39 定时器动作，T39 常开触点闭合，"SCRT S0.4"指令执行，状态继电器 S0.4 置位，进入 S0.4 程序段，M0.4、Q0.3、Q0.4 线圈得电，Q0.3、Q0.4 端子的内部硬触点闭合，同时 T40 定时器开始 9 s 计时，伺服驱动器的 SP3=1、ST1=1，伺服驱动选择设定好的速度 4(1500 r/min)驱动伺服电动机运行。

9 s 后，T40 定时器动作，T40 常开触点闭合，"SCRT S0.5"指令执行，状态继电器 S0.5 置位，进入 S0.5 程序段，M0.5、Q0.1、Q0.3、Q0.4 线圈得电，Q0.1、Q0.3、Q0.4 端子的内部硬触点闭合，同时 T41 定时器开始 10 s 计时，伺服驱动器的 SP1=1、SP3=1、ST1=1，伺服驱动选择设定好的速度 5(300 r/min)驱动伺服电动机运行。

10 s 后，T41 定时器动作，T41 常开触点闭合，"SCRT S0.6"指令执行，状态继电器 S0.6 置位，进入 S0.6 程序段，M0.6、Q0.2、Q0.3、Q0.5 线圈得电，Q0.2、Q0.3、Q0.5 端子的内部硬触点闭合，同时 T42 定时器开始 8 s 计时，伺服驱动器的 SP2=1、SP3=1、ST2=1，伺服驱动选择设定好的速度 6(−900 r/min)驱动伺服电动机运行。

8 s 后，T42 定时器动作，T42 常开触点均闭合，"SCRT S0.1"指令执行，状态继电器 S0.1 置位，进入 S0.1 程序段，开始下一个周期的伺服电动机多段速控制。

第二，停止控制。

在伺服电动机多段速运行时，如果按下停止按钮 SB2，I0.1 常开触点闭合，M0.0 线圈得电，M0.0 常开触点闭合，网络 29 中的 M0.0 常闭触点断开。当程序运行网络 30 时，由于 M0.0 常开触点闭合，"SCRT S0.0"指令执行，状态继电器 S0.0 置位，进入 S0.0 程序段，由于该程序段无输出，故 Q0.1～Q0.5 端输出均为 0，同时线圈 Q0.0 得电，Q0.0 端子的内部硬触点闭合，伺服驱动器 RES 端通过 PLC 的 Q0.0、M 端之间的内部硬触点与 SG 端接通，即 RES 端输入为 ON，伺服驱动器主电路停止输出，伺服电动机停转。

2. 工作台往返限位运行控制实例

1) 控制要求

采用 PLC 控制伺服驱动器来驱动伺服电动机运转，通过与电动机同轴的丝杆带动工作台移动，如图 4.65(a)所示。具体要求如下：

(1) 自动工作时，按下起动按钮后，丝杆带动工作台往右移动，当工作台到达 B 位置(该处安装有限位开关 SQ2)时，工作台停止 2 s，然后往左返回，当到达 A 位置(该处安装有限位开关 SQ1)时，工作台停止 2 s，又往右运动，如此反复，运行速度-时间曲线如图 4.65(b)所示。按下停止按钮，工作台停止移动。

(2) 手动工作时，通过操作慢左、慢右按钮，可使工作台在 A、B 间慢速移动。

(3) 为了安全起见，在 A、B 位置的外侧再安装两个极限保护开关 SQ3、SQ4。

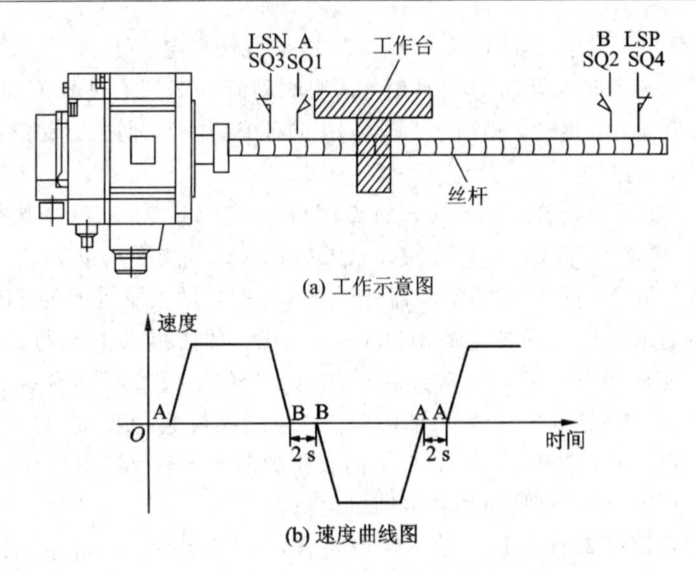

(a) 工作示意图

(b) 速度曲线图

图 4.65　工作台往返限位运行控制说明

2) 控制线路图

工作台往返限位运行控制的线路图如图 4.66 所示。

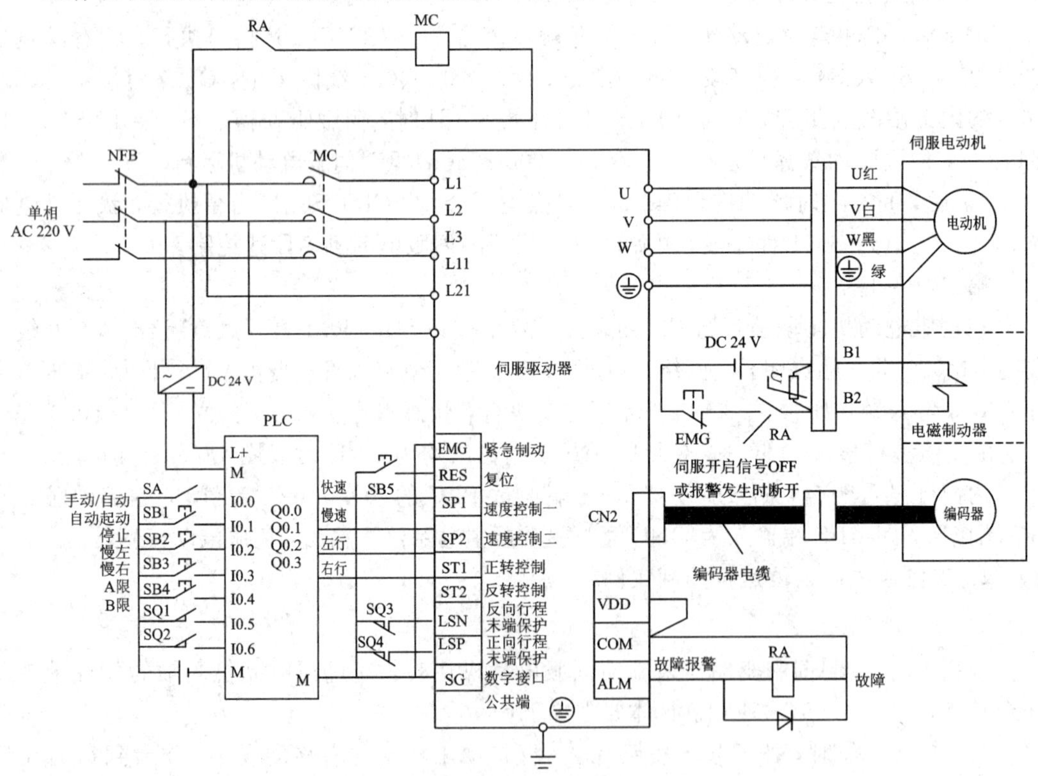

图 4.66　工作台往返限位运行控制的线路图

电路工作过程说明如下。

(1) 电路的工作准备。

220 V 的单相交流电源电压经开关 NFB 送到伺服驱动器的 L11、L21 端，伺服驱动器内部的控制电路开始工作，ALM 端内部变为 ON，VDD 端输出电流经继电器 RA 线圈进入 ALM 端，RA 线圈得电，电磁制动器外接 RA 触点闭合，制动器线圈得电而使抱闸松开，停止对伺服电动机制动，同时附属电路中的 RA 触点也闭合，接触器 MC 线圈得电，MC 主触点闭合，220 V 电源电压送到伺服驱动器的 L1、L2 端，为内部的主电路供电。

(2) 工作台往返限位运行控制。

第一，自动控制过程。

将手动/自动开关 SA 闭合，选择自动控制，按下自动起动按钮 SB1，PLC 中的程序运行，Q0.0、Q0.3 端输出为 ON，伺服驱动器 SP1、ST2 端输入为 ON，选择已设定好的高速度驱动伺服电动机反转，伺服电动机通过丝杆带动工作台快速往右移动，当工作台碰到 B 位置的限位开关 SQ2，SQ2 闭合，PLC 的 Q0.0、Q0.3 端输出为 OFF，电动机停转。2 s 后，PLC 的 Q0.0、Q0.2 端输出为 ON，伺服驱动器 SP1、ST1 端输入为 ON，伺服电动机通过丝杆带动工作台快速往左移动，当工作台碰到 A 位置的限位开关 SQ1，SQ1 闭合，PLC 的 Q0.0、Q0.2 端输出为 OFF，电动机停转，2 s 后，PLC 的 Q0.0、Q0.3 端输出又为 ON，以后重复上述过程。

在自动控制时，按下停止按钮 SB2，Q0.0～Q0.3 端输出均为 OFF，伺服驱动器停止输出，电动机停转，工作台停止移动。

第二，手动控制过程。

将手动/自动开关 SA 断开，选择手动控制，按下慢右按钮 SB4，PLC 的 Q0.1、Q0.3 端输出为 ON，伺服驱动器 SP2、ST2 端输入为 ON，选择已设定好的低速度驱动伺服电动机反转，伺服电动机通过丝杆带动工作台慢速往右移动，当工作台碰到 B 位置的限位开关 SQ2，SQ2 闭合，PLC 的 Q0.1、Q0.3 端输出为 OFF，电动机停转；按下慢左按钮 SB3，PLC 的Q0.1、Q0.2 端输出为 ON，伺服驱动器 SP2、ST1 端输入为 ON，伺服电动机通过丝杆带动工作台慢速往左移动，当工作台碰到 A 位置的限位开关 SQ1，SQ1 闭合，PLC 的 Q0.1、Q0.2 端输出为 OFF，电动机停转。在手动控制时，松开慢左、慢右按钮，工作台马上停止移动。

第三，保护控制。

为了防止 A、B 位置限位开关 SQ1、SQ2 出现问题无法使工作台停止而发生事故，在 A、B 位置的外侧还安装有正、反向行程末端保护开关 SQ3、SQ4，如果限位开关出现问题、工作台继续往外侧移动，会使保护开关 SQ3 或 SQ4 断开，LSN 端或 LSP 端输入为 OFF，伺服驱动器主电路会停止输出，从而使工作台停止。

在工作时，如果伺服驱动器出现故障，故障报警 ALM 端输出会变为 OFF，继电器 RA 线圈失电，附属电路中的常开 RA 触点断开，接触器 MC 线圈失电，MC 主触点断开，切断伺服驱动器的主电源。故障排除后，按下报警复位按钮 SB5，RES 端输入为 ON，进行报警复位，ALM 端输出变为 ON，继电器 RA 线圈得电，附属电路中的 RA 常开触点闭合，接触器 MC 线圈得电，MC 主触点闭合，重新接通伺服驱动器的主电源。

3) 参数设置

由于伺服电动机运行速度有快速和慢速两种，故需要给伺服驱动器设置两种速度值，另外还要对相关参数进行设置。伺服驱动器的参数设置内容参见表 4.18。

表 4.18 伺服驱动器的参数设置内容

参 数	名 称	出厂值	设定值	说 明
No.0	控制模式选择	0000	0002	设置成速度控制模式
No.8	内部速度 1	100	1000	1000 r/min
No.9	内部速度 2	500	300	300 r/min
No.11	加速时间常数	0	1000	1000 ms
No.12	减速时间常数	0	1000	1000 ms
No.20	功能选择 2	0000	0010	停止时伺服锁定，停电时不能自动重新起动
No.41	用于设定 SON、LSP、LSN 是否内部自动置 ON	0000	0001	SON 能内部自动置 ON，LSP、LSN 依靠外部置 ON

在表 4.18 中，将 No.20 参数设为 0010，其功能是在停电再通电后不让伺服电动机重新起动，且停止时锁定伺服电动机；将 No.41 参数设为 0001，其功能是让 SON 信号由伺服驱动器内部自动产生，LSP、LSN 信号则由外部输入。

4）编写 PLC 控制程序

根据控制要求，PLC 程序可采用步进指令编写。为了便于绘制梯形图，通常先绘出状态转移图，然后依据状态转移图绘制梯形图。

(1) 绘制状态转移图。

图 4.67 所示为工作台往返限位运行控制的自动控制部分状态转移图。

(2) 绘制梯形图。

打开编程软件，按照图 4.67 所示的状态转移图绘制梯形图。工作台往返限位运行控制的梯形图如图 4.68 所示。

下面对照图 4.66 来说明图 4.68 所示梯形图的工作原理。

PLC 上电时，SM0.1 触点接通一个扫描周期，“S S0.0，1”指令执行，状态继电器 S0.0 置位，进入 S0.0 程序段，为起动做准备。

第一，自动控制。

将自动/手动切换开关 SA 闭合，选择自动控制，网络 5 中 I0.0 常闭触点断开，切断手动控制程序，网络 6 中 I0.0 常开触点闭合，为接通自动控制程序做准备。如果按下自动起动按钮 SB1，网络 2 中 I0.1 常开触点闭合，M0.2 线圈得电，网络 2 中 M0.2 自锁触点闭合，网络 6 中 M0.2 常开触点闭合，“SCRT S0.1”指令执行，状态继电器 S0.1 置位，进入 S0.1 程序段，开始自动控制程序。

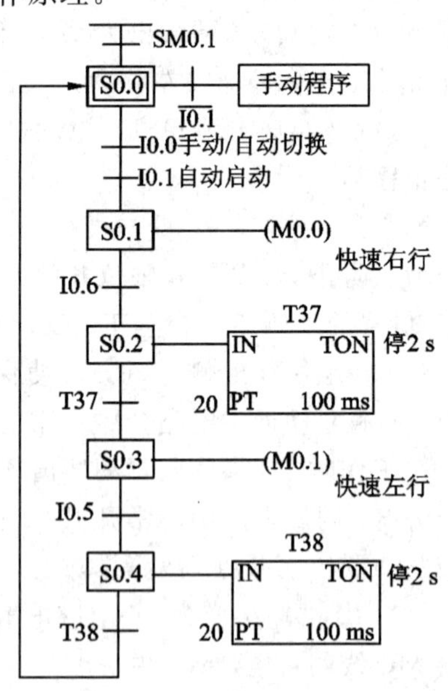

图 4.67 工作台往返限位运行控制的自动控制部分状态转移图

进入 S0.1 程序段后，M0.0、Q0.0、Q0.3 线圈得电，Q0.0、Q0.3 端子输出为 ON，伺服驱动器的 SP1、ST2 输入为 ON，伺服驱动选择设定好的高速度(1000 r/min)驱动电动机反转，工作台向右移动。当工作台移到 B 位置时，限位开关 SQ2 闭合，网络 10 中 I0.6 常开触点闭合，“SCRT S0.2” 指令执行，状态继电器 S0.2 置位，进入 S0.2 程序段，T37 定时器开始计时，同时上一步程序复位，Q0.0、Q0.3 端子输出为 OFF，伺服电动机停转，工作台停止移动。

2 s 后，T37 定时器动作，网络 14 中 T37 常开触点闭合，“SCRT S0.3”指令执行，状态继电器 S0.3 置位，进入 S0.3 程序段，M0.1、Q0.0、Q0.2 线圈得电，Q0.0、Q0.2 端子输出为 ON，伺服驱动器的 SP1、ST1 输入为 ON，伺服驱动选择设定好的高速度 (1000 r/min)驱动电动机正转，工作台往左移动。当工作台移到 A 位置时，限位开关 SQ1 闭合，网络 18 中 I0.5 常开触点闭合，“SCRT S0.4”指令执行，状态继电器 S0.4 置位，进入 S0.4 程序段，T38 定时器开始 2 s 计时，同时上一步程序复位，Q0.0、Q0.2 端子输出为 OFF，伺服电动机停转，工作台停止移动。

2 s 后，T38 定时器动作，网络 22 中 T38 常开触点闭合，“SCRT S0.0”指令执行，状态继电器 S0.0 置位，回到 S0.0 程序段，由于 I0.0、M0.2 常开触点仍闭合，“SCRT S0.1”指令执行，状态继电器 S0.1 置位，进入 S0.1 程序段。以后重复上述控制过程，工作台在 A、B 位置之间做往返限位运行。

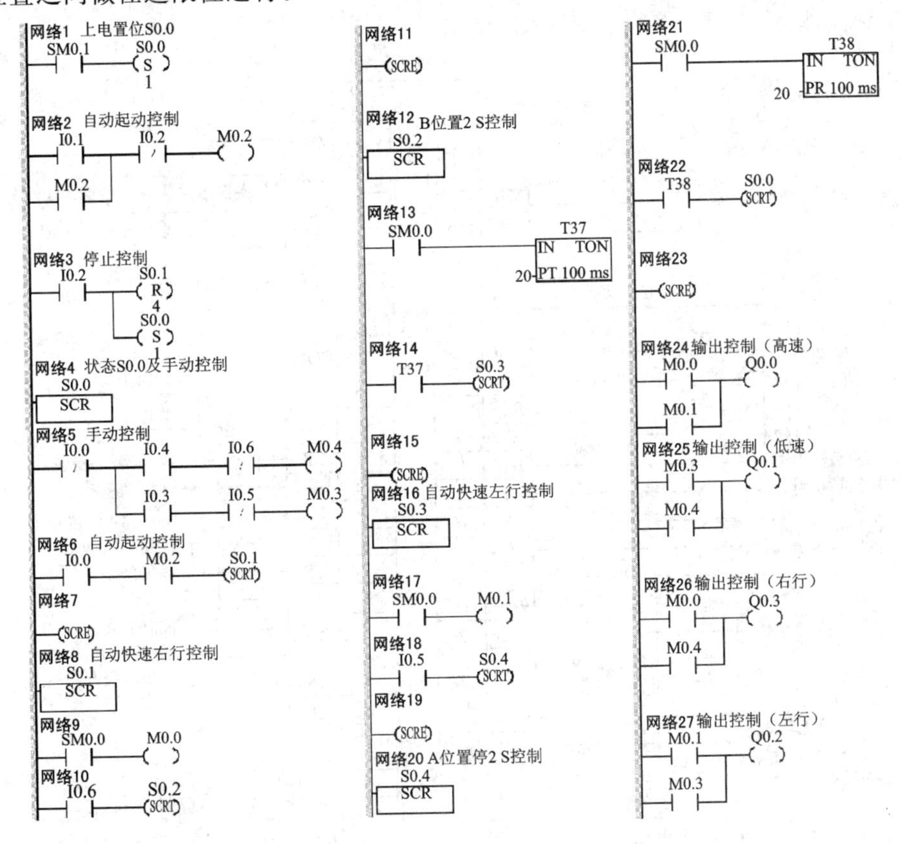

图 4.68　工作台往返限位运行控制的梯形图

第二，停止控制。

当伺服电动机自动往返限位运行时，如果按下停止按钮 SB2，网络 3 中 I0.2 常开触点闭合，“R S0.1，4”指令执行，S0.1～S0.4 均被复位，Q0.0、Q0.2、Q0.3 线圈均失电，这些线圈对应的端子输出均为 OFF，伺服驱动器控制伺服电动机停转。另外，网络 2 中 I0.2 常闭触点断开，M0.2 线圈失电，M0.2 自锁触点断开，解除自锁，同时网络 6 中 M0.2 常开触点断开，“SCRT S0.1”指令无法执行，无法进入自动控制程序。

按下停止按钮 SB2 时，同时会执行“S S0.0，1”指令，重新进入 S0.0 程序段，这样在松开停止按钮 SB2 后，可以重新进行自动或手动控制。

第三，手动控制。

将自动/手动切换开关 SA 断开，选择手动控制，网络 6 中 I0.0 常开触点断开，切断自动控制程序，网络 5 中 I0.0 常闭触点闭合，接通手动控制程序。

按下慢右按钮 SB4 时，I0.4 常开触点闭合，Q0.1、Q0.3 线圈得电，Q0.1、Q0.3 端子输出为 ON，伺服驱动器的 SP2、ST2 端输入为 ON，伺服驱动选择设定好的低速度(300 r/min)驱动电动机反转，工作台往右慢速移动，当工作台移到 B 位置时，限位开关 SQ2 闭合，I0.6 常闭触点断开，Q0.1、Q0.3 线圈失电，伺服驱动器的 SP2、ST2 端输入为 OFF，伺服电动机停转，工作台停止移动。当按下慢左按钮 SB3 时，I0.3 常开触点闭合，其过程与手动右移控制相似。

3. 速度控制模式的标准接线

速度控制模式的标准接线如图 4.69 所示。

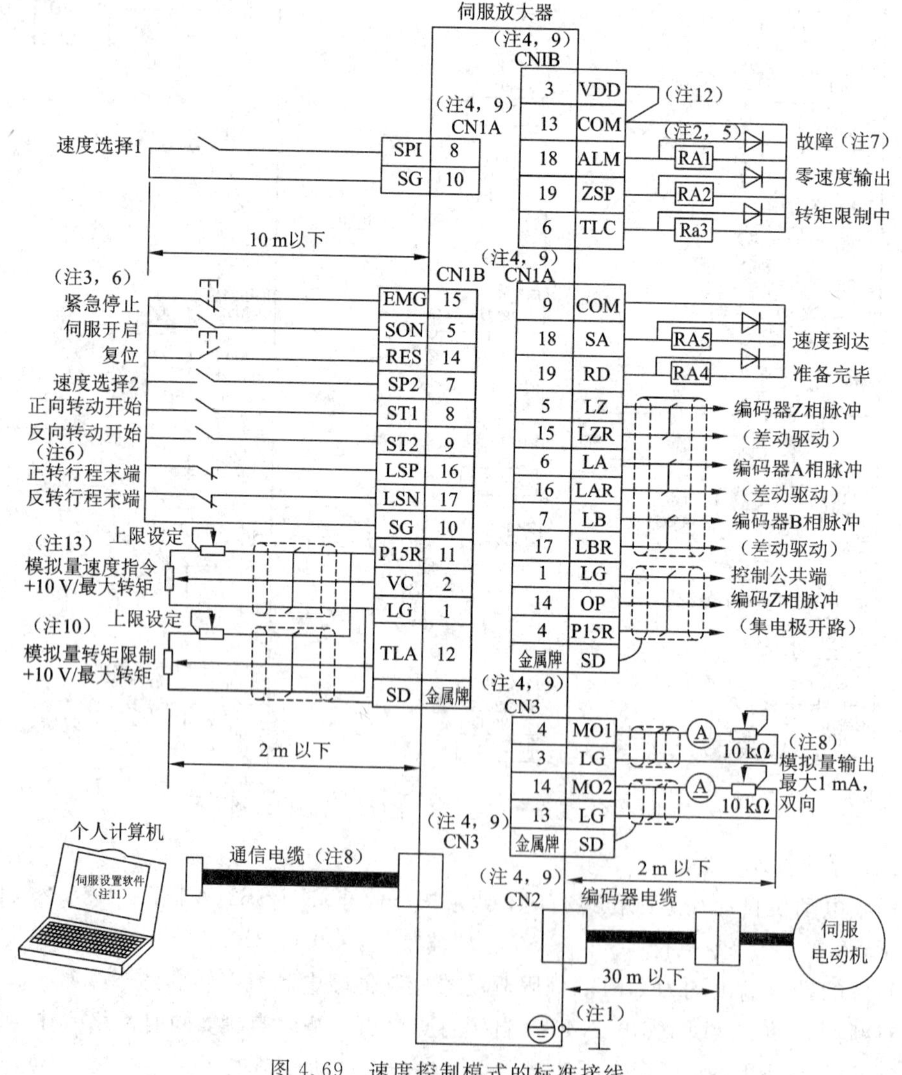

图 4.69　速度控制模式的标准接线

图 4.69 中注说明如下：

1——为防止触电，必须将伺服放大器保护接地(PE)端子(标有⊜)连接到控制柜的保护接地端子上。

2——二极管的方向不能接错，否则紧急停止和其他保护电路可能无法正常工作。

3——必须安装紧急停止按钮(常闭)。

4——CN1A、CN1B、CN2 和 CN3 为同一形状，如果将这些接头接错，可能会引起故障。

5——外部继电器线圈中的电流总和应控制在 80 mA 以下。如果超过 80 mA，I/O 接口使用的电源应由外部提供。

6——运行时，异常情况下的紧急停止信号(EMG)、正转/反转行程末端(LSP、LSN)与 SG 端之间必须接通(常闭触点)。

7——故障端子(ALM)在无报警(正常运行)时与 SG 端之间是接通的。

8——同时使用模拟量输出通道 1、2 和个人计算机通信时，请使用维护用接口卡(MR - J2CN3TM)。

9——同名信号在伺服放大器内部是接通的。

10——通过设定参数 No. 43～No. 48，能使用 TLC(转矩限制选择)和 TLA 功能。

11——伺服设置软件应使用 MRAJW3 - SETUP111E 或更高版本。

12——使用内部电源(VDD)时，必须将 VDD 连到 COM 上；当使用外部电源时，VDD 不要与 COM 连接。

13——微小电压输入的场合，请使用外部电源。

4.4.2　转矩控制模式的应用实例及标准接线

1. 卷纸机的收卷恒张力控制实例

1) 控制要求

图 4.70 所示为卷纸机的结构示意图。在卷纸时，压纸辊将纸压在托纸辊上，卷纸辊在伺服电动机驱动下卷纸，托纸辊与压纸辊也随之旋转，当收卷的纸达到一定长度时切刀动作，将纸切断，然后开始下一个卷纸过程，卷纸的长度由与托纸辊同轴旋转的编码器来测量。

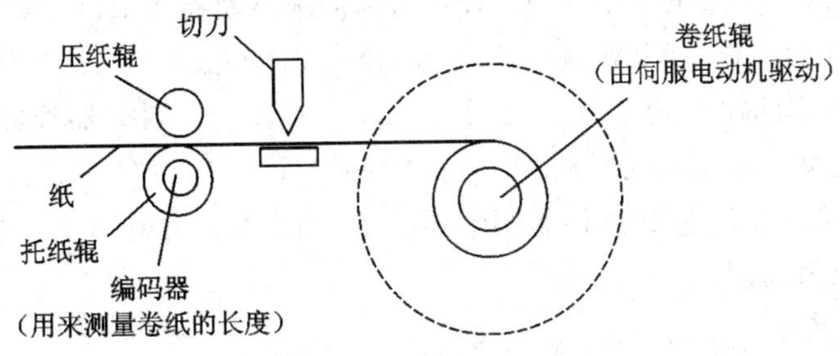

图 4.70　卷纸机的结构示意图

卷纸系统由 PLC、伺服驱动器、伺服电动机和卷纸机组成，控制要求如下：

(1) 按下起动按钮后，开始卷纸，在卷纸过程中，要求卷纸张力保持不变，即卷纸开始时要求卷纸辊快速旋转，随着卷纸直径不断增大，要求卷纸辊转速逐渐变慢，当卷纸长度达到 100 m 时切刀动作，将纸切断。

(2) 按下暂停按钮时，机器工作暂停，卷纸辊停转，编码器记录的卷纸长度保持；按下起动按钮后机器工作，在暂停前的卷纸长度上继续卷纸，直到 100 m 为止。

(3) 按下停止按钮时，机器停止工作，不记录停止前的卷纸长度；按下起动按钮后机器重新从 0 开始卷纸。

2) 控制线路图

卷纸机的收卷恒张力控制线路图如图 4.71 所示。

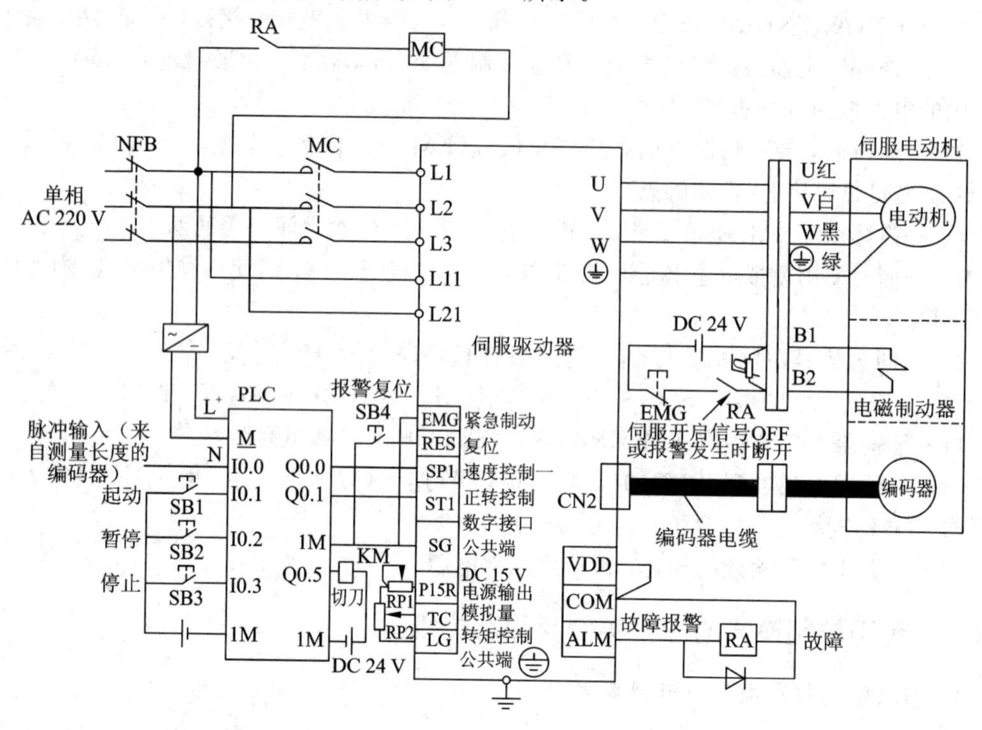

图 4.71　卷纸机的收卷恒张力控制线路图

电路工作过程说明如下。

(1) 电路的工作准备。

220 V 的单相交流电源电压经开关 NFB 送到伺服驱动器的 L11、L21 端，伺服驱动器内部的控制电路开始工作，ALM 端内部变为 ON，VDD 端输出电流经继电器 RA 线圈进入 ALM 端，RA 线圈得电，电磁制动器外接 RA 触点闭合，制动器线圈得电而使抱闸松开，停止对伺服电动机制动，同时附属电路中的 RA 触点也闭合，接触器 MC 线圈得电，MC 主触点闭合，220 V 电源送到伺服驱动器的 L1、L2 端，为内部的主电路供电。

(2) 收卷恒张力控制。

第一，起动控制。

按下起动按钮 SB1，PLC 的 Q0.0、Q0.1 端输出为 ON，伺服驱动器的 SP1、ST1 端输入为 ON，伺服驱动器按设定的速度输出驱动信号，驱动伺服电动机运转，电动机带动卷纸辊旋转进行卷纸。在卷纸开始时，伺服驱动器 U、V、W 端输出的驱动信号频率较高，电动机转速较快，随着卷纸辊上的卷纸直径不断增大，伺服驱动器输出的驱动信号频率自动不断降低，电动机转速逐渐下降，卷纸辊的转速变慢，这样可保证卷纸时卷纸辊对纸的张力(拉力)恒定。在卷纸过程中，可调节 RP1、RP2 电位器，使伺服驱动器的 TC 端输入电压在 0～8 V 范围内变化，TC 端输入电压越高，伺服驱动器输出的驱动信号幅度越大，伺服电动机运行转矩(转力)越大。在卷纸过程中，PLC 的 I0.0 端不断输入测量卷纸长度的编码器送来的脉冲，脉冲数量越多，表明已收卷的纸张越长，当输入脉冲总数达到一定值时，说明卷纸已达到指定的长度，PLC 的 Q0.5 端输出为 ON，KM 线圈得电，控制切刀动作，将纸张切断，同时 PLC 的 Q0.0、Q0.1 端输出为 OFF，伺服电动机停止输出驱动信号，伺服电动机停转，停止卷纸。

第二，暂停控制。

在卷纸过程中，若按下暂停按钮 SB2，PLC 的 Q0.0、Q0.1 端输出为 OFF，伺服驱动器的 SP1、ST1 端输入为 OFF，伺服驱动器停止输出驱动信号，伺服电动机停转，停止卷纸，与此同时，PLC 将 I0.0 端输入的脉冲数量记录保持下来。按下起动按钮 SB1 后，PLC 的 Q0.0、Q0.1 端输出又为 ON，伺服电动机又开始运行，PLC 在先前记录的脉冲数量上累加计数，直至达到指定值时才让 Q0.5 端输出 ON，进行切纸动作，并从 Q0.0、Q0.1 端输出 OFF，让伺服电动机停转，停止卷纸。

第三，停止控制。

在卷纸过程中，若按下停止按钮 SB3，PLC 的 Q0.0、Q0.1 端输出为 OFF，伺服驱动器的 SP1、ST1 端输入为 OFF，伺服驱动器停止输出驱动信号，伺服电动机停转，停止卷纸，与此同时 Q0.5 端输出 ON，切刀动作，将纸切断，另外 PLC 将从 I0.0 端输入的反映卷纸长度的脉冲数量清零，这时可取下卷纸辊上的卷纸，再按下起动按钮 SB1 后可重新开始卷纸。

3）参数设置

伺服驱动器的参数设置内容参见表 4.19。

表 4.19　伺服驱动器的参数设置内容

参　数	名　称	出厂值	设定值	说　明
No.0	控制模式选择	0000	0004	设置成转矩控制模式
No.8	内部速度 1	100	1000	1000 r/min
No.11	加速时间常数	0	1000	1000 ms
No.12	减速时间常数	0	1000	1000 ms
No.20	功能选择 2	0000	0010	停止时伺服锁定，停电时不能自动重新启动
No.41	用于设定 SON、LSP、LSN 是否内部自动置 ON	0000	0001	SON 能内部自动置 ON，LSP、LSN 依靠外部置 ON

在表 4.19 中：将 No.0 参数设为 0004，让伺服驱动器工作在转矩控制模式；将 No.8 参数设为 1000，让输出速度为 1000 r/min；将 No.11、No.12 参数均设为 1000，让速度转换的加、减速度时间均为 1 s(1000 ms)；将 No.20 参数设为 0010，其功能是在停电再通电后不让伺服电动机重新起动，且停止时锁定伺服电动机；将 No.41 参数设为 0001，其功能是让 SON 信号由伺服驱动器内部自动产生，LSP、LSN 信号则由外部输入。

4）编写PLC控制程序

图4.72所示为卷纸机的收卷恒张力控制梯形图。

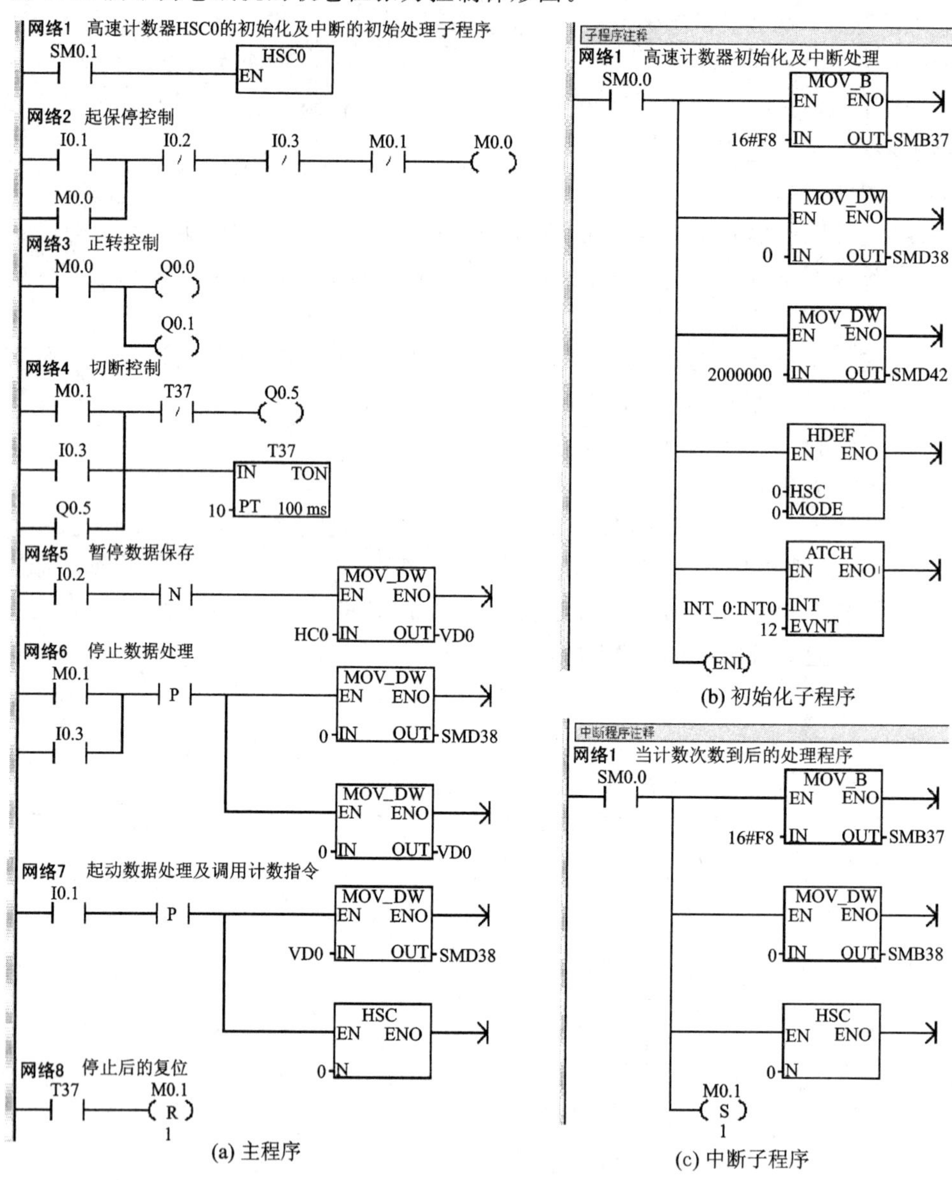

(a) 主程序　　(b) 初始化子程序　　(c) 中断子程序

图4.72　卷纸机的收卷恒张力控制梯形图

下面对照图4.71来说明图4.72所示梯形图的工作原理。

卷纸系统采用与托纸辊同轴旋转的编码器来测量卷纸的长度，托纸辊每旋转一周，编码器会产生 N 个脉冲，同时会传送与托纸辊周长 S 相同长度的纸张。

传送纸张的长度 L、托纸辊周长 S、编码器旋转1周产生的脉冲个数 N 与编码器产生的脉冲总个数 D 满足下面的关系：

$$D=\frac{L}{S}\times N \tag{4.5}$$

对于一个卷纸系统，N、S 值一般是固定的，而传送纸张的长度 L 可以改变，为了程序编写方便，可将上式变形为 $D=L\times\frac{N}{S}$。例如，托纸辊的周长 S 为 0.05 m，编码器旋转一周产生的脉冲个数 N 为 1000，那么传送长度 L 为 100 m 的纸张时，编码器产生的脉冲总个数 $D=100\times\frac{1000}{0.05}=100\times 20\,000=2\,000\,000$。

PLC 采用高速计数器 HSC0 对输入脉冲进行计数，该计数器对应的输入端子为 I0.0。

（1）起动控制。

按下起动按钮 SB1，梯形图网络 2 中 I0.1 常开触点闭合，辅助继电器 M0.0 线圈得电并自锁，网络 3 中 M0.0 常开触点闭合，Q0.0、Q0.1 线圈得电，其端子输出为 ON，伺服驱动器驱动伺服电动机运转开始卷纸，同时网络 7 中 I0.1 常开触点闭合，高速计数器 HSC0 开始对 I0.0 端子输入的脉冲进行计数。当卷纸长度达到 100 m 时，即 HSC0 的计数值达到 2 000 000 时，执行中断 INT_0 子程序，计数器 HSC0 复位，并重启计数过程，同时置位 M0.1 线圈。当 M0.1 线圈置位后，网络 2 中的 M0.1 常闭触点断开，从而断开 M0.0 线圈并解除其自锁，停止网络 3 中 Q0.0、Q0.1 输出，卷纸过程停止；而网络 4 中 M0.1 常开触点闭合时，Q0.5 线圈得电并自锁，Q0.5 输出 ON 时 KM 线圈得电，切刀动作，切断纸张。网络 4 中 M0.1 常开触点闭合，同时定时器 T37 开始定时，当定时时间到 T37 常开触点动作，网络 8 中复位 M0.1 线圈，网络 2 中 M0.1 常闭触点闭合，为下次起动做好准备，网络 4 中 M0.1 常开触点断开，切刀退回，完成一次卷纸和切纸过程。

（2）暂停控制。

按下暂停按钮 SB2 时，网络 2 中 I0.2 常闭触点断开，M0.0 线圈失电并解除自锁。网络 3 中 M0.0 常开触点断开，Q0.0、Q0.1 线圈失电，Q0.0、Q0.1 输出端子输出 OFF，伺服驱动器使伺服电动机停转，停止卷纸。另外网络 5 中 I0.2 常开触点闭合，将 HSC0 的计数值转移到 VD0 寄存器中保存，为重新起动运行时开始从已有的计数值进行计数做好准备。

在暂停控制时，只是让伺服电动机停转而停止卷纸，不会对计数器的计数值复位，切刀也不会动作，当按下起动按钮时，会在先前卷纸长度的基础上继续卷纸，直至纸张长度达到 100 m。

（3）停止控制。

按下停止按钮 SB3 时，网络 2 中 I0.3 常闭触点断开，M0.0 线圈断电并解除自锁，网络 3 中 M0.0 触点断开，Q0.0、Q0.1 线圈失电，Q0.0、Q0.1 端子输出为 OFF，伺服驱动器使电动机停转，停止卷纸。网络 6 中的 I0.3 常开触点闭合，完成 HSC0 计数器计数值的清零。网络 4 中 I0.3 常开触点闭合，使 Q0.5 线圈得电并自锁，Q0.5 端子输出为 ON，KM 线圈得电，切刀动作，切断纸张，同时定时器 T37 开始定时。当 T37 定时时间到时，T37 常闭触点断开，Q0.5 线圈失电，KM 线圈失电，切刀返回。

程序中使用了初始化高速计数器 HSC0、中断连接与开放中断的子程序以及当高速计数器 HSC0 的当前值与预置值相等时的中断子程序，这些是理解本程序的关键，请参考附录中相关内容（中断源、中断连接指令、高速计数器及特殊功能寄存器等），搞清楚本题中的程序。

2. 转矩控制模式的标准接线

转矩控制模式的标准接线如图 4.73 所示。

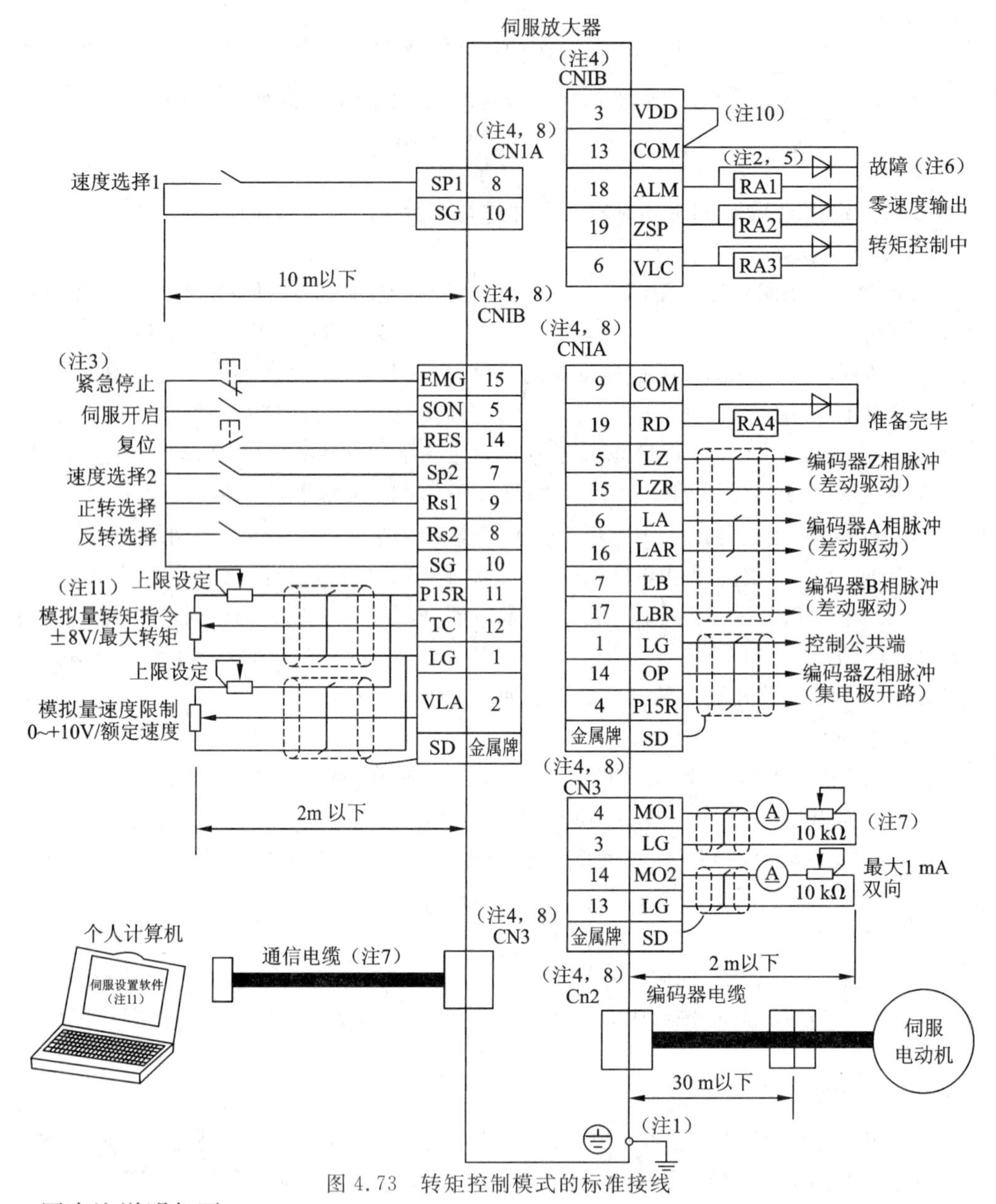

图 4.73　转矩控制模式的标准接线

图中注说明如下。

1——为防止触电，必须将伺服放大器保护接地(PE)端子连接到控制柜的保护接地端子上。

2——二极管的方向不能接错，否则紧急停止和其他保护电路可能无法正常工作。

3——必须安装紧急停止按钮(常闭)。

4——CN1A、CN1B、CN2 和 CN3 为同一形状，如果将这些接头接错，可能会引起故障。

5——外部继电器线圈中的电流总和应控制在 80 mA 以下。如果超过 80 mA，I/O 接口使用的电源应由外部提供。

6——故障端子(ALM)在无报警(正常运行)时与 SG 端之间是接通的。

7——同时使用模拟量输出通道 1、2 和个人计算机通信时，请使用维护用接口卡(MR-J2CN3TM)。

8——同名信号在伺服放大器内部是接通的。

9——伺服设置软件应使用 MRAJW3 - SETUP111E 或更高版本。

10——使用内部电源(VDD)时，必须将 VDD 连到 COM 上；当使用外部电源时，VDD 不要与 COM 连接。

11——微小电压输入的场合，请使用外部电源。

4.4.3　位置控制模式的应用实例及标准接线

1. 工作台往返定位运行控制实例

1）控制要求

采用 PLC 控制伺服驱动器来驱动伺服电动机运转，通过与电动机同轴的丝杆带动工作台移动，如图 4.74 所示。

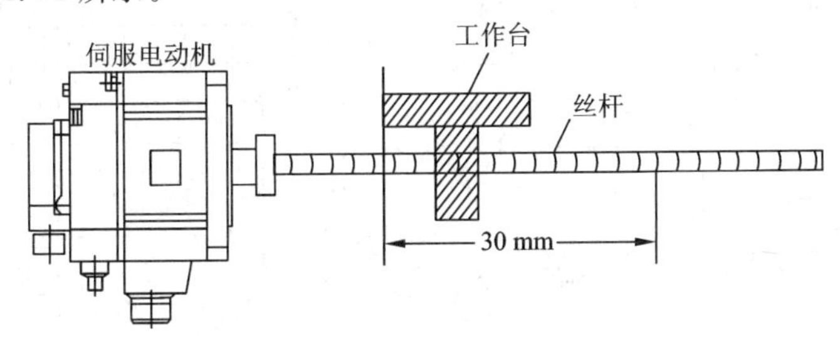

图 4.74　工作台往返定位运行示意图

具体控制要求如下：

(1) 按下起动按钮，伺服电动机通过丝杆驱动工作台从 A 位置(起始位置)往右移动，当移动 30 mm 后停止 2 s，然后往左返回，当到达 A 位置，工作台停止 2 s，又往右运动，如此反复。

(2) 工作台移动时，按下停止按钮，工作台运行完一个周期后返回到 A 点并停止移动。

(3) 要求工作台移动速度为 10 mm/s，已知丝杆的螺距为 5 mm。

2）控制线路图

工作台往返定位运行控制线路如图 4.75 所示。

电路工作过程说明如下。

(1) 电路的工作准备。

220 V 的单相交流电源电压经开关 NFB 送到伺服驱动器的 L11、L21 端，伺服驱动器内部的控制电路开始工作，ALM 端内部变为 ON，VDD 端输出电流经继电器 RA 线圈进入 ALM 端，RA 线圈得电，电磁制动器外接 RA 触点闭合，制动器线圈得电而使抱闸松开，停止对伺服电动机制动，同时附属电路中的 RA 触点也闭合，接触器 MC 线圈得电，MC 主触点闭合，220 V 电源送到伺服驱动器的 L1、L2 端，为内部的主电路供电。

(2) 往返定位运行控制。

按下起动按钮 SB1，PLC 的 Q0.1 端子输出为 ON(Q0.1 端子内部三极管导通)，伺服驱动器 NP 端输入为低电平，确定伺服电动机正向旋转，与此同时，PLC 的 Q0.0 端子输出一定数量的脉冲信号进入伺服驱动器的 PP 端，确定伺服电动机旋转的转数。在 NP、PP 端输入信号控制下，伺服驱动器驱动伺服电动机正向旋转一定的转数，通过丝杆带动工作台从起始位置往右移动 30 mm，然后 Q0.0 端子停止输出脉冲，伺服电动机停转，工作台停止，2 s 后，Q0.1 端子输出为 OFF(Q0.1 端子内部三极管截止)，伺服驱动器 NP 端输入为高电平，同时 Q0.0 端子又输出一定数量的脉冲到 PP 端，伺服驱动器驱动伺服电动机反向旋转一定的转数，通过丝杆带动工作台往左移动 30 mm 返回起始位置，停止 2 s 后又重复上述过程，从而使工作台在起始位置至右方 30 mm 之间往返运行。

在工作台往返运行过程中，若按下停止按钮 SB2，PLC 的 Q0.0、Q0.1 端并不会马上停止输出，而是必须等到 Q0.1 端输出为 OFF，Q0.0 端的脉冲输出完毕，这样才能确保工作台停在起始位置。

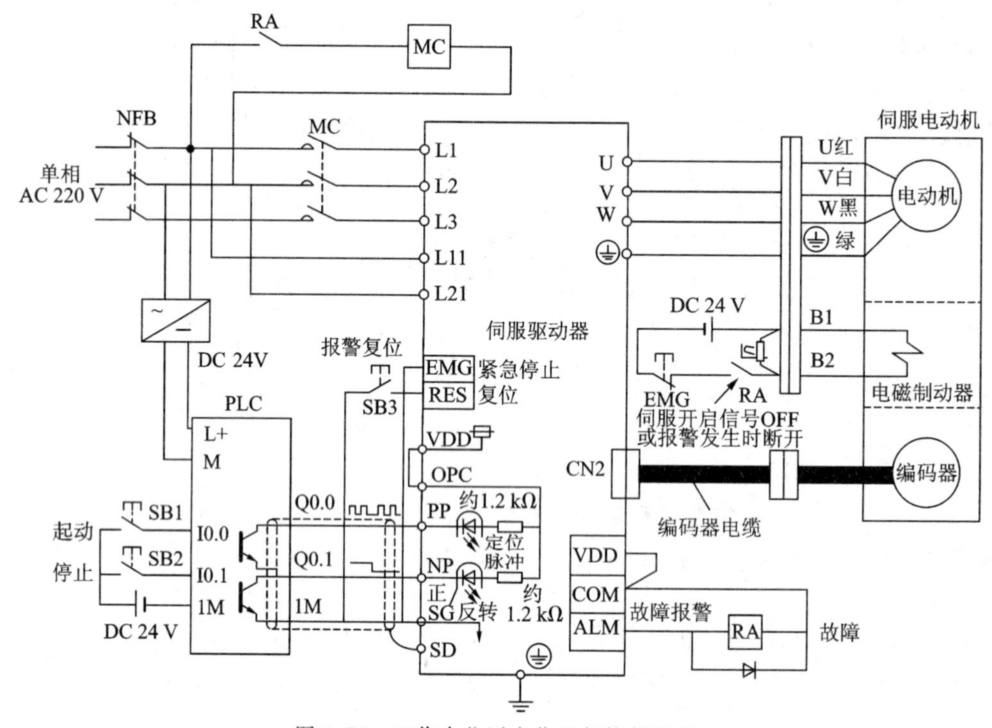

图 4.75　工作台往返定位运行控制线路

(3) 参数设置。

伺服驱动器的参数设置内容参见表 4.20。在表中，将 No.0 参数设为 0000，让伺服驱动器工作在位置控制模式；将 No.21 参数设为 0001，其功能是将伺服电动机转数和转向的控制形式设为脉冲(PP)＋方向(NP)；将 No.41 参数设为 0111，其功能是让 SON 信号和 LSP、LSN 信号由伺服驱动器内部自动产生。

表 4.20　伺服驱动器的参数设置内容

参　数	名　称	出厂值	设定值	说　明
No.0	控制模式选择	0000	0000	设定位置控制模式
No.3	电子齿轮分子	1	16384	设定上位机 PLC 发出 5000 个脉冲电动机转一周
No.4	电子齿轮分母	1	625	
No.21	功能选择 3	0000	0001	用于设定电动机转数和转向的脉冲串输入形式为脉冲＋方向
No.41	用于设定 SON、LSP、NSN 是否自动为 ON	0000	0111	设定 SON、LSP、LSN 内部自动置 ON

在位置控制模式时需要设置伺服驱动器的电子齿轮值。电子齿轮设置规律为：电子齿轮值＝编码器产生的脉冲数/输入脉冲数。由于使用的伺服电动机编码器分辨率为 131 072（即编码器每旋转一周会产生 131 072 个脉冲），如果要求伺服驱动器输入 5000 个脉冲电动机旋转一周，电子齿轮值应为 131 072/5000＝16 384/625，故将电子齿轮分子 No. 3 设为 16 384、电子齿轮分母 No. 4 设为 625。

（4）编写 PLC 控制程序。

图 4.76 所示为工作台往返定位运行控制梯形图。

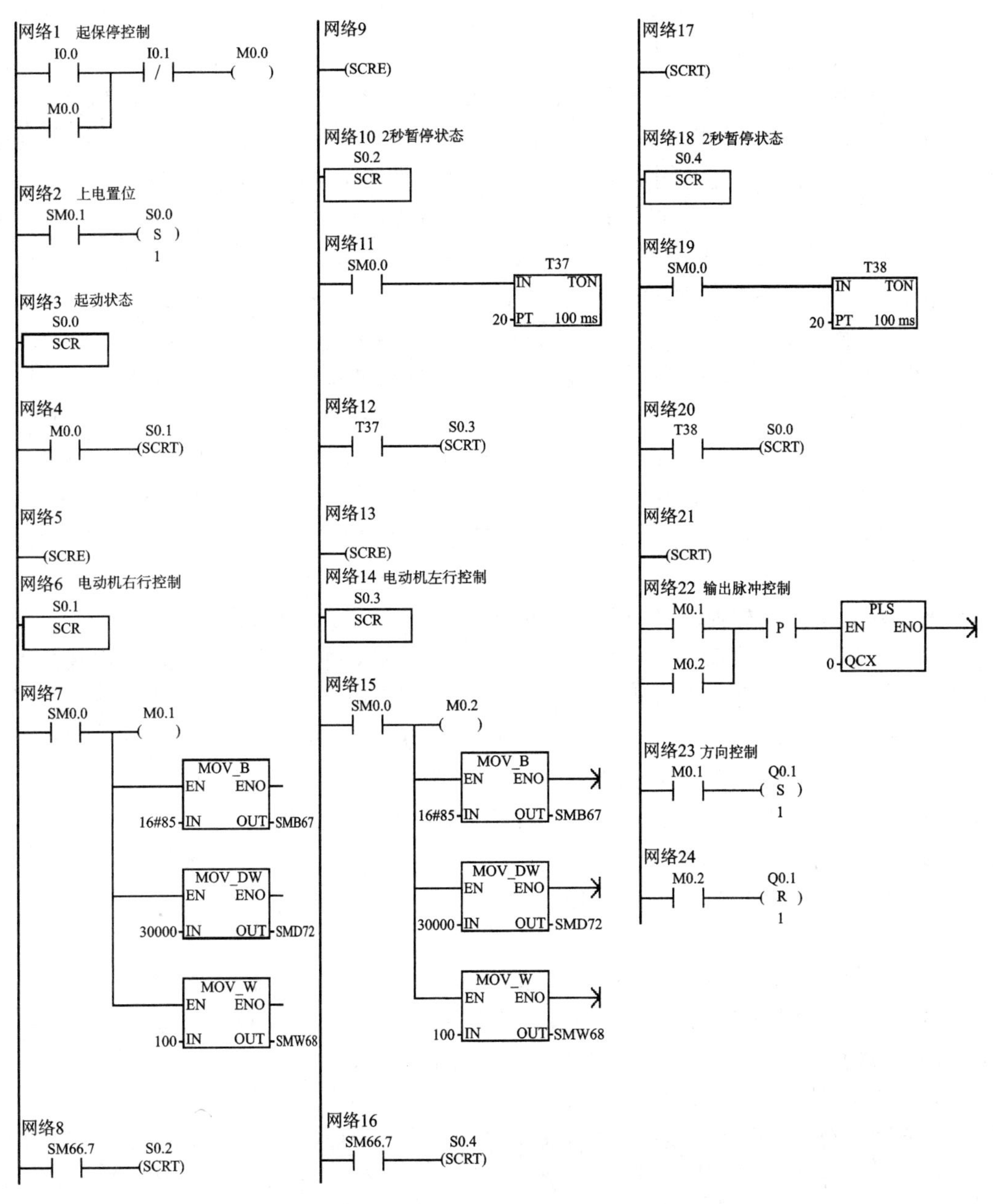

图 4.76　工作台往返定位运行控制梯形图

下面对照图4.74来说明图4.75所示梯形图的工作原理。

PLC上电时，网络2中SM0.1常开触点接通一个扫描周期，“S S0.0，1”指令执行，状态继电器S0.0被置位，进入起动状态S0.0程序段，为起动做准备。

第一，起动控制。

按下起动按钮SB1，网络1中I0.0常开触点闭合，M0.0线圈得电，网络1和4中M0.0常开触点均闭合，网络1中M0.0常开触点闭合，锁定M0.0线圈供电，网络4中M0.0常开触点闭合，“SCRT S0.1”指令执行，状态继电器S0.1被置位，进入S0.1程序段，M 0.1和网络23中Q0.1线圈得电，Q0.1端子内部三极管导通，伺服驱动器NP端输入为低电平，确定伺服电动机正向旋转，同时网络22中M0.1常开触点闭合，脉冲输出“PLS 0”指令执行，PLC从Q0.0端子输出30 000个频率为10 000 Hz的脉冲信号，该脉冲信号进入伺服驱动器的PP端。因为伺服驱动器的电子齿轮设置值对应5000个脉冲使电动机旋转一周，当PP端输入30 000个脉冲信号时，伺服驱动器驱动电动机旋转6周，丝杆也旋转6周，丝杆螺距为5 mm，丝杆旋转6周会带动工作台右移30 mm。PLC输出脉冲信号频率为10 000 Hz，即1 s会输出10 000个脉冲进入伺服驱动器，输出30 000个脉冲需要3 s，也即电动机和丝杆旋转6周需要3 s，工作台的移动速度为30 mm/3 s=10 mm/s。

当PLC的Q0.0端输出完30 000个脉冲后，伺服驱动器PP端无脉冲输入，电动机停转，工作台停止移动，同时PLC的完成标志继电器SM66.7置1，网络8中SM66.7常开触点闭合，“SCRT S0.2”指令执行，状态继电器S0.2被置位，进入S0.2程序段，T37定时器开始2 s计时，2 s后，T37定时器动作，网络12中T37常开触点闭合，“SCRT S0.3”指令执行，状态继电器S0.3被置位，进入S0.3程序段，M0.2线圈得电，网络22和24中M0.2常开触点闭合，网络24中复位Q0.1，网络22中“PLS 0”指令又执行，PLC从Q0.0端子输出30 000个频率为10 000 Hz的脉冲信号，由于此时Q0.1线圈失电，Q0.1端子内部三极管截止，伺服驱动器NP端输入高电平，它控制电动机反向旋转6周，工作台往左移动30 mm。当PLC的Q0.0端输出完30 000个脉冲后，电动机停止旋转，工作台停在左方起始位置，同时完成标志继电器SM66.7置1，网络16中SM66.7常开触点闭合，“SCRT S0.4”指令执行，状态继电器S0.4被置位，进入S0.4程序段，T38定时器开始2 s计时，2 s后，T38定时器动作，网络20中T38常开触点闭合，“SCRT S0.0”指令执行，状态继电器S0.0被置位，重新进入S0.0程序段，开始下一个工作台运行控制。

第二，停止控制。

在工作台运行过程中，如果按下停止按钮SB2，网络1中10.1常闭触点断开，M0.0线圈失电，网络1和4中的M0.0常开触点均断开，网络1中M0.0常开触点断开，解除M0.0线圈供电，网络4中M0.0常开触点断开，“SCRT S0.1”指令无法执行。也就是说工作台运行完一个周期后执行“SCRT S0.1”指令，进入S0.0程序段，但由于该程序段内M0.0常开触点断开，下一个周期的程序无法开始执行，工作台停止在起始位置。

2. 位置控制模式的标准接线

当伺服驱动器工作在位置控制模式时，需要接收脉冲信号来定位，脉冲信号可以由PLC产生，也可以由专门的定位模块来产生。图4.77所示为伺服驱动器在位置控制模式时与三菱公司的定位模块FX-10GM的标准接线图。

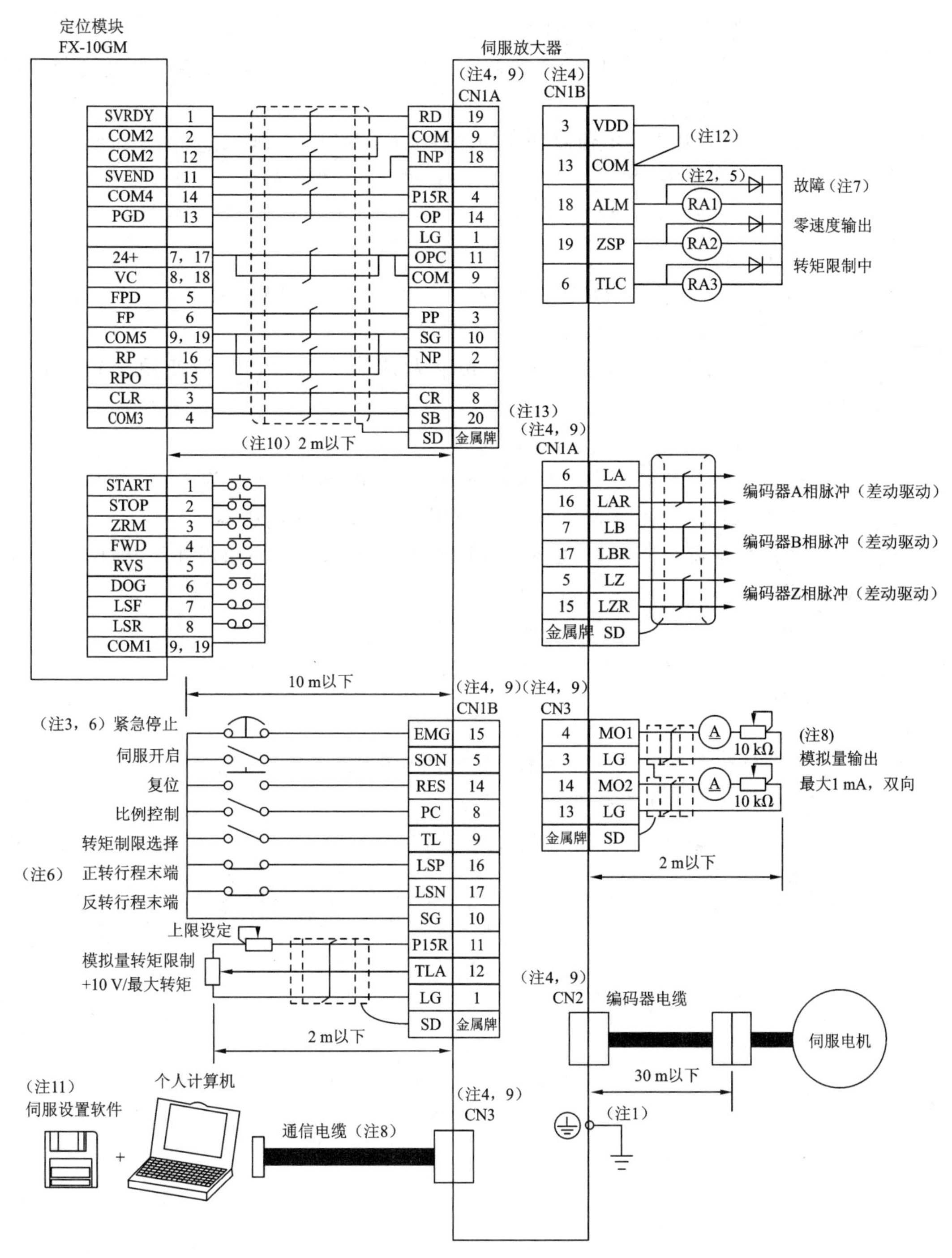

图 4.77　伺服驱动器在位置控制模式时与定位模块 FX-10GM 的标准接线图

图中注说明如下。

1——为防止触电，必须将伺服放大器保护接地(PE)端子连接到控制柜的保护接地端子上。

2——二极管的方向不能接错，否则紧急停止和其他保护电路可能无法正常工作。

3——必须安装紧急停止按钮(常闭)。

4——CN1A、CN1B、CN2 和 CN3 为同一形状，如果将这些接头接错，可能会引起故障。

5——外部继电器线圈中的电流总和应控制在 80 mA 以下。如果超过 80 mA，I/O 接口使用的电源应由外部提供。

6——运行时，异常情况下的紧急停止信号(EMG)、正转/反转行程末端(LSP、LSN)与 SG 端之间必须接通(常闭)。

7——故障端子(ALM)在无报警(正常运行)时与 SG 端之间是接通的，ALM 端输出为 OFF(发生故障)时请通过程序停止伺服放大器的输出。

8——同时使用模拟量输出通道 1、2 和个人计算机通信时，请使用维护用接口卡(MR - J2CN3TM)。

9——同名信号在伺服放大器内部是接通的。

10——指令脉冲串的输入采用集电极开路的方式，差动驱动方式为 10 m 以下。

11——伺服设置软件应使用 MRAJW3 - SETUP111E 或更高版本。

12——使用内部电源 VDD 时，必须将 VDD 连到 COM 上；当使用外部电源时，VDD 不要与 COM 连接。

13——使用中继端子台的场合，需连接 CN1A - 10。

思考与练习

一、简要说明伺服驱动器应用实例的分析方法与步骤。

二、简述伺服驱动器的标准接线与应用实例之间的关系。

附录 A　S7－200 快速参考信息

1. 特殊存储器位

特殊存储器位			
SM0.0	该位始终为 1	SM1.0	操作结果＝0
SM0.1	首次扫描时为 1	SM1.1	结果溢出或非法数值
SM0.2	保持数据丢失时为 1	SM1.2	结果为负数
SM0.3	开机上电进入 RUN 时为 1 一个扫描周期	SM1.3	被 0 除
SM0.4	时钟脉冲：30 s 闭合/30 s 断开	SM1.4	超出表范围
SM0.5	时钟脉冲：0.5 s 闭合/0.5 s 断开	SM1.5	空表
SM0.6	时钟脉冲：闭合 1 个扫描周期/断开 1 个扫描周期	SM1.6	BCD 到二进制转换出错
SM0.7	开关放置在 RUN 位置时为 1	SM1.7	ASCII 到十六进制转换出错

2. 中断事件的优先顺序

中断号	中断描述	优先级分组	按组排列的优先级
8	通信口 0：接收字符	通信（最高）	0
9	通信口 0：发送完成		0
23	通信口 0：接收信息完成		0
24	通信口 1：接收信息完成		1
25	通信口 1：接收字符		1
26	通信口 1：发送完成		1
19	PTO 0 完成中断	开关量（中等）	0
20	PTO 1 完成中断		1
0	I0.0 的上升沿		2
2	I0.1 的上升沿		3
4	I0.2 的上升沿		4
6	I0.3 的上升沿		5
1	I0.0 的下降沿		6
3	I0.1 的下降沿		7
5	I0.2 的下降沿		8
7	I0.3 的下降沿		9
12	HSC0 CV＝PV（当前值＝预设值）		10
27	HSC0 方向改变		11
28	HSC0 外部复位		12
13	HSC1 CV＝PV（当前值＝预设值）		13
14	HSC1 方向改变		14
15	HSC1 外部复位		15
16	HSC2 CV＝PV（当前值＝预设值）		16
17	HSC2 方向改变		17
18	HSC2 外部复位		18
32	HSC3 CV＝PV（当前值＝预设值）		19
29	HSC4 CV＝PV（当前值＝预设值）		20
30	HSC4 方向改变		21
31	HSC4 外部复位		22
33	HSC5 CV＝PV（当前值＝预设值）		23
10	定时中断 0	定时（最低）	0
11	定时中断 1		1
21	定时器 T32 CT＝PT 中断		2
22	定时器 T96 CT＝PT 中断		3

3. S7－200 CPU 存储器范围及特性

描述	CPU221	CPU222	CPU224	CPU224×P	CPU226
用户程序长度 运行模式下编辑 非运行模式下编辑	 4096 字节 4096 字节	 4096 字节 4096 字节	 8192 字节 12288 字节	 12288 字节 16384 字节	 16384 字节 24576 字节
用户数据区	2048 字节	2048 字节	8192 字节	10 240 字节	10 240 字节
输入映像寄存器	I0.0－I15.7	I0.0－I15.7	I0.0－I15.7	I0.0－I15.7	I0.0－I15.7
输出映像寄存器	Q0.0－Q15.7	Q0.0－Q15.7	Q0.0－Q15.7	Q0.0－Q15.7	Q0.0－Q15.7
模拟输入(只读)	AIW0－AIW30	AIW0－AIW30	AIW0－AIW62	AIW0－AIW62	AIW0－AIW62
模拟输出(只写)	AQW0－AQW30	AQW0－AQW30	AQW0－AQW62	AQW0－AQW62	AQW0－AQW62
变量存储器(V)1	VB0－VB2047	VB0－VB2047	VB0－VB8191	VB0－VB10239	VB0－VB10239
局部存储器(L)1	LB0－LB63	LB0－LB63	LB0－LB63	LB0－LB63	LB0－LB63
位存储器(SM)	M0.0－M31.7	M0.0－M31.7	M0.0－M31.7	M0.0－M31.7	M0.0－M31.7
特殊存储器(SM) 只读	SM0.0－SM179.7 SM0.0－SM29.7	SM0.0－SM299.7 SM0.0－SM29.7	SM0.0－SM549.7 SM0.0－SM29.7	SM0.0－SM549.7 SM0.0－SM29.7	SM0.0－SM549.7 SM0.0－SM29.7
定时器 保持接通延时 1 ms 接通/断开延时 10 ms 接通/断开延时 100 ms 接通/断开延时 1 ms 接通/断开延时 10 ms 接通/断开延时 100 ms	256(T0－T255) T0、T64 T1－T4、 T65－T68 T5－T31、 T69－T95 T32、T96 T33－T36、 T97－T100 T37－T63、 T101－T255	256(T0－T255) T0、T64 T1－T4、 T65－T68 T5－T31、 T69－T95 T32、T96 T33－T36、 T97－T100 T37－T63、 T101－T255	256(T0－T255) T0、T64 T1－T4、 T65－T68 T5－T31、 T69－T95 T32、T96 T33－T36、 T97－T100 T37－T63、 T101－T255	256(T0－T255) T0、T64 T1－T4、 T65－T68 T5－T31、 T69－T95 T32、T96 T33－T36、 T97－T100 T37－T63、 T101－T255	256(T0－T255) T0、T64 T1－T4、 T65－T68 T5－T31、 T69－T95 T32、T96 T33－T36、 T97－T100 T37－T63、 T101－T255
计数器	C0－C255	C0－C255	C0－C255	C0－C255	C0－C255
高速计数器	HC0－HC5	HC0－HC5	HC0－HC5	HC0－HC5	HC0－HC5
顺控继电器(S)	S0.0－S31.7	S0.0－S31.7	S0.0－S31.7	S0.0－S31.7	S0.0－S31.7
累加器	AC0－AC3	AC0－AC3	AC0－AC3	AC0－AC3	AC0－AC3
跳转/标号	0－255	0－255	0－255	0－255	0－255
调用/子程序	0－63	0－63	0－63	0－63	0－127
中断程序	0－127	0－127	0－127	0－127	0－127
正/负跳变	256	256	256	256	256
PID 回路	0－7	0－7	0－7	0－7	0－7
通信口	0	0	0	0/1	0/1

4. 高速计数器HSC0、HSC3、HSC4、HSC5

模式	HSC0			HSC3	HSC4			HSC5
	计数	方向	复位	计数	计数	方向	复位	计数
0	I0.0			I0.1	I0.3			I0.4
1	I0.0		I0.2		I0.3		I0.5	
2								
3	I0.0	I0.1			I0.3	I0.4		
4	I0.0	I0.1	I0.2		I0.3	I0.4	I0.5	
5								
模式	HSC0				HSC4			
	增计数	减计数	复位		增计数	减计数	复位	
6	I0.0	I0.1			I0.3	I0.4		
7	I0.0	I0.1	I0.2		I0.3	I0.4	I0.5	
8								
模式	HSC0				HSC4			
	A相	B相	复位		A相	B相	复位	
9	I0.0	I0.1			I0.3	I0.4		
10	I0.0	I0.1	I0.2		I0.3	I0.4	I0.5	
11								
模式	HSC0			HSC3				
	计数			计数				
12	Q0.0			Q0.1				

5. 高速计数器HSC1、HSC2

模式	HSC1				HSC2			
	计数	减计数	复位	启动	计数	方向	复位	启动
0	I0.6				I1.2			
1	I0.6		I1.0		I1.2		I1.4	
2	I0.6		I1.0	I1.1	I1.2		I1.4	I1.5
3	I0.6	I0.7			I1.2	I1.3		
4	I0.6	I0.7	I1.0		I1.2	I1.3	I1.4	
5	I0.6	I0.7	I1.0	I1.1	I1.2	I1.3	I1.4	I1.5
模式	HSC1				HSC2			
	增计数	减计数	复位	启动	增计数	减计数	复位	启动
6	I0.6	I0.7			I1.2	I1.3		
7	I0.6	I0.7	I1.0		I1.2	I1.3	I1.4	
8	I0.6	I0.7	I1.0	I1.1	I1.2	I1.3	I1.4	I1.5
模式	A相	B相	复位	启动	A相	B相	复位	启动
9	I0.6	I0.7			I1.2	I1.3		
10	I0.6	I0.7	I1.0		I1.2	I1.3	I1.4	
11	I0.6	I0.7	I1.0	I1.1	I1.2	I1.3	I1.4	I1.5

6. S7－200 指令一览表

布尔指令		
LD LDI LDN LDNI	N N N N	装载 立即装载 取反后装载 取反后立即装载
A AI AN ANI	N N N N	与 立即与 取反后与 取反后立即与
O OI ON ONI	N N N N	或 立即或 取反后或 取反后立即或
LDBx	N1，N2	装载字节比较的结果 N1(x：<,<=,=,>=,>,<>)N2
ABx	N1，N2	与字节比较的结果 N1(x：<,<=,=,>=,>,<>)N2
OBx	N1，N2	或字节比较的结果 N1(x：<,<=,=,>=,>,<>)N2
LDWx	N1，N2	装载字比较的结果 N1(x：<,<=,=,>=,>,<>)N2
AWx	N1，N2	与字比较的结果 N1(x：<,<=,=,>=,>,<>)N2
OWx	N1，N2	或字比较的结果 N1(x：<,<=,=,>=,>,<>)N2
LDDx	N1，N2	装载双字比较的结果 N1(x：<,<=,=,>=,>,<>)N2
ADx	N1，N2	与双字比较的结果 N1(x：<,<=,=,>=,>,<>)N2
ODx	N1，N2	或双字比较的结果 N1(x：<,<=,=,>=,>,<>)N2
LDRx	N1，N2	装载实数比较的结果 N1(x：<,<=,=,>=,>,<>)N2
ARx	N1，N2	与实数比较的结果 N1(x：<,<=,=,>=,>,<>)N2
ORx	N1，N2	或实数比较的结果 N1(x：<,<=,=,>=,>,<>)N2
NOT		堆栈取反
EU ED		检测上升沿 检测下降沿
= =I	Bit Bit	赋值 立即赋值
S R SI RI	Bit，N Bit，N Bit，N Bit，N	置位一个区域 复位一个区域 立即置位一个区域 立即复位一个区域
LDSx	IN1，IN2	装载字符串比较结果 IN1(x：=,<>)IN2
ASx	IN1，IN2	与字符串比较结果 IN1(x：=,<>)IN2
OSXI	IN1，IN2	或字符串比较结果 IN1(x：=,<>)IN2
ALD OLD		与装载 或装载
LPS LRD LPP LDS	 N	逻辑压栈(堆栈控制) 逻辑读(堆栈控制) 逻辑弹出(堆栈控制) 装载堆栈(堆栈控制)
AENO		与 ENO

数学、增减指令		
+I +D +R	IN1，OUT IN1，OUT IN1，OUT	整数、双整数或实数加法 IN1+OUT=OUT
−1 −D −R	IN1，OUT IN1，OUT IN1，OUT	整数、双整数或实数减法 OUT−IN1=OUT
MUL	IN1，OUT	整数乘法(16 * 16−>32)
*I *D *R	IN1，OUT IN1，OUT IN1，IN2	整数、双整数或实数乘法 IN1 * OUT=OUT
DIV	IN1，OUT	整数除法(16/16−>32)
/I /D /R	IN1，OUT IN1，OUT IN1，OUT	整数、双整数或实数除法 OUT/IN1=OUT
SQRT	IN，OUT	平方根
LN	IN，OUT	自然对数
EXP	IN，OUT	自然指数
SIN	IN，OUT	正弦
COS	IN，OUT	余弦
TAN	IN，OUT	正切
INCB INCW INCD	OUT OUT OUT	字节、字和双字增 1
DECB DECW DECD	OUT OUT OUT	字节、字和双字减 1
PID	Table，Loop	PID 回路
定时器和计数器指令		
TON TOF TONR BITIM CITIM	Txxx，PT Txxx，PT Txxx，PT OUT IN，OUT	接通延时定时器 关断延时定时器 带记忆的接通延时定时器 启动间隔定时器 计算间隔定时器
CTU CTD CTUD	Txxx，PV Txxx，PV Txxx，PV	增计数 减计数 增/减计数
实时时钟指令		
TODR TODW TODRX TODWX	T T T T	读实时时钟 写实时时钟 扩展读实时时钟 扩展写实时时钟
程序控制指令		
END		程序的条件结束
STOP		切换到 STOP 模式
WDR		看门狗复位(300 ms)
JMP IBL	N N	跳到定义的标号 定义一个跳转的标号
CALL CRET	N[NI,…]	调用子程序[N1，…可以有 16 个可选参数] 从 SBR 条件返回
FOR FINAL	INDX，INIT， NEXT	For/Next 循环
LSCR SCRT CSCRE SCRE	N N	顺控继电器段的启动、转换、条件结束和结束
DLED	IN	诊断 LED

传送、移位、循环和填充指令		
MOVB MOVW MOVD MOVR	IN, OUT IN, OUT IN, OUT IN, OUT	字节、字、双字和实数传送
BIR BIW	IN, OUT IN, OUT	立即读取传送字节 立即写入传送字节
BMB BMW BMD	IN, OUT, N IN, OUT, N IN, OUT, N	字节、字和双字块传送
SWAP	IN	交换字节
SHRB	DATA, S_BIT, N	寄存器移位
SRB SRW SRD	OUT, N OUT, N OUT, N	字节、字和双字右移
SLB SLW SLD	OUT, N OUT, N OUT, N	字节、字和双字左移
RRB RRW RRD	OUT, N OUT, N OUT, N	字节、字和双字循环右移
RLB RLW RLD	OUT, N OUT, N OUT, N	字节、字和双字循环左移
逻辑操作		
ANDB ANDW ANDD	IN1, OUT IN1, OUT IN1, OUT	对字节、字和双字取逻辑与
ORB ORW ORD	IN1, OUT IN1, OUT IN1, OUT	对字节、字和双字取逻辑或
XORB XORW XORD	IN1, OUT IN1, OUT IN1, OUT	对字节、字和双字取逻辑异或
INVB INVW INVD	OUT OUT OUT	对字节、字和双字取反（1 的补码）
字符串指令		
SLEN SCAT SCPY SSCPY OUT CFND SFND	IN1, OUT IN1, OUT IN1, OUT IN1, INDX, N,OUT IN1, IN2, OUT IN1, IN2, OUT	字符串长度 连接字符串 复制字符串 复制子字符串 字符串中查找第一个字符 在字符串中查找字符串

表、查找和转换指令		
ATT	TABLE,DATA	把数据加到表中
LIFO FIFO	TABLE,DATA TABLE, DATA	从表中取数据
FND= FND<> FND< FND>	TBL, PTN, INDX TBL, PTN, INDX TBL, PTN, INDX TBL, PTN, INDX	根据比较条件在表中查找数据
FILL	IN, OUT, N	用给定值占满字存储器空间
BCDI IBCD	OUT OUT	把 BCD 码转换成整数 把整数转换成 BCD 码
BTI ITB ITD DTI	IN, OUT IN, OUT IN, OUT IN, OUT	把字节转换成整数 把整数转换成字节 把整数转换成双整数 把双整数转换成整数
DTR TRUNC ROUND	IN, OUT IN, OUT IN, OUT	把双字转换成实数 把实数转换成双字 把实数转换成双字
ATH HTA ITA DTA RTA	IN, OUT, LEN IN, OUT, LEN IN, OUT, FMT IN, OUT, FM IN, OUT, FM	把 ASCII 码转换成十六进制格式 把十六进制格式转换成 ASCII 码 把双整数转换成 ASCII 码 把整数转换成 ASCII 码 把实数转换成 ASCII 码
DECO ENCO	IN, OUT IN, OUT	解码 编码
SEG	IN, OUT	产生 7 段格式
ITS DTS RTS	IN, FMT, OUT IN, FMT, OUT IN, FMT, OUT	把整数转为字符串 把双整数转换成字符串 把实数转换成字符串
STI STD STR	STR, INDX, OUT STR, INDX, OUT STR, INDX, OUT	把子字符串转换成整数 把子字符串转换成双整数 把子字符串转换成实数
中断		
CRET1		从中断条件返回
ENI DISI		允许中断 禁止中断
ATCH DTCH	INT, EVENT EVENT	给事件分配中断程序 解除事件
通讯		
XMT RCV	TABLE, PORT TABLE, PORT	自由口传送 自由口接受信息
TODR TODW	TABLE, PORT TABLE, PORT	网络读 网络写
GPA SPA	ADDR, PORT ADDR, PORT	获取口地址 设置口地址
高速指令		
HDEF	HSC, Mode	定义高速计数器模式
HSC	N	激活高速计数器
PLS	Q	脉冲输出

7. PTO/PWM 寄存器(SMB66～SMB85)

SM 位	描　述
SM66.0－SM66.3	保留
SM66.4	PTO0 包络终止：0＝无错；1＝由于增量计算错误而终止
SM66.5	PTO0 包络终止：0＝不由用户命令终止；1＝由用户命令终止
SM66.6	PTO0 管道溢出(当使用外部包络时由系统消除，否则由用户程序消除)：0＝无溢出；1＝有溢出
SM66.7	PTO0 空闲位：0＝PTO 忙；1＝PTO 空闲
SM67.0	PTO0/PWM0 更新周期：1＝写新的周期值
SM67.1	PWM0 更新脉冲宽度值：1＝写新的脉冲宽度
SM67.2	PTO0 更新脉冲量：1＝写新的脉冲量
SM67.3	PTO0/PWM0 基准时间单元：0＝1 μs/格；1＝1 ms/格
SM67.4	同步更新 PWM0：0＝异步更新；1＝同步更新
SM67.5	PTO0 操作：0＝单段操作(周期和脉冲数存在 SM 存储器中)；1＝多段操作(包络表存在 V 存储器区)
SM67.6	PTO0/PWM0 模式选择：0＝PTO；1＝PWM
SM67.7	PTO0/PWM0 有效位：1＝有效
SMW68	PTO0/PWM0 周期(2～65 535 个时间基准)
SMW70	PWM0 脉冲宽度值(0～65 535 个时间基准)
SMD72	PTO0 脉冲计数值(1 到 $2^{32}-1$)
SM76.0－SM76.3	保留
SM76.4	PTO1 包络终止；0＝无错；1＝由于增量计算错误终止
SM76.5	PTO1 包络终止；0＝不由用户命令终止；1＝由用户命令终止
SM76.6	PTO1 管道溢出(当使用外部包络时由系统消除，否则由用户程序消除)：0＝无溢出；1＝有溢出
SM76.7	PTO1 空闲位：0＝PTO 忙；1＝PTO 空闲
SM77.0	PTO1/PWM1 更新周期：1＝写新的周期值
SM77.1	PWM1 更新脉冲宽度值：1＝写新的脉冲宽度
SM77.2	PTO1 更新脉冲计数值：1＝写新的脉冲量
SM77.3	PTO1/PWM1 时间基准：0＝1 μs/点；1＝1 ms/点
SM77.4	同步更新 PWM1：0＝异步更新；1＝同步更新
SM77.5	PTO1 操作：0＝单段操作(周期和脉冲数存在 SM 存储器中)；1＝多段操作(包络表存在 V 存储器区)
SM77.6	PTO1/PWM1 模式选择：0＝PTO；1＝PWM
SM77.7	PTO1/PWM1 有效位：1＝有效
SMW78	PTO1/PWM1 周期值(2～65 535 个时间基准)
SMW80	PWM1 脉冲宽度值(0～65 535 个时间基准)
SMD82	PTO1 脉冲计数值(1 到 $2^{32}-1$)

附录B　MM420通用变频器系统参数

1. 参数概览

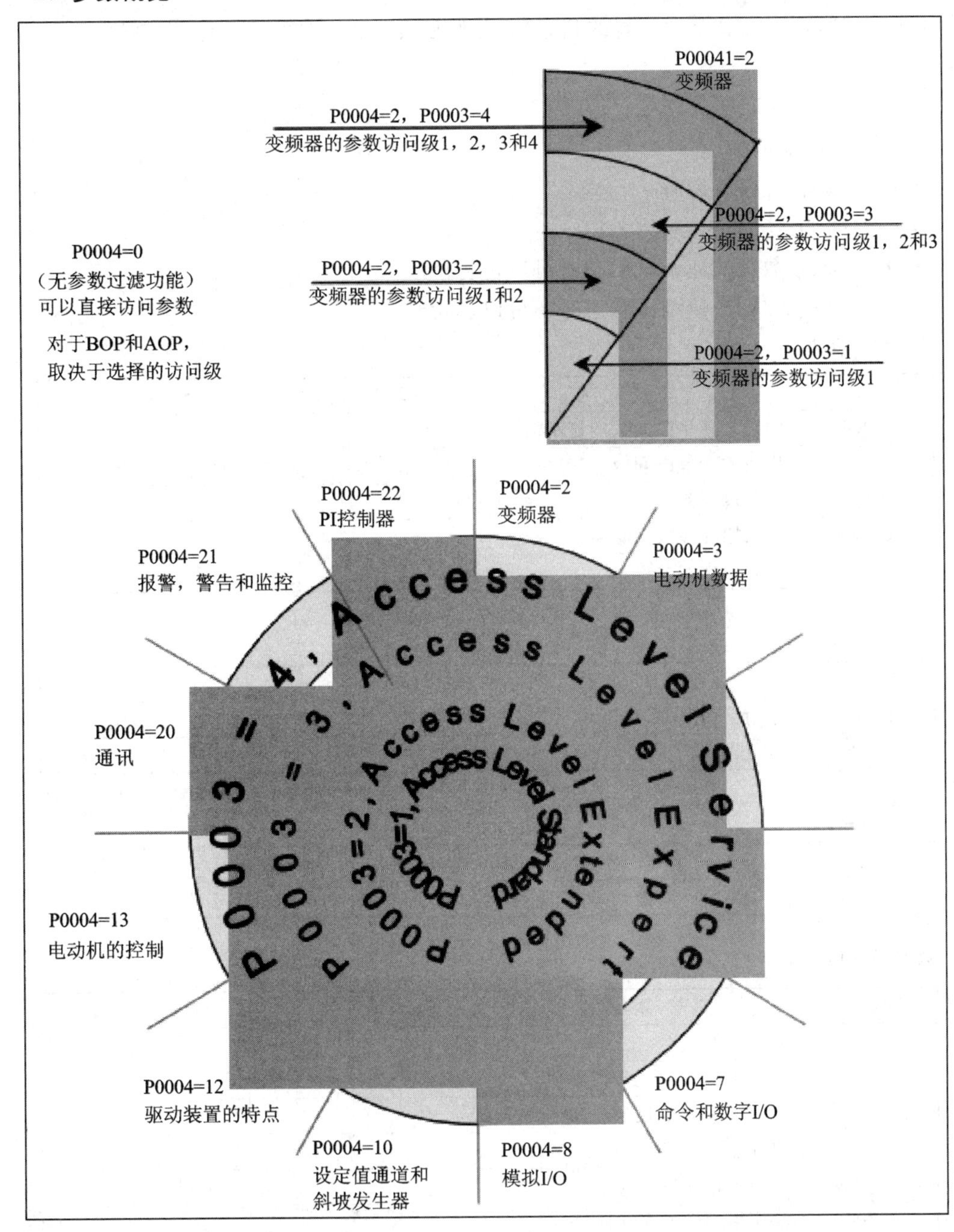

2. 参数表(简略形式)

以下参数表中有关信息的含义如下：

Default：设备出厂时的设置值

Level：用户访问的等级

DS：变频器的状态(驱动装置的状态)，表明变频器的这一参数在什么时候可以进行修改(参见P0010)。

· C——调试时

· U——运行时

· T——运行准备就绪时

QC：快速调试

· Q——该参数在快速调试状态时可以进行修改

· N——该参数在快速调试状态时不可以进行修改

常用的参数

参数号	参 数 名 称	Default	Level	DS	QC
r0000	驱动装置只读参数的显示值	-	2	-	-
P0003	用户的参数访问级	1	1	CUT	-
P0004	参数过滤器	0	1	CUT	-
P0010	调试用的参数过滤器	0	1	CT	N
P3950	访问隐含的参数	0	4	CUT	-

快速调试

参数号	参 数 名 称	Default	Level	DS	QC
P0100	适用于欧洲/北美地区	0	1	C	Q
P3900	“快速调试”结束	0	1	C	Q

参数复位

参数号	参 数 名 称	Default	Level	DS	QC
P0970	复位为工厂设置值	0	1	C	-

变频器(P0004=2)

参数号	参 数 名 称	Default	Level	DS	QC
r0018	微程序的版本	-	1	-	-
r0026	CO：直流回路电压实际值	-	2	-	-
r0037[1]	CO：变频器温度(℃)	-	3	-	-
r0039	CO：能量消耗计量表(kWh)	-	2	-	-
P0040	能量消耗计量表清零	0	2	CT	-
r0200	功率组合件的实际标号	-	3	-	-
P0201	功率组合件的标号	0	3	C	-
r0203	变频器的实际型号	-	3	-	-
r0204	功率组合件的特征	-	3	-	-
r0206	变频器的额定功率(kW)/(hp)	-	2	-	-

续表

参数号	参 数 名 称	Default	Level	DS	QC
r0207	变频器的额定电流	-	2	-	-
r0208	变频器的额定电压	-	2	-	-
P0210	电源电压	230	3	CT	-
r0231[2]	电缆的最大长度	-	3	-	-
P0290	变频器的过载保护	2	3	CT	-
P0291[1]	变频器保护的配置	1	3	CT	
P0292	变频器的过载报警信号	15	3	CUT	-
P0294	变频器的 I^2T 过载报警	95.0	4	CUT	
P1800	脉宽调制频率	4	2	CUT	-
r1801	CO：脉宽调制的开关频率实际值	-	3	-	-
P1802	调制方式	0	3	CUT	-
P1803[1]	最大调制	106.0	4	CUT	
P1820[1]	输出相序反向	0	2	CT	-
r3954[13]	CM 版本和 GUIID	-	4	-	-
P3980	调试命令的选择	-	4	T	

电动机数据(P0004=3)

参数号	参 数 名 称	Default	Level	DS	QC
r0035[3]	CO：电动机温度实际值	-	2	-	-
P0300[1]	选择电动机类型	1	2	C	Q
P0304[1]	电动机额定电压	230	1	C	Q
P0305[1]	电动机额定电流	3.25	1	C	Q
P0307[1]	电动机额定功率	0.75	1	C	Q
P0308[1]	电动机额定功率因数	0.000	2	C	Q
P0309[1]	电动机额定效率	0.0	2	C	Q
P0310[1]	电动机额定频率	50.00	1	C	Q
P0311[1]	电动机额定速度	0	1	C	Q
r0313[1]	电动机的极对数	-	3	-	-
P0320[1]	电动机的磁化电流	0.0	3	CT	Q
r0330[1]	电动机的额定滑差	-	3	-	-
r0331[1]	电动机的额定磁化电流	-	3	-	-
r0332[1]	电动机额定功率因数	-	3	-	-
P0335[1]	电动机的冷却方式	0	2	CT	Q
P0340[1]	电动机模型参数的计算	0	2	CT	-
P0344[1]	电动机的重量	9.4	3	CUT	-
P0346[1]	磁化时间	1.000	3	CUT	-
P0347[1]	去磁时间	1.000	3	CUT	-
P0350[1]	定子电阻(线间)	4.0	2	CUT	-

续表

参数号	参 数 名 称	Default	Level	DS	QC
r0370[1]	定子电阻(%)	–	4	–	–
r0372[1]	电缆电阻(%)	–	4	–	–
r0373[1]	额定定子电阻(%)	–	4	–	–
r0374[1]	转子电阻(%)	–	4	–	–
r0376[1]	额定转子电阻(%)	–	4	–	–
r0377[1]	总漏抗(%)	–	4	–	–
r0382[1]	主电抗	–	4	–	–
r0384[1]	转子时间常数	–	3	–	–
r0386[1]	总漏抗时间常数	–	4	–	–
r0395	CO：定子总电阻(%)	–	3	–	–
P0610	电动机 I^2t 过温的应对措施	2	3	CT	–
P0611[1]	电动机 I^2t 时间常数	100	2	CT	–
P0614[1]	电动机 I^2t 过载报警的电平	100.0	2	CUT	–
P0640[1]	电动机的电流限制	150.0	2	CUT	Q
P1910[1]	选择电动机数据是否自动测定	0	2	CT	Q
r1912	自动测定的定子电阻	–	2	–	–

命令和数字 I/O(P0004=7)

参数号	参 数 名 称	Default	Level	DS	QC
r0002	驱动装置的状态	–	2	–	–
r0019	CO/BO：BOP 控制字	–	3	–	–
r0052	CO/BO：激活的状态字 1	–	2	–	–
r0053	CO/BO：激活的状态字 2	–	2	–	–
r0054	CO/BO：激活的控制字 1	–	3	–	–
r0055	CO/BO：激活的控制字 2	–	3	–	–
P0700[1]	选择命令源	2	1	CT	Q
P0701[1]	选择数字输入 1 的功能	1	2	CT	–
P0702[1]	选择数字输入 2 的功能	12	2	CT	–
P0703[1]	选择数字输入 3 的功能	9	2	CT	–
P0704[1]	选择数字输入 4 的功能	0	2	CT	–
P0719	选择命令和频率设定值	0	3	CT	–
r0720	数字输入的数目	–	3	–	–
r0722	CO/BO：各个数字输入的状态	–	2	–	–
P0724	开关量输入的防颤动时间	3	3	CT	–
P0725	选择数字输入的 PNP/NPN 接线方式	1	3	CT	–

续表

参数号	参 数 名 称	Default	Level	DS	QC
r0730	数字输出的数目	-	3	-	-
P073[1]	BI：选择数字输出的功能	52：3	2	CUT	-
r0747	CO/BO：各个数字输出的状态	-	3	-	-
P0748	数字输出反相	0	3	CUT	-
P0800[1]	BI：下载参数组 0	0：0	3	CT	-
P0801[1]	BI：下载参数组 1	0：0	3	CT	-
P0840[1]	BI：ON/OFF1	722.0	3	CT	-
P0842[1]	BI：ON/OFF1，反转方向	0：0	3	CT	-
P0844[1]	BI：1.OFF2	1：0	3	CT	-
P0845[1]	BI：2.OFF2	19：1	3	CT	-
P0848[1]	BI：1.OFF3	1：0	3	CT	-
P0849[1]	BI：2.OFF3	1：0	3	CT	-
P0852[1]	BI：脉冲使能	1：0	3	CT	-
P1020[1]	BI：固定频率选择，位 0	0：0	3	CT	-
P1021[1]	BI：固定频率选择，位 1	0：0	3	CT	-
P1022[1]	BI：固定频率选择，位 2	0：0	3	CT	-
P1035[1]	BI：使能 MOP(升速命令)	19：13	3	CT	-
P1036[1]	BI：使能 MOP(减速命令)	19：14	3	CT	-
P1055[1]	BI：使能正向点动	0.0	3	CT	-
P1056[1]	BI：使能反向点动	0.0	3	CT	-
P1074[1]	BI：禁止辅助设定值	0.0	3	CUT	-
P1110[1]	BI：禁止负向的频率设定值	0.0	3	CT	-
P1113[1]	BI：反向	722.1	3	CT	-
P1124[1]	BI：使能点动斜坡时间	0.0	3	CT	-
P1230[1]	BI：使能直流注入制动	0.0	3	CUT	-
P2103[1]	BI：1.故障确认	722.2	3	CT	-
P2104[1]	BI：2.故障确认	0.0	3	CT	-
P2106[1]	BI：外部故障	1.0	3	CT	-
P2220[1]	BI：固定 PID 设定值选择，位 0	0.0	3	CT	-
P2221[1]	BI：固定 PID 设定值选择，位 1	0.0	3	CT	-
P2222[1]	BI：固定 PID 设定值选择，位 2	0.0	3	CT	-
P2235[1]	BI：使能 PID-MOP(升速命令)	19.13	3	CT	-
P2236[1]	BI：使能 PID-MOP(减速命令)	19.14	3	CT	-

模拟I/O(P0004=8)

参数号	参 数 名 称	Default	Level	DS	QC
r0750	ADC(模/数转换输入)的数目	-	3	-	-
r0751	CO/BO：状态字：ADC通道	-	4	-	-
r0752[1]	ADC的实际输入(V)	-	2	-	-
P0753[1]	ADC的平滑时间	3	3	CUT	-
r0754[1]	标定后的ADC实际值(%)	-	2	-	-
r0755[1]	CO：标定后的ADC实际值(4000 h)	-	2	-	-
P0756[1]	ADC的类型	0	2	CT	-
P0757[1]	ADC输入特性标定的x1值	0	2	CUT	-
P0758[1]	ADC输入特性标定的y1值	0.0	2	CUT	-
P0759[1]	ADC输入特性标定的x2值	10	2	CUT	-
P0760[1]	ADC输入特性标定的y2值	100.0	2	CUT	-
P0761[1]	ADC死区的宽度	0	2	CUT	-
P0762[1]	信号消失的延迟时间	10	3	CUT	-
r0770	DAC(数/模转换输出)的数目	-	3	-	-
P0771[1]	CI：DAC输出功能选择	21：0	2	CUT	-
P0773[1]	DAC的平滑时间	2	3	CUT	-
r0774[1]	实际的DAC输出值	-	2	-	-
r0776	DAC的类型	0	3	CT	
P0777[1]	DAC输出特性标定的x1值	0.0	2	CUT	-
P0778[1]	DAC输出特性标定的y1值	0	2	CUT	-
P0779[1]	DAC输出特性标定的x2值	100.0	2	CUT	-
P0780[1]	DAC输出特性标定的y2值	20	2	CUT	-
P0781[1]	DAC死区的宽度	0	2	CUT	-

设定值通道和斜坡函数发生器(P0004=10)

参数号	参 数 名 称	Default	Level	DS	QC
P1000[1]	选择频率设定值	2	1	CT	Q
P1001	固定频率1	0.00	2	CUT	-
P1002	固定频率2	5.00	2	CUT	-
P1003	固定频率3	10.00	2	CUT	-
P1004	固定频率4	15.00	2	CUT	-
P1005	固定频率5	20.00	2	CUT	-
P1006	固定频率6	25.00	2	CUT	-
P1007	固定频率7	30.00	2	CUT	-
P1016	固定频率方式-位0	1	3	CT	-
P1017	固定频率方式-位1	1	3	CT	-
P1018	固定频率方式-位2	1	3	CT	-
r1024	CO：固定频率的实际值	-	3	-	-

续表

参数号	参数名称	Default	Level	DS	QC
P1031[1]	存储MOP的设定值	0	2	CUT	-
P1032	禁止反转的MOP设定值	1	2	CT	-
P1040[1]	MOP的设定值	5.00	2	CUT	-
r1050	CO：MOP的实际输出频率	-	3	-	-
P1058	正向点动频率	5.00	2	CUT	-
P1059	反向点动频率	5.00	2	CUT	-
P1060[1]	点动的斜坡上升时间	10.00	2	CUT	-
P1061[1]	点动的斜坡下降时间	10.00	2	CUT	-
P1070[1]	CI：主设定值	755.0	3	CUT	-
P1071[1]	CI：标定的主设定值	1.0	3	T	-
P1075[1]	CI：辅助设定值	0.0	3	CT	-
P1076[1]	CI：标定的辅助设定值	1.0	3	T	-
r1078	CO：总的频率设定值	-	3	-	-
r1079	CO：选定的频率设定值	-	3	-	-
P1080	最小频率	0.00	1	CUT	Q
P1082	最大频率	50.00	1	CT	Q
P1091	跳转频率1	0.00	3	CUT	-
P1092	跳转频率2	0.00	3	CUT	-
P1093	跳转频率3	0.00	3	CUT	-
P1094	跳转频率4	0.00	3	CUT	-
P1101	跳转频率的带宽	2.0	3	CUT	-
r1114	CO：方向控制后的频率设定值	-	3	-	-
r1119	CO：未经斜坡函数发生器的频率设定值	-	3	-	-
P1120[1]	斜坡上升时间	10.00	1	CUT	Q
P1121[1]	斜坡下降时间	10.00	1	CUT	Q
P1130[1]	斜坡上升起始段圆弧时间	0.00	2	CUT	-
P1131[1]	斜坡上升结束段圆弧时间	0.00	2	CUT	-
P1132[1]	斜坡下降起始段圆弧时间	0.00	2	CUT	-
P1133[1]	斜坡下降结束段圆弧时间	0.00	2	CUT	-
P1134[1]	平滑圆弧的类型	0	2	CUT	-
P1135[1]	OFF3斜坡下降时间	5.00	2	CUT	Q
P1140[1]	BI：斜坡函数发生器使能	1.0	4	CT	-
P1141[1]	BI：斜坡函数发生器开始	1.0	4	CT	-
P1142[1]	BI：斜坡函数发生器使能设定值	1.0	4	CT	-
r1170	CO：通过斜坡函数发生器后的频率设定值	-	3	-	-

驱动装置的特点(P0004=12)

参数号	参数名称	Default	Level	DS	QC
P0005	选择需要显示的参量	21	2	CUT	-
P0006	显示方式	2	3	CUT	-
P0007	背板亮光延迟时间	0	3	CUT	-
P0011	锁定用户定义的参数	0	3	CUT	-
P0012	用户定义的参数解锁	0	3	CUT	-
P0013[20]	用户定义的参数	0	3	CUT	-
P1200	捕捉再起动投入	0	2	CUT	-
P1202[1]	电动机电流：捕捉再起动	100	3	CUT	-
P1203[1]	搜寻速率：捕捉再起动	100	3	CUT	-
P1204	状态字：捕捉再起动	-	4	-	-
P1210	自动再起动	1	2	CUT	-
P1211	自动再起动的重试次数	3	3	CUT	-
P1215	使能抱闸制动(MHB)	0	2	T	-
P1216	释放抱闸制动的延迟时间	1.0	2	T	-
P1217	斜坡下降后的抱闸保持时间	1.0	2	T	-
P1232	直流注入制动的电流	100	2	CUT	-
P1233	直流注入制动的持续时间	0	2	CUT	-
P1236	复合制动电流	0	2	CUT	-
P1240[1]	直流电压(U_{dc})控制器的组态	1	3	CT	-
r1242	CO：最大直流电压($U_{dc\text{-}max}$)的接通电平	-	3	-	-
P1243[1]	最大直流电压的动态因子	100	3	CUT	-
P1250[1]	直流电压(U_{dc})控制器的增益系数	1.00	4	CUT	-
P1251[1]	直流电压(U_{dc})控制器的积分时间	40.0	4	CUT	-
P1252[1]	直流电压(U_{dc})控制器的微分时间	1.00	4	CUT	-
P1253[1]	直流电压控制器的输出限幅	10	3	CUT	-
P1254	直流电压接通电平的自动检测	1	3	CT	-

电动机的控制(P0004=13)

参数号	参数名称	Default	Level	DS	QC
r0020	CO：实际的频率设定值	-	3	-	-
r0021	CO：实际频率	-	2	-	-
r0022	转子实际速度	3	3	-	-
r0024	CO：实际输出频率	-	3	-	-
r0025	CO：实际输出电压	-	2	-	-
r0027	CO：实际输出电流	-	2	-	-
r0034[1]	电动机的 I^2t 温度计算值	-	2	-	-
r0036	变频器的 I^2t 过载利用率	-	4	-	-
r0056	CO/BO：电动机的控制状态	-	2	-	-
r0067	CO：实际的输出电流限值	-	3	-	-

续表

参数号	参数名称	Default	Level	DS	QC
r0071	CO：最大输出电压	-	3	-	-
r0078	CO：I_{sq}电流实际值	-	4	-	-
r0084	CO：气隙磁通的实际值	-	4	-	-
r0086	CO：有功电流的实际值	-	3	-	-
P1300[1]	控制方式	1	2	CT	Q
P1310[1]	连续提升	50.0	2	CUT	-
P1311[1]	加速度提升	0.0	2	CUT	-
P1312[1]	起动提升	0.0	2	CUT	-
r1315	CO：总的提升电压	-	4	-	-
r1316[1]	提升结束的频率	20.0	3	CUT	-
P1320[1]	可编程 V/f 特性的频率坐标 1	0.00	3	CT	-
P1321[1]	可编程 V/f 特性的电压坐标 1	0.0	3	CUT	-
P1322[1]	可编程 V/f 特性的频率坐标 2	0.00	3	CT	-
P1323[1]	可编程 V/f 特性的电压坐标 2	0.0	3	CUT	-
P1324[1]	可编程 V/f 特性的频率坐标 3	0.00	3	CT	-
P1325[1]	可编程 V/f 特性的电压坐标 3	0.0	3	CUT	-
P1333	FCC 的起动频率	10.0	3	CUT	-
P1335	滑差补偿	0.0	2	CUT	-
P1336	滑差限值	250	2	CUT	-
r1337	CO：V/f 特性的滑差频率	-	3	-	-
P1338	V/f 特性谐振阻尼的增益系数	0.00	3	CUT	-
P1340	最大电流（I_{max}）控制器的比例增益系数	0.000	3	CUT	-
P1341	最大电流(I_{max})控制器的积分时间	0.300	3	CUT	-
P1343	CO：最大电流（I_{max}）控制器的输出频率	-	3	-	-
r1344	CO：最大电流（I_{max}）控制器的输出电压	-	3	-	-
P1350[1]	电压软起动	0	3	CUT	-

通信(P0004=20)

参数号	参数名称	Default	Level	DS	QC
P0918	CB(通信板)地址	3	2	CT	-
P0927	修改参数的途径	15	2	CUT	-
r0964[5]	微程序(软件)版本的数据	-	3	-	-
r0967	控制字 1	-	3	-	-
r0968	状态字 1	-	3	-	-
P0971	从 RAM 到 EEPROM 的传输数据	0	3	CUT	-
P2000[1]	基准频率	50.00	2	CT	-
P2001[1]	基准电压	1000	3	CT	-

续表

参数号	参数名称	Default	Level	DS	QC
P2002[1]	基准电流	0.10	3	CT	-
P2009[2]	USS标称化	0	3	CT	-
P2010[2]	USS波特率	6	2	CUT	-
P2011[2]	USS地址	0	2	CUT	-
P2012[2]	USS PZD的长度	2	3	CUT	-
P2013[2]	USS PKW的长度	127	3	CUT	-
P2014[2]	USS停止发报时间	0	3	CT	-
r2015[4]	CO：从BOP链路传输的PZD(USS)	-	3	-	-
P2016[4]	CI：将PZD发送到BOP链路(USS)	52：0	3	CT	-
r2018[4]	CO：从COM链路传输的PZD(USS)	-	3	-	-
P2019[4]	CI：将PZD发送到COM链路(USS)	52：0	3	CT	-
r2024[2]	USS报文无错误	-	3	-	-
r2025[2]	USS据收报文	-	3	-	-
r2026[2]	USS字符帧错误	-	3	-	-
r2027[2]	USS超时错误	-	3	-	-
r2028[2]	USS奇偶错误	-	3	-	-
r2029[2]	USS不能识别起始点	-	3	-	-
r2030[2]	USS BCC错误	-	3	-	-
r2031[2]	USS长度错误	-	3	-	-
r2032	BO：从BOP链路(USS)传输的控制字(CtrlWrd)1	-	3	-	-
r2033	BO：从BOP链路(USS)传输的控制字(CtrlWrd)2	-	3	-	-
r2036	BO：从COM链路(USS)传输的控制字(CtrlWrd)1	-	3	-	-
r2037	BO：从COM链路(USS)传输的控制字(CtrlWrd)2	-	3	-	-
P2040	CB报文停止时间	0	3	CT	-
P2041[5]	CB参数	0	3	CT	-
r2050[4]	CO：由CB接收到的PZD	-	3	-	-
P2051[4]	CI：将PZD发送到CB	52：0	3	CT	-
r2053[5]	CB识别	-	3	-	-
r2054[7]	CB诊断	-	3	-	-
r2090	BO：CB收到的控制字1	-	3	-	-
r2091	BO：CB收到的控制字2	-	3	-	-

报警、警告和监控(P0004=21)

参数号	参 数 名 称	Default	Level	DS	QC
r0947[8]	故障码	-	2	-	-
r0948[12]	故障时间	-	3	-	-
r0949[8]	故障数值	-	4	-	-
P0952	故障的总数	0	3	CT	-
P2100[3]	选择报警号	0	3	CT	-
P2101[3]	停车的反冲值	0	3	CT	-
r2110[4]	警告信息号	-	2	-	-
P2111	警告信息的总数	0	3	CT	-
r2114[2]	运行时间计数器	-	3	-	-
P2115[3]	AOP 实时时钟	0	3	CT	-
P2120	故障计数器	0	4	CUT	-
P2150[1]	回线频率 f_{hys}	3.00	3	CUT	-
P2155[1]	门限频率 f_1	30.00	3	CUT	-
P2156[1]	门限频率 f_1 的延迟时间	10	3	CUT	-
P2164[1]	回线频率差	3.00	3	CUT	-
P2167[1]	关断频率 f_{off}	1.00	3	CUT	-
P2168[1]	延迟时间 T_{off}	10	3	CUT	-
P2170[1]	门限电流 I_{thresh}	100.0	3	CUT	-
P2171[1]	电流延迟时间	10	3	CUT	-
P2172[1]	直流回路电压门限值	800	3	CUT	-
P2173[1]	直流回路电压延迟时间	10	3	CUT	-
P2179	判定无负载的电流限值	3.0	3	CUT	-
P2180	判定无负载的延迟时间	2000	3	CUT	-
r2197	CO/BO：监控字 1	-	2	-	-
P3981	故障复位	0	4	CT	-

PI 控制器(P0004=22)

参数号	参 数 名 称	Default	Level	DS	QC
P2200[1]	BI：使能 PID 控制器	0：0	2	CT	-
P2201	固定的 PID 设定值 1	0：00	2	CUT	-
P2202	固定的 PID 设定值 2	10：00	2	CUT	-
P2203	固定的 PID 设定值 3	20：00	2	CUT	-
P2204	固定的 PID 设定值 4	30：00	2	CUT	-
P2205	固定的 PID 设定值 5	40：00	2	CUT	-
P2206	固定的 PID 设定值 6	50：00	2	CUT	-
P2207	固定的 PID 设定值 7	60：00	2	CUT	-
P2216	固定的 PID 设定值方式-位 0	1	3	CT	-
P2217	固定的 PID 设定值方式-位 1	1	3	CT	-
P2218	固定的 PID 设定值方式-位 2	1	3	CT	-
r2224	CO：实际的固定 PID 设定值	-	2	-	-

续表

参数号	参 数 名 称	Default	Level	DS	QC
P2231[1]	PID-MOP 的设定值存储	0	2	CUT	-
P2232	禁止 PID-MOP 的反向设定值	1	2	CT	-
P2240[1]	PID-MOP 的设定值	10.00	2	CUT	-
r2250	CO：PID-MOP 的设定值输出	-	2	-	-
P2253[1]	CI：PID 设定值	0：0	2	CUT	-
P2254[1]	CI：PID 微调信号源	0：0	3	CUT	-
P2255	PID 设定值的增益因子	100.00	3	CUT	-
P2256	PID 微调信号的增益因子	100.00	3	CUT	-
P2257	PID 设定值的斜坡上升时间	1.00	2	CUT	-
P2258	PID 设定值的斜坡下降时间	1.00	2	CUT	-
r2260	CO：实际的 PID 设定值	-	2	-	-
P2261	PID 设定值滤波器的时间常数	0.00	3	CUT	-
r2262	CO：经滤波的 PID 设定值	-	3	-	-
P2264[1]	CI：PID 反馈	755：0	2	CUT	-
P2265	PID 反馈信号滤波器的时间常数	0.00	2	CUT	-
r2266	CO：PID 经滤波的反馈	-	2	-	-
P2267	PID 反馈的最大值	100.00	3	CUT	-
P2268	PID 反馈的最小值	0.00	3	CUT	-
P2269	PID 的增益系数	100.00	3	CUT	-
P2270[1]	PID 反馈的功能选择器	0	3	CUT	-
P2271	PID 变送器的类型	0	2	CUT	-
r2272	CO：已标定的 PID 反馈信号	-	2	-	-
r2273	CO：PID 错误	-	2	-	-
P2280	PID 的比例增益系数	3.000	2	CUT	-
P2285	PID 的积分时间	0.000	2	CUT	-
P2291	PID 输出的上限	100.00	2	CUT	-
P2292	PID 输出的下限	0.00	2	CUT	-
P2293	PID 限定值的斜坡上升/下降时间	1.00	3	CUT	-
r2294	CO：实际的 PID 输出	-	2	-	-

附录C 三菱MR-J2S-A系列通用伺服驱动器接头引脚功能详解

以下引脚功能表中有关信息的含义如下：

P：位置控制模式；S：速度控制模式；T：转矩控制模式；

○：出厂设置下能使用的信号；△：通过参数No.43～49设定后才能使用的信号。

输入信号

<table>
<tr><th rowspan="2">信号名称</th><th rowspan="2">符号</th><th rowspan="2">接头引脚号</th><th rowspan="2">功能·应用</th><th rowspan="2">I/O分配</th><th colspan="3">控制模式</th></tr>
<tr><th>P</th><th>S</th><th>T</th></tr>
<tr><td>伺服开启</td><td>SON</td><td>CN1B5</td><td>SON-SG之间接通后，主电路开始输出，伺服电动机处于可以运转的状态(伺服ON)。
SON-SG之间断开后，主电路停止输出，伺服电动机处于自由停止状态(伺服OFF)。
参数No.41设置为(□□□1)，可使伺服放大器内部自动接通SON(恒定ON)</td><td>DI-1</td><td>○</td><td>○</td><td>○</td></tr>
<tr><td>复位</td><td>RES</td><td>CN1B14</td><td>RES-SG之间接通50 ms以上使报警复位，有些报警用复位信号不能消除。
当RES-SG之间接通时，主电路将停止输出。如果将参数No.51设为□1□□，即使RES-SG接通，也不停止主电路输出</td><td>DI-1</td><td>○</td><td>○</td><td>○</td></tr>
<tr><td>正向行程末端</td><td>LSP</td><td>CN1B16</td><td rowspan="2">运行时，请将LSP-SG和/或LSN-SG接通，否则伺服电动机将立即停止，并处于伺服锁定状态。
将参数No.22设为□□□1时，可使伺服电动机在这种情况下缓缓停止
<table><tr><th colspan="2">输入信号</th><th colspan="2">运　行</th></tr><tr><th>LSP</th><th>LSN</th><th>逆时针方向</th><th>顺时针方向</th></tr><tr><td>1</td><td>1</td><td>○</td><td>○</td></tr><tr><td>0</td><td>1</td><td></td><td>○</td></tr><tr><td>1</td><td>0</td><td>○</td><td></td></tr><tr><td>0</td><td>0</td><td></td><td></td></tr></table>注：0：OFF(和SG断开)
1：ON(和SG接通)
按照下述设置参数No.41，可使伺服放大器内部自动接通SON(恒定ON)
<table><tr><th>参数No.41</th><th>自动ON</th></tr><tr><td>□□1□</td><td>LSP</td></tr><tr><td>□1□□</td><td>LSN</td></tr></table></td><td rowspan="2">DI-1</td><td rowspan="2">○</td><td rowspan="2">○</td><td rowspan="2"></td></tr>
<tr><td>反向行程末端</td><td>LSN</td><td>CN1B17</td></tr>
<tr><td>转矩限制选择</td><td>TL</td><td>CN1B9</td><td>TL-SG之间断开时，内部转矩限制1(参数No.28)起作用。TL-SG之间接通时，模拟量转矩限制(TLA)起作用</td><td>DI-1</td><td>○</td><td>△</td><td></td></tr>
<tr><td>内部转矩限制选择</td><td>TL1</td><td></td><td>使用这个信号时，应先设置参数No.43～48</td><td>DI-1</td><td>△</td><td>△</td><td>△</td></tr>
</table>

续表一

<table>
<tr><th rowspan="2">信号名称</th><th rowspan="2">符号</th><th rowspan="2">接头引脚号</th><th rowspan="2">功能·应用</th><th rowspan="2">I/O分配</th><th colspan="3">控制模式</th></tr>
<tr><th>P</th><th>S</th><th>T</th></tr>
<tr><td>正向转动开始</td><td>ST1</td><td>CN1B8</td><td rowspan="2">按下表中的旋转方向起动伺服电动机
<table>
<tr><th colspan="2">输入信号</th><th rowspan="2">输出转矩方向</th></tr>
<tr><th>ST2</th><th>ST1</th></tr>
<tr><td>0</td><td>0</td><td>停止(伺服锁定)</td></tr>
<tr><td>0</td><td>1</td><td>逆时针</td></tr>
<tr><td>1</td><td>0</td><td>顺时针</td></tr>
<tr><td>1</td><td>1</td><td>停止(伺服锁定)</td></tr>
</table>
注：0：OFF(和 SG 断开)
1：ON(和 SG 接通)
运行中如把 ST1 和 ST2 都置为 ON 或 OFF，根据参数 No. 12 的设定值，伺服电动机将减速停止并锁定。模拟量速度指令为 0V 时，起动时不会输出伺服锁定转矩</td><td rowspan="2">DI-1</td><td rowspan="2"></td><td rowspan="2">○</td><td rowspan="2"></td></tr>
<tr><td>反向转动开始</td><td>ST2</td><td>CN1B9</td></tr>
<tr><td>正转选择</td><td>RS1</td><td>CN1B9</td><td rowspan="2">选择伺服电动机输出转矩的方向
输出转矩的方向如下
<table>
<tr><th colspan="2">输入信号</th><th rowspan="2">输出转矩方向</th></tr>
<tr><th>RS1</th><th>RS2</th></tr>
<tr><td>0</td><td>0</td><td>不输出转矩</td></tr>
<tr><td>0</td><td>1</td><td>正向电动，反向再生制动</td></tr>
<tr><td>1</td><td>0</td><td>反向电动，正向再生制动</td></tr>
<tr><td>1</td><td>1</td><td>不输出转矩</td></tr>
</table>
注：0：OFF(和 SG 断开)
1：ON(和 SG 接通)</td><td rowspan="2">DI-1</td><td rowspan="2"></td><td rowspan="2"></td><td rowspan="2">○</td></tr>
<tr><td>反转选择</td><td>RS2</td><td>CN1B8</td></tr>
<tr><td>速度选择 1</td><td>SP1</td><td>CN1A8</td><td rowspan="3">(速度控制模式时)
选择运行时的指令速度
使用 SP3 时，需设置参数 No. 43～No. 48
<table>
<tr><th rowspan="2">参数 No. 43～No. 48 的设定</th><th colspan="3">输入信号</th><th rowspan="2">速度指令</th></tr>
<tr><th>SP3</th><th>SP2</th><th>SP1</th></tr>
<tr><td rowspan="4">速度选择(SP3)无效的场合(初始值)</td><td></td><td>0</td><td>0</td><td>模拟量速度指令(VC)</td></tr>
<tr><td></td><td>0</td><td>1</td><td>内部速度指令(参数 No. 8)</td></tr>
<tr><td></td><td>1</td><td>0</td><td>内部速度指令(参数 No. 4)</td></tr>
<tr><td></td><td>1</td><td>1</td><td>内部速度指令(参数 No. 10)</td></tr>
<tr><td rowspan="8">速度选择(SP3)有效的场合</td><td>0</td><td>0</td><td>0</td><td>模拟量速度指令(VC)</td></tr>
<tr><td>0</td><td>0</td><td>1</td><td>内部速度指令(参数 No. 8)</td></tr>
<tr><td>0</td><td>1</td><td>0</td><td>内部速度指令(参数 No. 9)</td></tr>
<tr><td>0</td><td>1</td><td>1</td><td>内部速度指令(参数 No. 10)</td></tr>
<tr><td>1</td><td>0</td><td>0</td><td>内部速度指令(参数 No. 72)</td></tr>
<tr><td>1</td><td>0</td><td>1</td><td>内部速度指令(参数 No. 73)</td></tr>
<tr><td>1</td><td>1</td><td>0</td><td>内部速度指令(参数 No. 74)</td></tr>
<tr><td>1</td><td>1</td><td>1</td><td>内部速度指令(参数 No. 75)</td></tr>
</table>
注：0：OFF(和 SG 断开)
1：ON(和 SG 接通)</td><td>DI-I</td><td></td><td>○</td><td>○</td></tr>
<tr><td>速度选择 2</td><td>SP2</td><td>CN1B7</td><td>DI-I</td><td></td><td>○</td><td>○</td></tr>
<tr><td>速度选择 3</td><td>SP3</td><td></td><td>DI-I</td><td>△</td><td>△</td><td></td></tr>
</table>

续表二

<table>
<tr><th rowspan="2">信号名称</th><th rowspan="2">符号</th><th rowspan="2">接头引脚号</th><th rowspan="2">功能·应用</th><th rowspan="2">I/O分配</th><th colspan="3">控制模式</th></tr>
<tr><th>P</th><th>S</th><th>T</th></tr>
<tr><td>速度选择 3</td><td>SP3</td><td></td><td>（转矩控制模式时）
选择运行时的速度限制
使用 SP3 时，需设置参数 No. 43～No. 48
<table>
<tr><th rowspan="2">参数 No. 43～No. 48 的设定</th><th colspan="3">输入信号</th><th rowspan="2">速度指令</th></tr>
<tr><th>SP3</th><th>SP2</th><th>SP1</th></tr>
<tr><td rowspan="4">速度选择(SP3)无效的场合(初始值)</td><td></td><td>0</td><td>0</td><td>模拟量速度指令(VLA)</td></tr>
<tr><td></td><td>0</td><td>1</td><td>内部速度指令(参数 No. 8)</td></tr>
<tr><td></td><td>1</td><td>0</td><td>内部速度指令(参数 No. 9)</td></tr>
<tr><td></td><td>1</td><td>1</td><td>内部速度指令(参数 No. 10)</td></tr>
<tr><td rowspan="8">速度选择(SP3)有效的场合</td><td>0</td><td>0</td><td>0</td><td>模拟量速度指令(VLA)</td></tr>
<tr><td>0</td><td>0</td><td>1</td><td>内部速度指令(参数 No. 8)</td></tr>
<tr><td>0</td><td>1</td><td>0</td><td>内部速度指令(参数 No. 9)</td></tr>
<tr><td>0</td><td>1</td><td>1</td><td>内部速度指令(参数 No. 10)</td></tr>
<tr><td>1</td><td>0</td><td>0</td><td>内部速度指令(参数 No. 72)</td></tr>
<tr><td>1</td><td>0</td><td>1</td><td>内部速度指令(参数 No. 73)</td></tr>
<tr><td>1</td><td>1</td><td>0</td><td>内部速度指令(参数 No. 74)</td></tr>
<tr><td>1</td><td>1</td><td>1</td><td>内部速度指令(参数 No. 75)</td></tr>
</table>
注：0：OFF(和 SG 断开)
　　1：ON(和 SG 接通)</td><td></td><td></td><td></td><td></td></tr>
<tr><td>比例控制</td><td>PC</td><td>CN1B8</td><td>当 PC－SG 之间接通时，速度调节器由比例积分控制切换到比例控制
在伺服电动机处于停止状态时，由于外部的原因，1 个脉冲的偏差也会使伺服电动机输出转矩以补偿位置误差。当定位完毕(停止)后，如果已经锁住电动机轴，则应将比例控制信号设置为 ON，这样就可抑制为补偿位置偏差而输出转矩。当电动机轴长时间锁定时，应将比例控制信号和转矩限制选择信号(TL)同时置 ON，用模拟量转矩限制功能将输出转矩限制在设定值以下</td><td>DI－1</td><td>○</td><td>△</td><td></td></tr>
<tr><td>紧急停止</td><td>EMG</td><td>CN1B15</td><td>当 PC－SG 之间断开时，伺服电动机处于紧急停止状态。这时伺服放大器停止输出，动态制动器动作将 EMG－SG 接通，就能解除此状态</td><td>DI－1</td><td>○</td><td>○</td><td>○</td></tr>
<tr><td>清除</td><td>CR</td><td>CN1A8</td><td>在 CR－SG 接通的上升沿清除位置控制脉冲。脉冲的宽度必须在 10 ms 以上。如果参数 No. 42 设置为□□1□，只要 CR－SG 在接通状态就清除滞留脉冲</td><td>DI－1</td><td>○</td><td></td><td></td></tr>
</table>

续表三

<table>
<tr><th rowspan="2">信号名称</th><th rowspan="2">符号</th><th rowspan="2">接头引脚号</th><th rowspan="2">功能·应用</th><th rowspan="2">I/O分配</th><th colspan="3">控制模式</th></tr>
<tr><th>P</th><th>S</th><th>T</th></tr>
<tr><td>电子齿轮选择1</td><td>CM1</td><td></td><td rowspan="2">使用CM1/CM2时，需设置参数No. 43～48。
用CM1-SG和CM2-SG之间的状态组合，可以选择经参数设定的4种电子齿轮比。
在绝对位置系统中不能使用CM1/CM2
<table><tr><th colspan="2">输入信号</th><th rowspan="2">电子齿轮分母</th></tr><tr><th>CM2</th><th>CM1</th></tr><tr><td>0</td><td>0</td><td>参数No. 1(CMX)</td></tr><tr><td>0</td><td>1</td><td>参数No. 69(CM2)</td></tr><tr><td>1</td><td>0</td><td>参数No. 70(CM3)</td></tr><tr><td>1</td><td>1</td><td>参数No. 71(CM4)</td></tr></table>注：0：OFF(和SG断开)
1：ON(和SG接通)</td><td>DI-1</td><td>△</td><td></td><td></td></tr>
<tr><td>电子齿轮选择2</td><td>CM2</td><td></td><td>DI-1</td><td>△</td><td></td><td></td></tr>
<tr><td>增益切换</td><td>CDP</td><td></td><td>使用此信号时，需设置参数No. 43～48。
CDP-SG之间接通时，负载转动惯量比切换到参数No. 61的设定值，各增益值被乘以由参数No. 62～64所设定的参数</td><td>DI-1</td><td>△</td><td>△</td><td>△</td></tr>
<tr><td>控制切换</td><td>LOP</td><td>CN1B7</td><td>位置/速度控制切换模式时，可使用控制切换信号进行选择
<table><tr><th>LOP</th><th>控制模式</th></tr><tr><td>0</td><td>位置</td></tr><tr><td>1</td><td>速度</td></tr></table>注：0：OFF(和SG断开)
1：ON(和SG接通)

速度/转矩控制切换模式时，可使用控制切换信号进行选择
<table><tr><th>LOP</th><th>控制模式</th></tr><tr><td>0</td><td>转矩</td></tr><tr><td>1</td><td>速度</td></tr></table>注：0：OFF(和SG断开)
1：ON(和SG接通)

转矩/位置切换模式时，可使用控制切换信号进行模式选择
<table><tr><th>LOP</th><th>控制模式</th></tr><tr><td>0</td><td>转矩</td></tr><tr><td>1</td><td>速度</td></tr></table>注：0：OFF(和SG断开)
1：ON(和SG接通)</td><td>DI-I</td><td colspan="3">参照功能应用说明</td></tr>
</table>

续表四

信号名称	符号	接头引脚号	功能・应用	I/O分配	控制模式		
					P	S	T
模拟量转矩限制	TLA	CN1B12	在速度控制模式中使用。需设置参数No.43～48使TL信号可用。 当模拟量转矩限制(TLA)有效时，可在伺服电动机输出的全范围内进行转矩限制。请在TLA-LG间施加0～+10 V DC电压。将电源正极(+)接到TLA上。+10 V输入电压对应最大输出转矩。 分辨率：10位	模拟量输入	○	△	
模拟量转矩指令	TC		在伺服电动机输出的全范围内控制输出转矩。请在TC-LG间施加0～±8 V DC的电压。±8 V对应最大输出转矩。可通过参数No.26修改±8 V输入电压所对应的输出转矩	模拟量输入			○
模拟量速度指令	VC	CN1B2	请在VC-LG间施加0～±10 V DC电压。可通过参数No.25修改±10 V输入电压所对应的速度。 分辨率：14位	模拟量输入		○	
模拟量速度限制	VLA		请在VLA-LG间施加0～±10 V DC电源，可通过参数No.25修改±10 V输入电压所对应的速度	模拟量输入			○
正向脉冲串 反向脉冲串	PP NP PG NG	CN1B3 CN1B2 CN1B13 CN1B12	正转/反转脉冲串 ・集电极开路时(最大输入频率200 kp/s) PP-SG之间输入正向脉冲串 NP-SG之间输入反向脉冲串 ・差动驱动方式时(最大输入频率500 kp/s) PG-PP之间输入正向脉冲串 NG-NP之间输入反向脉冲串 指令脉冲串的形式可用参数No.21修改	DI-2	○		

输出信号

信号名称	符号	接头针脚号	功能・应用	I/O分配	控制模式		
					P	S	T
故障	ALM	CN1B18	电源断开或保护电路工作时ALM-SG之间被断开，此时主电路停止输出。 没有发生报警时，电源接通后1 s内ALM-SG之间导通	DO-1	○	○	○
准备完毕	RD	CN1A19	伺服开启，伺服放大器处于可运转的状态时，RD-SG之间导通	DO-1	○	○	○
定位完毕	INP	CN1A18	在设定的定位范围内INP-SG之间接通，定位范围可用参数No.5修改。 定位范围较大且伺服电动机低速旋转时，可能会一直处于导通状态	DO-1	○		
速度到达	SA		当伺服电动机的速度到达设定速度附近时，SA-SG之间导通。设定速度在50 r/min以下时，一直处于导通状态	DO-1		○	

续表五

<table>
<tr><th rowspan="2">信号名称</th><th rowspan="2">符号</th><th rowspan="2">接头引脚号</th><th rowspan="2">功能・应用</th><th rowspan="2">I/O分配</th><th colspan="3">控制模式</th></tr>
<tr><th>P</th><th>S</th><th>T</th></tr>
<tr><td>速度限制</td><td>VLC</td><td rowspan="2">CN1B6</td><td>在转矩控制模式下，当伺服电动机速度达到任一内部速度限制(参数No.8～10，No.72～75)或模拟量速度限制(VLA)时，VLC-SG之间导通。伺服开起信号(SON)为OFF时，VLC-SG之间断开</td><td>DO-1</td><td></td><td></td><td>○</td></tr>
<tr><td>转矩限制</td><td>TLC</td><td>当输出转矩达到内部转矩限制1(参数No.28)或模拟量转矩限制(TLA)设定的转矩时，TLC-SG之间导通。伺服开启信号(SON)为OFF时，TLC-SG之间断开</td><td>DO-1</td><td>○</td><td>○</td><td></td></tr>
<tr><td>零速</td><td>ZSP</td><td>CN1B19</td><td>伺服电动机的速度在零速(50 r/min)以下，ZSP-SG之间导通。可通过参数No.24修改零速的范围</td><td>DO-1</td><td>○</td><td>○</td><td>○</td></tr>
<tr><td>电磁制动器连锁</td><td>MBR</td><td>(CN1B19)</td><td>使用此信号时，参数No.1应设为□□1□，此时不能使用ZSP。
伺服OFF或报警时，MBR-SG之间断开。
报警发生时，不论主电路处于何种状态，MBR-SG之间断开</td><td>DO-1</td><td>△</td><td>△</td><td>△</td></tr>
<tr><td>警告</td><td>WNG</td><td></td><td>使用这个信号时，请用参数No.49设定输出接头的引脚号。注意此时原来的信号将不能继续使用。警告发生时，WNG-SG之间导通。
没有警告发生时，电源接通后1 s内WNG-SG之间都断开</td><td>DO-1</td><td>△</td><td>△</td><td>△</td></tr>
<tr><td>电池警告</td><td>BWNG</td><td></td><td>使用此信号时，请用参数No.49设定输出接头的引脚号，注意此时原来的信号将不能继续使用。
电池断线警告(AL.92)或电池警告(AL.9F)发生时，BWNG-SG之间导通。没有发生上述警告时，在电源接通1 s内，BWNG-SG之间断开</td><td>DO-1</td><td>△</td><td>△</td><td>△</td></tr>
<tr><td>报警代码</td><td></td><td>CN1A19
CN1A18
CN1A19</td><td>使用这些信号时，请将参数No.49设置为□□□1，发生报警时输出这些信号。没有发生报警时，则分别输出通常的信号(RD・INP・SA・ZSP)
报警代码和报警名称如下表所示
<table>
<tr><th colspan="3">报警代码</th><th rowspan="2">报警显示</th><th rowspan="2">名称</th></tr>
<tr><th>18引脚</th><th>18引脚</th><th>19引脚</th></tr>
<tr><td rowspan="9">0</td><td rowspan="9">0</td><td rowspan="9">0</td><td>88888</td><td>看门狗</td></tr>
<tr><td>AL.12</td><td>存储器异常1</td></tr>
<tr><td>AL.13</td><td>时钟异常</td></tr>
<tr><td>AL.15</td><td>存储器异常2</td></tr>
<tr><td>AL.17</td><td>电路板异常</td></tr>
<tr><td>AL.19</td><td>存储器异常3</td></tr>
<tr><td>AL.37</td><td>参数异常</td></tr>
<tr><td>AL.8A</td><td>串行通信超时</td></tr>
<tr><td>AL.8E</td><td>串行通信异常</td></tr>
<tr><td rowspan="2">0</td><td rowspan="2">0</td><td rowspan="2">1</td><td>AL.30</td><td>再生制动异常</td></tr>
<tr><td>AL.33</td><td>过电压</td></tr>
<tr><td>0</td><td>1</td><td>0</td><td>AL.10</td><td>欠电压</td></tr>
</table></td><td>DO-1</td><td>△</td><td>△</td><td>△</td></tr>
</table>

续表六

<table>
<tr><th rowspan="2">信号名称</th><th rowspan="2">符号</th><th rowspan="2">接头引脚号</th><th rowspan="2">功能·应用</th><th rowspan="2">I/O分配</th><th colspan="3">控制模式</th></tr>
<tr><th>P</th><th>S</th><th>T</th></tr>
<tr><td>报警代码</td><td></td><td>CN1A19
CN1A18
CN1A19</td><td>
<table>
<tr><th colspan="3">报警代码</th><th rowspan="2">报警显示</th><th rowspan="2">名称</th></tr>
<tr><th>18引脚</th><th>18引脚</th><th>19引脚</th></tr>
<tr><td rowspan="4">0</td><td rowspan="4">1</td><td rowspan="4">1</td><td>AL.45</td><td>主电路器件过热</td></tr>
<tr><td>AL.46</td><td>伺服电动机过热</td></tr>
<tr><td>AL.30</td><td>过载1</td></tr>
<tr><td>AL.51</td><td>过载2</td></tr>
<tr><td rowspan="2">1</td><td rowspan="2">0</td><td rowspan="2">0</td><td>AL.24</td><td>电动机输出接地异常</td></tr>
<tr><td>AL.32</td><td>过电流</td></tr>
<tr><td rowspan="3">1</td><td rowspan="3">0</td><td rowspan="3">1</td><td>AL.31</td><td>超速</td></tr>
<tr><td>AL.35</td><td>指令脉冲频率异常</td></tr>
<tr><td>AL.32</td><td>误差过大</td></tr>
<tr><td rowspan="4">1</td><td rowspan="4">1</td><td rowspan="4">0</td><td>AL.1A</td><td>电动机配合异常</td></tr>
<tr><td>AL.16</td><td>编码器异常1</td></tr>
<tr><td>AL.20</td><td>编码器异常2</td></tr>
<tr><td>AL.25</td><td>绝对位置丢失</td></tr>
</table>
注：0：OFF(和SG断开)
1：ON(和SG接通)</td><td>DO－1</td><td>△</td><td>△</td><td>△</td></tr>
<tr><td>编码器Z相脉冲(集电极开路)</td><td>OP</td><td>CN1A14</td><td>输出编码器Z相脉冲，伺服电动机每转输出一个脉冲。每次到达零点位置时，OP－LG之间导通。
最小脉冲宽度约为400 μs。在使用这个脉冲进行原点复归时，爬行速度应设置在100 r/min以下</td><td>DO－2</td><td>○</td><td>○</td><td>○</td></tr>
<tr><td>编码器A相脉冲(差动驱动)</td><td>LA
LAR</td><td>CN1A6
CN1A16</td><td rowspan="2">在差动输出系统中用参数No.27设定伺服电动机每转一周输出的脉冲个数。
当伺服电动机逆时针旋转时，编码器B相脉冲比编码器A相脉冲的相位滞后π/2。
伺服电动机旋转方向和A/B相的相位差之间的关系可用参数No.54修改</td><td rowspan="2">DO－2</td><td rowspan="2">○</td><td rowspan="2">○</td><td rowspan="2">○</td></tr>
<tr><td>编码器B相脉冲(差动驱动)</td><td>LB
LBR</td><td>CN1B7
CN1B17</td></tr>
<tr><td>编码器Z相脉冲(差动驱动)</td><td>LZ
LZR</td><td>CN1A5
CN1A15</td><td>以差动方式输出与OP相同的信号</td><td>DO－2</td><td>○</td><td>○</td><td>○</td></tr>
<tr><td>模拟量输出1</td><td>MO1</td><td>CN34</td><td>以MO1－LG间的电压的方式输出参数No.17所设定的内容。
分辨率：10位</td><td>模拟量输出</td><td>○</td><td>○</td><td>○</td></tr>
<tr><td>模拟量输出2</td><td>MO2</td><td>CN314</td><td>以MO2－LG间的电压的方式输出参数No.17所设定的内容。
分辨率：10位</td><td>模拟量输出</td><td>○</td><td>○</td><td>○</td></tr>
<tr><td>RS－422接口</td><td>SDP
SDN
RDP
RDN</td><td>CN39
CN319
CN35
CN315</td><td>RS－422通信和RS－232C通信功能不可同时使用。
使用何种功能可用参数No.16选择</td><td></td><td>○</td><td>○</td><td>○</td></tr>
<tr><td>RS－422终端电阻</td><td>TRE</td><td>CN310</td><td>RS－422接口的终端电阻连接端子。伺服放大器为最后的一个站时，请将此端子与RDN(CN3－15)连接</td><td></td><td>○</td><td>○</td><td>○</td></tr>
<tr><td>RS－232C接口</td><td>RXD
TXD</td><td>CN32
CN312</td><td>RS－422通信功能和RS232C通信功能不可同时使用。
使用哪一种功能可用参数No.16选择</td><td></td><td>○</td><td>○</td><td>○</td></tr>
</table>

附录D　三菱通用伺服驱动器扩展参数功能详解

类型	No	符号	名称和功能	初始值	单位	设定范围	控制模式
扩展参数1	21	*OP3	功能选择3(指令脉冲选择) 用于选择脉冲串输入信号的输入波形 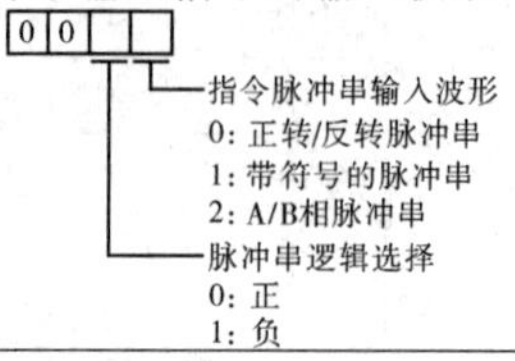 0 0 □ □ 指令脉冲串输入波形 0：正转/反转脉冲串 1：带符号的脉冲串 2：A/B相脉冲串 脉冲串逻辑选择 0：正 1：负	0000		0000h～0012h	P
	22	*OP4	功能选择4 用于选择LPS、LSN信号为OFF时的电动机停止方式和VC/VLA输入电压的采样周期。 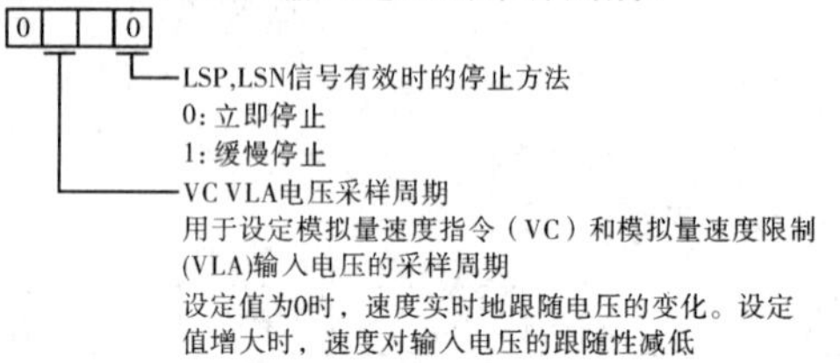 0 □ □ 0 LSP,LSN信号有效时的停止方法 0：立即停止 1：缓慢停止 VC VLA电压采样周期 用于设定模拟量速度指令（VC）和模拟量速度限制(VLA)输入电压的采样周期 设定值为0时，速度实时地跟随电压的变化。设定值增大时，速度对输入电压的跟随性减低 设定值 / 采样周期/ms： 0 / 0 1 / 0.444 2 / 0.888 3 / 1.777 4 / 3.555	0000		0000h～0401h	P·S P·S·T
	23	FFC	前馈增益： 用于设定前馈增益 设定为100%时，如果用固定速度运行，那么驻留的脉冲几乎为零，但在突然加减速时，超调量将变大	0	%	0～100	P
	24	ZSP	零速： 用于设定输出零速度信号(ZSP)的范围	50	r/min	0～10 000	P·S·T
	25	VCM	模拟量速度指令量最大速度： 用于设定模拟量速度指令(VC)在输入电压为最大时(10 V)对应的速度 设定值“0”对应伺服电动机的额定速度	0	r/min	0 1～50 000	S
			模拟量速度限制最大速度： 用于设定速度限制(VLA)在输入电压为最大时(10 V)对应的速度 设定值“0”对应伺服电动机的额定速度	0	r/min	0 1～50 000	T
	26	TLC	模拟量转矩指令最大输出： 模拟量转矩指令电压(TC=±8 V)为+8 V时对应的输出转矩和最大转矩的比值(%) 例如，设定值为50，TC=±8 V时输出转矩=最大转矩×50%	100	%	0～1000	T

续表一

<table>
<tr><th>类型</th><th>No</th><th>符号</th><th>名称和功能</th><th>初始值</th><th>单位</th><th>设定范围</th><th>控制模式</th></tr>
<tr><td rowspan="3">扩展参数 1</td><td>27</td><td>* ENR</td><td>编码器输出脉冲：
用于设定伺服放大器输出的编码器脉冲(A 相，B 相)
设定值为 A 相/B 相脉冲乘以 4 倍后的值
可用参数 No.54 设定输出脉冲数或设定输出脉冲倍率
实际输出的 A 相/B 相脉冲数为设定脉冲数的 1/4
另外，输出的最大频率为 1.3Mp/s(乘以 4 倍后)，请不要超过这个范围
· 设为输出脉冲数的场合：
参数 No.54 设为“0□□□”(初始值)
设定伺服电动机旋转 1 周对应的脉冲数
输出脉冲＝设定值(脉冲)
例如设定值为 5600 时，每转实际输出的 A 相/B 相脉冲为：
A 相/B 相的脉冲输出＝5600/4＝1400(脉冲)
· 设为输出脉冲倍率的场合：
参数 No.54 设定为“1□□□”
用伺服电动机旋转 1 周对应的脉冲数除以设定值：
输出脉冲＝伺服电动机 1 周的脉冲数/设定值(脉冲)
例如设定值为 8 的场合，每转实际输出的 A 相/B 相脉冲为：
A 相/B 相的脉冲输出＝$\frac{13\ 1072}{8}\cdot\frac{1}{4}$＝4096(脉冲)</td><td>4000</td><td>脉冲</td><td>1～32 768</td><td>P·S·T</td></tr>
<tr><td>28</td><td>TL1</td><td>内部转矩限制 1：
假定最大转矩为 100％
用以限制伺服电动机的最大输出转矩
如果设定为 0，那么不输出转矩
<table><tr><th>TL</th><th>转矩限制</th></tr><tr><td>0</td><td>内部转矩限制 1(参数 No.28)</td></tr><tr><td>1</td><td>模拟量转矩限制＜内部转矩限制 1 时；模拟量转矩限制
模拟量转矩限制＞内部转矩限制 1 时；内部转矩限制 1</td></tr></table>注：0：OFF(和 SG 断开)
1：ON(和 SG 接通)
通过模拟量输出监视输出转矩时，设定值对应最大输出电压(＋8 V)</td><td>100</td><td>％</td><td>0～100</td><td>P·S·T</td></tr>
<tr><td>29</td><td>VCO</td><td>模拟量速度指令偏置：
用于设定模拟量速度指令(VC)的偏置电压
在 VC 上输入 0 V 电压，正转开始(ST1)信号置 ON 时，如果伺服电动机以逆时针方向转动，参数应该设定为负值
使用自动 VC 偏置设定时，参数值为自动偏置值
初始值为出厂时在 VC－LG 之间输入 0 V 电压并进行自动偏置处理后得到的值</td><td>因伺服放大器而异</td><td>mV</td><td>－999～999</td><td>S</td></tr>
</table>

续表二

类型	No	符号	名称和功能	初始值	单位	设定范围	控制模式
扩展参数1	29	VCO	模拟量速度限制偏置： 用于设定模拟量速度限制(VLA)的偏置电压 在VC上输入0 V电压，正转开始(ST1)信号置ON时，如果伺服电动机以逆时针方向转动，参数应该设定为负值 使用VC自动偏置时，参数值为自动偏置值 初始值为出厂时在VC－LG之间输入0 V电压并进行自动偏置处理后得到的值				T
	30	TLO	模拟量转矩指令偏置： 用于设定模拟转矩指令(TC)的偏置电压	0	mV	－999～999	T
			模拟量转矩限制偏置： 用于设定模拟量转矩限制(TLA)的偏置电压				S
	31	MO1	模拟量输出通道1偏置： 用于设定模拟量输出通道1(MO1)的偏置电压	0	mV	－999～999	P·S·T
	32	MO2	模拟量输出通道2偏置： 用于设定模拟量输出通道2(MO2)的偏置电压	0	mV	－999～999	P·S·T
	33	MBR	电磁制动器程序输出： 用于设定电磁制动器互锁信号(MBR)OFF后，到主电路被切断之间的延迟时间(T_b)	100	ms	0～1000	P·S·T
	34	GD2	负载和伺服电动机的转动惯量比： 用于设定负载和伺服电动机的转动惯量比 选择自动调整功能时，参数将自动设为自动调整的值，这时可在0～1000之间变化	70	0.1倍	0～3000	P·S
	35	PG2	位置环增益2： 用于设定位置环增益，以增加位置环对负载扰动的响应速度 如果设定值增大，那么响应速度就提高，但容易产生振动和/或噪声 选择自动调整功能时，参数将自动设为自动调整的值	30	rad/s	1～1000	P
	36	VG1	速度环增益1： 通常没有必要改变这个参数 如果设定值增大，那么响应速度就提高，但容易产生振动和/或噪声 选择自动调整功能时，参数将自动设为自动调整的值	177	rad/s	20～8000	P·S
	37	VG2	速度环增益2： 因机械的刚性很低和/或齿隙过大而发生振动时，可调整VG2，如果设定值增大，那么响应速度就提高。但容易产生振动和/或噪声 选择自动调整功能时，参数将自动设为自动调整的值	817	rad/s	20～20 000	P·S
	38	VIC	速度积分补偿： 用于设定速度环的积分时间常数 如果设定值减小，那么响应速度就提高，但容易产生振动和/或噪声 选择自动调整功能时，参数将自动设为自动调整的值		ms	1～1000	P·S

续表三

类型	No	符号	名称和功能	初始值	单位	设定范围	控制模式
扩展参数1	39	VDC	速度微分补偿： 用于设定速度微分补偿 比例控制信号改为ON时有效	980		0～1000	P・S
	40		备用 绝对不要改变此参数	0			
	41	* DIA	输入信号自动ON选择： 用于设定SON、LSP、LSN的自动置ON 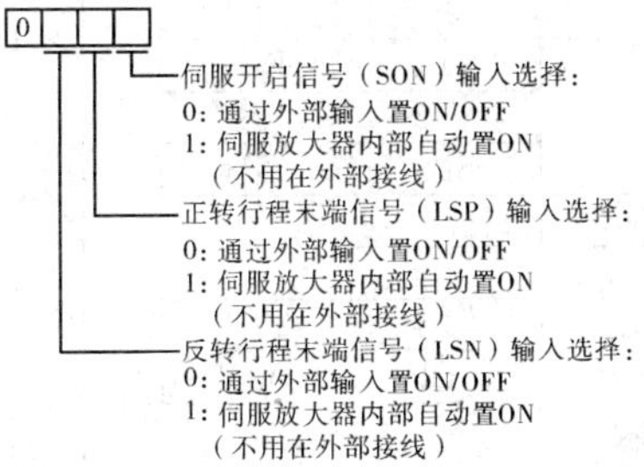 [0][ ][ ][ ] 伺服开启信号（SON）输入选择： 0：通过外部输入置ON/OFF 1：伺服放大器内部自动置ON （不用在外部接线） 正转行程末端信号（LSP）输入选择： 0：通过外部输入置ON/OFF 1：伺服放大器内部自动置ON （不用在外部接线） 反转行程末端信号（LSN）输入选择： 0：通过外部输入置ON/OFF 1：伺服放大器内部自动置ON （不用在外部接线）	0000		0000h～0111h	P・S・T P・S
	42	* DI1	输入信号选择1： 用于定义控制模式切换信号输入引脚和设定清除信号 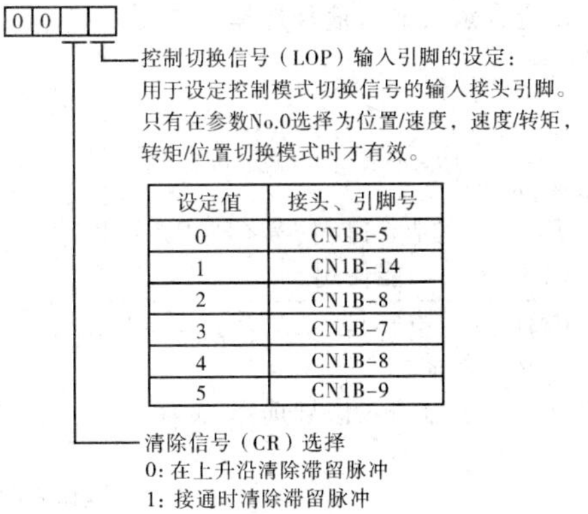 [0][0][ ][ ] 控制切换信号（LOP）输入引脚的设定： 用于设定控制模式切换信号的输入接头引脚。 只有在参数No.0选择为位置/速度，速度/转矩，转矩/位置切换模式时才有效。 设定值 | 接头、引脚号：0 | CN1B-5；1 | CN1B-14；2 | CN1B-8；3 | CN1B-7；4 | CN1B-8；5 | CN1B-9 清除信号（CR）选择 0：在上升沿清除滞留脉冲 1：接通时清除滞留脉冲	0003		0000h～0015h	P/S S/T T/P P
	43	* DI2	输入信号选择2(CN1B－5引脚)： 如果用参数No. 42定义控制切换信号(LOP)为CN1B－5引脚，则此参数不能使用 CN1B－5引脚可定义为任何输入信号 请注意设定的位置和可定义的信号和控制模式有关 [0][ ][ ][ ] 位置控制模式、速度控制模式、转矩控制模式：选择CN1B-5引脚输入信号 在各控制模式中，可定义的信号为下表中用缩写标出的信号，其他信号即使设定了也无效	0111		0000h～0EEEh	P・S・T

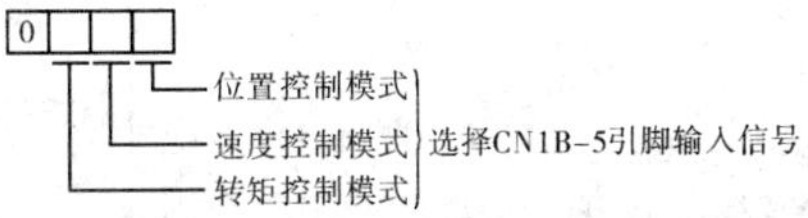

续表四

<table>
<tr><th>类型</th><th>No</th><th>符号</th><th>名称和功能</th><th>初始值</th><th>单位</th><th>设定范围</th><th>控制模式</th></tr>
<tr><td rowspan="4">扩展参数1</td><td>43</td><td>*DI2</td><td>
<table>
<tr><th rowspan="2">设定值</th><th colspan="3">控制模式</th></tr>
<tr><th>P</th><th>S</th><th>T</th></tr>
<tr><td>0</td><td></td><td></td><td></td></tr>
<tr><td>1</td><td>SON</td><td>SON</td><td>SON</td></tr>
<tr><td>2</td><td>RES</td><td>RES</td><td>RES</td></tr>
<tr><td>3</td><td>PC</td><td>PC</td><td></td></tr>
<tr><td>4</td><td>TL</td><td>TL</td><td></td></tr>
<tr><td>5</td><td>CR</td><td>CR</td><td>CR</td></tr>
<tr><td>6</td><td></td><td>SP1</td><td>SP1</td></tr>
<tr><td>7</td><td></td><td>SP2</td><td>SP2</td></tr>
<tr><td>8</td><td></td><td>ST1</td><td>RS2</td></tr>
<tr><td>9</td><td></td><td>ST2</td><td>RS1</td></tr>
<tr><td>A</td><td></td><td>SP3</td><td>SP3</td></tr>
<tr><td>B</td><td>CM1</td><td></td><td></td></tr>
<tr><td>C</td><td>CM2</td><td></td><td></td></tr>
<tr><td>D</td><td>TL1</td><td>TL1</td><td>TL1</td></tr>
<tr><td>E</td><td>CDP</td><td>CDP</td><td>CDP</td></tr>
</table>
注：P：位置控制模式
S：速度控制模式
T：转矩控制模式</td><td>0111</td><td></td><td>0000h～0EEEh</td><td>P·S·T</td></tr>
<tr><td>44</td><td>*DI3</td><td>输入信号选择3(CN1B－14引脚)：
CN1B－14引脚可定义为任何输入信号
可定义的信号和设定方法与输入信号选择2(参数No.43)相同
0□□□
位置控制模式
速度控制模式　选择CN1B－14引脚输入信号
转矩控制模式
如果用参数No.42定义控制切换信号(LOP)为CN1B－14引脚，则此参数不能使用</td><td>0222</td><td></td><td>0000h～0EEEh</td><td>P·S·T</td></tr>
<tr><td>45</td><td>*DI4</td><td>输入信号选择4(CN1A－8引脚)：
CNIA－8引脚可定义为任何输入信号
可定义的信号和设定方法与输入信号选择2(参数No.43)相同
0□□□
位置控制模式
速度控制模式　选择CN1A－8引脚输入信号
转矩控制模式
如果用参数No.42定义控制切换信号(LOP)为CN1A－8引脚，则此参数不能使用</td><td>0665</td><td></td><td>0000h～0EEEh</td><td>P·S·T</td></tr>
<tr><td>46</td><td>*DI5</td><td>输入信号选择5(CN1B－7引脚)：
CN1B－7引脚可定义为任何输入信号
可定义的信号和设定方法与输入信号选择2(参数No.43)相同
0□□□
位置控制模式
速度控制模式　选择CN1B－7引脚输入信号
转矩控制模式
如果用参数No.42定义控制切换信号(LOP)为CN1B－7引脚，则此参数不能使用</td><td>0770</td><td></td><td>0000h～0EEEh</td><td>P·S·T</td></tr>
</table>

续表五

<table>
<tr><th>类型</th><th>No</th><th>符号</th><th>名称和功能</th><th>初始值</th><th>单位</th><th>设定范围</th><th>控制模式</th></tr>
<tr><td rowspan="3">扩展参数1</td><td>47</td><td>* DI6</td><td>输入信号选择6(CN1B-8引脚)：
CN1B-8引脚可定义为任何输入信号
可定义的信号和设定方法与输入信号选择2(参数No.43)相同
0□□□
位置控制模式、速度控制模式、转矩控制模式：选择CN1B-8引脚输入信号
如果用参数No.42定义控制切换信号(LOP)为CN1B-8引脚，则此参数不能使用
如用参数No.1选择了“使用绝对位置系统”，CN1B-8引脚将被定义为“ABS传输模式(ABSM)”</td><td>0883</td><td></td><td>0000h～0EEEh</td><td>P·S·T</td></tr>
<tr><td>48</td><td>* DI7</td><td>输入信号选择(CN1B-9引脚)：
CN1B-9引脚可定义为任何输入信号
可定义的信号和设定方法与输入信号选择2(参数No.43)相同
0□□□
位置控制模式、速度控制模式、转矩控制模式：选择CN1B-9引脚输入信号
如果用参数No.42定义控制切换信号(LOP)为CN1B-9引脚，则此参数不能使用
如用参数No.1选择了“使用绝对位置系统”，CN1B-9引脚将被定义为“ABS请求(ABSM)”</td><td>0994</td><td></td><td>0000h～0EEEh</td><td>P·S·T</td></tr>
<tr><td>49</td><td>* DO1</td><td>输出信号选择1：
用于选择接头引脚以输出报警代码、警告(WNG)和电池警告(BWNG)信息
0□□□
报警代码输出的设定
<table>
<tr><th rowspan="2">设定值</th><th colspan="3">接头引脚</th></tr>
<tr><th>CN18-19</th><th>CN1A-18</th><th>CN1A-19</th></tr>
<tr><td>0</td><td>ZSP</td><td>INP或SA</td><td>RD</td></tr>
<tr><td>1</td><td colspan="3">报警发生时输出报警代码</td></tr>
</table>
<table>
<tr><th colspan="3">报警代码</th><th rowspan="2">报警提示</th><th rowspan="2">名称</th></tr>
<tr><th>CN1B19引脚</th><th>CN1A18引脚</th><th>CN1A18引脚</th></tr>
<tr><td rowspan="9">0</td><td rowspan="9">0</td><td rowspan="9">0</td><td>88888</td><td>看门狗</td></tr>
<tr><td>AL.12</td><td>存储器异常1</td></tr>
<tr><td>AL.13</td><td>时钟异常1</td></tr>
<tr><td>AL.15</td><td>存储器异常2</td></tr>
<tr><td>AL.17</td><td>电路板异常</td></tr>
<tr><td>AL.19</td><td>存储器异常3</td></tr>
<tr><td>AL.37</td><td>参数异常</td></tr>
<tr><td>AL.8A</td><td>电控通讯相出时</td></tr>
<tr><td>AL.8E</td><td>电控通读异常</td></tr>
<tr><td rowspan="2">0</td><td rowspan="2">0</td><td rowspan="2">1</td><td>AL.30</td><td>再生制动异常</td></tr>
<tr><td>AL.33</td><td>过压</td></tr>
<tr><td>0</td><td>1</td><td>0</td><td>AL.10</td><td>欠压</td></tr>
<tr><td rowspan="4">0</td><td rowspan="4">1</td><td rowspan="4">1</td><td>AL.45</td><td>主电路器件过热</td></tr>
<tr><td>AL.46</td><td>电控控挡</td></tr>
<tr><td>AL.50</td><td>过取1</td></tr>
<tr><td>AL.51</td><td>过取2</td></tr>
<tr><td rowspan="2">1</td><td rowspan="2">0</td><td rowspan="2">0</td><td>AL.24</td><td>电机接地异常</td></tr>
<tr><td>AL.32</td><td>过查</td></tr>
<tr><td rowspan="3">1</td><td rowspan="3">0</td><td rowspan="3">1</td><td>AL.31</td><td>踏速</td></tr>
<tr><td>AL.35</td><td>指令脉冲异常</td></tr>
<tr><td>AL.32</td><td>误差过大</td></tr>
<tr><td rowspan="4">1</td><td rowspan="4">1</td><td rowspan="4">0</td><td>AL.16</td><td>编码器异常1</td></tr>
<tr><td>AL.1A</td><td>电线配合错误</td></tr>
<tr><td>AL.20</td><td>编码器异常2</td></tr>
<tr><td>AL.25</td><td>绝对位置丢失</td></tr>
</table>
注：0：OFF（和SG断开）
1：ON（和SG接通）
警告（WNG）输出信号的设定
选择输出警告的接头引脚
设定后，原来的信号不能继续使用
<table>
<tr><th>设定值</th><th>接头引脚号</th></tr>
<tr><td>0</td><td>不输出</td></tr>
<tr><td>1</td><td>CN1A-19</td></tr>
<tr><td>2</td><td>CCN1B-18</td></tr>
<tr><td>3</td><td>CCN1A-18</td></tr>
<tr><td>4</td><td>CCN1B-19</td></tr>
<tr><td>5</td><td>CN1A-6</td></tr>
</table>
电池警告（BWNG）输出信号的设定
选择输出电池警告信号的接头引脚
设定后，原来的信号不能继续使用
设定的内容和本参数第2位的设置相同</td><td>0000</td><td></td><td>0000h～0551h</td><td>P·S·T</td></tr>
</table>

续表六

类型	No	符号	名称和功能	初始值	单位	设定范围	控制模式
扩展参数2	50		备用 绝对不要改变此参数	0000			
	51	*OP6	功能选择6： 用于选择复位报警信号动作时的动作方式 0 □ 0 0 报警复位信号接通时主电路的动作 0：主电路切断 1：主电路接通	0000		0000h～0100h	P·S·T
	52		备用 绝对不要改变此参数	0000			
	53	*OP8	功能选择8： 用于选择串行通信的协议 0 □ □ 0 校验位选择 0：有（附加校验位） 1：无（不附加校验位） 站号选择 0：有站号 1：无站号	0000		0000h～0110h	P·S·T
	54	*OP9	功能选择9： 用于选择指令脉冲的方向、编码器输出脉冲的方向和编码器输出脉冲的设定 0 □ □ 0 改变伺服电机的旋转方向 对于一定的指令脉冲输入，改为伺服电机的旋转方向 设定值 / 伺服电机的旋转方向：正转脉冲输入时 / 反转脉冲输入时 0 / 逆时针 / 顺时针 1 / 顺时针 / 逆时针 改变编码器输出脉冲相位。 改变编码器输出脉冲串A相、B相的相位。 设定值 / 伺服电机的旋转方向：逆时针 / 顺时针 0 / A相 B相 / A相 B相 1 / A相 B相 / A相 B相  编码器脉冲输出设定选择（参照参数No.27） 0：输出脉冲数 1：输出脉冲倍率	0000		0000h～1101h	P·S·T

续表七

<table>
<tr><th>类型</th><th>No</th><th>符号</th><th>名称和功能</th><th>初始值</th><th>单位</th><th>设定范围</th><th>控制模式</th></tr>
<tr><td rowspan="7">扩展参数2</td><td>55</td><td>*OPA</td><td>功能选择A：
用于选择位置指令加减速时间常数(参数 No. 7)
0 0 □ 0
位置指令加减速时间常数的选择
0: 起调时间
1: 线性加减速</td><td>0000</td><td></td><td>0000h～0010h</td><td>P</td></tr>
<tr><td rowspan="2">56</td><td rowspan="2">SIC</td><td rowspan="2">串行通信超时选择：
用于设定通信超时的时间(s)
如果设定为0，那么不做超时检查</td><td rowspan="2">0</td><td></td><td>0</td><td rowspan="2">P·S·T</td></tr>
<tr><td>S</td><td>1～60</td></tr>
<tr><td>57</td><td></td><td>备用
绝对不要改变此参数</td><td>10</td><td></td><td></td><td></td></tr>
<tr><td>58</td><td>NH1</td><td>机械共振抑制滤波器1：
用于设定机械共振抑制滤波器
0 □ □ □
抑制频率
自适应振动抑制控制设置为“有效”或“保持”时，（参数No.60:□1□□或□2□□）请设定为“00”
<table>
<tr><th>设定</th><th>频率</th><th>设定</th><th>频率</th><th>设定</th><th>频率</th><th>设定</th><th>频率</th></tr>
<tr><td>00</td><td>无效</td><td>08</td><td>562.5</td><td>10</td><td>281.3</td><td>18</td><td>187.5</td></tr>
<tr><td>01</td><td>4500</td><td>09</td><td>500</td><td>11</td><td>264.7</td><td>19</td><td>180</td></tr>
<tr><td>02</td><td>2250</td><td>0A</td><td>450</td><td>12</td><td>250</td><td>1A</td><td>173.1</td></tr>
<tr><td>03</td><td>1500</td><td>0B</td><td>409.1</td><td>13</td><td>236.8</td><td>1B</td><td>166.7</td></tr>
<tr><td>04</td><td>1125</td><td>0C</td><td>375</td><td>14</td><td>225</td><td>1C</td><td>160.4</td></tr>
<tr><td>05</td><td>900</td><td>0D</td><td>346.2</td><td>15</td><td>214.3</td><td>1D</td><td>155.2</td></tr>
<tr><td>06</td><td>350</td><td>0E</td><td>321.4</td><td>16</td><td>204.5</td><td>1E</td><td>150</td></tr>
<tr><td>07</td><td>642.9</td><td>0F</td><td>300</td><td>17</td><td>195.7</td><td>1F</td><td>145.2</td></tr>
</table>
抑制深度
<table>
<tr><th>设定</th><th>抑制深度</th><th>增益</th></tr>
<tr><td>0</td><td rowspan="4">深
～
浅</td><td>-40 dB</td></tr>
<tr><td>1</td><td>-14 dB</td></tr>
<tr><td>2</td><td>-8 dB</td></tr>
<tr><td>3</td><td>-4 dB</td></tr>
</table></td><td>0000</td><td></td><td>0000h～031Fh</td><td>P·S·T</td></tr>
<tr><td>59</td><td>NH2</td><td>机械共振抑制滤波器2
用于设定机械共振抑制滤波器
0 □ □ □
抑制频率
与参数No.58一样设定。
只是自适应振动抑制控制设定为“有效”或“保持”时这个参数不用设置为“00”
抑制深度
与参数No.58一样设定</td><td>0000</td><td></td><td>0000h～031Fh</td><td>P·S·T</td></tr>
<tr><td>60</td><td>LPF</td><td>低通滤波器、自适应振动抑制控制：
用于设定低通滤波器的自适应振动抑制控制</td><td>0000</td><td></td><td>0000h～1210h</td><td>P·S·T</td></tr>
</table>

续表八

类型	No	符号	名称和功能	初始值	单位	设定范围	控制模式
扩展参数2	60	LPF	□□□0 低通滤液器选择 0:有效 1:无效 选择有效时，自动设定带宽滤液器，频率为： VG2设定值，10/|2π·[1+DD2设定值·0.1]|（Hz） 自选应振动抑制控制选择 如果用自适应振动抑制控制选择“有效”或“保持”。机械共振控制滤波器1（参数N0.58）将无效 0:无效 1:有效 实时检测机械的共振频率。生成对应于共振频率的滤液器，从而抑制机构机械振动 2.保持 保持现有的滤液器的参数，并停止检测机械的共振频率 自适应振动抑制控制的敏感度 用于设定机械共振检测的敏感度 0:通常 1:敏感	0000		0000h～1210h	P·S·T
	61	GD2B	负载和伺服电动机的转动惯量比2： 增益切换有效时，用于设定负载和伺服电动机的转动惯量比2	70	×0.1倍	0～3000	P·S
	62	PG2B	位置环增益2改变比率： 增益切换有效时，用于设定位置环增益2的改变比率 自动调整无效时，此参数才有效	100	%	10～200	P
	63	VG2B	速度环增益2改变比率： 增益切换有效时，用于设定速度环增益2的改变比率 自动调整无效时，此参数才有效	100	%	10～200	P·S
	64	VICB	速度积分补偿增益2改变比率： 增益切换有效时，用于设定速度积分补偿的改变比率 自动调整无效时，此参数才有效	100	%	50～1000	P·S
	65	* CDP	增益切换选择： 用于选择增益切换条件 000□ 增益切换选择 在以下条件下，根据参数No.81-No.64的设定值进行增益切换 0:无效 1:增益切换（CCP）信号为CN 2:指令频率等于或大于参数No.66的设定值 3:滞留脉冲等于或大于参数No.66的设定值 4:伺服电机的速度等于或大于参数No.66的设定值	0000		0000h～0004h	P·S
	66	CDS	增益切换阈值： 用于设定用参数No.65选择的增益切换的阈值(指令频率，滞留脉冲，伺服电动机速度) 设定值的单位根据切换条件各项目的不同而异	10	kbps 脉冲 r/min	0～9999	P·S

续表九

类型	No	符号	名称和功能	初始值	单位	设定范围	控制模式
扩展参数2	67	CDT	增益切换时间常数： 设定增益切换时的响应时间，需设定参数 No. 65、No. 66	1	ms	0～100	P・S
	68	备用	参数设定用 绝对不要改变此参数	0			
	69	CMX2	指令脉冲倍率分子 2： 用于设定指令脉冲的倍率 如果设定为0，那么自动根据所连接的伺服电动机编码器的脉冲数设定	1		0.1～65 535	P
	70	CMX3	指令脉冲倍率分子 3： 用于设定指令脉冲的倍率 如果设定为0，那么自动根据所连接的伺服电动机编码器的脉冲数设定	1		0.1～65 535	P
	71	CMX4	指令脉冲倍率分子 4： 用于设定指令脉冲的倍率 如果设定为0，那么自动根据所连接的伺服电动机编码器的脉冲数设定	1		0.1～65 535	P
	72	SC4	内部速度指令 4： 用于设定内部速度指令 4	200	r/min	0～瞬时容许速度	S
			内部速度限制 4： 用于设定内部速度限制 4				T
	73	SC5	内部速度指令 5： 用于设定内部速度指令 5	300	r/min	0～瞬时容许速度	S
			内部速度限制 5： 用于设定内部速度限制 5				T
	74	SC6	内部速度指令 6： 用于设定内部速度指令 6	500	r/min	0～瞬时容许速度	S
			内部速度限制 6： 用于设定内部速度限制 6				T
	75	SC7	内部速度指令 7： 用于设定内部速度指令 7	800	r/min	0～瞬时容许速度	S
			内部速度限制 7： 用于设定内部速度限制 7				T
	76	TL2	内部转矩限制 2： 假定最大转矩为 100%。用以限制伺服电动机的输出转矩 如果设定值为 0，那么不输出转矩 用模拟量输出监视输出转矩时，此设定值对应最大输出电压(+8 V)	100	%	0～100	P・S・T

续表十

类型	No	符号	名称和功能	初始值	单位	设定范围	控制模式
扩展参数2	77		备用 绝对不要改变这些参数	100			
	78			10000			
	79			10			
	80			10			
	81			100			
	82			100			
	83			100			
	84			0			

参考文献

[1] 张海根. 机电传动控制[M]. 北京：高等教育出版社，2001.

[2] 徐建俊. 电机与电气控制项目教程[M]. 北京：机械工业出版社，2008.

[3] 张华龙. 电机与电气控制技术[M]. 北京：人民邮电出版社，2008.

[4] 殷培峰. 电机控制与机床电路检修技术[M]. 北京：化学工业出版社，2012.

[5] 姜新桥. PLC应用技术项目教程[M]. 北京：电子工业出版社，2010.

[6] 蔡杏山. 零起步轻松学步进与伺服应用技术[M]. 北京：人民邮电出版社，2012.

[7] 李长军. 电动机控制电路一学就会[M]. 北京：电子工业出版社，2012.